Das A-Modell im Bundesautobahnbau

Regensburger Beiträge zum Staats- und Verwaltungsrecht

Herausgegeben von Gerrit Manssen

Band 7

PETER LANG

Frankfurt am Main · Berlin · Bern · Bruxelles · New York · Oxford · Wien

Anja Rösch

Das A-Modell im Bundesautobahnbau

Bau, Erhaltung, Betrieb und Finanzierung von Bundesautobahnabschnitten durch Private und Refinanzierung auf Grundlage der Autobahnmaut

PETER LANG
Internationaler Verlag der Wissenschaften

Bibliografische Information der Deutschen Nationalbibliothek
Die Deutsche Nationalbibliothek verzeichnet diese Publikation in der Deutschen Nationalbibliografie; detaillierte bibliografische Daten sind im Internet über <http://www.d-nb.de> abrufbar.

Zugl.: Regensburg, Univ., Diss., 2007

D 355
ISSN 1860-319X
ISBN 978-3-631-56923-8

www.peterlang.de

Meinen Eltern

Vorwort

Straßen sind von überragender Bedeutung für ein Gemeinwesen. Sie sind die „Lebensadern“ eines Staates und einer Gesellschaft und dienen dem Transport und der Fortbewegung von Personen und Wirtschaftsgütern. Aufgrund der gegenwärtigen Haushaltslage ist es nicht möglich mit den vorhandenen Mitteln den bestehenden Investitionsbedarf zu decken. Daher ist es erforderlich, alternative Konzepte für eine Finanzierung der notwendigen Verkehrsinfrastruktur zu erarbeiten. Die Bundesregierung ist ständig bestrebt, neue Konzepte zur Bereitstellung der erforderlichen Infrastruktur zu entwickeln und zu realisieren. Diese betreffen insbesondere die Bundesautobahnen. Ein Ansatz zur Lösung der bestehenden Probleme ist die Einbindung Privater. Im Mittelpunkt dieser Arbeit steht eines dieser Konzepte - das so genannte A-Modell. Die Finanzierungsgrundlage des Privaten ist hierbei die seit Anfang 2005 erhobene Autobahnmaut.

Die vorliegende Arbeit wurde im Wintersemester 2006/2007 von der Juristischen Fakultät der Universität Regensburg als Dissertation angenommen. Sie wurde von Herrn Professor Dr. Gerrit Manssen betreut, dem ich hierfür herzlich danken möchte. Mein Dank gilt zudem Herrn Professor Dr. Udo Steiner für die überaus schnelle Erstellung des Zweitgutachtens.

Mein besonderer Dank gilt meinen Eltern. Sie haben mir ermöglicht, dass ich diese Arbeit schreiben konnte, und mich dabei in jeder Hinsicht unterstützt und ermutigt.

Herzlich bedanken möchte ich mich darüber hinaus auch bei all den anderen, ohne die diese Arbeit in der vorliegenden Form nicht entstanden wäre. Namentlich zu erwähnen sind insbesondere Herr Priv. Doz. Dr. jur. Christian Jahndorf - vielen Dank für die wertvollen Anregungen und Diskussionen -, Herr Usama El-Tounsy - vielen Dank für die viele Zeit, die du dir genommen hast -, Frau Friederike Graef, Herr Carsten Rothbart und Herr Lutz Lammers.

Berlin, August 2007 Anja Rösch

Inhaltsübersicht

Inhaltsverzeichnis

Abkürzungsverzeichnis

a.A.	andere Ansicht
ABBG	Autobahnbenutzungsgebührengesetz für schwere Nutzfahrzeuge
ABlEG	Amtsblatt der Europäischen Gemeinschaften
ABMG	Gesetz über die Erhebung von streckenbezogenen Gebühren für die Benutzung von Bundesautobahnen
Abs.	Absatz
AllgVwR	Allgemeines Verwaltungsrecht
AöR	Archiv des Öffentlichen Rechts
Art.	Artikel
BAG	Bundesamt für Güterverkehr
BauR	Zeitschrift für das gesamte öffentliche und zivile Baurecht
BayStrWG	Bayerisches Straßen- und Wegegesetz
BayVBl.	Bayerische Verwaltungsblätter
BB	Betriebs-Berater
BbgStrG	Brandenburgisches Straßengesetz
Bd.	Band
BerlStrG	Berliner Straßengesetz
BesVwR	Besonderes Verwaltungsrecht
BGBl.	Bundesgesetzblatt
BGH	Bundesgerichtshof
BGHZ	Entscheidungssammlung des Bundesgerichtshofes für Zivilsachen
BHO	Bundeshaushaltsordnung
BMF	Bundesministerium der Finanzen
BMVBS	Bundesministerium für Verkehr, Bau und Stadtentwicklung
BremLStrG	Bremisches Landesstraßengesetz
BR-Drs	Bundesratsdrucksache
BStBl	Bundessteuerblatt
BT-Drs	Bundestagsdrucksache
BVerfG	Bundesverfassungsgericht
BVerwG	Bundesverwaltungsgericht
CMLRev	Common Market Law Review
d.	der/die/das
DB	Der Betrieb
DÖV	Die Öffentliche Verwaltung
DStR	Deutsches Steuerrecht
DVBl.	Deutsches Verwaltungsblatt
DVP	Deutsche Verwaltungspraxis
E	Entscheidungssammlung
EGV	Vertrag zur Gründung der Europäischen Gemeinschaft
EStG	Einkommensteuergesetz
EuGH	Europäischer Gerichtshof
EUV	Vertrag über die Europäische Union
f.	folgende
FAZ	Frankfurter Allgemeine Zeitung
ff.	folgende
FFH	Fauna-Flora-Habitat
Fn.	Fußnote

FS	Festschrift
FStrAusbauG	Fernstraßenausbaugesetz
FStrG	Bundesfernstraßengesetz
FStrPrivFinG	Fernstraßenbauprivatfinanzierungsgesetz
GewArch	Gewerbearchiv
GG	Grundgesetz
GMS-OBG	Gemeinsamer Senat der Obersten Gerichte
GWB	Gesetz gegen Wettbewerbsbeschränkungen
HWG	Hamburgisches Wegegesetz
Hdb.	Handbuch
HGrG	Gesetz über die Grundsätze des Haushaltsrechts des Bundes und der Länder
HÖV	Handbuch für die Öffentliche Verwaltung
HStR	Handbuch des Staatsrechts
i.V.m.	in Verbindung mit
JuS	Juristische Schulung
JZ	Juristenzeitung
KAG	Kommunalabgabengesetz
km.	Kilometer
LB-IW	Leistungsbeschreibung, Variante Ideenwettbewerb
LKW-MautV	Verordnung zur Erhebung zum Nachweis der ordnungsgemäßen Entrichtung und zur Erstattung der Maut
LS	Leitsatz
LStrG RP	Landesstraßengesetz Rheinland-Pfalz
m.w.N.	mit weiteren Nachweisen
MautHV	Verordnung zur Festsetzung der Höhe der Autobahnmaut für schwere Nutzfahrzeuge
MKV	Muster-Konzessionsvertrag
MKV-IW	Muster-Konzeseionsvertrag, Variante Ideenwettbewerb
NJW	Neue Juristische Wochenschrift
NordÖR	Zeitschrift für Öffentliches Recht in Norddeutschland
Nr.	Nummer
NuR	Natur und Recht
NVwZ	Neue Zeitschrift für Verwaltungsrecht
NVwZ-RR	Rechtsprechungsreport
NWB	Neue Wirtschaftsbriefe
NZBau	Neue Zeitschrift für Baurecht und Vergaberecht
OVG	Oberverwaltungsgericht
PartGG	Partnerschaftsgesellschaftsgesetz
PPP	Public Private Partnership
RL	Richtlinie
Rn.	Randnummer
ROG	Raumordnungsgesetz
RuR	Raumordnung und Raumforschung
S.	Seite/Satz
Saarl. StrG	Saarländisches Straßengesetz
Sächs StrG	Sächsisches Straßengesetz
SächsVBl.	Sächsische Verwaltungsblätter
Slg.	Sammlung
StrGBaWü	Straßengesetz für Baden-Württemberg
StrG LSA	Straßengesetz für das Land Sachsen Anhalt

StrGW-MV	Straßen- und Wegegesetz des Landes Mecklenburg-Vorpommern
StrWG SH	Straßen- und Wegegesetz des Landes Schleswig-Holstein
t.	Tonnen
ThürStrG	Thüringer Straßengesetz
Tz.	Teilziffer
Überbl	Überblick
UVPG	Gesetz über die Umweltverträglichkeitsprüfung
v.	von
VBlBW	Verwaltungsblätter für Baden-Württemberg
VerwArch	Verwaltungsarchiv
VGH	Verwaltungsgerichtshof
vgl.	vergleiche
VIFGG	Gesetz zur Errichtung einer Verkehrsinfrastrukturfinanzierungsgesellschaft zur Finanzierung von Bundesverkehrswegen
Vorbem.	Vorbemerkungen
VVDStRL	Veröffentlichungen der Vereinigung der Deutschen Staatsrechtslehrer
VwGO	Verwaltungsgerichtsordnung
VwVfG	Verwaltungsverfahrensgesetz
WHG	Wasserhaushaltsgesetz
WRG	Wasserrechtsgesetz
z.B.	zum Beispiel
ZHR	Zeitschrift für das gesamte Handelsrecht und Wirtschaftsrecht
ZRP	Zeitschrift für Rechtspolitik

Kapitel 1 Einführung und Gang der Untersuchung

„Regierung sucht private Investoren für den Autobahnausbau."[1] So oder ähnlich lauten in der jüngeren Vergangenheit Schlagzeilen großer deutscher Tages- und Wirtschaftszeitungen. Im Unterschied zu anderen europäischen Ländern, insbesondere Frankreich, Italien, der Schweiz sowie Österreich, in denen Autobahnen bereits von Privaten betrieben werden,[2] sind sie in Deutschland staatliches Wirtschaftsgut. Damit sind zwei Merkmale verbunden, durch die sich Autobahnen in Deutschland von Autobahnen in den vorgenannten Ländern grundlegend unterscheiden. Zum einen ist der Staat für deutsche Autobahnen umfassend verantwortlich. Er ist zuständig für Bau, Betrieb und Unterhaltung. Dies schließt auch die Finanzierung aller Maßnahmen ein, die im Zusammenhang mit den angesprochenen Aufgabenbereichen stehen. Zum anderen ist das Befahren deutscher Autobahnen für den Nutzer grundsätzlich kostenfrei.[3] In Deutschland werden die anfallenden Ausgaben ausschließlich aus dem Staatshaushalt finanziert, ohne dass eine Gegenfinanzierung durch Erhebung eines Entgeltes von den Nutzern erfolgt. Dagegen werden in den anderen Länden, regelmäßig benutzungsabhängige, teilweise auch zeitabhängige Entgelte erhoben.

Die Diskussion über eine Veränderung des bestehenden Systems hin zu privatfinanzierten Autobahnen wurde insbesondere durch anhaltende Probleme im Verkehrshaushalt ausgelöst.[4] Bundesweit besteht im Fernstraßenhaushalt eine Finanzierungslücke von rund 2 Milliarden Euro jährlich.[5] Während sich die zur Verfügung stehenden finanziellen Mittel verknappen, steigt der Bedarf an Autobahnen, die den bestehenden Anforderungen entsprechen. Dabei gilt es nicht nur das Autobahnnetz zu ergänzen und auszubauen, vielmehr wächst auch der Bedarf, an den für die Erhaltung notwendigen, finanziellen Mitteln.

Grund der ständig wachsenden Anforderungen an das Autobahnnetz ist die Verkehrsentwicklung. Bestimmend für die Verkehrsentwicklung sind insbesondere der Fahrzeug-Bestand sowie der Transitverkehr.[6] In den zurückliegenden Jahren nimmt die Anzahl der zugelassenen Fahrzeuge in Deutschland stetig zu.[7] Zu-

---

1 FAZ, vom 28.02.2005, S. 11.

2 Vgl. *Jacob/Kochendörfer*, S. 9 ff., 29 ff.; *Schmitt*, FStrPrivFinG, S. 71 ff.

3 Diese Aussage bezieht sich auf die Rechtslage vor Einführung der Gebühr für den Schwerverkehr nach dem Autobahnbenutzungsgebührengesetz (vgl. Fn. 698), der Benutzungsgebühr nach dem Fernstraßenbauprivatfinanzierungsgesetz (vgl. Fn. 143) sowie der Autobahnmaut nach dem Autobahnmautgesetz (vgl. Fn. 12).

4 Vgl. z.B. *Steiner*, NJW 1994, 3150 (3150).

5 Oberste Baubehörde, Pressekonferenz Beckstein/Schmid vom 28.02.2005, S. 2.

6 BT-Drs 16/335, S. 5, 9.

7 Ausweislich der Angaben des Statistischen Bundesamtes waren in Deutschland im Jahr 2003 53.655.800 Kraftfahrzeuge zugelassen, 2004 waren es bereits 54.082.200 und im Jahr 2005 54.519.700 Kraftfahrzeuge (Stand 1.1. des jeweiligen Jahres). http://www.destatis.de (Stand 15.03.2006).

sätzlich wirken sich auf den deutschen Autobahnen auch die Entwicklungen der Fahrzeugzahlen anderer Länder aus. Aufgrund der Lage Deutschlands im Zentrum von Europa nimmt Deutschland den Status eines Transitlandes ein. Grenzüberschreitender Verkehr mit Ursprung im europäischen Ausland nutzt häufig deutsche Autobahnen. Hierbei kommt es nicht darauf an, ob das Fahrtziel in Deutschland liegt. Aufgrund der zentralen geographischen Lage in Europa sowie der Anbindung an die Schifffahrtswege auf Ost- und Nordsee werden deutsche Verkehrswege auch genutzt, wenn das Fahrtziel nicht im Inland liegt. Maßgeblich für die Bestimmung der Reiseroute, insbesondere unter wirtschaftlichen Gesichtspunkten, ist die jeweils kürzeste und schnellste Verbindung. Diese führt häufig über deutsches Hoheitsgebiet, da Deutschland als Bindeglied zwischen Ost- und Westeuropa fungiert. Vor dem Hintergrund eines vereinigten Europas wird sich diese Tendenz künftig noch verstärken.[8]

Es gilt somit einen Ausweg zu finden aus den beschränkten finanziellen Möglichkeiten auf der einen Seite und dem hohem, stetig wachsendem Bedarf an Investitionen in die Verkehrsinfrastruktur auf der anderen Seite. Entweder kann der beschränkten Finanzlage Rechnung getragen werden. In diesem Fall sind Investitionen in die Verkehrsinfrastruktur auf dasjenige zu beschränken, was mit den verfügbaren Mitteln finanzierbar ist. Diese Alternative muss aufgrund der zu erwartenden negativen Folgen ausscheiden. Negative Folgen ergeben sich, wenn Straßen die ihnen zukommenden Funktionen nicht mehr anforderungsgemäß erfüllen können. Straßen haben eine große Bedeutung für das Funktionieren eines Staates, das Zusammenleben der Menschen sowie die wirtschaftlichen Entwicklung.[9] Alternativ könnte die Sorge für die Verkehrsinfrastruktur vom Staat weg verlagert werden. So besteht die Möglichkeit neue Finanzquellen zu erschließen um den bestehenden Investitionsbedarf zu decken. Hierbei ist zu überlegen, ob die Aufgaben, bei einer Übertragung der entsprechenden Zuständigkeit vom Staat auf eine andere Person, im erforderlichen Umfang erfüllt würden.

Von diesen sich gegenüberstehenden Handlungsalternativen kommt ernsthaft nur die zweite in Betracht.

Genau diese Überlegung steht hinter Tendenzen auf staatlicher Ebene, die sich in den Medien durch Schlagzeilen wie „Regierung sucht private Investoren für den Autobahnausbau" widerspiegeln. Zuständigkeiten des Staates im Bereich der Autobahnen sollen auf Private übertragen werden. Eine Lösung für die oben aufgezeigten Probleme verspricht jedoch einzig eine umfassende Zuständigkeitsübertragung, welche die Ausführung der Aufgaben wie auch deren Finanzierung umfasst.

---

8 DB Research, Nr. 264, S. 2.

9 Dazu siehe im Einzelnen Kapitel 1 A.

Unter dem Motto „Bauen jetzt - Investitionen beschleunigen" kündigte die Bundesregierung im Oktober 2001 ein Programm zur Erweiterung bestehender Autobahnen an.[10] Das zunächst als „6er Modell" bezeichnete Konzept firmiert nach seiner Weiterentwicklung nunmehr unter dem Begriff „A-Modell". „A" steht hierbei für Ausbau.[11] Einem Privaten wird der Ausbau eines Autobahnabschnittes von vier auf sechs Fahrstreifen übertragen. Außerdem ist er zuständig für den Betrieb des erweiterten Abschnittes. Als Gegenleistung erhält der Private die auf diesen Autobahnabschnitt anteilig entfallende Autobahnmaut.

Somit ist die Einführung einer streckenbezogenen Autobahnmaut Grundlage und Voraussetzung des A-Modells. Dies geschieht durch das Gesetz über die Erhebung von streckenbezogenen Gebühren für die Benutzung von Bundesautobahnen mit schweren Nutzfahrzeugen, welches am 12.04.2002 in Kraft trat.[12]

Im Unterschied zu einem zeitabhängigen Entgelt ermöglicht ein entfernungsabhängiges Entgelt die Ermittlung und Zuweisung des auf den betreffenden Autobahnabschnitt entfallenden Anteils an der Autobahnmaut. Mit der Einführung einer streckenbezogenen Gebühr für die Benutzung von Bundesautobahnen greift die Bundesregierung einen Vorschlag der Pällmann-Kommission[13] auf, die in ihrem Schlussbericht vom 05.09.2000 vor dem Hintergrund der angestrebten Umstellung von einer Haushaltsfinanzierung auf eine Nutzerfinanzierung die Einführung eines entfernungsabhängigen Entgeltes empfahl.[14]

A. Bestimmung des Untersuchungsgegenstandes

Das A-Modell befasst sich ausschließlich mit Ausbau, Erhaltung, Betrieb und Finanzierung von Bundesautobahnabschnitten.[15] Im Mittelpunkt der Arbeit stehen demnach nur Bundesautobahnen. Vor einer Annäherung an die Frage nach den Möglichkeiten und Grenzen eines neuen Konzeptes zur Bereitstellung not-

---

10 Vgl. Antwort der Bundesregierung auf die kleine Anfrage zum Programm „Bauen jetzt - Investitionen beschleunigen" vom 28.03.2003, BT-Drs 14/8724.

11 *Alfen/Mayrzedt/Tegener*, S. 55; Oberste Baubehörde, Pressekonferenz Beckstein/Schmid vom 28.02.2005, S. 4.

12 Autobahnmautgesetz (ABMG) vom 05.04.2002, BGBl. I 2002, 1234, geändert durch den am 09.07.2003 in Kraft getretenen Art. 1 des Gesetzes vom 28.06.2003, BGBl. I 2003, 1050, geändert durch Erstes Gesetz zur Änderung des Autobahnmautgesetzes für schwere Nutzfahrzeuge vom 02.12.2004, BGBl. I 2004, 3120, neu gefasst durch die am 08.12.2004 in Kraft getretene Bekanntmachung vom 02.12.2004, BGBl. I 2004, 3122.

13 Die Kommission Verkehrsinfrastrukturfinanzierung, nach ihrem Vorsitzenden auch Pällmann-Kommission genannt, wurde 1999 vom Bundesministerium für Verkehr, Bau- und Wohnungswesen als unabhängige Expertenkommission eingesetzt. Der Schlussbericht datiert vom 05.09.2002.

14 Pällmann-Kommission, S. 31.

15 Für viele: Bundesministerium für Verkehr, Bau- und Wohnungswesen, Gutachten zum A-Modell, S. 15; *Fabian/Farle*, DStR 2004, 929 (929); *Fabian/Farle*, DStR 2004, 1415 (1415); *Neumann/Müller*, NZBau 2003, 299 (300); *Roth*, NVwZ 2003, 1056 (1056); *Sydow*, NWB Fach 2, 2003, 8187 (8188).

wendiger Infrastruktur, beschränkt auf Bundesautobahnen, und dem Versuch einer Lösung, in deren Mittelpunkt ein gegenwärtig diskutiertes Alternativmodell steht, ist es zwingend notwendig, den Untersuchungsgegenstand näher zu bestimmen.

„Straßen" sind die übergeordnete Kategorie, unter die auch Bundesautobahnen zu subsumieren sind. Der Begriff „Straße" leitet sich ab von dem spätlateinischen Ausdruck „strata (via)" in der Bedeutung „gepflasterter Weg".[16] Er bezeichnet eine kunstmäßig hergestellte bauliche Anlage, die dem nicht spurgebundenen Landverkehr dient.[17] Während Bauweise sowie Reichweite und Art der Nutzung von Straßen im Laufe der Zeit Veränderungen unterlagen, unterscheidet sich ihre heutige Funktion nicht von der ursprünglichen. Unverändert dienen Straßen dem Verkehr, der Bewegung von Personen und Wirtschaftsgütern[18].

Die große Bedeutung, die ihnen im Allgemeinen zugemessen wird, zeigt sich darin, dass Straßen auch als „Lebensadern"[19] eines Staates und der Gesellschaft angesehen werden. Als Medium raumüberwindender Prozesse, in deren Mittelpunkt Personen und Wirtschaftsgüter stehen, kommt ihnen entscheidende gesellschaftlich-soziale und wirtschaftliche Bedeutung zu. Hierbei muss weiter untergliedert werden. Dienen Verkehrswege der Überwindung großer Entfernungen, also dem Fernverkehr, erfüllen sie ihre Funktion als Verkehrsträger. Sie dienen dem Transport und der Beförderung von Personen und Gütern. Im Ortsbereich werden Straßen zusätzlich zu Zwecken der Information[20], Kommunikation und als Handelsplatz genutzt.[21] Bestand und Ausbauzustand eines staatlichen Straßennetzes wirkt sich unmittelbar auf die Mobilität von Menschen und Gütern aus. Dadurch wird auch die Produktivität und damit der Wirkungsgrad einer Volkswirtschaft beeinflusst, was sich wiederum mittelbar auf die Beschäftigung und das Einkommen der Bevölkerung auswirkt. Beides hängt insbesondere vom Transport der Wirtschaftsgüter ab.[22]

Herkömmlich bezeichnet man Straßen auch als (Land)Verkehrswege. Verkehrswege verbinden mindestens zwei geographisch an verschiedenen Punkten

---

16 Brockhaus, Stichwort „Straße".

17 *Krämer*, in: Kodal/Krämer, Kapitel 4 Rn. 1.

18 *Ziekow*, Rn. 1011. Bereits unter dem preußischen allgemeinen Landrecht - ALR - herrschte die Ansicht, dass Straßen insbesondere dem „Reisen und Fortbringen von Sachen" dienen. *Mußgnug*, in: Bartlsperger/Blüml/Schroeter, S. 81 (85).

19 *Steiner*, in: Isensee/Kirchhof, HStR III, § 81 Rn. 1.

20 Beispielsweise als Werbeträger oder politisches Forum. *Mußgnug*, in: Bartlsperger/Blüml/Schroeter, S. 81 (82).

21 Allgemein zu Aufgaben, Funktionen und Zweck von Straßen *Alfen/Mayrzedt/Tegener*, S. 29 ff.; *Bartlsperger*, S. 127 f.; Pällmann-Kommission, S. 8, 16 f.; *Steiner*, JuS 1984, 1 (1); *Steiner*, in: Isensee/Kirchhof, HStR III, § 81 Rn. 1; *Steiner*, in: Steiner, BesVwR, Rn. 3; *Mußgnug*, in: Bartlsperger/Blüml/Schroeter, S. 81 (85).

22 *Steiner*, in: Isensee/Kirchhof, HStR III, § 81 Rn. 1.

gelegene Orte. In Abhängigkeit des genutzten Mediums unterscheidet man Landverkehrswege von Luft- und Wasserverkehrswegen. Weitere Differenzierungen innerhalb der vorgenannten Kategorien ergeben sich aus der Art ihrer Nutzung.[23] Hinsichtlich der Landverkehrswege kommt der Gebrauch mittels schienengebundener Fahrzeuge oder fußläufig in Betracht.

Für die vorliegende Arbeit allein maßgebend sind jedoch als glatte Straßen ausgestaltete Landverkehrswege, die dem nicht schienengebundenen Verkehr mit Kraftfahrzeugen gewidmet sind. Dergestalt eröffnen Landverkehrswege die Möglichkeit eines in Geschwindigkeit und Bewegungsradius flexiblen Gebrauchs, was als Hauptgrund des herausragenden Stellenwertes von Straßen in Gesellschaft und Wirtschaft zu bewerten ist.

Abhängig von ihrem Zweck lassen sich Straßen zunächst in öffentliche und private Straßen untergliedern. Öffentliche Straßen kennzeichnet ihre Zweckbestimmung als öffentliche Straße im Sinn des Straßen- und Wegerechtes, die durch Widmung[24] vorgenommen wird. Sie dienen im Rahmen des Gemeingebrauchs dem öffentlichen Verkehr. Im Unterschied dazu fehlt privaten Straßen die Widmung. Darüber hinaus dienen sie nicht öffentlichen sondern privaten Verkehrsbedürfnissen.[25] Vorliegende Arbeit beschränkt sich auf die Gruppe der öffentlichen Straßen im Sinne des Straßen- und Wegerechtes.

Vor dem Hintergrund historischer Entwicklung sowie verfassungsrechtlicher Vorgaben teilen die Straßengesetze alle öffentlichen Straßen in Klassen ein. Die Klassifizierung erfolgt in Abhängigkeit ihrer jeweiligen Verkehrsbedeutung und bildet im Ergebnis die Zuweisung der Aufteilung der Straßenbauaufgaben an die wegeunterhaltungspflichtigen Körperschaften ab.[26] Untersuchungsgegenstand der vorliegenden Arbeit sind ausschließlich Bundesautobahnen, also lediglich ein Teilbereich des in Deutschland vorhandenen Straßennetzes. Bundesautobahnen sind als überörtlicher Verkehrsweg zu qualifizieren. Dagegen handelt es sich um Straßen des örtlichen Verkehrs, wenn sie den Verkehr innerhalb einer Gemeinde aufnehmen sollen, gegebenenfalls auch den Verkehr zwischen be-

---

23 Zur Unterscheidung von Verkehrsarten und Verkehrswegen: BVerfG, Urteil vom 30.10.1962, E 15, 1 (12 ff.); *Maunz*, in: Maunz/Dürig, GG, Bd. V, Art. 74 Rn. 237; *Sannwald*, in: Schmidt-Bleibtreu/Klein, GG, Art. 74 Rn. 219a.

24 Widmung ist die durch die Rechtsordnung mit Rechtswirkung verbundene Bestimmung einer Sache für den öffentlichen Zweck. *Axer*, S. 138 ff.; *Axer*, NVwZ 1996, 114 (115); *Papier*, in: Achterberg/Püttner, Bd. I, S. 522; *Schmidt-Aßmann*, in: Schmidt-Aßmann, S. 76; *Schulze*, S. 5; *P. Stelkens/U. Stelkens*, in: Stelkens/Bonk/Sachs, VwVfG, § 35 Rn. 232; Wolff/Bachof/Stober, Bd. 2, § 76. Zur Widmung von öffentlichen Straßen siehe *v. Dannwitz*, in: Schmidt-Aßmann, S. 914 ff.; *Herber*, in: Kodal/Krämer, Kapitel 7; *Papier*, in: Achterberg/Püttner, Bd. I, S. 540 ff.; *Sauthoff*, NVwZ 1998, 239 (240 f.).

25 OLG Oldenburg, Beschluss vom 07.02.1996, NVwZ-RR 1997, 677; *Krämer*, in: Kodal/Krämer, Kapitel 4 Rn. 1.1 f., 2 ff., 10.

26 Zur historischen Entwicklung: *Krämer*, in: Kodal/Krämer, Kapitel 8 Rn. 2.2 ff., 10 ff.; *Sieder*, in: Sieder/Zeitler, BayStrWG, Art. 3 Rn. 2; *Zimniok*, BayStrWG, Einführung, S. 5.

nachbarten Gemeinden.[27] Es wird deutlich, dass die Abgrenzung auf der Art des aufzunehmenden Verkehrs und den zu überwindenden Entfernungen basiert.[28] Zusammenfassend lässt sich feststellen, dass überörtlicher Verkehr all das ist, was nicht zum örtlichen Verkehr gehört.

Innerhalb der Straßen, die dem überörtlichen Verkehr dienen, differenzieren die Straßen- und Wegegesetze in Abhängigkeit von der Verkehrsbedeutung der jeweiligen Straße zwischen Bundesstraßen des Fernverkehrs (Bundesautobahnen und Bundesstraßen), die dem weiträumigen Verkehr zu dienen bestimmt sind, Landstraßen I. Ordnung (Landesstraßen), die ihrerseits dem Durchgangsverkehr innerhalb eines (Bundes)-Landes zu dienen bestimmt sind sowie Landstraßen II. Ordnung (Kreisstraßen), welche den „sonstigen" überörtlichen Verkehr aufnehmen sollen.[29]

Bundesautobahnen gehören neben den Bundesstraßen mit den Ortsdurchfahrten zu den Bundesstraßen für den Fernverkehr[30], auch Bundesfernstraßen genannt; § 1 Abs. 1, 2 FStrG[31]. Innerhalb der Gruppe der Bundesfernstraßen sind Bundesautobahnen wiederum legaldefiniert als *„Bundesfernstraßen, die nur für den Schnellverkehr mit Kraftfahrzeugen bestimmt und so angelegt sind, dass sie frei von höhengleichen Kreuzungen und für Zu- und Abfahrt mit besonderen Anschlussstellen ausgestattet sind. Sie sollen getrennte Fahrbahnen für den Richtungsverkehr haben."*; § 1 Abs. 3 FStrG. Im Unterschied zu den Bundesstraßen kennzeichnet Bundesautobahnen die Zweckbestimmung für den Schnellverkehr sowie eine Bauweise, die besondere bauliche Merkmale aufweist.[32] Zweckbestimmung und Nutzungsart können nicht isoliert voneinander betrachtet werden. Sie bedingen sich in Voraussetzung und Wirkung gegenseitig. Voraussetzung der Nutzung durch den Schnellverkehr ist eine bestimmte bauliche Gestaltung. Umgekehrt erlaubt gerade die besondere Bauweise ein Befahren mit hohen Geschwindigkeiten.

Neben den tatsächlichen Merkmalen können Bundesautobahnen auch unter rechtlichen Gesichtspunkten von den anderen Straßen abgegrenzt werden. Abgrenzungskriterien lassen sich beispielsweise daraus ableiten, welchem Hoheitsträger die Gesetzgebungs- und Verwaltungskompetenz zugewiesen wird. Für die Praxis ist darüber hinaus maßgeblich, wer für die Finanzierung Sorge zu tragen

---

27 *Krämer*, in: Kodal/Krämer, Kapitel 8 Rn. 10.

28 *Sauthoff*, Rn. 293 ff.

29 *Krämer*, in: Kodal/Krämer, Kapitel 8 Rn. 6 ff.

30 Bundesfernstraßen sind in § 1 Abs. 1 S. 1 FStrG legaldefiniert. „Bundesstraßen des Fernverkehrs (Bundesfernstraßen) sind öffentlichen Straßen, die ein zusammenhängendes Verkehrsnetz bilden und einem weiträumigen Verkehr dienen oder zu dienen bestimmt sind."

31 Bundesfernstraßengesetz in der Fassung der Bekanntmachung vom 20.02.2003, BGBl. I 2003, 286, geändert durch Art. 3 des Gesetzes vom 22.04.2005, BGBl. I 2005, 1128.

32 *Herber*, in Kodal/Krämer, Kapitel 8 Rn. 6; *Marschall*, in: Marschall/Schroeter/Kastner, FStrG, § 1 Rn. 5.

hat. Von entscheidender Bedeutung ist in diesem Zusammenhang auch die Zuweisung der Straßenbaulast. Die Erörterung der damit aufgeworfenen Fragen im Hinblick auf Bundesautobahnen bleibt dem nachfolgenden Abschnitt vorbehalten.

Das Netz von Bundesautobahnen in Deutschland umfasst gegenwärtig 12.174 Streckenkilometer.[33] Verglichen mit dem gesamten übrigen überörtlichen Straßennetz von 231.467 km Länge[34] handelt es sich nur um einen geringen Teil. Dennoch sind Bundesautobahnen, wie oben hergeleitet, innerhalb der Straßen von herausragender Bedeutung. Ihre Wichtigkeit basiert hauptsächlich auf ihrem Charakter als Verkehrsweg, der aufgrund seiner baulichen Merkmale ein Befahren mit verhältnismäßig hohen Geschwindigkeiten erlaubt. Berücksichtigt man, dass das übrige Straßennetz, gemessen an den Streckenkilometern, in einer wesentlich höheren Ausbaustufe vorhanden ist, benötigt man dort für den Weg zwischen zwei Punkten regelmäßig eine kürzere Strecke, als wenn man Bundesautobahnen nutzen würde. Den Geschwindigkeitsvorteil den Bundesautobahnen aufgrund ihrer baulichen Gestaltung bieten, können sie dennoch nicht kompensieren.

B. Konventionelles Modell - Bau, Betrieb, Erhaltung und Finanzierung der Bundesautobahnen durch den Staat

Ziel der Arbeit ist die Erörterung eines vom Gesetzgeber verfolgten Alternativmodells - „A-Modell" - für Bau, Betrieb, Erhaltung und Finanzierung von Bundesautobahnen. Zur Verdeutlichung der Besonderheiten, die das A-Modell vom so genannten konventionellen Modell unterscheiden, ist es erforderlich, auf das gegenwärtig vorherrschende konventionelle Modell der Aufgabenverteilung im Bereich der Bundesautobahnen einzugehen. Hierbei beschränkt sich die Darstellung im Wesentlichen auf das Folgende: Im Anschluss an die Definition des Untersuchungsgegenstandes in Kapital 1. A. folgt nunmehr eine Aufstellung und Inhaltsbestimmung der Aufgaben, die im Zusammenhang mit Bundesautobahnen zu erfüllen sind sowie eine Darstellung, wer für die Erfüllung dieser Aufgaben zuständig ist. Hierbei wird, soweit notwendig, auf die jeweiligen Rechtsgrundlagen näher eingegangen.

Wenngleich Straßenbauvorhaben gegenwärtig nicht ausschließlich nach Maßgabe des konventionellen Modells verwirklicht werden, so geschieht dies doch weitgehend. Dennoch existieren in geringem Umfang Bereiche, in denen Private in die zu erfüllenden „Straßenbau"Aufgaben eingebunden sind. Im Vergleich zum A-Modell kennzeichnet diese vor allem eine geringere gegenständliche Reichweite, der sachliche Anwendungsbereich ist wesentlich kleiner.[35]

---

[33] Stand 01.01.2005, BT-Drs 16/335, S. 8.

[34] Stand 01.11.2005, BT-Drs 16/335, S. 8.

[35] Private werden gegenwärtig im Rahmen des so genannten „F-Modells" in die Verwirklichung von Straßenbauvorhaben eingebunden. Dazu vgl. Kapitel 1 C. II.

Wie bereits angedeutet, lassen sich Straßen in Deutschland anhand verschiedener Kriterien voneinander abgrenzen. Im Folgenden wird zur Verdeutlichung lediglich eine Auswahl markanter Unterscheidungsmerkmale genannt sowie einige wichtige näher erläutert.[36] So wird insbesondere der Frage nach den Gesetzgebungs- und Verwaltungskompetenzen bei Bundesautobahnen nachgegangen. Bedeutsam ist zudem die Zuweisung der Finanzierungsverantwortung. Von der vergleichsweisen Erörterung anderer Straßen unter den aufgeworfenen Gesichtspunkten wird in dieser Arbeit verzichtet.[37]

I. Bundesautobahnen innerhalb der Gesetzgebungs- und Verwaltungskompetenznormen des Grundgesetzes

Die Zuständigkeit für gesetzgebende Maßnahmen im Zusammenhang mit Straßen sowie deren Verwaltung ist in Deutschland auf verschiedene Hoheitsträger aufgeteilt. Im nachfolgenden Kapitel wird herausgearbeitet, wem die Gesetzgebungs- und Verwaltungskompetenz im Hinblick auf Bundesautobahnen zugewiesen ist. Maßgeblich sind insoweit die Vorschriften des Grundgesetzes, in welchen die Verteilung der angesprochenen Kompetenzen grundlegend geregelt ist. Ein Indiz für die Kompetenzverteilung bietet bereits der Begriff der „Bundesautobahn", der eine Zuständigkeit des Bundes vermuten lässt.

Hinsichtlich der Gesetzgebungskompetenzen ist zunächst abzugrenzen. Rechtsnormen, die sich letztlich auf Straßen und im weitesten Sinn deren Nutzung beziehen, können grundsätzlich zwei Komplexen von Vorschriften zugeordnet werden. Man unterscheidet zwischen Straßenrecht und Straßenverkehrsrecht.[38] Obwohl sich die Normen in ihrer Gesamtheit auf dasselbe Objekt - Straßen - beziehen, unterscheiden sie sich in Anknüpfungspunkt und Regelungsziel. Rechtsprechung und Schrifttum beschreiben das Verhältnis von Straßenrecht zu Straßenverkehrsrecht als „deutlich abgegrenzte Regelungsmaterien", die dennoch in „sachlichem Zusammenhang" stehen.[39] Während das Straßenverkehrsrecht als Ordnungsrecht die Gewährleistung von Sicherheit und Leichtigkeit des Verkehrs anstrebt,[40] regelt das Straßenrecht mit der Bereitstellung und Unterhal-

---

36 Eine Übersicht findet sich bei *Krämer*, in: Kodal/Krämer, Kapitel 8 Rn. 2.1.

37 Hierzu sei verwiesen auf Kodal/Krämer, passim.

38 BVerfG, Urteil vom 10.12.1975, E 40, 371 (378); BVerfG, Beschluss vom 09.10.1984, E 67, 299 (314); BVerwG, Urteil vom 28.11.1969, E 34, 241 (243); BVerwG, Urteil vom 26.06.1981, E 62, 376 (378); BGH, Beschluss vom 04.12.2001, NJW 2002, 1280 (1281); *Manssen*, DÖV 2001, 151 (151 f.); *Oeter*, in: v. Mangoldt/Klein/Stark, GG, Bd. 2, Art. 74 Rn. 198; *Rebler*, BayVBl. 2005, 394 (passim); *Rengeling*, in: Isensee/Kirchhof, HStR IV, § 100 Rn. 230 f.; *Sauthoff*, Rn. 46 ff.; *Steiner*, JuS 1984, 1 (1 ff.); *Steiner*, in: Steiner, BesVwR, Rn. 5; Zur Entwicklung *Evers*, NJW 1962, 1033 (1033 ff.).

39 Ausdrücklich BVerfG, Beschluss vom 10.12.1975, E 40, 371 (378). Entsprechende Aussagen auch in: BVerwG, Urteil vom 28.11.1969, E 34, 241 (243); *Steiner*, JuS 84, 1 (3).

40 BVerfG, Beschluss vom 09.02.1972, E 32, 319 (326); BVerfG, Beschluss vom 10.12.1975, E 40, 371 (379 f.); BVerwG, Urteil vom 28.11.1969, E 34, 241 (243), BVerwG, Urteil vom 12.12.1969, E 34, 320 (323); BVerwG, Urteil vom 28.05.1998,

tung von Straßen einen wichtigen Aufgabenbereich der Leistungsverwaltung[41]. Dies vorausgesetzt sind im Zusammenhang mit Bau, Betrieb und Erhaltung von Bundesautobahnen allein Vorschriften und Kompetenzzuweisungsnormen maßgebend, die Straßenrecht zum Gegenstand haben.

Das Grundgesetz weist den Straßenverkehr, das Kraftfahrwesen, den Bau und die Unterhaltung von Landstraßen für den Fernverkehr sowie die Erhebung und Verteilung von Gebühren oder Entgelten für die Benutzung öffentlicher Straßen mit Fahrzeugen in Art. 74 Abs. 1 Nr. 22 GG dem Bereich der konkurrierenden Gesetzgebung zu. Daher sind die Länder im Bereich des Straßenrechts zur Gesetzgebung zuständig, solange und soweit der Bund von seinem Gesetzgebungsrecht nicht Gebrauch macht.[42] Art. 74 Abs. 1 Nr. 22 GG basiert auf der vorher getroffenen Abgrenzung des Straßenverkehrsrechtes vom Straßen- und Wegerecht. Ohne gegenständliche Einschränkung ist der Bund zuständig für die Regelung des Straßenverkehrs. Dagegen beschränkt sich seine Gesetzgebungskompetenz im Straßenrecht auf Landstraßen des Fernverkehrs. Infolge der im Zuge der Förderalismusnovelle vorgenommenen Änderungen des Grundgesetzes[43] ist ein „Trias der konkurrierenden Gesetzgebungskompetenzen“[44] entstanden. Innerhalb der konkurrierenden Gesetzgebungkompetenzen wird nunmehr differenziert zwischen Kernkompetenzen[45], Bedarfskompetenzen[46] und Abweichungs-

---

DVBl. 1998, 1138 (1140); *Krämer*, in: Kodal/Krämer, Kapitel 3 Rn. 5.4; *Steiner*, JuS 1984, 1 (2); *Steiner*, in: Steiner, BesVwR, Rn. 8.

41 BVerfG, Beschluss vom 10.12.1975, E 40, 371 (378); BVerwG, Urteil vom 28.11.1969, E 34, 241 (243); BVerwG, Urteil vom 12.12.1969, E 34, 320 (323); *Krämer*, in: Kodal/Krämer, Kapitel 3 Rn. 5.3; *Steiner*, JuS 1984, 1 (3); *Steiner*, in: Steiner, BesVwR, Rn. 6; *Manssen*, DÖV 2001, 151 (151 ff.).

42 Zur konkurrierenden Gesetzgebung: BVerfG, Beschluss vom 09.02.1972, E 32, 319 (327); BVerfG, Beschluss vom 10.03.1976, E 42, 20 (28); *Isensee*, in: Badura/Dreier, BVerfG - FS, Bd. II, S. 719 (744 f.); *Oeter*, in: v. Mangoldt/Klein/Stark, GG, Bd. 2, Art. 72 Rn. 50 ff.; *Pieroth*, in: Jarass/Pieroth, GG, Art. 72; *Rybak/Hofmann*, NVwZ 1995, 230 passim; *Sannwald*, in: Schmidt-Bleibtreu/Klein, GG, Art. 72.

43 Gesetz zur Änderung des Grundgesetzes (Artikel 22, 23, 33, 52, 72, 73, 74, 74a, 75, 84, 85, 87c, 91a, 91b, 93, 98, 104a, 104b, 105, 107, 109, 125a, 125b, 125c, 143c) vom 28.02.2006, BGBl. I 2006 2034 ff.

44 *Ipsen*, NJW 2006, 2801 (2803).

45 Im Rahmen der Kernkompetenzen bedarf es keiner besonderen Prüfung, ob eine bundesgesetzliche Regelung „erforderlich“ ist. Nach Ansicht des verfassungsändernden Gesetzgebers ist in diesem Bereich die Erforderlichkeit einer bundesgesetzlichen Regelung stets zu bejahen. BT-Drs 16/813, S. 8, 11; *Ipsen*, NJW 2006, 2801 (2803 f.); *Ipsen*, Staatsrecht I, Rn. 557 ff.

46 Die Bedarfskompetenzen entsprechen im Wesentlichen den früheren konkurrierenden Gesetzgebungskompetenzen (vgl. Fn. 42). Es findet eine zusätzliche Prüfung statt, ob „die Herstellung gleichwertiger Lebensverhältnisse im Bundesgebiet oder die Wahrung der Rechts- oder Wirtschaftseinheit im gesamtstaatlichen Interesse eine bundesgesetzliche Regelung erforderlich macht“. *Ipsen*, NJW 2006, 2801 (2803 f.); *Ipsen*, Staatsrecht I, Rn. 557 ff.

kompetenzen[47]. Diese unterscheiden sich durch eine voneinander abweichende Regelung des Verhältnisses von Bundes- und Landesgesetzgebung.[48] Von seiner Kompetenz hat der Bund zulässigerweise Gebrauch gemacht und die ihm zugewiesenen Materien durch das Bundesfernstraßengesetz umfassend geregelt.[49] Für länderseitige Regelungen auf dem Gebiet des Straßenrechts verbleibt daneben kein Raum. Art. 74 Abs. 1 Nr. 22 GG ist den Bedarfskompetenzen zugewiesen, so dass sich im Vergleich zur Regelung vor der Förderalismusnovelle keine Änderung ergibt.

Unklar bleibt zunächst die gegenständliche Reichweite der Kompetenzzuweisung, insbesondere die Frage, ob Bundesautobahnen erfasst sind oder nicht. Das hängt davon ab, ob Bundesautobahnen unter den Begriff der „Landstraßen für den Fernverkehr" aus Art. 74 Abs. 1 Nr. 22 GG zu subsumieren sind. Eine Legaldefinition dieses Begriffes enthält das Grundgesetz nicht. An anderer Stelle, in Art. 90 Abs. 2 GG, innerhalb der Vorschriften über die Verwaltungskompetenzen, wird jedoch die Wendung *„Bundesautobahnen oder sonstige[...] Bundesstraßen des Fernverkehrs"*[50] verwendet. Mithin setzt das Grundgesetz die Existenz einer nach besonderen Merkmalen abgegrenzten Straßenklasse voraus, die als Bundesautobahnen bezeichnet werden. Art. 90 Abs. 2 GG weist die Vorschrift Bundesautobahnen ausdrücklich dem Bereich der Bundesauftragsverwaltung zu und nicht der Landesverwaltung. Wenngleich die grundgesetzlichen Regelungen zu den Gesetzgebungskompetenzen Bundesautobahnen im Unterschied zu den Bestimmungen über die Verwaltungskompetenzen nicht explizit nennen, geht diese Arbeit mit der herrschenden Meinung davon aus, dass Art. 74 Abs. 1 Nr. 22 GG Bundesautobahnen erfasst.[51] Bestätigend kann heran-

---

47 Die Ausgestaltung der Abweichungskompetenten ist gegenüber dem bisherigen System der Gesetzgebungskompetenzen völlig neuartig. Bund und Länder besitzen in den erfassten Regelungsbereichen jeweils eine Vollkompetenz. Im Unterschied zu den Kern- und Bedarfskompetenzen besteht keine zeitliche und sachliche Sperrwirkung der bundesgesetzlichen Regelung. Vielmehr sind die Länder dazu berechtigt, von der bundesgesetzlichen Regelung abzuweichen. *Ipsen*, NJW 2006, 2801 (2803 f.); *Ipsen*, Staatsrecht I, Rn. 557 ff.

48 *Ipsen*, NJW 2006, 2801 (2803); *Ipsen*, Staatsrecht I, Rn. 556.

49 *Krämer*, in: Kodal/Krämer, Kapitel 2 Rn. 36.2; *Papier*, in: Achterberg/Püttner, Bd. I, S. 527; *Wendrich*, BauR 1985, 152 (155).

50 Was unter dem Begriff der „sonstige[n] Bundesstraßen des Fernverkehrs" zu verstehen ist, definiert das Grundgesetz nicht. Zur Auslegung eines Rechtsbegriffes im Rang von Verfassungsrecht auf eine einfachgesetzliche Definition zurückzugreifen, ist unzulässig. Es steht im Widerspruch zum Grundsatz der „Verfassungsmäßigkeit der Gesetze". Einfache Gesetze werden auf ihre Übereinstimmung mit der Verfassung hin überprüft. Definierte ein einfaches Gesetz einen Begriff des Verfassungsrechtes, wäre es dem Gesetzgeber möglich, Einfluss auf den Inhalt der Verfassung zu nehmen und selbst die Maßstäbe zu setzen, an denen im Anschluss die untergeordneten Gesetze überprüft werden. *Henneke* spricht insoweit von der „methodischen Unzulässigkeit" der Übernahme eines einfachgesetzlich definierten Begriffes in das Verfassungsrecht. *Henneke*, Rn. 379.

51 Landstraßen für den Fernverkehr sind gleichzusetzen mit den Bundesfernstraßen, zu de-

gezogen werden, dass der Bund zwar nicht hinsichtlich aller Bereiche, in denen er gesetzgebungsbefugt ist, auch eine Verwaltungskompetenz besitzen muss. Jedoch sind die Verwaltungskompetenzen des Bundes inhaltlich durch seine Gesetzgebungskompetenzen begrenzt.[52] Er kann nicht für die Verwaltung zuständig sein, wenn ihm in dem entsprechenden Bereich nicht die Gesetzgebungskompetenz zugewiesen ist. Dies vorausgesetzt zwingt Art. 90 Abs. 2 GG zu dem Schluss, Bundesautobahnen als Teilbereich der „Landstraßen für den Fernverkehr“ anzusehen. Wenn, wie vorstehend ausgeführt, der Bund im Bereich der Bundesautobahnen eine Verwaltungszuständigkeit besitzt, muss ihm in diesem Bereich auch die Gesetzgebungskompetenz zugewiesen sein. Als Indiz für diese Ansicht kann zudem der Wortlaut von Art. 90 Abs. 2 GG herangezogen werden. Die Vorschrift spricht von „Bundesautobahnen oder sonstigen Bundesstraßen des Fernverkehrs. „Sonstige“ verdeutlicht, dass auch die Bundesautobahnen selbst zur Gruppe der Bundesstraßen des Fernverkehrs zu zählen sind.

Die Gesetzgebungskompetenz für Bau und Unterhaltung von Bundesautobahnen umfasst alle vorbereitenden, realisierenden und laufend zu erfüllenden Aufgaben, die im Zusammenhang mit Bundesautobahnen zu erfüllen sind. Im Einzelnen handelt es sich um Planung, Bau - untergliedert in Neu- und Ausbau - Unterhaltung sowie Betrieb.[53] Legt man der Interpretation beider Begriffe ein eher technisches Verständnis zugrunde, erfassten sie planende Tätigkeiten, die im Vorfeld der Bundesautobahnentstehung anfallen, jedenfalls nicht.[54] Historisch fundiert versteht man heute unter dem „Bau“ einer Straße den gesamten Vorgang ihrer Bereitstellung. Neben der tatsächlichen Errichtung schließt „Bau“ in beiden Alternativen begrifflich die Planung mit ein. Entsprechend wird auch der Begriff der „Unterhaltung“ weit interpretiert und beschreibt die Erhaltung der Straße einschließlich ihrer Erneuerung und Wiederherstellung.[55]

---

nen auch die Bundesautobahnen gehören. *Kunig*, in: v. Münch/Kunig, GG, Bd. 3, Art. 74 Rn. 111; *Maunz*, in: Maunz/Dürig, GG, Bd. V, Art. 74 Rn. 241; *Oeter*, in: Dolzer/Vogel/Graßhof, Bonner GG, Art. 74 Rn. 200; *Stettner*, in: Dreier, GG, Bd. III, Art. 74 Rn. 162; *Degenhart*, in: Sachs, GG, Art. 74 Rn. 86.

52 Es ist ausgeschlossen, dass ein Bereich der Bundesauftragsverwaltung zugewiesen wird, ohne dass der Bund in diesem Bereich gesetzgebungsbefugt ist. BVerfG, Urteil vom 28.02.1961, E 12, 205 (229); BVerfG Urteil vom 30.10.1962, E 15, 1 (16); BVerfG, Urteil vom 03.07.2000, E 102, 167 (173 f.); *Krämer*, in: Kodal/Krämer, Kapitel 2 Rn. 10.1; *Rozek*, in: v. Mangoldt/Klein/Stark, GG, Bd. 2, Art. 70 Rn. 7; *Sommermann*, DVBl. 2001, 1549 (1554).

53 Zur Inhaltsbestimmung im Einzelnen siehe Kapitel 1 B. II. 1. , Kapitel 1 B. II. 2. Kapitel 1 B. II. 3.

54 Bei Zugrundelegung eines engen Begriffsverständnisses von „Bau und Unterhaltung“, würde der Regelungsgehalt des FStrG weit über die entsprechenden Gesetzgebungskompetenzen (Art. 74 Abs. 1 Nr. 22 GG) des Bundes hinausgehen. Für eine bundeseinheitliche Regelung fehlte die Rechtsgrundlage. In diesem Sinne auch BVerfG, Beschluss vom 15.07.1969, E 26, 338 (377); *Maunz*, in: Maunz/Dürig, GG, Bd. V, Art. 74 Rn. 243.

55 Das heute zugrunde liegende weite Verständnis geht zurück auf die Reichsverfassung.

Unabhängig von der Zuweisung der Gesetzgebungskompetenz ist die der Verwaltungskompetenz zu beurteilen. Das Grundgesetz trennt beide Fragen strikt. Maßgebend für die Verwaltung der Bundesautobahnen ist Art. 90 Abs. 2 GG: *„Die Länder (...) verwalten die Bundesautobahnen (...) im Auftrag des Bundes"*. Aufgrund Verfassungsrechtes wird der Verwaltungsbereich der Bundesautobahnen der Verwaltungsform Auftragsverwaltung zugewiesen. Die Verwaltung der Bundesautobahnen wird auch als wichtigster Anwendungsfall, teilweise sogar als Prototyp, der Bundesauftragsverwaltung bezeichnet.[56] Inhalt und Rechtsfolgen der Bundesauftragverwaltung ergeben sich aus Art. 85 GG.[57] Die Bundesauftrags-verwaltung ist insbesondere durch die Trennung von Wahrnehmungs-[58] und Sachkompetenz[59] gekennzeichnet. Während sich die Wahrnehmungskompetenz unentziehbar in den Händen der Länder befindet, liegt die Sachkompetenz beim Bund. Dieser besitzt gewissermaßen eine Verwaltungskompetenz „in Reserve".

Von Interesse ist, dass der sachliche Anwendungsbereich von Art. 90 Abs. 2 GG durch den Wortlaut der Vorschrift nicht abschließend festgeschrieben wird. Veränderlich zeigt er sich unter zwei Gesichtspunkten. Zunächst enthält das Grundgesetz keine Legaldefinition der Bundesautobahnen. Zulässigerweise überlässt das Grundgesetz die Begriffsbestimmung dem einfachen (Bundes)Gesetzgeber,[60] der mit § 1 FStrG von seiner Gesetzgebungskompetenz Gebrauch gemacht hat. Eine begriffliche Änderung und damit ein Eingriff in den sachlichen Anwendungsbereich von Art. 90 Abs. 2 GG bleibt jederzeit möglich. Desweiteren beschränkt sich die Auftragsverwaltung nicht auf den vorhandenen Bestand

---

Bereits der Parlamentarische Rat war der Ansicht, dass der Straßen"bau" über den Vorgang der Errichtung hinaus auch die Bestimmung der Linienführung umfasst. *Leibholz/v. Mangoldt*, JöR 1951, S. 547 Nr. 17. Ein ausführliche Aufstellung der Kompetenzinhalte von „Bau" und „Unterhaltung" findet sich bei *Krämer*, in: Kodal/Krämer, Kapitel 2 Rn. 11 ff.; *Rinke*, in: Kodal/Krämer, Kapitel, 12 Rn. 12 ff. Siehe außerdem BVerfG, Beschluss vom 15.07.1969, E 26, 338 (377); *Kunig*, in: v. Münch/Kunig, GG, Bd. 3, Art. 74 Rn. 111; *Sannwald*, in: Schmidt-Bleibtreu/Klein, GG, Art. 74 Rn. 221; *Schweitzer/Meng*, DVBl. 1975, 940 (940 ff.); *Stettner*, in: Dreier, GG, Bd. II, Art. 74 Rn. 103.

[56] *Bartlsperger*, in: Dolzer/Vogel/Graßhof, Bonner GG, Art. 90 Rn. 49; *Ibler*, in: v. Mangoldt/Klein/Stark, GG, Bd. 3, Art. 90 Rn. 42 ff.

[57] BVerfG, Urteil vom 22.05.1990, E 81, 310 (331); BVerwG, Urteil vom 30.11.1995, E 100, 56 (58); *Henneke/Ruge*, in: Schmidt-Bleibtreu/Klein, GG, Art. 85; *Pieroth*, in: Jarass/Pieroth, GG, Art. 85; *Schulte*, VerwArch 1990, 415 (passim); *Sommermann*, DVBl. 2001, 1549 (1549); *Steiner*, in: Steiner, BesVwR, Rn. 11.

[58] „Wahrnehmungskompetenz" bezeichnet das Handeln und die Verantwortlichkeit nach außen im Verhältnis zu Dritten. BVerfG, Urteil vom 22.05.1990, E 81, 310 (332); *Leibholz/Rinck/Hesselberger*, GG, Bd. II, Art. 85 Rn. 72.

[59] „Sachkompetenz" bezeichnet die Sachbeurteilung und Sachentscheidung. BVerfG, Urteil vom 22.05.1990, E 81, 310 (332); *Leibholz/Rinck/Hesselberger*, GG, Bd. II, Art. 85 Rn. 72.

[60] *Hermes*, in: Dreier, GG, Bd. III, Art. 90 Rn. 17 Fn. 56; *Ibler*, in: v. Mangoldt/Klein/Stark, GG, Bd. 3, Art. 90 Rn. 32.

an Bundesautobahnen, sondern gilt darüber hinaus auch für jegliche Erweiterungen in Form von Neu- oder Ausbauten.[61] Beides beeinflusst den Inhalt der Auftragsverwaltung, hier verstanden als Menge der Bundesautobahnen, die der Auftragsverwaltung unterliegen.

Die Länder sind im Rahmen der Auftragsverwaltung insbesondere zuständig für die Planung von Neu- und Umbau der Bundesautobahnen, Widmung sowie Regelung der Straßenbenutzung. Ihnen obliegt die faktische Straßenbaulast.[62]

Wenngleich § 5 Abs. 1 S. 1 FStrG i.V.m. § 6 FStrVermG[63] die Straßenbaulast an Bundesfernstraßen dem Bund zuweist, folgt aus Art. 90 Abs. 2 GG, dass der Bund weder tatsächlich noch rechtlich für die Verwaltung der Bundesfernstraßen zuständig ist, sondern die Länder. Die einfach gesetzliche Regelung dient nicht dazu, dem Bund eine nach außen wirkende Verwaltungszuständigkeit zu übertragen, die zur Verwirklichung der zur Straßenbaulast gehörenden Baumaßnahmen berechtigt. Sie betrifft nicht die faktische Straßenbaulast, sondern allein die finanzielle Straßenbaulast[64]. § 5 Abs. 1 S. 1 FStrG i.V.m. § 6 FStrVermG weisen dem Bund intern im Verhältnis zu den Ländern die finanzielle Straßenbaulast zu.[65] Aufgrund der Verwaltungskompetenz der Länder tragen diese die faktische Baulast.[66]

Übereinstimmend verstehen die Straßengesetze von Bund und Ländern unter der Straßenbaulast alle Aufgaben, die im Zusammenhang mit dem Bau und der Un-

---

61 *Ibler*, in: v. Mangoldt/Klein/Stark, GG, Bd. 3, Art. 90 Rn. 34; *Stüer/Probstfeld*, Rn. 283.

62 Zu den Aufgaben der Länder im Rahmen der Bundesfernstraßenverwaltung siehe BVerfG, Urteil vom 03.07.2000, E 102, 167; BVerwG, Urteil vom 15.04.1977, E 52, 226 (228); BVerwG, Urteil vom 15.04.1977, E 52, 237 (241); BVerwG, Urteil vom 22.02.1980, NJW 81, 239; BVerwG, Urteil vom 26.06.1981, E 62, 342 (344); *Bartlsperger*, in: Dolzer/Vogel/Graßhof, Bonner GG, Art. 90 Rn. 63; *Hermes*, in: Dreier, GG, Bd. III, Art. 90 Rn. 19; *Ibler*, in: v. Mangoldt/Klein/Stark, GG, Bd. 3, Art. 90 Rn. 35.

63 Gesetz über die vermögensrechtlichen Verhältnisse der Bundesautobahnen und sonstigen Bundesstraßen des Fernverkehrs, vom 02. März 1951, BGBl. I 1951, 157, geändert durch Gesetz zur Anpassung verschiedener Vorschriften über die Finanzbeziehungen zwischen dem Bund und den Ländern an die Neuregelung der Finanzverfassung vom 30.08.1971, BGBl. I 1971, 1426.

64 Zur finanziellen Straßenbaulast vgl. Kapitel 1 B. III.

65 Ausdrücklich BVerwG, Urteil vom 15.04.1977, E 52, 237 (241). Dazu auch BVerwG, Urteil vom 15.04.1977, E 52, 226 (229 f.).

66 *Bartlsperger*, DVBl. 1979, 1 (9); *Sauthoff*, Rn. 1220; *Wilke*, in: Bartlsperger/Blüml/Schroeter, S. 541 (547 f.). Eine andere Ansicht unterscheidet zwischen der Sachaufgabe und der Wahrnehmungskompetenz. Die Sachaufgabe sei dem Bund zugewiesen und werde von dem Straßenbaulastbegriff in den §§ 3, 5 Abs. 1 FStrG, § 6 Abs. 1 FStrVermG erfasst. Dagegen sei den Ländern die Wahrnehmungskompetenz zugewiesen, die nur dem Art. 90 Abs. 2 GG unterfalle. Die Straßenbaulast schließe die Wahrnehmungskompetenz nicht ein. Somit stehe § 5 Abs. 1 FStrG nicht im Widerspruch zu Art. 90 Abs. 2 GG. Vgl. *Kodal*, in: Kodal/Krämer, Kapitel 2 Rn. 15 ff. Da beide Ansichten darauf abzielen, § 5 Abs. 1 FStrG im Hinblick auf Art. 90 Abs. 2 GG restriktiv auszulegen, ist die Entscheidung für eine Ansicht entbehrlich.

terhaltung von Straßen zu erfüllen sind.[67] In den Grenzen ihrer Leistungsfähigkeit sind die Träger der Straßenbaulast dazu verpflichtet, Straßen zu bauen, zu unterhalten, zu erweitern oder sonst zu verbessern. Konkretisiert werden die Anforderungen an die Straßen durch den regelmäßigen oder zumindest gewöhnlichen Verkehr.[68]

Von der faktischen Straßenbaulast zu unterscheiden ist die finanzielle Straßenbaulast. Gegenstand der finanziellen Straßenbaulast ist die Zuweisung der Finanzierungsverantwortung, also die Frage, wer für die Finanzierung der Maßnahmen Sorge zu tragen hat, die im Zusammenhang mit der Verwaltung der Bundesautobahnen anfallen. Auf die finanzielle Straßenbaulast soll erst an späterer Stelle, im Rahmen der Finanzierung der Bundesautobahnen, näher eingegangen werden.[69] Vorausgeschickt sei lediglich, dass im Unterschied zur faktischen Straßenbaulast, die bei den Ländern liegt, der Bund die finanzielle Straßenbaulast von Bundesautobahnen trägt.

II. Bau, Erhaltung und Betrieb von Bundesautobahnen

Nachdem im Mittelpunkt des vorhergehenden Abschnittes die verfassungsrechtliche Zuweisung der Gesetzgebungs- und Verwaltungszuständigkeit stand, soll der Fokus nunmehr darauf gerichtet sein, welche Phasen Bundesautobahnen innerhalb ihres Lebenszyklus' durchlaufen. Neben der inhaltlichen Erläuterung der aufzuzeigenden Phasen sollen ausgewählte Aspekte rechtlich gewürdigt werden.

Der angesprochene Lebenszyklus einer Bundesautobahn setzt sich zusammen aus Planung, Bau (untergliedert in Neu- und Ausbau), Erhaltung sowie Betrieb. Einer chronologischen Anordnung sind die Stationen nicht oder nur teilweise zugänglich. Die Abgrenzung hat anhand ihres Inhaltes zu erfolgen.

1. Bau

Wie bereits erläutert, wird der Vorgang der Bereitstellung einer Straße als Bau bezeichnet. Neben der tatsächlichen Errichtung erfasst der Begriff zudem im Vorfeld erforderliche planerische Maßnahmen.[70] Vorbehaltlich der damit angesprochenen (Objekt)Planung, die gesondert erläutert werden soll, unterscheidet man zwischen dem Neubau sowie dem Ausbau einer Straße. Beide Alternativen werden unter dem „Bau"begriff zusammengefasst.[71] „Neubau" umschreibt den Vorgang der erstmaligen Herstellung einer Verkehrsverbindung zwischen zwei

---

[67] Exemplarisch § 3 Abs. 1 S. 1 FStrG.

[68] *Marschall*, in: Marschall/Schroeter/Kastner, FStrG, § 3 Rn. 2 ff.; *Rinke*, in: Kodal/Krämer, Kapitel 12 Rn. 3.

[69] Siehe Kapitel 1 B. III.

[70] Dazu siehe Kapitel 1 B. II. 3.

[71] *Grupp*, in: Marschall/Schroeter/Kastner, FStrG, § 3 Rn. 6; *Lorenz*, StrGBaWü, § 9 Rn. 21; *Sieder*, in: Sieder/Zeitler, BayStrWG, Art. 9 Rn. 14.

geographisch an verschiedenen Orten belegenen Punkten.[72] Handelt es sich dagegen um die bauliche Verbesserung einer bereits vorhandenen Straße, unerheblich von der Ausgestaltung[73] im konkreten Sachverhalt, spricht man vom „Ausbau“.[74]

2. Erhaltung und Betrieb

Objekt von Erhaltung[75] und Betrieb ist in jedem Fall eine bereits bestehende Straße.

Die Erhaltung einer Straße beinhaltet deren Instandhaltung und Instandsetzung sowie Erneuerung und Wiederherstellung.[76] Erhaltungsmaßnahmen sind notwendig, da Straßen äußeren Einflüssen unterliegen, die sich negativ auf die Bausubstanz auswirken. Dazu gehören insbesondere verkehrliche Einflüsse aufgrund ihrer bestimmungsgemäßen Nutzung, chemische Einflüsse durch Schadstoffe oder klimatische Einflüsse. Instandhaltung und Instandsetzung gehen den beiden letztgenannten Maßnahmen grundsätzlich zeitlich voraus und zeichnen sich durch eine geringere Intensivität aus. Im Wege von Instandhaltung wird Abnutzungserscheinungen[77] und Schäden[78] vorgebeugt. Sind Abnutzungen bzw. Schäden bereits vorhanden, werden sie durch Instandsetzung beseitigt.[79] Dabei wird keine in der Substanz neue Straße errichtet. Erneuerung, verstanden als Errichtung einer neuwertigen Trasse, als Ersatz der alten abgenutzten Straße, und Wiederherstellung, also die Neuerrichtung einer zerstörten Trasse,[80] gehen dagegen weiter.

Überschneidungen ergeben sich zwischen Maßnahmen der Erhaltung und solchen des Betriebes. Im Allgemeinen hat derjenige, der für den Betrieb einer Anlage verantwortlich zeigt, diese entsprechend ihrem bestimmungsgemäßen

---

72 *Lorenz*, StrGBaWü, § 9 Rn. 21; *Marschall*, in: Marschall/Schroeter/Kastner, FStrG, § 3 Rn. 3.1; *Rinke*, in: Kodal/Krämer, Kapitel 12 Rn. 12.1.

73 In Betracht kommen insbesondere: Verbreiterung; Begradigung der Linienführung, Verbesserung der Gradiente, bauliche Trennung der Verkehrsarten, Auswechselung des Straßenbelages. Siehe: *Grupp*, in: Marschall/Schroeter/Kastner, 4. Auflage, FStrG, § 3 Rn. 6; *Krämer*, in: Kodal/Krämer, Kapitel 12 Rn 12.2; *Lorenz*, StrGBaWü, § 9 Rn. 22.

74 *Krämer*, in: Kodal/Krämer, Kapitel 12 Rn. 12.1; *Lorenz*, StrGBaWü, § 9 Rn. 21 f.; *Marschall*, in: Marschall/Schroeter/Kastner, FStrG, § 3 Rn. 3.1.

75 Legt man dem Begriff „Unterhaltung“ ein weites Verständnis zugrunde, so entspricht er dem der „Erhaltung“. Unterhaltung und Erhaltung können insofern synonym verwendet werden.

76 *Grupp*, in: Marschall/Schroeter/Kastner, FStrG, § 3 Rn. 7; *Rinke*, in: Kodal/Krämer, Kapitel 12 Rn. 12.3 ff.

77 Folge bestimmungsgemäßen Gebrauchs; *Rinke*, in: Kodal/Krämer, Kapitel 12 Rn. 12.3.

78 Folge von Natureinflüssen oder bestimmungswidrigem Gebrauch; *Rinke*, in: Kodal/Krämer, Kapitel 12 Rn. 12.3.

79 Zusammenfassend *Grupp*, in: Marschall/Schroeter/Kastner, FStrG, § 3 Rn. 7; *Lorenz*, StrGBaWü, § 9 Rn. 26; *Rinke*, in: Kodal/Krämer, Kapitel 12 Rn. 12.3.

80 *Rinke*, in: Kodal/Krämer, Kapitel 12 Rn. 12.3.

Gebrauch zu bedienen, sofern dies nötig ist, und zum anderen durch vorbeugende oder reparierende Tätigkeiten ihre Funktionsfähigkeit zu gewährleisten. In der letzten Alternative entspricht der Begriff der betrieblichen Leistung einer oben erläuterten Erhaltungsmaßnahme.[81] Daneben gehören zu den betrieblichen Maßnahmen auch Winterdienst und Reinigung der Straßen sowie der Betrieb von Verkehrseinrichtungen.[82]

3. Planerische Maßnahmen im Vorfeld des Bundesautobahnbaus

Bleibt zuletzt der oben ausgesparte Komplex der (Objekt)Planung. Während Bau im technischen Sinn sowie Betrieb und Unterhaltung Vorgänge umschreiben, welche die Existenz einer Bundesautobahn entweder voraussetzen oder die Bundesautobahn mit unmittelbar sichtbarer Wirkung errichten, dient das Stadium der Planung allein der Schaffung theoretischer Grundlagen für den nachfolgenden Bundesautobahnbau.

Wie bereits angedeutet, schließt der (Objekt)Bau nach dem heutigen Verständnis auch die (Objekt)Planung mit ein.[83] Der nachfolgende Abschnitt enthält eine überblicksartige Darstellung der einzelnen rechtlichen Schritte (Planungsstufen), die der Verwirklichung eines Straßenbauvorhabens vorangehen.

Aufbauend auf einem allgemein gehaltenen Entwurf, folgt die schrittweise Verfeinerung und Detaillierung der Projektplanung.[84] Zunächst wird in Bedarfs- und Ausbauplänen die Entscheidung getroffen, ob und wo das Straßennetz Ergänzungen in Form des Neubaus erfahren soll, oder Änderungen am bestehenden Zustand, Ausbaumaßnahmen, notwendig sind (Bedarfsplanung). Im Rahmen der darauf folgenden vorbereitenden Planung werden allgemeine Festlegungen hinsichtlich des einzelnen Straßenbauvorhabens getroffen (Raumordnungsverfahren, Linienbestimmung). Daran schließt sich eine Planungsstufe an, in der die bis zu diesem Zeitpunkt getroffenen Entscheidungen derart konkretisiert werden, dass als Ergebnis der baulichen Ausführung des Vorhabens keine Hindernisse mehr im Weg stehen (Planfeststellung).[85] In den unterschiedlichen Planungsabschnitten sind verschiedene Verfahrensträger beteiligt.[86]

---

[81] Zu betrieblichen Leistungen *Rinke*, in: Kodal/Krämer, Kapitel 12 Rn. 13.

[82] Wenngleich sie dem Träger der Straßenbaulast obliegen, sind sie nicht Gegenstand der Straßenbaulast. *Grupp*, in: Marschall/Schroeter/ Kastner, FStrG, § 3 Rn. 16; *Rinke*, in: Kodal/Krämer, Kapitel 12 Rn. 13.

[83] Dazu siehe Kapitel 1 B. I. ; *Rinke*, in: Kodal/Krämer, Kapitel 12 Rn. 12.2; *Schmitt*, FStrPrivFinG, S. 107.

[84] *Steiner*, in: Steiner, BesVwR, Rn. 59 ff.; *Stüer/Probstfeld*, Rn. 277.

[85] Dazu beispielsweise *Rinke/Dürr*, in Kodal/Krämer, Kapitel 32 Rn. 1 ff., Kapitel 33 Rn. 2 ff., Kapitel 34 Rn. 1.1; *Sigel*, in: Schnebelt/Sigel, S. 79 ff.

[86] *Papier*, S. 79 ff.

a) Bedarfsplanung

Die auch heute noch ständig steigende Zahl an Kraftfahrzeugen[87] stellt hohe Anforderungen an das gesamtdeutsche Straßennetz. Mit zunehmender Mobilität der Bevölkerung wächst der Bedarf an Verkehrwegen. Früher reagierte der jeweils zuständige Hoheitsträger im Bedarfsfall mit einer Einzelfallentscheidung zugunsten oder gegen das jeweilige Straßenbauvorhaben. Infolge des Anwachsens des Bedarfes über gewisses ein Maß hinaus, war dieses Vorgehen nicht mehr angemessen. Es kam zu Problemen bei der Abstimmung der Vorhaben auf Bundes- und Landesebene, außerdem zum Anfall überhöhter Kosten. Vor diesem Hintergrund und insbesondere aus Wirtschaftlichkeitserwägungen, wurde mit dem Gesetz über den Ausbau der Bundesfernstraßen[88] eine übergeordnete Planungsstufe eingeführt; § 1 Abs. 1 S. 2 FStrAusbauG. Mit der Aufnahme eines Vorhabens in den Bedarfsplan, der laut § 1 Abs. 1 S. 2 FStrAusbauG dem Fernstraßenausbaugesetz beizufügen ist, wird im verkehrspolitischen Bereich auf Bundesebene die Entscheidung für ein Vorhaben getroffen.[89] Auf Grundlage von länderseitigen Vorschlägen werden die zu verwirklichenden Vorhaben nach ihrer Dringlichkeit geordnet in den Bedarfsplan aufgenommen. Damit ist auch die Entscheidung verbunden, in welcher Reihenfolge Straßenbauprojekte zu verwirklichen sind; also die entsprechenden Mittel in den Bundeshaushalt eingeplant und zur Verfügung gestellt werden müssen; § 2 FStrAusbauG.[90] Hinsichtlich der Bindungswirkung der Aussagen des Bedarfsplans ist festzustellen, dass zwar mit der Aufnahme eines Vorhabens noch keine Aussage über seine Zulässigkeit verbunden ist, andererseits kommt ihr wegen § 1 Abs. 2 FStrAusbauG in Bezug auf die Bedarfsprüfung Bindungswirkung für die Linienbestimmung (§ 16 FStrG[91]) und die Planfeststellung (§ 17 FStrG) zu.[92] Grundsätzlich gilt der Bedarfsplan zeitlich unbegrenzt. Um jedoch auf Veränderungen der tatsächlichen Umstände, z.B. ein gewandeltes Verkehrsaufkommen, reagieren zu können, soll er im Abstand von fünf Jahren überprüft und gegebenenfalls korrigiert werden; § 4 FStrAusbauG.

---

[87] Vgl. zur Entwicklung der Kraftfahrzeugzahlen Fn. 7.

[88] Fernstraßenausbaugesetz (FStrAusbauG) vom 30.06.1971, BGBl. I 1971, 873, in der Fassung der Bekanntmachung vom 20.01.2005, BGBl. I 2005, 201.

[89] *Sigel*, in: Schnebelt/Sigel, S. 79.

[90] *Rinke*, in: Kodal/Krämer, Kapitel 32 Rn. 1 ff.

[91] Bundesfernstraßengesetz in der Fassung der Bekanntmachung vom 20.02.2003, BGBl. I 2003, 286, geändert durch Art. 3 des Gesetzes vom 22.04.2005, BGBl. I 2005, 1128.

[92] BVerwG, Urteil vom 26.03.1998, NuR 1998, 605 (LS.); *Steinberg*, S. 390 f. Auch wenn der Bedarf somit in nachfolgenden Planungsstufen nicht mehr zur Disposition steht, kann das Vorhaben an entgegenstehenden öffentlichen oder privaten Belangen, im Rahmen der Abwägung zu berücksichtigen sind, scheitern. VGH Mannheim, Urteil vom 23.03.2001, VBlBW 2001, 481 (482 f.); BVerwG, Urteil vom 10.04.1997, E 104, 236 (250); *Stüer/Probstfeld*, Rn. 279.

b) Raumordnungsverfahren und Linienbestimmung

An die Bedarfsplanung auf Bundesebene schließt sich eine vorbereitende überörtliche Straßenplanung an, deren Ziel die Bestimmung der Linienführung ist. Nach § 16 Abs. 1 S. 1 FStrG wird die Linie der künftigen Bundesautobahn im Benehmen mit den jeweils zuständigen Planungsbehörden bestimmt.

Grundlage dafür ist in der Regel die Durchführung eines Raumordnungsverfahrens in das sowohl die Prüfung der Umweltverträglichkeit als auch der so genannten FFH-Verträglichkeit[93] integriert werden. Ziel eines Raumordnungsverfahrens ist die Abstimmung raumbedeutsamer Planungen und Maßnahmen untereinander und jeweils einzeln mit den Erfordernissen der Raumordnung; § 15 Abs. 2 ROG[94]. Wie bereits erwähnt ist in das Raumordnungsverfahren auch die Prüfung der Umweltverträglichkeit des Vorhabens nach dem Gesetz über die Umweltverträglichkeitsprüfung integriert.[95]. Im Rahmen der Umweltverträglichkeitsprüfung sind gemäß § 1 UVPG die voraussichtlichen Auswirkungen des geplanten Vorhabens auf die Umwelt zu ermitteln und bewerten. Daneben ist aufgrund europarechtlicher Vorgaben[96], die in nationales Recht umgesetzt wurden, auch die so genannte FFH-Verträglichkeitsprüfung in die Abwägung im Rahmen des Raumordnungsverfahrens einzubeziehen.[97] Das Ergebnis des Raumordnungsverfahrens, in das die Ergebnisse der Umweltverträglichkeitsprüfung und der FFH-Verträglichkeitsprüfung eingeflossen sind, findet schließlich als abwägungserheblicher Belang Eingang in die Abwägung im Rahmen der Linienbestimmung nach § 16 Abs. 1 S. 1 FStrG; § 16 Abs. 2 FStrG.

Abweichend von der in Art. 90 Abs. 2 GG angeordneten Verwaltung der Bundesautobahnen durch die Länder im Auftrag des Bundes, weist § 16 Abs. 1 S. 1 FStrG dem Bundesminister für Verkehr die Zuständigkeit für die Bestim-

---

[93] Fauna-,Flora-, Habitat-Verträglichkeit.

[94] Raumordnungsgesetz vom 18.08.1997, BGBl. I 1997, 2081, 2102, zuletzt geändert durch Art. 2b des Gesetzes vom 25.06.2005, BGBl. I 2005, 1746.

[95] Gesetz über die Umweltverträglichkeitsprüfung (UVPG) in der Fassung der Bekanntmachung vom 05.09.2001, BGBl. I 2001, 2350, zuletzt geändert durch Art. 16a Zehntes Euro-EinführungsG vom 15.12.2001, BGBl. I 2001, 3762 und Art. 2 Siebtes Gesetz zur Änderung des Wasserhaushaltsgesetzes vom 18.06.2002, BGBl. I 2002, 1914 und Art. 3 EuroparechtsanpassungsG Bau vom 24.06.2004, BGBl. I 2004, 1359.

[96] Richtlinie RL 1992/43 EWG, vom 21.05.1992 zur Erhaltung der natürlichen Lebensräume sowie der wildlebenden Tiere und Pflanzen (Fauna-Flora-Habitat-Richtlinie), ABlEG Nr. L 206/7 vom 22.07.1992, in nationals Recht umgesetzt durch das 2. Gesetz zur Änderung des BNatSchG vom 30.04.1998, BGBl. I 1998, 823; Richtlinie RL 1979/409 EWG des Rates vom 02.04.1979 über die Erhaltung der wildlebenden Vogelarten (Vogelschutzrichtlinie) ABlEG Nr. L 103/1 vom 25.04.1997. Zum Verhältnis der FFH-RL zur Vogelschutzrichtlinie vgl. *Dürr*, in: Kodal/Krämer, Kapitel 34 Rn. 46.6; *Rinke*, in: Kodal/Krämer, Kapitel 2 Rn. 43.13.3.

[97] Zu Inhalten der FFH-Verträglichkeitsprüfung vgl. *Dürr*, in: Kodal/Krämer, Kapitel 34 Rn. 46.5; *Rinke*, in: Kodal/Krämer, Kapitel 2 Rn. 43.13.

mung der Linienführung zu.[98] Trotzdem wird die Entscheidung des Verkehrsministers auf Länderebene vorbereitet. Da die Linienbestimmung an die Bedarfsplanung angepasst werden muss, erfolgt dies allerdings in enger Kooperation mit dem Bund.[99]

Als Verwaltungsinternum, gerichtet an die Straßenbaubehörden der Länder, kommt der Entscheidung über die Linienführung keine Außenwirkung zu. Sie erwächst Dritten wie auch den Straßenbaulastträgern gegenüber nicht in Verbindlichkeit.[100]

Der Zweck dieser Planungsstufe besteht in der Erarbeitung einer verkehrlich und technisch einwandfreien sowie wirtschaftlich vertretbaren Linienführung der zu errichtenden Straße. Verfahrenstechnisch setzt dies die Beteiligung aller Träger öffentlicher Belange[101] voraus, die von diesem Vorhaben berührt sind.

Im Zuge der Linienplanung für einen Straßenneubau werden Anfangs- und Endpunkt des Projektes und daneben der generelle Verlauf der Straße, gegebenenfalls unter Einbeziehung von Linienvarianten, festgelegt.[102] Vorbereitende Planung - Linienbestimmung - und die zeitlich später folgende konkretisierende Planung - Planfeststellung - stehen in einem gegenseitigen Abhängigkeitsverhältnis mit der Folge, dass die Entscheidung nach § 16 FStrG als vorbereitende Grundentscheidung charakterisiert und letztlich nicht uneingeschränkt bindend sein kann.[103] Zwar gibt sie eine Trassenführung vor; erst durch die konkretisierende Planung - Planfeststellung - ist es jedoch möglich diese umfassend zu würdigen. Kommt die Planfeststellung zu einer negativen Zulässigkeitsbescheidung in Bezug auf die vorgeschlagene Trasse, gegebenenfalls verbunden mit dem Vorschlag einer alternativen Trassenführung außerhalb des Korridors, der von der Linienbestimmung gedeckt ist, ist eine erneute Entscheidung über die Linienbestimmung erforderlich.[104]

---

[98] Aufgrund der Bedeutung der Bundesfernstraßen, die über die Landesgrenzen hinausgeht, bedarf es einer überregionalen Koordinierung durch den Bund. BVerwG, Urteil vom 26.06.1981, E 62, 342 (345); *Bartlsperger*, in: Dolzer/Vogel/Graßhof, Bonner GG, Art. 90 Rn. 75; *Rinke*, in: Kodal/Krämer, Kapitel 33 Rn. 10.

[99] *Ronellenfitsch*, in: Marschall/Schroeter/Kastner, FStrG, § 16 Rn. 9, 20.

[100] BVerwG, Urteil vom 26.06.1981, E 62 342 (343 f.); *Stüer*, Handbuch des Bau- und Fachplanungsrechts, Teil E, Nr. 3014 f.

[101] Hierbei können beispielsweise Belange von Raumordnung, Bauleitplanung, Naturschutz, Umweltschutz und Wasserwirtschaft betroffen sein. *Rinke*, in: Kodal/Krämer, Kapitel 33 Rn. 8.

[102] *Rinke*, in: Kodal/Krämer, Kapitel 33 Rn. 2.

[103] Zur Bindungswirkung der Entscheidung nach § 16 FStrG vgl. Hinweise zu § 16 FStrG - Allgemeines Rundschreiben Straßenbau Nr. 13/1996 des Bundesministers für Verkehr, Bau und Wohnungswesen vom 15.04.1996, Hinweis Nr. 12, in: Kodal/Krämer, Anhang S. 1497.

[104] *Rinke*, in: Kodal/Krämer, Kapitel 33 Rn. 1.2; *Stüer/Probstfeld*, Rn. 282.

c) Planfeststellung

In der Planfeststellung nach § 17 FStrG erfolgt eine Konkretisierung der vorbereitenden Planungsstufen.[105] § 17 Abs. 1 S. 1 FStrG enthält ein Verbot mit Erlaubnisvorbehalt, nach dem Bau und Änderung einer Bundesfernstraße nur nach vorheriger Planfeststellung zulässig sind. Das Verfahren soll hier nicht in allen Einzelheiten dargestellt werden.[106] Räumlich werden neben der eigentlichen Straße (§ 1 Abs. 4 FStrG) auch Folgemaßnahmen an anderen Anlagen, wie beispielsweise straßenbaubedingte Änderungen an Wirtschaftswegen oder Gewässern sowie die Flächen für landespflegerische Ausgleichs- und Ersatzmaßnahmen in die Planfeststellung mit einbezogen.[107] Inhaltlich erfolgt in dieser Planungsstufe die Festlegung aller Einzelheiten, die erforderlich sind für die Vorbereitung des Vorhabens unter rechtlichen und hauswirtschaftlichen Gesichtspunkten, genauso wie für die bauliche Ausführung.[108] Das Planfeststellungsverfahren hat zum Ziel, umfassend alle öffentlichen sowie privaten Belange, die durch das Vorhaben berührt sind, zu ermitteln, zu bewerten und zu gewichten. Anschließend werden diese Belange unter dem Gesichtspunkt der Konfliktbewältigung gegeneinander abgewogen. Hier wird insbesondere das Interesse des Straßenbaulastträgers den berührten öffentlichen und privaten Belangen gegenübergestellt. Ergeht ein positiver Planfeststellungsbeschluss in Form eines Verwaltungsaktes i.S.d. § 35 VwVfG(Land)[109] ist das Straßenbauvorhaben in öffentlich-rechtlicher Hinsicht umfassend für zulässig befunden worden.[110] Im Unterschied zu anderen Verwaltungsakten kennzeichnet einen positiven Planfeststellungsbeschluss eine so genannte Konzentrationswirkung; § 75 Abs. 1 S. 1 HS. 2 VwVfG.[111] In ihm sind alle anderen öffentlich-rechtlichen Zulassungsfragen zugleich positiv mit festgestellt.[112] Andere behördliche Entscheidungen, insbesondere Genehmigungen, Bewilligungen, Erlaubnisse, und Zustimmungen, die für den Bau der Straße notwendig wären, sind neben der Planfeststellung nicht mehr erforderlich.[113] Gerade dieser Ausgestaltung ist die Abwägung in der vorzunehmenden Form geschuldet. Ist mit der Planfeststellung die Unbedenklichkeit in jeglicher Hinsicht bescheinigt, müssen natürlich auch alle betroffenen Belange Berücksichtigung finden und in die Abwägung mit einbezogen werden.

---

105 Neben § 17 FStrG sind die den §§ 72 ff. VwVfG entsprechenden Vorschriften der Verwaltungsverfahrensgesetze der Länder anzuwenden.

106 Hierzu sei verwiesen auf *Dürr*, in: Kodal/Krämer, Kapitel 34; *Hoppe/Schlarmann/Buchner*, § 1 Rn. 68 ff.; *Stüer*, Teil 2 Nr. 7.

107 Stüer/Probstfeld, Rn. 290.

108 *Dürr*, in: Kodal/Krämer, Kapitel 34 Rn. 1.1.

109 *Ronellenfitsch*, in: Marschall/Schroeter/Kastner, FStrG, § 17 Rn. 4.

110 *Dürr*, in: Kodal/Krämer, Kapitel 34 Rn. 1.2; *Sigel*, in: Schnebelt/Sigel, S. 82 f.

111 Zu dieser Frage *Dürr*, in: Kodal/Krämer, Kapitel 34 Rn. 19.1 ff.

112 Darin unterscheidet er sich beispielsweise von der Baugenehmigung, die nur eine beschränkte öffentlich-rechtliche Unbedenklichkeitsbescheinigung beinhaltet.

113 Eine Übersicht über den wesentlichen Inhalt eines Planfeststellungsbeschlusses findet sich in *Stüer/Probstfeld*, Rn. 320; vgl. auch *Wiesinger/Maruske*, S. 400 f.

Ist zu einem geplanten Vorhaben im Bereich des Bundesfernstraßenbaus ein positiver Planfeststellungsbeschluss ergangen, stehen der Verwirklichung des Straßenprojektes aus planungsrechtlicher Sicht keine Hindernisse mehr im Weg.

III. Finanzierung von Bundesautobahnen

Wie bereits im Zusammenhang mit der Verteilung von Gesetzgebungs- und Verwaltungskompetenzen angedeutet, ist das Institut der Straßenbaulast zu untergliedern in die faktische und die finanzielle Straßenbaulast. Grundsätzlich - wie auch bereits begrifflich indiziert - hat der Träger der finanziellen Straßenbaulast für alle Ausgaben aufzukommen, die im Zusammenhang mit Straßen entstehen. Nachfolgend ist zu ermitteln ist, welcher Hoheitsträger die finanzielle Straßenbaulast für die Bundesautobahnen trägt. Sie kann entweder dem Bund zugewiesen sein oder dem Land, welchem die Verwaltung der jeweiligen Bundesautobahn obliegt.

Regelmäßig richtet sich die Ausgabenzuständigkeit nach dem allgemeinen Lastenverteilungsgrundsatz in Art. 104 a Abs. 1 GG, der bestimmt, wie die Ausgaben zwischen Bund und Ländern aufzuteilen sind. Der allgemeine Lastenverteilungsgrundsatz basiert auf dem so genannten Konnexitätsprinzip,[114] von dem das Finanzverfassungsrecht des Grundgesetzes beherrscht wird. Nach dem Konnexitätsprinzip richtet sich die Finanzierungsverantwortung und mithin die Ausgabenlast nach der Aufgabenverantwortung.[115] Aufgabenverantwortlicher ist derjenige, der für den Vollzug der Aufgabe zuständig ist.[116] Abweichungen sind nur in grundgesetzlich vorgesehenen Fällen zulässig.

Eine solche Abweichung sieht Art. 104 a Abs. 2 GG für den Bereich der Bundesautobahnen vor. Nach dieser Vorschrift trägt der Bund die finanzielle Straßenbaulast der Bundesautobahnen, obwohl die Länder für die faktische Straßenbaulast Sorge zu tragen haben.[117] Hintergrund der Zuweisung der finanziellen Straßenbaulast und mithin der Ausgabenverantwortung für den Bereich der Bundesautobahnen an den Bund ist die Anordnung der Bundesauftragsverwaltung für diesen Bereich; Art. 90 Abs. 2 GG. Wenngleich es sich auch bei der „Bundes"auftragsverwaltung um eine Form der Landesverwaltung handelt,[118]

---

[114] *Badura*, S. 733; *Prokisch*, in: Dolzer/Vogel/Graßhof, Bonner GG, Art. 104 a Rn. 28, 48 ff.

[115] BVerfG, Beschluss vom 16.06.1959, E 9, 305 (328 f.); *Bartlsperger*, in: Dolzer/Vogel/Graßhof, Bonner GG, Art. 90 Rn. 71; *Fischer-Menshausen*, DÖV 52, 673 (674 f.); *Maunz*, in: Maunz/Dürig, GG, Bd. VI, Art. 104 a Rn. 9; *Patzig*, AöR 86 (1971), 245 (250); *Prokisch*, in: Dolzer/Vogel/Graßhof, Bonner GG, Art. 104 a Rn. 28.

[116] *Fischer-Menshausen*, in: v. Münch/Kunig, GG, Bd. 3, Art. 104 a Rn. 3; *Prokisch*, in: Dolzer/Vogel/Graßhof, Bonner GG, Art. 104 a Rn. 88; *Sturm*, DÖV 1968, 466 (467).

[117] So beispielsweise *Bartlsperger*, in: Dolzer/Vogel/Graßhof, Bonner GG, Art. 90 Rn. 71. Vgl. auch *Bartlsperger*, S. 33.

[118] Die handelnden Landesbehörden treten als Organe des Landes und nicht als Organe des Bundes auf. BVerfG, Urteil vom 22.05.1990, E 81, 310 (331); *Bartlsperger*, in: Dolzer/Vogel/Graßhof, Bonner GG, Art. 90 Rn. 52; *Wilke*, in: Bartlsperger/Blüml/Schroeter,

muss den Besonderheiten des Verwaltungstypus Rechnung getragen werden. Aufgabenbereiche, für welche die Auftragsverwaltung angeordnet ist, sind durch eine größere Intensität von Einflussnahmemöglichkeiten des Bundes gekennzeichnet.[119] Das Institut der Auftragsverwaltung ist maßgeblich durch ein umfassendes Weisungsrecht des Bundes gegenüber den Verwaltungsbehörden der Länder charakterisiert.[120] Letztlich liegt die Sachkompetenz, verstanden als Recht zur Beurteilung und Entscheidung der Sache,[121] beim Bund. Den Ländern verbleibt dagegen unentziehbar die so genante Wahrnehmungskompetenz, das Handeln und die Verantwortung nach außen im Verhältnis zu Dritten[122]. Im Ergebnis sind Aufgaben, die dem Bereich der Auftragsverwaltung zugewiesen sind, als Bundesaufgaben zu qualifizieren, für die der Bund zwar verantwortlich ist, die er jedoch nach außen nicht vollzieht sondern lediglich Einfluss auf ihren Inhalt hat. Der Vollzug einer Aufgabe setzt sich jedoch aus beiden Komponenten zusammen, der Inhaltsbestimmung durch Sachentscheidung und Sachbeurteilung sowie der Wahrnehmung nach außen. Wägt man beides gegeneinander ab, so ergibt sich eine überwiegende Bedeutung der Sachentscheidung. Die Wahrnehmung nach außen beschränkt sich auf den faktischen Vollzug. Im Ergebnis ist somit die Zuweisung der Sachkompetenz für die Entscheidung, wer Träger der Aufgabe ist, entscheidend. Trotz der vom Normalfall abweichenden Vollzugsregelung handelt es sich mithin um eine Bundesaufgabe, weshalb auch der Bund die entstehenden (Zweck)Ausgaben zu tragen hat.

Unklar sind der rechtliche Charakter sowie die systematische Einordnung von Art. 104 a Abs. 2 GG.[123] Teilweise wird angenommen, das Konnexitätsprinzip bzw. Art. 104 a Abs.1 GG erfahre durch Art. 104 a Abs. 2 GG lediglich eine Klarstellung für den Bereich der Auftragsverwaltung.[124] Zwar handele es sich

---

S. 541 (545).

119 *Fischer-Menshausen*, in: v. Münch/Kunig, GG, Bd. 3, Art. 104 a Rn. 6; *Prokisch*, in: Dolzer/Vogel/Graßhof, Bonner GG, Art. 104 a Rn. 174.

120 Das Weisungsrecht des Bundes ist uneingeschränkt und bedarf keiner Begründung. Zudem kommt dem Bund ein Kontrollrecht zu, welches sich auf Rechts- und Fachaufsicht erstreckt; Art. 85 Abs. 4 GG. Im Unterschied dazu hat er bei landeseigener Ausführung von Bundesgesetzen lediglich eine Rechtsaufsicht sowie ein Weisungsrecht, das auf bestimmte besondere Fälle begrenzt ist. Insgesamt siehe BVerfG, Urteil vom 22.05.1990, E 81, 310 (332); *Maurer*, Staatsrecht, S. 726 f.

121 BVerfG, Urteil vom 22.05.1990, E 81, 310 (332).

122 BVerfG, Urteil vom 22.05.1990, E 81, 310 (332).

123 *von Arnim*, in: Isensee/Kirchhof, HStR IV, § 103 Rn. 29; *Prokisch*, in: Dolzer/Vogel/Graßhof, Bonner GG, Art. 104 a Rn. 176; Offen lassend *Stern*, Staatsrecht II, S. 1139 ff.

124 Gutachten über die Finanzreform, Tz. 205; BT-Drs V/2861, Tz. 116; BVerfG, Beschluss vom 15.07.1969, E 26, 338 (390); *Siekmann*, in: Sachs, GG, Art. 104 a Rn. 21; *Prokisch* unterscheidet nicht eindeutig zwischen der „Durchbrechung“ des Konnexitätsprinzips und dessen „Klarstellung“. *Prokisch*, in: Dolzer/Vogel/Graßhof, Bonner GG, Art. 104 a Rn. 175.

bei der Auftragsverwaltung um eine eigene Verwaltung der Länder,[125] die Einordnung der zu erfüllenden Aufgabe als Bundesaufgabe beeinflusse dies nicht, weshalb der Bund die Zweckausgaben zu tragen habe.[126] Ausschlaggebend sei, dass das Institut der Auftragsverwaltung maßgeblich durch ein Weisungsrecht des Bundes gegenüber den Verwaltungsbehörden der Länder charakterisiert werde.[127] Wer ein Weisungsrecht besitze, zu dessen Lasten gingen die Ausgaben. Die Zuweisung der Ausgabenlast für die Ausführung der Bundesaufgaben (durch die Länder im Rahmen von Auftragsverwaltung) entspreche dem Konnexitätsprinzip, dem zufolge sich die Ausgabenlast nach der Aufgabenverantwortung richtet. Die herrschende Ansicht sieht in der Vorschrift eine Durchbrechung des Konnexitätsprinzips.[128] Erfüllten die Länder Aufgaben im Auftrag des Bundes, nähmen sie eigene Angelegenheiten wahr. Es handele sich um Landesaufgaben. Unerheblich für die Beurteilung sei die Tatsache, dass dem Bund ein umfassendes Weisungsrecht im Bereich der Auftragsverwaltung zustehe. Eine Verschiebung der Aufgabenzuständigkeit resultiere daraus nicht. Das Weisungsrecht beeinflusse nicht die Zuordnung der Aufgabe, sondern beschreibe vielmehr lediglich eine Einflussnahmemöglichkeit des Bundes. Obwohl die Verwaltungskompetenz bei den Ländern läge, sei der Bund für die Zweckausgaben zuständig. Damit handele es sich bei der Vorschrift um eine Durchbrechung des Konnexitätsgrundsatzes.[129] Obwohl es sich um Länderaufgaben handele, trage der Bund die Ausgabenlast. Abschließend bleibt jedoch festzustellen, dass Vertreter beider Ansichten somit zum gleichen Ergebnis kommen.[130]

Von Interesse ist in diesem Zusammenhang, welche finanziellen Mittel der Staat zur Erfüllung seiner Finanzverantwortung heranzieht. Allgemein wird unterschieden zwischen den allgemeinen und den besonderen Deckungsmitteln.[131] Allgemeine Deckungsmittel entstammen den Einnahmen des Staates, die nicht zweckgebunden sind. Entsprechend dem haushaltsrechtlichen Grundsatz der Nichtzweckbindung - Prinzip der Nonaffektion - sind grundsätzlich alle Ein-

---

[125] BVerfG, Urteil vom 22.05.1990, E 81, 310 (331); *Bartlsperger*, in: Dolzer/Vogel/Graßhof, Bonner GG, Art. 90 Rn. 52; *Sommermann*, DVBl. 2001, 1549 (1550).

[126] *Brockmeyer*, in: Schmidt-Bleibtreu/Klein, GG, Art. 104 a Rn. 9; *Sturm*, DÖV 1968, 466 (475). Vgl. auch *Prokisch*, in: Dolzer/Vogel/Graßhof, Bonner GG, Art. 104 a Rn. 176.

[127] Beispielsweise: *Maurer*, Staatsrecht, S. 726 f.

[128] *von Arnim*, in: Isensee/Kirchhof, HStR IV, § 103 Rn. 29; *Maurer*, Staatsrecht, S. 726 f.; *Prokisch*, in: Dolzer/Vogel/Graßhof, Bonner GG, Art. 104 a Rn. 175; *Starck*, StuW 1974, 271 (273).

[129] *von Arnim*, in: Isensee/Kirchhof HStR IV, § 103 Rn. 29; *Birk*, in: Wassermann, GG AK, Bd. 2, Art. 104 a Rn. 11; *Hellermann*, in: v. Mangoldt/Klein/Stark, GG, Bd. 3, Art. 104 a Rn. 70; *Heun*, in: Dreier, GG, Bd. III, Art. 104 a Rn. 21; *Prokisch*, in: Dolzer/Vogel/Graßhof, Bonner GG, Art. 104 a Rn. 175.

[130] *Bartslperger*, in: Dolzer/Vogel/Graßhof, Bonner GG, Art. 90 Rn. 71; *Brockmeyer*, in: Schmidt-Bleibtreu/Klein, GG, Art. 104 a Rn. 9; *Hermes*, in: Dreier, GG, Bd. III, Art. 90 Rn. 26; *Patzig* DVBl. 1966, 389 (394); *Sturm*, DÖV 1968, 466 (470).

[131] *Krämer*, in: Kodal/Krämer, Kapitel 16 Rn. 2 ff.

nahmen zur Deckung aller Ausgaben bestimmt; § 7 HGrG[132], § 8 BHO[133]. Mithin kann der Bund zur Deckung seiner Ausgaben im Straßenbaubereich grundsätzlich auf alle Einnahmen zurückgreifen.

Davon unterscheidet man die so genannten besonderen Deckungsmittel. Diese sind durch einen besonderen Bezug zum Ausgabenbereich Straßenbau gekennzeichnet. Zu ihnen zählt man neben der Kraftfahrzeug- und Mineralölsteuer[134], anfallende Gebühren für den Gemeingebrauch und die Sondernutzung sowie Beiträge, die durch einen Straßenaufwand veranlasst sind.[135] Auch sie werden zur Deckung der Ausgaben für den Straßenbau herangezogen. Zu berücksichtigen ist in diesem Zusammenhang, dass die Einnahmen aus der Kraftfahrzeugsteuer dem Bund nicht zur Erfüllung seiner finanziellen Verpflichtungen zur Verfügung stehen. Grund dafür ist, dass die Kraftfahrzeugsteuer den Ländern zufließt.

C. Alternative Konzepte zur Realisierung von Straßenbaumaßnahmen

Die vorstehenden Ausführungen zeigen deutlich, was unter der Allzuständigkeit des Staates im Verkehrsinfrastrukturbereich zu verstehen ist. Gesetzgebungskompetenz und Verwaltungskompetenz (faktische und finanzielle Straßenbaulast) im Bereich der Bundesautobahnen sind dem Bund oder den Ländern zugewiesen. Private sind grundsätzlich nicht beteiligt. Erst in der jüngsten Vergangenheit zeigen sich Tendenzen, Private verstärkt in die Erfüllung der Straßenbauaufgaben einzubeziehen. Neuere Konzepte sind hierbei durch eine nochmals verstärkte Einbeziehung Privater gekennzeichnet.[136] Sie unterscheiden sich jedoch im Hinblick auf Qualität und Intensität der Einbindung voneinander.

Im nun folgenden Abschnitt sollen Konzepte vorgestellt werden, wie künftig die notwendigen Investitionen in die Verkehrsinfrastruktur sichergestellt werden könnten. Dabei reichen die Änderungsmöglichkeiten von der Erschließung wei-

---

[132] Gesetz über die Grundsätze des Haushaltsrechts des Bundes und der Länder (Haushaltsgrundsätzegesetz - HGrG) vom 19.08.1969, BGBl. I 1969, 1273, zuletzt geändert durch Art. 63 Drittes Gesetz für moderne Dienstleistungen am Arbeitsmarkt vom 23.12.2003, BGBl. I 2003, 2848.

[133] Bundeshaushaltsordnung (BHO) vom 19.08.1969, BGBl. I 1969, 1284, zuletzt geändert durch Art. 3 des Gesetzes zur Änderung von Vorschriften über parlamentarische Gremien, BGBl. I 1999, 1334.

[134] Als Steuerarten unterfallen auch sie grundsätzlich dem Grundsatz der Nichtzweckbindung. Wegen der gesetzlich angeordneten Zweckbindung, die in Abweichung vom Nonaffektionsprinzip möglich ist (§§ 7 S. 2 HGrG, 8 S. 2 BHO) und sich als Folge der Anknüpfung an straßenrechtlich relevante Sachverhalte ergibt, werden sie der Gruppe der besonderen Deckungsmittel zugerechnet. Siehe *Krämer*, in: Kodal/Krämer, Kapitel 16 Rn. 8.

[135] Insgesamt siehe *Krämer*, in: Kodal/Krämer, Kapitel 16 Rn. 7 ff.

[136] Bei den bisher verwirklichten Modellen der Einbindung Privater in die Erfüllung staatlicher Straßenbauaufgaben handelt es sich um das Leasing-Modell, das Konzessionsmodell sowie das Betreibermodell. Dazu siehe Kapitel 2 A. I. 2. b) .

terer Finanzierungsquellen durch den Staat bis hin zu einer Verlagerung der Aufgaben, die bisher durch den Staat erfüllt wurden, auf Private.

Wie eingangs erwähnt, bestimmen im Verkehrsbereich zwei Modelle, bei denen Private in die Verwirklichung von Infrastrukturvorhaben eingebunden werden, die aktuelle Auseinandersetzung mit dem Problem der Privatisierung von Infrastruktur. Sie werden auch als „F-Modell" und „A-Modell" bezeichnet. Vorgreifend sei an dieser Stelle nur erwähnt, dass sich der sachliche Anwendungsbereich beider Modelle auf Bauvorhaben an Bundesfernstraßen beschränkt, wobei im Wesentlichen Bundesautobahnen betroffen sind. Maßnahmen an Straßen, die nicht zu den Bundesfernstraßen gehören, können im Rahmen von F- und A-Modellen nicht verwirklicht werden.

Nachfolgend wird zunächst eine Möglichkeit einer neuen Finanzierungsquelle näher erläutert. Im Anschluss daran, wird der Inhalt des F- und A-Modells dagestellt.

I. Umstellung von Haushaltsfinanzierung auf Nutzerfinanzierung

Eine Möglichkeit dem stetig wachsenden Investitionsbedarf bei der Straßenverkehrsinfrastruktur zu genügen, besteht in der Erschließung neuer Finanzierungsquellen. Ohne Einbindung Privater könnten Straßenbauprojekte weiterhin durch den Staat verwirklicht werden, wenn diesem ausreichend finanzielle Mittel zur Verfügung stünden. Veränderungen gegenüber dem konventionellen Konzept beschränkten sich auf den Bereich der Infrastrukturfinanzierung.

Gleichbedeutend mit der Zuweisung der finanziellen Straßenbaulast für Bundesautobahnen an den Bund war bisher die Entscheidung für eine so genannte Haushaltsfinanzierung. Im Allgemeinen wird darunter die Finanzierung der Infrastrukturmaßnahmen aus Mitteln des Bundeshaushaltes verstanden.[137] Entscheidend ist, dass eine unmittelbare Refinanzierung über die Erhebung von (nutzungsabhängigen) Entgelten nicht erfolgt.

Gegensatz zur Haushaltsfinanzierung ist die so genannte Nutzerfinanzierung. Bei der Nutzerfinanzierung werden die Kosten für Infrastrukturmaßnahmen letztlich nicht aus dem Bundeshaushalt aufgebracht. Als Gegenleistung für die Benutzung der Straßen zahlen die Verkehrsteilnehmer ein Entgelt, eine Nutzerabgabe. Diese kann entweder in Form eines privatrechtlichen Entgeltes oder aber als Gebühr erhoben werden. Kennzeichen von Nutzerentgelten ist neben der Kopplung des zu erhebenden Entgeltes an den konkreten Vorgang der Nutzung auch die Bindung auf der Ausgabenseite an den entgeltpflichtigen Infrastrukturbereich.[138] Entgelte für die Benutzung von Straßen sind zweckgebunden für eben diesen Infrastrukturbereich - die Bereitstellung kostenpflichtiger Straßen -

---

[137] BT-Drs 14/8449, S. 6; Pällmann-Kommission, S. 21.

[138] So ausdrücklich DB Research, Nr. 264, S. 3; Pällmann-Kommission, S. 31; *Prätorius/Wichert*, S. 11.

zu verwenden. Die Zweckbindung dient im Wesentlichen dazu, die Akzeptanz im Kreis der entgeltpflichtigen Nutzer zu fördern.[139]

Durch Umstellung auf die Nutzerfinanzierung soll langfristige eine Grundlage für die Finanzierung notwendiger Straßenverkehrsinfrastrukturmaßnahmen geschaffen werden. Sie wäre weitgehend unabhängig vom Bundeshaushalt und würde dazu beitragen, diesen zu entlasten. Ein weiterer Vorteil besteht darin, dass durch das System der Nutzerfinanzierung eine Beteiligung auch ausländischer Verkehrsteilnehmer an den Wegekosten ermöglicht wird.[140]

Trotz der dargestellten Vorteile der Nutzerfinanzierung kann eine Umstellung nicht die völlige Abkehr vom System der Haushaltsfinanzierung zur Folge haben. Vielmehr muss diese in dem Umfang aufrecht erhalten bleiben, in dem eine Nutzerfinanzierung nicht erfolgt.[141] Entscheidend ist, für die Benutzung welcher Straßen überhaupt ein Entgelt erhoben wird und außerdem ob die eingenommenen Mittel ausreichen, um den Finanzierungsbedarf zu decken. So folgt aus dem Prinzip der Zweckbindung der Nutzerentgelte, dass die Einnahmen nur für Infrastrukturmaßnahmen verwendet werden können, die auf die entgeltpflichtigen Straßen entfallen. Für die Vorhaltung anderer Straßen bleibt daher weiterhin das Konzept der Haushaltsfinanzierung maßgeblich. Außerdem müssen aus dem Bundeshaushalt notwendige Maßnahmen im entgeltpflichtigen Straßennetz finanziert werden, deren Kosten die Einnahmen übersteigen.

II. „F-Modell" - Bau, Erhaltung, Betrieb und Finanzierung von Bundesfernstraßen durch Private nach dem Fernstraßenbauprivatfinanzierungsgesetz

Wie bereits zu Beginn dieses Abschnittes kurz angesprochen, bestimmen zwei Modelle, bei denen Private in die Verwirklichung von Infrastrukturmaßnahmen eingebunden werden, die aktuelle Auseinandersetzung mit Fragen der Privatisierung von Straßenverkehrsinfrastruktur. Während Projekte nach dem A-Modell den Kern dieser Arbeit darstellen, soll die Konzeption des F-Modells lediglich kurz vorgestellt werden. Weitergehendes kann und soll im Rahmen dieser Arbeit nicht geleistet werden.[142]

Unter dem Stichwort „F-Modell" subsumiert man Straßenbaumaßnahmen, die auf der Grundlage des Gesetzes über den Bau und die Finanzierung von Bundesfernstraßen durch Private[143] realisiert werden. Mit Erlass des FStrPrivFinG ver-

---

139 DB Research, Nr. 264, S. 3.

140 *Laaser/Jakubowski*, RuR 2003, 278 (279 f.); *Uechtritz*, VBlBW 2002, 317 (317).

141 BT-Drs 14/8449, S. 1; Pällmann-Kommission, S. 30 ff.

142 Weiterführende Literatur zum F-Modell: Bundesministerium für Verkehr, Bau- und Wohnungswesen (Hrsg.), Fernstraßenbauprivatfinanzierungsgesetz (passim); *Arndt*, S. 63; *Bartlsperger*, S. 299 ff.; *Bucher*, S. 176 ff.; *Schmitt*, FStrPrivFinG (passim); *Steiner*, NJW 1994, 3150 (pasim); *Tomas*, S. 110 ff., 165 ff.

143 Fernstraßenbauprivatfinanzierungsgesetz (FStrPrivFinG), vom 30.08.1994, BGBl. I 1994,

folgte der Gesetzgeber die Absicht, wirtschaftlich rentable Straßenbauvorhaben im Verlauf von Bundesfernstraßen, für die im Straßenbauhaushalt keine Mittel zur Finanzierung zur Verfügung standen, zeitnah zu verwirklichen.[144] Hierbei erstreckt sich der Anwendungsbereich sowohl auf Bundesautobahnen, wie auch auf Bundesfernstraßen. Zu diesem Zweck sollen Private Straßenbauvorhaben verwirklichen, wobei die Refinanzierung ihrer Ausgaben über die Erhebung einer Maut erfolgt.

Projekte nach dem F-Modell werden als Betreibermodelle[145] eingeordnet und sind durch den Gedanken der Refinanzierung gekennzeichnet.[146] Rechtsgrundlage jedes Projektes ist ein Konzessionsvertrag[147] zwischen dem Betreiber und dem zuständigen Straßenbaulastträger.[148] Die öffentliche Hand als Konzessionsgeber räumt dem Privaten als Konzessionsnehmer das Recht zur Nutzung des (zu errichtenden) Straßenbauwerks und zur Erhebung einer Maut ein. In der Regel wird der Konzessionsvertrag für die Dauer von 30 Jahren abgeschlossen. Nach Ablauf der Vertragsdauer fällt der Straßenabschnitt an den zuständigen Hoheitsträger zurück, dem es unbenommen bleibt, einem Betreiber für weitere 30 Jahre eine Konzession zu erteilen.[149]

Dem Privaten wird der Bau, die Erhaltung, der Betrieb und die Finanzierung des Straßenabschnittes zur Ausführung übertragen; § 1 Abs. 2 FStrPrivFinG. Mit Ausnahme der ausdrücklich im FStrPrivFinG bestimmten hoheitlichen Befugnisse[150] gehen solche auf den Privaten nicht über. Dem Privaten wird weder die Straßenbaulast als solche übertragen,[151] es handelt sich nur um die Übertragung

---

2243, geändert durch das Gesetz zur Änderung des Fernstraßenprivatfinanzierungsgesetzes und Straßenverkehrsrechtlicher Vorschriften (FStrPrivFinÄndG) vom 01.09.2002, BGBl. I 2002, 3442, in der Fassung der Bekanntmachung vom 20.01.2003, BGBl. I 2003, 99.

144 BT-Drs 12/6884, S. 1, 5.

145 *Steiner*, NJW 1994, 3150 (3150); Zum Begriff des Betreibermodells vgl. Kapitel 2 A. I. 2. b) cc) .

146 *Stabreit*, NVwZ 1999, 965 (965).

147 In Zusammenarbeit mit dem Bundesministerium für Verkehr, Bau und Wohnungswesen wurden Musterverträge erstellt, die als Grundlage für den Vertragsabschluss für das einzelne Vorhaben dienen. Siehe Bundesministerium für Verkehr, Bau- und Wohnungswesen (Hrsg.), Fernstraßenbauprivatfinanzierungsgesetz (passim).

148 Zuständig für den Abschluss des Konzessionsvertrages sind die Länder. *Neumann/Müller* NZBau 2003, 299 (301).

149 Allgemein zum Konzessionsvertrag *Drömann/Tegtbauer*, NVwZ 2004, 296 (296 ff.); *Reidt*, NordÖR 1999, 435 (435 ff.); *Reidt/Stickler*, BauR 1997, 365 (365 ff.); *Uechtritz*, VBlBW 2002, 317 (318 f.).

150 Obrigkeitlich Befugnis, die auf den Privaten übergeht, ist insbesondere das Recht zur Erhebung der Maut, mit dem der Private beliehen wird, §§ 1 Abs. 4, 2 FStrPrivFinG. *Krämer*, in: Kodal/Krämer, Kapitel 16 Rn. 27.14; *Schmitt*, FStrPrivFinG, S. 167 f.

151 *Reidt/Stickler*, BauR 1997, 241 (242 f.); *Schmidt*, NVwZ 1995, 38 (38); *Steiner*, NJW 1994, 3150 (3151).

der Sorge für ihre Erfüllung, noch wird er im Rahmen der Übertragung der reinen Straßenbauaufgaben mit hoheitlichen Befugnissen beliehen[152].

Auf Grundlage des Fernstraßenbauprivatfinanzierungsgesetzes lassen sich nicht alle Straßenbauvorhaben verwirklichen. Vielmehr hat der Gesetzgeber den sachlichen Anwendungsbereich des Gesetzes stark eingeschränkt. Als Projekte nach dem F-Modell kommen lediglich so genannte Erschwernisstrecken in Betracht, also Brücken, Tunnel und Gebirgspässe im Zuge von Bundesautobahnen und Bundesstraßen sowie mehrstreifige Bundesstraßen mit getrennten Fahrbahnen für den Richtungsverkehr; § 3 Abs. 1 Nr. 1 und 2 FStrPrivFinG.[153] Straßenbauvorhaben auf Straßen untergeordneter Klassen sind von vornherein aus dem Anwendungsbereich des F-Modells ausgenommen.

Die Refinanzierung der Ausgaben des Privaten erfolgt durch Erhebung einer Maut.[154] Hierbei handelt es sich um eine hoheitliche Gebühr, nicht um ein privatrechtliches Entgelt. Grundsätzlich hat jeder Verkehrsteilnehmer für die Benutzung, also das Befahren des Straßenabschnittes, die Maut zu entrichten. Ausgenommen sind bestimmte Fahrzeuge, die die mautpflichtige Straße in Ausführung einer hoheitlichen Funktion befahren.[155]

Mit dem Recht zur Gebührenerhebung wird der Private beliehen. Eine Beleihung ist notwendig, da Private grundsätzlich nicht zur Erhebung hoheitlicher Gebühren befugt sind. Nachdem dem Gesetzgeber bei Erlass des Fernstraßenbauprivatfinanzierungsgesetzes weder die zu realisierenden Vorhaben noch die privaten Betreiber bekannt waren, konnte die Beleihung nicht durch das Gesetz selbst erfolgen.[156] Vielmehr wird der Private erst durch Rechtsverordnung der jeweiligen Landesregierungen mit dem Recht zur Mauterhebung beliehen; § 2 Abs. 1 S. 1 FStrPrivFinG.

---

[152] *Bucher*, S. 182 ff.; *Krämer*, in: Kodal/Krämer, Kapitel 16 Rn. 27.11; *Schmidt*, NVwZ 1995, 38 (39); *Schmitt*, FStrPrivFinG, S. 99 ff., 106; a.A. *Roßnagel*, ZRP 1995, 100 (101); *Steiner*, NJW 1994, 3150 (3150).

[153] Die Begrenzung des sachlichen Anwendungsbereiches für F-Modell-Projekte resultiert aus der Erhebung einer zeitbezogenen Gebühr für die Benutzung der Bundesautobahnen durch Fahrzeuge mit einem zulässigen Gesamtgewicht von mindestens 12 t. Nach der EG-Richtlinie 93/89/EWG vom 25. Oktober 1993 über die Besteuerung bestimmter Kraftfahrzeuge zur Güterbeförderung sowie die Erhebung von Maut- und Benutzungsgebühren für bestimmte Verkehrswege ist die gleichzeitige Erhebung von Maut- und Benutzungsgebühren für das Befahren eines Straßenabschnittes ausgeschlossen. Ausnahmen sind nach der Richtlinie nur auf so genannten Erschwernisstrecken, zulässig. Dazu gehören Brücken, Tunnel und Gebirgspässe, bei denen es sich aufgrund ihrer Art um besonders kostenintensive Bauwerke handelt. BT-Drs 12/6884, S. 5.

[154] Zusätzlich kommt eine Anschubfinanzierung durch den Bund von maximal 50 % in Betracht. *Laaser/Jakubowski*, RuR 2003, 278 (280).

[155] Ausgenommen sind Fahrzeuge der Streitkräfte, des Zivil- und Katastrophenschutzes, der Feuerwehr und anderer Notdienste, der Polizeien des Bundes und der Länder, der Zollverwaltung und des Straßenunterhaltungs- oder Betriebsdienstes; § 4 FStrPrivFinG.

[156] Ausdrücklich hinsichtlich der Bemessung der Mautgebühr BT-Drs 12/6884, S. 6.

Neben der Beleihung des Betreibers mit dem Recht zur Mauterhebung, trifft das Fernstraßenbauprivatfinanzierungsgesetz aus den genannten Gründen auch keine Regelungen über die Höhe der Maut im Einzelfall. Vielmehr hat der Betreiber Anspruch auf Erlass einer Rechtsverordnung zur erstmaligen Festsetzung sowie Anpassung der Mauthöhe. Zum Erlass der Rechtsverordnung ist das jetzige Bundesministerium für Verkehr, Bau und Stadtentwicklung im Einvernehmen mit dem Bundesministerium der Finanzen und nach Anhörung der zuständigen obersten Straßenbaubehörde ermächtigt. Bei der Bemessung der Mauthöhe sind verschiedene Kriterien zu berücksichtigen. Zunächst folgt aus der Einordnung der Maut als öffentlich-rechtliche Gebühr die Anwendbarkeit der Grundsätze des allgemeinen Gebührenrechtes.[157] Zu beachten ist neben dem Äquivalenz- auch das Kostendeckungsprinzip sowie der Gleichheitssatz.[158] Darüber hinaus spiegelt sich der dem Fernstraßenbauprivatfinanzierungsgesetz zugrunde liegende Refinanzierungsgedanke in den Vorschriften zur Bemessung der Mauthöhe wider. So ist die Höhe der Mautgebühren maßgeblich bestimmt durch die Kosten für Bau, Erhaltung, Betrieb und den weiteren Ausbau der jeweiligen Strecke. Anfänglich umstritten, in der Literatur nunmehr positiv beschieden, ist die Einbeziehung der Finanzierungskosten[159]. Dies ist entscheidend, da die Finanzierungskosten in der Praxis einen bedeutenden Anteil der Gesamtkosten darstellen. Darüber hinaus ist bei der Bemessung der Gebühr zwingend nach der befahrenen Strecke, der jeweiligen Art des Fahrzeuges sowie dessen zulässigem Gesamtgewicht zu differenzieren. Optional kann dagegen die Häufigkeit der Benutzung der mautpflichtigen Strecke oder der Zeitpunkt der Nutzung Berücksichtigung finden. In diesem Zusammenhang wird auch die Einführung von Dauerkarten oder Mondscheintarifen angedacht.[160]

Bislang wurden erst zwei F-Modell-Projekte realisiert. Dabei handelt es sich um den Warnowtunnel in Rostock[161], der im Jahr 2003 eröffnet wurde, sowie den 2005 eröffneten Herrentunnel in Lübeck.

Setzt man die Menge der bislang verwirklichten Projekte ins Verhältnis zu der über 10jährigen Geltungsdauer des Gesetzes, kann man dessen Tauglichkeit für die Praxis in Zweifel ziehen. Probleme basieren zum einen auf der vom Gesetzgeber gewählten Konzeption und zum anderen auf der fehlenden Erfahrung und Skepsis der zuständigen Hoheitsträger im Umgang mit privatfinanzierten Straßenbauvorhaben. So führt der begrenzte sachliche Anwendungsbereich des Gesetzes dazu, dass es per se nur einen kleinen Kreis tauglicher Straßenbauvorha-

---

157 Vgl. Kapitel 2 B. I. 2.

158 *Stabreit*, NVwZ 1999, 965 (965); *Uechtritz*, VBlBW 2002, 317 (319 ff.).

159 *Drömann/Tegtbauer*, NVwZ 2004, 296 (297 ff.); *Stabreit*, NVwZ 1999, 965 (966).

160 *Stabreit*, NVwZ 1999, 965 (966); *Steiner*, NJW 1994, 3150 (3151).

161 Näheres bei *Reidt/Stickler*, BauR 1997, 241 (passim); *Reidt/Stickler*, BauR 1997, 365 (passim).

ben gibt, die als F-Modell verwirklicht werden könnten.[162] Berücksichtigt man, dass es sich um wirtschaftlich rentable Vorhaben handeln muss, um für einen privaten Betreiber von Interesse zu sein, engt sich der Kreis nochmals ein. Daneben ist vor allem die Festlegung der Mauthöhe problembehaftet. Die Notwendigkeit des Erlasses einer Mautverordnung führt zu einer starken Abhängigkeit des Betreibers vom zuständigen Hoheitsträger. Kurzfristige Veränderungen - Preisanpassungen - sind aufgrund des zu erwartenden langwierigen Verwaltungsverfahrens ausgeschlossen. Mithin ist der Private nicht flexibel. Ein selbständiges Reagieren auf konkrete Situationen am Markt (z.B. Werbeangebote) ist, auch aufgrund der Anwendbarkeit der Grundsätze des allgemeinen Gebührenrechts, ausgeschlossen.[163] Zusätzlich scheitern F-Modelle auch an der Unwilligkeit zuständiger Behörden zur Bemautung von Straßenabschnitten.

Insgesamt kann man das Fernstraßenbauprivatfinanzierungsgesetz und die F-Modell-Betreiberprojekte als einen Schritt hin zur Nutzerfinanzierung deutscher Verkehrsinfrastruktur werten, gleichzeitig jedoch dessen Wirkungsgrad in der Praxis in Frage stellen. Gesetzgeber und Verwaltung erschweren eine erfolgreiche Umsetzung mit einer unhandbaren Bemessung der Maut und fehlender Bereitschaft zur Umsetzung[164].

III. „A-Modell“ - Ausbau, Erhaltung, Betrieb und Finanzierung von Bundesautobahnabschnitten durch Private

Neben dem F-Modell hat das jetzige Bundesministerium für Verkehr, Bau und Stadtentwicklung ein weiteres Modell für den privatfinanzierten Bundsautobahnbau entwickelt. Dabei handelt es sich um das so genannte A-Modell. Das A-Modell geht über eine Umstellung von Haushalts- auf Nutzerfinanzierung hinaus und kombiniert sie mit der Einbindung Privater in die Verwirklichung von Straßenbaumaßnahmen. Dies zielt auf eine größtmögliche Entlastung des Staates ab. Im Idealfall würden Verkehrsinfrastrukturmaßnahmen realisiert, ohne dass der Staat Refinanzierungskosten zu tragen hätte. A-Modell-Projekte erfüllen jedoch nicht die Anforderungen an den vorgenannten Idealfall. Wie zu zeigen sein wird, führen sie im Ergebnis nicht dazu, dass der Staat bei der Verwirklichung von Straßenbauprojekten nach dem A-Modell vollständig von den Infrastrukturkosten freigestellt wird. Dennoch wird er in nicht unerheblichem Umfang entlastet.

---

162 Pällmann-Kommission, S. 28; *Steiner*, NJW 1994, 3150 (3151).

163 Meist wird neben der bemauteten Strecke ein kostenfreier Weg existieren. Sind die Mautgebühren zu hoch, wird der Nutzer eher einen längeren Weg in Kauf nehmen, als für die Nutzung zu zahlen.

164 So war beispielsweise Bau und Betrieb des Leutrataltunnels in Thüringen im Verlauf der Bundesautobahn A 4 als F-Modell-Projekt nach dem FStrPrivFinG vorgesehen. Die Verwirklichung scheiterte an der Zustimmung des Freistaates Thüringen. Vergleiche nur *Neumann/Müller*, NZBau 2003, 299 (299).

Auf den ersten Blick scheinen Projekte nach dem A-Modell und solche des F-Modells viele Gemeinsamkeiten aufzuweisen. In beiden Fällen handelt es sich um Betreibermodelle, deren sachlicher Anwendungsbereich auf Bundesfernstraßen beschränkt ist. Während dies im Zusammenhang mit F-Modellen Bundesautobahnen und Bundesstraßen einschließt, geht die Einschränkung bei A-Modellen weiter. Sie können nur im Verlauf von Bundesautobahnen umgesetzt werden. Dagegen sind A-Modell-Projekte nicht, wie F-Modelle, auf Erschwernisstrecken beschränkt. Sie können im gesamten Streckenverlauf von Bundesautobahnen verwirklicht werden, nicht nur auf Brücken, Tunneln und Gebirgspässen.

A-Modell-Projekte bestehen aus zwei Komponenten. Es muss zwischen der Realisierung einer Straßenbaumaßnahme im tatsächlichen und ihrer Finanzierung differenziert werden.

Im Rahmen von A-Modell-Projekten werden einem privaten Betreiber Ausbau, Erhaltung, Betrieb und Finanzierung eines bestehenden Bundesautobahnabschnittes zur Ausführung übertragen. Die Verpflichtung beinhaltet den Ausbau des Bundesautobahnabschnittes in der Regel von vier auf sechs Fahrstreifen, in Ausnahmefällen, kann dem Privaten auch der Ausbau von sechs auf acht Fahrstreifen übertragen werden.[165] Neben den Ausbaumaßnahmen ist der Betreiber für einen Zeitraum von regelmäßig 30 Jahren für die Erhaltung und den Betrieb des jeweiligen Bundesautobahnabschnittes zuständig. Nachfolgend soll er als „Betreiber des Bundesautobahnabschnittes“ bezeichnet werden.

Von der Ausführung dieser Maßnahmen ist ihre Finanzierung zu unterscheiden. Grundsätzlich obliegt auch die Finanzierung dem Betreiber des Bundesautobahnabschnittes. Er refinanziert sich aus laufenden Zahlungen, die über die gesamte Vertragslaufzeit eingenommen werden, sowie aus einer Einmalzahlung, die auch als Anschubfinanzierung bezeichnet wird. Anders als beim F-Modell erhebt der Betreiber des Bundesautobahnabschnittes von den Nutzern der Straße kein Entgelt. Er erhält vielmehr den Anteil an der Autobahnmaut, der auf den jeweiligen Bundesautobahnabschnitt entfällt. Hierbei handelt es sich um die Maut, die seit dem 01.01.2005 auf Grundlage des Autobahnmautgesetzes für das Befahren der Bundesautobahnen erhoben wird; § 12 Abs. 1 ABMG. Der Staat leitet die Mauteinnahmen an den Betreiber des Bundesautobahnabschnittes weiter. Zuständig für die Weiterleitung ist die Verkehrsinfrastrukturfinanzierungsgesellschaft; § 2 Abs. 1 Nr. 1 VIFGG[166]. Sie übernimmt die Finanzierungsaufgaben im Bereich der Straßenverkehrsinfrastruktur, die dem Bund obliegen.

---

[165] *Beckers/von Hirschhausen*, DIW, S. 7.

[166] Gesetz zur Errichtung einer Verkehrsinfrastrukturfinanzierungsgesellschaft zur Finanzierung von Bundesverkehrswegen (Verkehrsinfrastrukturfinanzierungsgesetz - VIFGG); Artikel 2 des Gesetzes zur Änderung des Autobahnmautgesetzes für schwere Nutzfahrzeuge und zur Errichtung einer Verkehrsinfrastrukturfinanzierungsgesellschaft, vom 28.06.2003, BGBl. I 2003, 1050, BT-Drs 14/8449, S. 7 f.

Zusätzlich zu den Mauteinnahmen erhält der Betreiber des Bundesautobahnabschnittes eine Anschubfinanzierung aus dem Bundeshaushalt. Diese kann sich auf bis zu 50 % des gesamten Investitionsvolumens[167] belaufen und dient als Ausgleich des Anteils an den Gesamtkosten, der auf die Nutzung durch Fahrzeuge entfällt, die nicht zur Zahlung von Maut nach dem ABMG verpflichtet sind. So entsteht die Mautpflicht nach dem ABMG nur für Fahrzeuge mit einem zulässigen Gesamtgewicht von mindestens 12 t, die ausschließlich für den Güterkraftverkehr bestimmt sind. Für alle übrigen Fahrzeuge bleibt die Nutzung der Bundesautobahnen auch unter Geltung des ABMG entgeltfrei. Zum Kreis der nicht mautpflichtigen Fahrzeuge gehören somit grundsätzlich alle Fahrzeuge mit einem zulässigen Gesamtgewicht von weniger als 12 t oder solche, die zwar im Hinblick auf das Gewicht dem Kreis der mautpflichtigen Fahrzeuge zuzuordnen wären, aber nicht für den Güterkraftverkehr bestimmt sind.

In ihrer Struktur gleicht die Anschubfinanzierung einer so genannten Schattenmaut („shadow-toll"). Diese zeichnet sich dadurch aus, dass der Berechtigte der Maut ein Entgelt erhält, welches sich an der Nutzung der bereitgestellten Straßen orientiert. Die Höhe der Schattenmaut bemisst sich nach der Anzahl der Fahrzeuge, die die Straße befahren. Im Unterschied zu einer „normalen" Maut, wird die Schattenmaut jedoch nicht von den Benutzern selbst, sondern aus dem Staatshaushalt gezahlt.[168]

Wie zu Beginn angesprochen ist mit A-Modell-Projekten keine vollständige Umstellung von einer Haushaltsfinanzierung hin zu einer Nutzerfinanzierung verbunden. Der Betreiber des Bundesautobahnabschnittes refinanziert sich nicht zu 100 % über die Erhebung von Benutzungsentgelten. Aus der Zahlung der Anschubfinanzierung folgt, dass zumindest ein Teil der Infrastrukturkosten weiterhin aus dem Staatshaushalt erbracht werden muss.

Die Autobahnmaut nach dem Autobahnmautgesetz wird nicht durch die öffentliche Hand selbst eingenommen. Vielmehr wurde ein Privater mit der Errichtung und dem Betrieb eines Systems zur Erhebung beauftragt. So erteilte die Bundesregierung am 20.09.2002 dem Bewerberkonsortium Toll Collect den Zuschlag für den Aufbau und den Betrieb eines Systems zur elektronischen Mauterfassung. Toll Collect besteht aus der Deutschen Telekom AG, der DaimlerChryslerServices AG sowie Cofiroute S. A.[169] und soll im Folgenden als „Betreiber des Mauterhebungssystems" bezeichnet werden.

Der Betreiber des Bundesautobahnabschnittes und der Betreiber des Mauterhebungssystems stehen getrennt nebeneinander. Zwar ist der Betreiber des Maut-

---

[167] Bundesministerium für Verkehr, Bau- und Wohnungswesen, Gutachten zum A-Modell, S. 15; *Alfen/Mayrzedt/Tegener*, S. 6; DB Research, Nr. 264, S. 5; *Neumann/Müller*, NZBau 2003, 299 (300); *Uechtritz/Deutsch*, DVBl. 2003, 575 (580 f.).

[168] *Alfen/Mayrzedt/Tegener*, S. 41; *Roth*, NVwZ 2003, 1056 (1057).

[169] *Schorkopf*, NVwZ 2003, 1471 (1471).

erhebungssystems an der Realisierung von A-Modell-Projekten beteiligt, letztlich jedoch nur mittelbar. Regelmäßig wird der Betreiber des Bundesautobahnabschnittes nicht gleichzeitig der Betreiber des Mauterhebungssystems sein.[170]

Neben den beteiligten Betreibern unterscheiden sich die Realisierung von Infrastrukturmaßnahmen als A-Modell-Projekt und die Erhebung der Autobahnmaut nach dem ABMG entscheidend im Hinblick auf die Art der jeweiligen rechtlichen Grundlage. So ist festzustellen, dass die Erhebung der Autobahnmaut auf einer gesetzlichen Grundlage, dem ABMG, erfolgt. Dieses Gesetz regelt auch die Zulässigkeit der Einbindung eines Privaten zum Zweck der Mauterhebung. Dagegen existiert für die Einbindung des Betreibers des Bundesautobahnabschnitts keinerlei gesetzliche Grundlage. Der Gesetzgeber geht davon aus, dass es einer solchen nicht bedarf. Es ist beabsichtigt, dass der Betreiber des Bundesautobahnabschnittes mit dem jeweils zuständigen Hoheitsträger lediglich einen Konzessionsvertrag abschließt, in der Regel für die Dauer von 30 Jahren.[171]

Das damalige Bundesministerium für Verkehr, Bau- und Wohnungswesen hat einen Katalog erstellt, der zwölf Pilotprojekte beinhaltet, die als A-Modelle verwirklicht werden sollen.[172] Sie umfassen in etwa 525 Autobahnkilometer. Das Gesamtinvestitionsvolumen wird mit schätzungsweise 3,6 Mrd. Euro angegeben.[173] Zwischenzeitlich wurde der Katalog reduziert auf fünf Pilotprojekte, von denen bereits vier auf den Weg gebracht wurden.[174]

D. Gang der Untersuchung

Im Mittelpunkt der Arbeit steht das A-Modell zur Realisierung notwendiger Infrastrukturmaßnahmen im Verlauf von Bundesautobahnen. Ziel war die Entwicklung eines Konzeptes, mit dem „langfristig und durchgreifend"[175] die Probleme der Verkehrsinfrastrukturfinanzierung einer Lösung zugeführt werden können.

Ziel der Arbeit ist es, das Konzept auf den rechtlichen Prüfstand zu stellen. So stellt sich die Frage, ob Infrastrukturmaßnahmen nach dem A-Modell in der Form verwirklicht werden können, die der Gesetzgeber vorsieht.

A-Modell-Projekte unterscheiden sich vom konventionellen Konzept durch die Einbindung Privater in die Projektverwirklichung und durch die Erhebung einer Gebühr für die Benutzung der Bundesautobahnen. Dem trägt das zweite Kapitel Rechnung, indem es sich zunächst mit der Einbindung Privater in die Erfüllung von Aufgaben auseinandersetzt, die regelmäßig durch den Staat wahrgenommen werden. In einem zweiten Teil stellt sich die Frage ob die Erhebung von Gebüh-

---

170 *Beckers/von Hirschhausen*, DIW, S. 7; *Neumann/Müller*, NZBau 2003, 299 (300).
171 *Beckers/von Hirschhausen*, DIW, S. 7.
172 Vgl. Anhang.
173 Quelle: *Beckers/von Hirschhausen*, DIW, S. 9.
174 Vgl. Anhang. Pressemitteilungen des BMVBS Nrn. 049/2005 vom 25.02.2005, 301/2005 vom 19.08.2005, 498/2005 vom 17.12.2005, 507/2005 vom 23.12.2005.
175 Pällmann-Kommission, S. 258.

ren für die Straßenbenutzung zulässig ist. In diesem Zusammenhang soll auch dargestellt werden, wer für die Erhebung der Straßenbenutzungsgebühr zuständig ist und wonach sich die Gebührenhöhe bemisst.

Im weiteren Verlauf der Arbeit soll der Zweigliedrigkeit des A-Modells Rechnung getragen werden. So beschäftigt sich das dritte Kapitel ausschließlich mit Bau, Erhaltung und Betrieb des Bundesautobahnabschnittes durch Private nach dem A-Modell. Im Anschluss an die Darstellung der Aufgaben des Betreibers des Bundesautobahnabschnittes stellt sich die Frage, in welchem Verhältnis er zu den Aufgaben steht. Entweder er ist Träger der Aufgaben oder aber lediglich in ihre Erfüllung eingebunden. Ein weiterer Abschnitt beschäftigt sich mit der Rechtsgrundlage von A-Modell-Projekten. Wie bereits gesagt, bedürfen A-Modelle nach bislang vertretener Ansicht keiner gesetzlichen Grundlage. Vielmehr ist beabsichtigt, sie ausschließlich auf vertraglicher Grundlage zu realisieren. In diesem Zusammenhang soll insbesondere geprüft werden, ob dieser Gestaltung rechtliche Bedenken entgegenstehen. Daneben ist von Interesse, welche Rechtsnatur ein Vertrag dieses Inhaltes hat.

Kapitel vier beschäftigt sich anschließend mit der Refinanzierung der Leistungen des Betreibers des Bundesautobahnabschnittes. Wie bereits überblicksartig erläutert, erfolgt die Refinanzierung durch eine einmalige Zahlung aus dem Bundeshaushalt, die auch Anschubfinanzierung genannt wird, sowie durch Weiterleitung der Autobahnmaut, die auf den jeweiligen Abschnitt der Bundesautobahn entfällt. Bei der Autobahnmaut handelt es sich um ein Entgelt, welches von einem bestimmten Fahrzeugkreis für die Benutzung der Bundesautobahnen erhoben wird. Rechtsgrundlage der Maut ist das ABMG. In einem ersten Schritt soll dargestellt werden, welche Verkehrsvorgänge nach dem ABMG mautpflichtig sind, in welcher Höhe Maut erhoben wird und wie die Mauteinnahmen verteilt und verwendet werden. Wichtiger ist jedoch, dass die Erhebung der Autobahnmaut einem Privaten übertragen wird. Er ist zuständig für Errichtung und Betrieb eines Systems zur Mauterhebung. Im Zusammenhang mit dem tatsächlichen Vorgang der Mauterhebung wird insbesondere die rechtliche Stellung des Betreibers des Mauterhebungssystems zu beurteilen sein. Hier ist zu klären, ob er als Privater in den Rechtsformen des Privatrechts tätig wird, oder ob er mit hoheitlichen Befugnissen ausgestattet wird. Von der Einordnung seiner Rechtsstellung hängt maßgeblich ab, ob den mautpflichtigen Nutzern gegenüber ein gebührenerhebender Verwaltungsakt erlassen wird, oder nicht.

Kapitel fünf widmet sich abschließend der Frage, ob und wie der Anwendungsbereich von A-Modell-Projekten in der Zukunft weiter ausgedehnt werden kann. Hier kommt in Betracht, Veränderungen zum einen am Kreis der mautpflichtigen Fahrzeuge vorzunehmen und zum anderen den Kreis der Straßen, in deren Verlauf A-Modell-Projekte verwirklicht werden können, zu erweitern. Es sollen insbesondere Vorschläge entwickelt werden, die sich mit der Umsetzung des A-Modells außerhalb von Bundesautobahnen auseinandersetzen.

Kapitel 2 Besonderheiten von A-Modell-Projekten

Das nachfolgende Kapitel beschäftigt sich mit den beiden entscheidenden Besonderheiten von A-Modell-Projekten. Diese werden deutlich, wenn man das A-Modell zur Verwirklichung von Infrastrukturmaßnahmen im Verlauf von Bundesautobahnen mit dem oben dargestellten konventionellen Konzept vergleicht. Im Unterschied zum konventionellen Konzept ist das A-Modell durch die Einbindung Privater in die Projektverwirklichung und die zumindest anteilige Finanzierung über die Erhebung eines Entgeltes für die Benutzung der Bundesautobahnen gekennzeichnet. An diese zwei Punkte knüpfen die Darstellungen dieses Kapitels an.

Im Mittelpunkt des ersten Teils steht die Einbindung Privater in die Erfüllung staatlicher Aufgaben als Alternative zur Aufgabenerfüllung durch den Staat. In der Vergangenheit wird in diesem Zusammenhang neben dem Begriff der Privatisierung häufig von Public Private Partnership gesprochen. Daher soll, im Anschluss an den Versuch beide Begriffe zu definieren sowie einer überblicksartigen Erläuterung von Privatisierungsmodellen im Straßenbau, das Verhältnis von Privatisierung und Public Private Partnership zueinander hinterfragt werden.

Der zweite Teil befasst sich mit einer Möglichkeit des Staates, die Erfüllung ihm obliegender Aufgaben finanziell sicherzustellen. Neben der Einbindung Privater basiert das A-Modell auf der Erhebung eines als Gebühr bezeichneten Entgeltes für das Befahren der Bundesautobahn von einer bestimmten Nutzergruppe, § 1 Abs. 1 ABMG. Ausgehend von der Annahme, bei der Mautgebühr handele es sich um eine öffentlich-rechtliche Gebühr, sollen die Grundsätze des allgemeinen Gebührenrechtes kurz dargestellt werden. Von Bedeutung ist hierbei insbesondere die Zulässigkeit der Erhebung von Gebühren sowie deren Bemessung. Da Gebühren nach dem ABMG als so genannte Straßenbenutzungsgebühren einzuordnen sind, soll im Weiteren auf Besonderheiten dieser Gebührenart eingegangen werden.

A. Einbindung Privater in die Verwirklichung von Infrastrukturmaßnahmen

Das Leben in einem Staat wird begleitet, wenn nicht sogar bestimmt, von hoheitlichen Maßnahmen oder „Institutionen“, welche durch den Staat zur Verfügung gestellt werden. Wollte man alle Bereiche aufzählen, in denen der Staat zumindest finanzierend eingreift, die Liste würde lang. Ein Rückzug des Staates aus den von ihm übernommenen Aufgaben ist ohne einschneidende gesellschaftliche Veränderungen undenkbar.

Eine finanzielle Förderung durch den Staat wie im jetzigen Umfang ist jedoch nicht naturgegeben. Vielmehr hat sie sich erst entwickelt. Betrachtet man beispielsweise die Staatsfinanzen und gesellschaftlichen Veränderungen im Verlauf der letzten 100 Jahre, die sich zu einem großen Teil als Verbesserungen der Lebensbedingungen der Menschen auswirkten, stellt man fest, dass mit diesen

Verbesserungen der Umfang der Staatstätigkeiten, und damit auch die Staatsausgaben, zunahmen.

Finanztheoretisch lässt sich diese Entwicklung auf einen Grundsatz zurückführen, der sich bereits bei *Adolph Wagner*[176] findet. *Wagner* formuliert in seinem „Gesetz über die wachsende Staatstätigkeit"[177] sinngemäß Folgendes: Mit „Fortschritt der Cultur und Volkswirtschaft" nähmen zwangsläufig die Staatstätigkeit und folglich auch die Staatsausgaben absolut und relativ zu. Wachstum entstehe bei Staatsaufgaben des „Rechts- und Machtzweckes" sowie im Bereich der „superioren" Güter, also „auf dem Gebiet des Cultur und Wohlfahrtszweckes". Dem ersten Bereich ordnet *Wagner* Tätigkeiten von Justiz, Polizei, Heer, Marine und des Diplomatischen Dienstes zu, dem zweiten dagegen das öffentliche Gesundheitswesen, Hilfs- und Armenwesen, Verkehrswesen und Unterrichts- und Bildungswesen.[178]

Grund für das Wachstum staatlicher Tätigkeit im ersten Bereich sei vor allem die Konzentration der sich entwickelnden Wirtschaft und der damit einhergehenden örtlichen Konzentration von Arbeitskräften. Dies stelle immer größere Anforderungen an den Staat, notwendige Grundlagen und Rahmenbedingungen zu schaffen, um das Funktionieren des gesellschaftlichen Systems zu gewährleisten. An dieser Stelle sei lediglich auf die Notwendigkeit einer funktionierenden Justiz und der Sicherung des Staates in seinem Verhältnis zu Drittstaaten sowohl in Bezug auf auswärtige Vertretung als auch im Kriegsfall verwiesen.

Während bei Staatsaufgaben des „Rechts- und Machtzwecks" allein der Umfang bereits bestehender staatlicher Aufgaben zunimmt, erschließt und übernimmt der Staat im Bereich der „superioren Güter" weitgehend neue Aufgaben. „Superiore Güter" hängen unmittelbar von einem zunehmenden Volkseinkommen ab. Erst mit einem ansteigenden Einkommen entsteht eine Nachfrage nach Leistungen, die über das eigentlich Überlebensnotwendige hinausgehen. Aus der Nachfrage allein folgt jedoch nicht bereits, dass dem Staat die Aufgabe zukommt diese Güter bereitzustellen. Erst der Wandel des gesellschaftlichen Systems und eine fortschreitende Demokratisierung lassen die Befriedigung der zunächst nur „intensivierten menschlichen Bedürfnisse" durch den Staat zu.[179]

---

[176] Adolph Heinrich Gotthelf Wagner wurde als Teil einer Gelehrtenfamilie am 25.03.1835 in Erlangen geboren. Wagner absolvierte ein Studium der Volkwirtschaftslehre und arbeitete in der Tradition seiner Familie als Dozent an verschiedenen Hochschulen. Am 08.11.1917 verstarb er im Alter von 82 Jahren in Berlin. Besondere Anerkennung wurde Wagner als Finanzwissenschaftler auf dem Gebiet der Geld- und Kreditlehre zuteil. Dazu siehe *Bäurle*, S. 6 ff.

[177] Zu Auseinandersetzungen mit dem Gesetz Wagners sei verwiesen auf *Leineweber*, S. 8 ff.; *Recktenwald*, in: HdB. d. Finanzwissenschaft, S. 713 (722 ff.).

[178] *Leineweber*, S. 13.

[179] Vgl. zu den Grundlagen *Musgrave, R. A./Musgrave, P. B./Kullmer, L.*, S. 167 ff.; *Timm*, in: Recktenwald, S. 248 (248 ff.); *Wagner*, in: Recktenwald, S. 241 (241 ff.).

Diese Tendenz der steigenden Nachfrage nach staatlichen Leistungen ist bis in die Gegenwart feststellbar. Der staatlichen Leistungsfähigkeit sind hingegen Grenzen gesetzt. Zwar wurde der Versuch unternommen, die immer neu entstehenden Bedürfnisse zu befriedigen. Wie bereits gezeigt, genügt jedoch nicht allein staatliches Tätigwerden. Vielmehr bedarf es einer Finanzierung der jeweiligen staatlichen Tätigkeit. Man könnte insoweit von einem Kreislauf sprechen, der gekennzeichnet ist durch eine steigende Nachfrage bei „Befriedigung“ der bisherigen Nachfrage.

Übersteigen die Kosten zur Erfüllung der Staatsaufgaben die dafür zur Verfügung stehenden Mittel, kann der Staat entweder neue Geldquellen erschließen, was nicht unbegrenzt in Betracht kommt, oder Aufgaben auf Dritte übertragen, die sie entweder kostengünstiger erfüllen oder neben der Tätigkeit gleichzeitig auch die Finanzierung übernehmen.

Diese Überlegungen lassen sich auf die aktuelle Tendenzen im Zusammenhang mit der Bereitstellung von Straßenverkehrsinfrastruktur übertragen. Einerseits steht mit der Erhebung eines Entgeltes für die Straßenbenutzung die Erschließung einer neuen Finanzierungsquelle im Raum. Andererseits ist beabsichtigt, die Aufgaben auszulagern und von einem Dritten erfüllen zu lassen.

I. Public Private Partnership und Privatisierung

Im Mittelpunkt der Diskussion über die Verwaltungsmodernisierung und notwendige Maßnahmen zur Entlastung des Staates stehen „Privatisierungen“. Daneben wird in der jüngsten Vergangenheit häufig der Begriff „Public Private Partnership“[180] verwendet. Beide werden gerade auch im Zusammenhang mit dem A-Modell erwähnt.[181]

Mit Privatisierungen werden genauso wie mit PPP im Wesentlichen positive Effekte verbunden. Für den Staat ist entscheidend, dass beide Rechtsinstitute für ihn mit einer Entlastung verbunden sind. Aus der Entlastung auf der Aufgabenseite resultiert mittelbar immer auch eine Entlastung auf der Ausgabenseite.[182] Die finanzielle Entlastung kann daraus folgen, dass der Staat für Sachausgaben nicht mehr aufkommen muss oder in geringerem Umfang als bisher Verwaltungsleistungen erbringen und zu diesem Zweck Personal vorhalten muss.

---

[180] Eine einheitliche Schreibweise existiert nicht. Vielfach wird auch von „Public-Private-Partnership“ gesprochen. Die gängige Abkürzung, die auch in vorliegender Arbeit verwendet wird, lautet „PPP“.

[181] BMF, Schreiben vom 03.02.2005 - IV A 5 - S 7100 - 15/05, BStBl I 2005, 414; *Alfen/Mayrzedt/Tegener*, S. 5 f.; *Fabian/Farle*, DStR 2004, 929 (929); *Fabian/Farle*, DStR 2004, 1415 (1415); *Fabian/Farle*, DStR 2005, 169 (169); *Laaser/Jakubowski*, RuR 2003, 278 (280); *Roth*, NVwZ 2003, 1056 (1056 f.); *Sydow*, NWB Fach 2, 2003, 8187 (8187).

[182] Für viele: *Budäus/Grüning*, in: Budäus/Eichhorn, S. 25 (55 ff.); *Eifert*, VerwArch 2002, 561 (562); *Lawther*, S. 29.

Dazu kommen Synergieeffekte, die sich aus einer Zusammenarbeit mehrerer Partner ergeben, wenn jeder Partner Leistungen einbringt, die er im Vergleich mit den übrigen Partnern besser erfüllen kann, und schnellere Verwirklichung der Vorhaben. Für den privaten Partner eröffnet sich dagegen zumeist ein neues Arbeitsfeld.[183]

Ziel des nachfolgenden Abschnittes ist es herauszuarbeiten, ob und inwieweit sich das A-Modell, als Modell der Einbindung Privater in die Erfüllung von Straßenbauaufgaben, als Privatisierung oder PPP einordnen lässt. Dazu ist zunächst der Begriff der Public Private Partnership und im Anschluss daran der Begriff der Privatisierung zu definieren. Ausgehend von Erscheinungsformen der Privatisierung im Allgemeinen sollen Privatisierungsmodelle dargestellt werden, die speziell im Bereich des Bundesfernstraßenbaus verwirklicht werden. Im Anschluss daran ist auf das Verhältnis von Public Private Partnership und Privatisierung zueinander einzugehen. Möglich erscheint zum einen die Einordnung der PPP als eine der Privatisierungsformen. Genauso kommt in Betracht, das Public Private Partnership und Privatisierung unabhängig nebeneinander stehen und sich in ihrem Inhalt nicht überschneiden. Zum Abschluss des nachfolgenden Abschnittes soll das A-Modell unter die Begriffe Privatisierung und PPP subsumiert werden.

1. Analyse des Begriffs Public Private Partnership

PPP sind Kooperationen der öffentlichen Hand mit privaten Partnern. Unter dem Begriff lassen sich eine Vielzahl unterschiedlicher Formen und insbesondere Anwendungsbereiche zusammenfassen.[184] Vorangestellt sei, dass sich aus der Verwendung des Begriffes selbst kein klares Bild ergibt, was unter PPP zu verstehen ist. Sowohl die Anwendungsgebiete, als auch der Umfang der Einbindung des Privaten variieren erheblich. So reichen die Konstruktionen, die unter PPP zusammengefasst werden, von unverbindlichen Netzwerken, die allein dem Informationsaustausch dienen, über die Zusammenarbeit zum Erreichen eines gemeinsamen Zieles, bis hin zur Aufgabenübertragung seitens der öffentlichen Hand auf den Privaten.

Ausgehend von einer Analyse des Wortlautes, soll nachfolgend das Begriffsverständnis der Rechtsprechung deutscher Gerichte, das Verständnis auf europäischer Ebene sowie das in der Literatur vertretene Verständnis dargestellt werden.

---

[183] Eine Übersicht zu positiven Effekten von Privatisierungen findet sich bei *Wolff/Bachof/Stober*, Bd. 3, Vor § 90 V 1 Rn. 25 ff. Diese positiven Effekte sind zugleich mit Public Private Partnership verbunden, da diese das Ergebnis von Privatisierungen darstellen. Dazu siehe Kapitel 2 A. I. 3. Explizit zu Vorteilen von Public Private Partnership *Mehde*, VerwArch 2000, 540 (542 f.).

[184] *Mehde*, VerwArch 2000, 540 (542); *Schmitz*, NVwZ 2000, 1238 (1241); *Schuppert*, Gutachten im Auftrag des Bundesministeriums des Inneren, S. 2; *Tettinger*, DÖV 1996, 764 (764 ff.); *Wolff/Bachof/Stober*, Bd. 3, § 92 I 3 Rn. 4.

a) Analyse des Wortlautes

Nachdem mit „Public Private Partnership" ein Anglizismus in die deutsche Rechts- und Verwaltungssprache Einzug gefunden hat, ist es zunächst nötig, diesen ins Deutsche zu übertragen. Um zu verhindern, dass bereits durch die Übersetzung die Definitionsmöglichkeiten erheblich eingeschränkt werden, soll dabei zunächst von einem sehr weiten Verständnis ausgegangen werden. Anschließend, erfolgt eine Reduzierung auf die Inhalte, die für den Gebrauch im konkreten Fall maßgeblich sind.

Public Private Partnership bedeutet in der wörtlichen Übersetzung „öffentlich private Partnerschaft". Öffentlich als Antonym zu privat ist im Sinne von „öffentliche Hand" zu verstehen.[185] Es kann auch der Begriff „staatlich" verwendet werden. Dagegen kommt „privat" allgemein die Bedeutung persönlich, nicht öffentlich, vertraulich und vertraut zu.[186] Im vorliegenden Zusammenhang soll das Verständnis als „nicht öffentlich" zugrunde gelegt werden. Setzt man beide Begriffe zueinander ins Verhältnis, kommt man zu dem Schluss, dass privat all das ist, was nicht der öffentlichen Hand zugeordnet werden kann. Ob der Private ein Einzelner, eine Gruppe, oder eine Wirtschaftseinheit ist und sein muss, ergibt sich aus der Übersetzung nicht.

„Partnership" wird übersetzt mit Sozietät, Gesellschaft oder auch Partnerschaft. Nachdem hier die Bedeutung als Partnerschaft am weitesten greift, ist zunächst diese zugrunde zu legen. Kennzeichen einer Partnerschaft ist die Zusammenarbeit zur Problembewältigung und zum Erreichen eines bestimmten Zweckes auf dem Weg zu einem gemeinsamen Ziel.[187] Im juristischen Sprachgebrauch wird Partnerschaft seit Einführung des PartGG[188] definiert als Gesellschaft, in der sich Angehörige Freier Berufe zur Ausübung ihrer Berufe zusammenschließen. Dass sich daraus keine Schlussfolgerungen für die Public Private Partnership ziehen lassen, liegt auf der Hand. Ein Zusammenschluss der Öffentlichen Hand mit einem privaten Subjekt, kann nie ein Zusammenschluss von Angehörigen Freier Berufe sein. Zudem regelt § 1 Abs. 1 S. 3 PartGG ausdrücklich, dass nur natürliche Personen Angehörige einer Partnerschaft sein können.[189]

Folglich ergibt sich nach der Übersetzung, dass es sich bei Public Private Partnership um eine Form der Zusammenarbeit zwischen der Öffentlichen Hand und privaten - nicht staatlichen - Subjekten handelt.

Hinweise, welche Zwecke mit dem Einsatz von PPP verfolgt werden können, welche Aufgaben sie zulässigerweise wahrnehmen können und in welcher Form

---

[185] Duden, Stichwort „öffentlich".

[186] Duden, Stichwort „privat".

[187] Duden, Stichwort „Partnerschaft".

[188] Partnerschaftsgesellschaftsgesetz vom 25.07.1994, BGBl. I 1994, 1744.

[189] *Michalski/Römermann*, PartGG, § 1 Rn. 24 ff.

sie organisiert sein müssen, ergeben sich bei einem Definitionsversuch, der ausschließlich vom Wortlaut ausgeht, nicht.

b) Public Private Partnership in der Rechtsprechung deutscher Gerichte

In der Rechtsprechung existiert soweit ersichtlich keine Definition von Public Private Partnership. PPPs waren bislang in der Rechtsprechung deutscher Gerichte nicht in einer Form zu behandeln, die eine gerichtliche Auseinandersetzung mit dem Begriff nötig macht. Zwar wird der Begriff verwendet. Eine Definition findet sich jedoch nicht.[190] Sie erscheint vor allem entbehrlich, weil an die Tatsache, ob eine PPP vorliegt oder nicht, gegenwärtig keine Rechtsfolgen geknüpft sind.[191]

c) Public Private Partnership im Europäischen Gemeinschaftsrecht

Sofern sich aus dem Gemeinschaftsrecht Besonderheiten für die Definition von Public Private Partnership ergäben, müssten sie zumindest in Bereichen Berücksichtigung finden, in denen gemeinschaftsrechtliche Regelungen zu Public Private Partnership vorliegen. Das folgt aus dem Grundsatz, dass Begriffe des Gemeinschaftsrechtes auch gemeinschaftsrechtlich definiert werden müssen.[192] Beließe man dieses Recht in der Zuständigkeit der Mitgliedstaaten, wären Begriffe des Gemeinschaftsrechts unter Umständen von Mitgliedstaat zu Mitgliedstaat verschieden definiert.

In Dokumenten europäischer Institutionen wird verschiedentlich auf Public Private Partnership Bezug genommen,[193] ohne ihn zu definieren. Eine Definition ist auch entbehrlich, da das europäische Gemeinschaftsrecht an das Vorliegen einer PPP keine Rechtsfolgen knüpft.

d) Public Private Partnership in der Literatur

Die Literatur ist reich an Definitionsansätzen. Ein einheitliches Begriffsverständnis, findet sich nicht. Zumeist wird vertreten, dass PPP jegliche Formen der Kooperation zwischen Privaten und öffentlich-rechtlichen Aufgabenträgern zur Erfüllung von öffentlichen Aufgaben erfassen.[194]

---

190 Beispielsweise Vergabekammer Stuttgart, Beschluss vom 24.01.2001, in: NZBau 2001, 340 (341).

191 *Wolff/Bachof/Stober*, Bd. 3, § 92 I 3 Rn. 4.

192 Vgl. soweit ersichtlich nur *Streinz*, Rn. 572.

193 So z.B. Entwurf einer Mitteilung der Kommission zu Auslegungsfragen im Bereich Konzessionen und gemeinschaftsrechtliche Bestimmungen zum öffentlichen Auftragswesen, in: ABlEG 99 C 94.

194 Aus der neueren Literatur: *Becker*, ZRP 2002, 303 (303); *Jaeger*, NZBau 2001, 6 (7) der sich für seinen Aufsatz auf PPP in Form der gemischtwirtschaftlichen Unternehmen beschränkt; *Schröder*, NJW 2002, 1831 (1831); *Schumacher*, S. 25; *Tettinger*, DÖV 1996,

Wie bereits gesehen, zwingt der Wortlaut nicht zu einer Beschränkung auf den öffentlichen Aufgabenbereich. In der Praxis mag es zwar seltener vorkommen, dass die öffentliche Hand Privaten Unterstützung bei der Erfüllung ihrer Aufgaben zukommen lässt, es erscheint jedoch nicht ausgeschlossen. Folglich sollten auch die Erfüllung privater Aufgaben Zweck einer Public Private Partnership sein können.[195]

Budäus/Grüning dagegen sind der Ansicht, dass nicht alle Formen der Kooperation zwischen Privaten und dem öffentlichen Sektor als PPP einzuordnen sind. Andernfalls bestünde die Gefahr, den Begriff konturenlos werden zu lassen. Er würde zu einer „Leerformel".[196] Um das zu vermeiden, schlagen sie vor, alle Kooperationsformen auszugrenzen, bei denen die Partner unterschiedliche Ziele verfolgen. Diese seien als Privatisierung einzuordnen. Betroffen sind insbesondere Gestaltungen, in denen der öffentliche Partner die Erfüllung ihm obliegender Aufgaben gegen Entgelt auf den Privaten überträgt.[197]

Dieser Einschränkung ist nicht zu folgen. Zwar ist den Autoren zuzustimmen, wenn sie es ablehnen, Verträge als PPP einzuordnen, in denen der öffentliche Partner mit dem Privaten beispielsweise einen Kauf- oder Liefervertrag über Wirtschaftsgüter schließt, die er zur Erfüllung seiner Aufgaben benötigt.[198] Hier liegt tatsächlich keine Partnerschaft vor, die auf ein einheitliches Ziel gerichtet ist. Dem Privaten kommt es nur auf sein Entgelt an. *Budäus/Grüning* übersehen jedoch, dass gerade keine unterschiedlichen Ziele verfolgt werden, wenn der öffentliche Partner die Erfüllung ihm obliegender Aufgaben gegen Entgelt auf den Privaten überträgt. Beide Partner streben die Erfüllung der öffentlichen Aufgabe an, der öffentliche Partner, da ihm die Erfüllung obliegt und der Private, da sie Voraussetzung seines Entgeltanspruches ist. Dass die Aufgabenerfüllung für den Privaten damit Sekundärziel ist, primär wird das Entgelt angestrebt, führt nicht dazu, dass unterschiedliche Ziele verfolgt werden. Vielmehr wird lediglich das gleiche Ziel mit unterschiedlicher Intensität verfolgt.

Abgesehen davon, wirft eine entsprechende Ausdehnung des Begriffes gegenwärtig keine Probleme auf. Probleme könnten erst auftreten, wenn an die Definition als PPP Folgen geknüpft wären, so dass eine eindeutige Zuordnung unerlässlich wäre. Nachdem das derzeit weder in Gesetzgebung, Rechtsprechung oder in der Verwaltung der Fall ist, besteht kein Grund für eine Beschränkung

---

764 (764); *Tettinger*, in: Budäus/Eichhorn, S. 125 (125).

195 So z. B. *Arrowsmith*, CMLRev 2000, 709 (709).

196 *Budäus/Grüning*, in: Budäus/Eichhorn, S. 25 (46 f.); zustimmend *Burgi*, S. 98; *Kämmerer*, S. 58.

197 *Budäus/Grüning*, in: Budäus/Eichhorn, S. 25 (50 ff.); für das Vorliegen unterschiedlicher Ziele auch *Becker*, ZRP 2002, 303 (304).

198 In den USA wird die Beschaffung von Militärausrüstung als PPP qualifiziert. Siehe *Budäus/Grüning*, in: Budäus/Eichhorn, S. 25 (46).

der Konstellationen, die als PPP eingeordnet werden. Sollte sich daran künftig etwas ändern, wäre es Aufgabe der zuständigen Organe PPP zu definieren.

e) Ergebnis

Mit der herrschenden Meinung in der Literatur kann unter dem Begriff Public Private Partnership jede Kooperation zwischen Privaten und dem öffentlichen Sektor zur Erfüllung von Aufgaben verstanden werden. Eine Einschränkung auf den öffentlichen Aufgabenbereich wird nicht vorgenommen.

Auszugrenzen sind lediglich so genannte echte Aufträge, wie beispielsweise Kauf- oder Dienstverträge, bei denen Leistungen privater Subjekte gegen Entgelt in Anspruch genommen werden, um die Aufgabenerfüllung durch den öffentlichen Partner selbst zu ermöglichen.

2. Arten der Privatisierung und Privatisierungsmodelle im Straßenverkehrsinfrastrukturbereich

Ein entscheidendes Merkmal des A-Modells ist die Einbindung Privater in die Erfüllung von Aufgaben im Straßenverkehrsinfrastrukturbereich. Sachverhalte, in denen Private bei der Erfüllung von Aufgaben tätig werden, die ursprünglich durch den Staat wahrgenommen wurden, werden häufig unter dem Stichwort Privatisierung diskutiert.

Es existiert keine einheitliche Definition des Begriffs Privatisierung. Vielmehr handelt es sich um einen unbestimmten Rechtsbegriff, der eine Vielzahl unterschiedlichster Sachverhalte erfasst.[199] Einigkeit besteht nur, dass Privatisierung übergreifend im Sinn von „Entstaatlichung“ zu verstehen ist.[200]

Die angesprochene Vielseitigkeit wird unter anderem durch die verschiedenen Anwendungsbereiche verursacht und gefördert, in denen Private in die Erfüllung staatlicher Aufgaben eingebunden sind. So kommen Privatisierungen in der aktuellen Rechtspraxis insbesondere bei Eisenbahn, Post und Telekommunikation, bei Kultur- und Bildungseinrichtungen sowie im Bereich des Abwasserwesens[201] vor.

Den Versuch einer allgemein gültigen Definition wagt *Kämmerer*. Er versteht unter Privatisierung „jede Form der Abgabe von Rechtsmacht durch den Staat zugunsten von Personen des Privatrechts“, wobei Personen des Privatrechts „na-

---

[199] *Arndt*, S. 4; *Di Fabio*, JZ 1999, 585 (585); *Kämmerer*, S. 8 ff.; *Wolff/Bachof/Stober*, Bd. 3, vor § 90 III 1 Rn. 6.

[200] *Di Fabio*, JZ 1999, 585 (585); *Görgmaier*, DÖV 1977, 356 (356); *Kämmerer*, S. 12.

[201] Einen Überblick über die Privatisierung der Eisenbahn enthält *Kämmerer*, S. 292. Siehe auch *Ronellenfitsch*, DÖV 1996, 1028 (passim); *Stender-Vorwachs*, S. 191 ff.; Zur Postprivatisierung *Benz*, in: Gusy, S. 129 (passim); *Gerloff*, in: Gusy, S. 165 (passim); *Kämmerer*, S. 292 ff.; Vgl. auch *Frenz*, ZHR 2002, 307 (passim); *Jessen*, (passim).

türliche Personen und jede Art von privatrechtlich organisierten Rechtssubjekten ohne Rücksicht auf den Anteilseigner" beteiligt sein können.[202]

Im nachfolgenden Abschnitt sollen zunächst verschiedene Privatisierungsarten vorgestellt werden. Daran schließt sich die Darstellung von Privatisierungskonzepten im Bereich des Bundesfernstraßenbaus an, die gegenwärtig umgesetzt werden.

a) Arten der Privatisierung

In der juristischen Literatur wurden Privatisierungen in der jüngeren Vergangenheit verstärkt thematisiert.[203] Im Mittelpunkt steht dabei unter anderem die Beschreibung und Abgrenzung unterschiedlicher Privatisierungsarten. Während die ältere Literatur zumeist eine Untergliederung in vier Arten[204] vornahm, findet man in der aktuellen Literatur bereits mindestens sechs verschiedene[205].

Nachfolgend werden Privatisierungsarten vorgestellt und voneinander abgegrenzt. Hierbei beschränkt sich die Darstellung auf die vier wesentlichen Arten, die Vermögensprivatisierung, die materielle Privatisierung, die formelle Privatisierung und die funktionale Privatisierung.[206] Dabei handelt es sich gleichzeitig um die Arten, welche im Rahmen der Privatisierung der Straßenverkehrsinfrastruktur Bedeutung erlangen könnten.

Eine detailliertere Untergliederung als in vier Arten bietet sich nicht an. Bei einer zu starken Differenzierung in verschiedene Privatisierungsformen kommt es häufig zu Überschneidungen, sobald man versucht, reale Sachverhalte unter sie einzuordnen.[207]

---

202 *Kämmerer*, S. 37.

203 *Arndt*, (passim); *Giesberts/Schmuck*, DÖV 2003, 701 (701 ff.). Zur Unternehmensprivatisierung, *Schoch*, DVBl. 1994, 962 (962). Allgemein zur Privatisierung von Verwaltungsaufgaben, *Tomas*, (passim); *Uechtritz*, DVBl. 2002, 739 (739 ff.); so auch *Weiss*, S. 1 m.w.N.

204 *Schoch*, DVBl. 1994, 962 (962 f.) unterscheidet als Grundmodelle Organisationsprivatisierung, Vermögensprivatisierung, materielle Privatisierung und funktionale Privatisierung. Siehe auch *Bolsenkötter*, DB 1993, 445 (445); *v. Hagemeister*, S. 43 ff.; *Wahl*, DVBl. 1993, 517 (518 f.).

205 *Kämmerer*, JZ 1996, 1042 (1043) ergänzt noch um die sog. Verfahrensprivatisierung und Finanzierungsprivatisierung; *Krölls*, GewArch 1995, 129 (130 ff.) differenziert sogar zwischen neun Privatisierungsformen. Einen Überblick über die Entwicklung gibt *Kämmerer*, S. 23 ff.

206 In der Literatur sind weiterhin anzutreffen: Eigentumsprivatisierung, Handlungsformprivatisierung, Finanzierungsprivatisierung, Verfahrensprivatisierung, Soziale Privatisierung, Personalprivatisierung. Eine Übersicht mit weiteren Nachweisen findet sich bei *Wolff/Bachof/Stober*, Bd. 3, vor § 90 IV Rn. 10 ff.

207 In diesem Sinne *Frenz*, DÖV 2002, 186 (187).

aa) Vermögensprivatisierung

Im Rahmen der so genannten Vermögensprivatisierung werden Vermögenswerte, die im Eigentum der öffentlichen Hand stehen, in das Eigentum Privater überführt.[208] Dabei handelt es sich beispielsweise um Wirtschaftsunternehmen, sonstige Beteiligungen oder Grundeigentum.

Vermögensprivatisierungen bewirken im Ergebnis ausschließlich eine Verschiebung des Eigentums an den betroffenen Vermögenswerten. Eine Zusammenarbeit verschiedener Partner ist mit ihnen nicht verbunden. Daher handelt es sich auch nicht um eine Erscheinungsform einer PPP, für die gerade die Kooperation mehrerer Partner charakteristisch ist.

bb) Materielle Privatisierung

Unter dem Begriff der materiellen Privatisierung werden Sachverhalte zusammengefasst, in denen sich der Staat einer ihm zugewiesenen Aufgabe vollumfänglich entledigt. Er überträgt tatsächliche Erfüllung und Verantwortlichkeit auf einen Privaten.[209] Materielle Privatisierungen werden auch als Aufgabenprivatisierung bezeichnet.[210]

Durch diese Art der Privatisierung nimmt die Aufgabenlast des Staates ab. Im Gegenzug wachsen das Tätigkeitsfeld privater Wirtschaftssubjekte und ihr Verantwortungsbereich Dritten gegenüber. Es wird auch von einer Aufgabenverlagerung gesprochen.[211]

Materielle Privatisierungen können nie als PPP eingeordnet werden.[212] PPPs streben gerade die gemeinsame Erfüllung einer Aufgabe an. Im Rahmen einer materiellen Privatisierung steht der Staat nach der Übertragung als potenzieller „Public Partner“ in keiner Beziehung zu der Aufgabe. Es ist gerade Ziel dieser Privatisierung die Aufgabe vollständig weiterzugeben. Ein partnerschaftliches Zusammenwirken liegt nicht vor.

cc) Formelle Privatisierung

Von einer formellen Privatisierung oder auch Organisationsprivatisierung spricht man, wenn Aufgaben in privatrechtliche Organisationsformen überführt werden, die bislang in öffentlich-rechtlicher Form wahrgenommen wurden. Eine

---

[208] *Bauer*, VVDStRL, 54 (1995), 243 (251, Fn. 41); *Kämmerer*, S. 39, *Ostermann*, S. 41 f.; *Schoch*, DVBl. 1994, 962 (962); *Wolff/Bachof/Stober*, Bd. 3, vor § 90 III Rn. 12.

[209] Für viele *Dreher*, NZBau 2002, 245 (246); *Dreier*, DÖV 2002, 537 (541); *Schoch*, DVBl. 1994, 962 (962 f.); *Schuppert*, Verwaltungswissenschaft, S. 370; *Wahl*, DVBl. 1993, 517 (518); *Weiss*, S. 29 f.; *Wolff/Bachof/Stober*, Bd. 3, vor § 90 III Rn. 13.

[210] *Dreher*, NZBau 2003, 245 (246); *Dreier*, DÖV 2002, 537 (541); *Kämmerer*, S. 20 m.w.N.; *Krölls*, GewArch 1995, 129 (131); *Ostermann*, S. 43.

[211] *Ostermann*, S. 43.

[212] *Dreher*, NZBau 2003, 245 (246); anders *Lawther*, S. 2 f., der auch materielle Privatisierungen als Public Private Partnership qualifiziert.

formelle Privatisierung liegt beispielsweise vor, wenn die öffentliche Hand eine Gesellschaft gründet, die privatrechtlich organisiert ist, und dann in privatrechtlicher Rechtsform eine Aufgabe ausführt, die bisher in öffentlich-rechtlicher Form wahrgenommen wurde.[213] Im Unterschied zur materiellen Privatisierung bleibt der Staat auch nach der Privatisierung für die Erfüllung der Aufgabe verantwortlich.

Versucht man formelle Privatisierungen in das Schema einer PPP einzuordnen stellt man fest, dass es an einem privaten Partner fehlt. Trotzdem wird auch die formelle Privatisierung teilweise als PPP eingeordnet.[214] Hier wird jedoch übersehen, dass eine PPP das Zusammenwirken von mindestens zwei Rechtssubjekten voraussetzt von denen eines „privat" ist. Formelle Privatisierungen s ind nicht mit einer Kooperation mehrerer Partner verbunden. Vielmehr entsteht nur ein neues Rechtssubjekt. Allein die Form der Aufgabenerfüllung verändert sich. Somit kann eine formelle Privatisierung nicht als PPP eingeordnet werden.

dd) Funktionale Privatisierung

Spricht man von materieller Privatisierung wenn eine Aufgabe, vollständig auf einen Privaten übertragen wird, die bislang durch die öffentliche Hand mit Mitteln des öffentlichen Rechts erfüllt wurde, und von formeller Privatisierung, wenn lediglich die Organisationsform geändert wird, so handelt es sich bei einer funktionalen Privatisierung um eine Zwischenform.

Funktionale Privatisierungen zeigen Merkmale beider vorgenannten Privatisierungsarten. Der Staat entledigt sich der Aufgabenerfüllung. Sie wird infolge der Privatisierung nicht mehr unmittelbar durch staatliche Organe sondern von einem privaten Rechtssubjekt wahrgenommen. Dennoch verbleiben Zuständigkeit und Verantwortung für die Aufgabe bei der öffentlichen Hand.[215] Man bezeichnet funktionale Privatisierungen auch als Produktionsprivatisierung.[216]

Nachdem weder alle Merkmale der materiellen noch die der formellen Privatisierung vorliegen, zudem aber Merkmale beider Formen erfüllt sind, sollte man mit der Mehrheit der Autoren die funktionale Privatisierung als eigenständige Privatisierungsart ansehen. Der Versuch, die betreffenden Sachverhalte als Unterarten der materiellen[217] oder formellen[218] Privatisierung zu qualifizieren und in Abhängigkeit vom Grad der Ausprägung der Merkmale einer der beiden Ar-

---

[213] *Bauer*, VVDStRL 54 (1995), 243 (252, Fn. 41); *Dreher*, in: Immenga/Mestmäcker, GWB, § 99 Rn. 23 ff.; *Dreier*, DÖV 2002, 537 (542); *Ostermann*, S. 52 ff.; *Schink*, VerwArch 1994, 251 (256); *Schoch*, DVBl. 1994, 962 (962); *Wolff/Bachof/Stober*, Bd. 3, vor § 90 III Rn. 11.

[214] Ohne Begründung *Schröder*, NJW 2002, 1831 (1831).

[215] Für viele *Ostermann*, S. 45.

[216] *Bucher*, S. 30; *Schmitt*, FStrPrivFinG, S. 44; *Vitzthum*, AöR 104 (1979), 580 (591).

[217] Vgl. *v. Hagemeister*, S. 51 ff.; *Pabst*, S. 71; *Schmitt*, FStrPrivFinG, S. 43 ff.

[218] Vgl. *Bucher*, S. 30 f; *Vitzthum*, AöR 104 (1979), 580 (587).

ten zuzuordnen, führt zwangsläufig zu Unsicherheiten bei der Einordnung. Diese Schwierigkeiten treten nicht auf, wenn man neben der materiellen und formellen Privatisierung eine weitere Art zulässt, die eben durch die nachfolgend darzustellenden Merkmale gekennzeichnet ist.

Merkmal der funktionalen Privatisierung ist die Einbindung eines Privaten in die staatliche Aufgabenerfüllung. Der Staat überträgt die Erfüllung einer ihm obliegenden Aufgabe auf ein privates Rechtssubjekt. Dritten gegenüber bleibt er für die Erfüllung der Aufgabe verantwortlich.[219] Während der Private eine realisierende Funktion wahrnimmt (er wird tatsächlich tätig), übt der Staat allein Kontrollaufgaben aus.

Die Beteiligung des Privaten kann unterschiedlich ausgestaltet sein. In Betracht kommt die Gründung eines gemischtwirtschaftlichen Unternehmens, durch das sich die öffentliche Hand den Sachverstand des Privaten sichert. Des Weiteren besteht die Möglichkeit, dass der Private als Erfüllungsgehilfe für den Staat tätig wird.[220] Übt ein Privater staatliche Aufgaben aus, so kann er dabei grundsätzlich sowohl privatrechtlich, als auch hoheitlich tätig werden. Die Aufgabenerfüllung mittels hoheitlichen Handelns setzt jedoch die Beleihung des Privaten voraus. In dem Fall behält er den Status eines Privaten, übt aber hoheitliche Tätigkeiten aus.[221]

Regelmäßig tritt der private Partner Dritten gegenüber nach außen auf und erfüllt die jeweilige Aufgabe unmittelbar. Er ist jedoch ausschließlich dem öffentlichen Partner für die Erfüllung der Aufgabe verantwortlich. Dieser ist wiederum außenstehenden Dritten zur Erfüllung der Aufgabe verpflichtet. Regelmäßig folgt aus dieser Verantwortungsteilung ein Weisungsrecht des öffentlichen Partners, das ihn berechtigt, auf die Handlungen des privaten Partners Einfluss zu nehmen. Im Ergebnis wirken öffentlicher und privater Partner bei der Erfüllung von Aufgaben im Wege einer funktionalen Privatisierung arbeitsteilig zusammen. Während der private Partner zu einer bestimmten Leistung verpflichtet ist, wird der öffentliche Partner im Wesentlichen koordinierend tätig.

Im Unterschied zu Vermögensprivatisierungen, materiellen und formellen Privatisierungen, die wie gezeigt, keine Erscheinungsformen von PPP darstellen, lassen sich funktionale Privatisierungen unter den Begriff Public Private Partner-

---

219 *Dreher*, in: Immenga/Mestmäcker, GWB, § 99 Rn. 28; *Ostermann*, S. 45; *Schoch*, DVBl. 1994, 962 (963); *Schuppert*, Verwaltungswissenschaft, S. 371.

220 *Krölls*, GewArch 1995, 129 (131); Zu den Gestaltungsmöglichkeiten siehe auch *Schmitt*, FStrPrivFinG, S. 44 f.

221 *Maurer*, AllgVerwR, § 23 Rn. 56; *Weisel*, S. 67. Zur Einordnung von Modellen, die mit einer Beleihung des Privaten verbunden sind, als funktionale Privatisierung siehe *Dreher*, NZBau 2002, 245 (247); StGH Bremen, Urteil vom 15.01.2002, NordÖR 2002, 60 (61 f.).

ship einordnen.[222] Wie gezeigt sind funktionale Privatisierungen gerade durch eine Kooperation zwischen der öffentlichen Hand und Privaten gekennzeichnet.

b) Privatisierungsmodelle im Fernstraßenbau

Mit zunehmender Verknappung der finanziellen Mittel in den öffentlichen Haushalten fällt es auch im Fernstraßenbau immer schwerer, die notwendigen Aufgaben ordnungsgemäß zu erfüllen. Daher waren die verantwortlichen Stellen gezwungen, alternative Konzepte zu entwickeln. Diese sollen die Durchführung der notwendigen Maßnahmen im Bereich der Infrastruktur sicherstellen.

Im Fernstraßenbau existieren verschiedene Modelle, die versuchen, die Finanzierungslast für notwendige Verkehrsinfrastrukturmaßnahmen, zumindest vorläufig und unmittelbar, auf Private zu übertragen. Ziele, die allgemein mit dem Einsatz Privater bei der Erfüllung staatlicher Aufgaben, angestrebt werden, sind auch für die Verwirklichung von Straßenverkehrsprojekten wegweisend. So geht es der öffentlichen Hand im Wesentlichen um eine zeitnahe und kostengünstige Verwirklichung der Maßnahmen.[223]

Nachfolgend sollen die drei Alternativmodelle der Finanzierung von Straßenbauvorhaben vorgestellt werden, die entweder derzeit umgesetzt werden oder aber infolge rechtlicher Probleme in der angestrebten Form nicht zu realisieren sind. Dabei handelt es sich um das Leasingmodell (a), das Konzessionsmodell (b) sowie das Betreibermodell (c). Ziel ist es lediglich, einen Überblick über die Inhalte und wesentlichen Unterschiede der verschiedenen Finanzierungsmodelle zu geben und auf ausgewählte Problempunkte einzugehen.[224]

aa) Leasingmodell

Von untergeordneter Bedeutung ist das so genannte „Leasingmodell" wie beispielsweise das „Mogendorfer Modell"[225]. Es kann unter der geltenden Rechtslage wirtschaftlich nicht sinnvoll umgesetzt werden. In der beabsichtigten Gestaltung stehen der Verwirklichung steuerliche Gründe entgegen.[226] Der Vollständigkeit halber soll es dennoch vorgestellt werden.

Die Grundidee des Leasingmodells ist die Verlagerung der Finanzierungslast vom Staat auf private Wirtschaftssubjekte. Dabei ist eine endgültige Finanzie-

---

[222] So *Bauer*, DÖV 1998, 89 (90); *Mehde*, VerwArch, 2000, 540 (543); *Wolff/Bachof/Stober*, Bd. 3, vor § 90 III Rn. 16.

[223] Vgl. Kapitel 2 A. I.

[224] Ausführliche Darstellungen enthalten *Bucher*, S. 70 ff.; *Grupp*, DVBl. 1994, 140 (142); *Krämer*, in: Kodal/Krämer, Kapitel 16 Rn. 26.1 f.; *Schmitt*, FStrPrivFinG, S. 48 ff.

[225] Vgl. *Jahndorf*, NVwZ 2001, 620 (622 ff.); *Reidt/Stickler*, BauR 1997, 241 (242); *Sydow*, NWB Fach 2, 2003, 8187 (8187); *Zeiss*, NVwZ 1998, 467 (467).

[226] *Grupp*, DVBl. 1994, 140 (142); *Scheele*, S. 109.

rung durch den Privaten nicht beabsichtigt. Ziel ist vielmehr eine „Vor"-finanzierung um das Straßenbauprojekt schneller verwirklichen zu können.[227]

Das Leasingmodell ist dadurch charakterisiert, dass der Leasinggeber - Privater - ein Investitionsobjekt - Straße - nach Maßgabe der Interessen des Leasingnehmers - Staat - diesem zur Verfügung stellt. Der Private finanziert, errichtet oder kauft das jeweilige Investitionsobjekt. Eigentümer der Grundstücke, auf denen das Vorhaben verwirklicht werden soll, ist der Bund. Entweder er ist bereits Eigentümer oder er erwirbt sie. Mit dem Privaten wird ein Vertrag geschlossen, der diesen dazu verpflichtet, ein Straßenbauprojekt nach den Vorstellungen und Interessen des Hoheitsträgers zu verwirklichen. Als Gegenleistung steht ihm ein Nutzungsrecht an dem erstellten Objekt zu.

Sein Nutzungsrecht übt der Private aus, indem er das Objekt dem Staat zur Verfügung stellt. In einem gesonderten Vertrag berechtigt er den Staat das Verkehrsprojekt gegen Zahlung eines Entgeltes zu nutzen. Der Staat wiederum stellt es der Öffentlichkeit zur Verfügung.[228] Das Entgelt, auch als Leasingrate bezeichnet, bemisst sich in der Höhe vor allem nach den Projektkosten, die der Private zu tragen hatte. Dazu gehören neben den eigentlichen Baukosten auch Finanzierungs- und Verwaltungskosten.[229] Nach Ablauf des Leasingvertrages ist entweder erneut über die Leasingraten zu verhandeln oder der Staat macht von seiner Kaufoption Gebrauch.[230] Im letztgenannten Fall fiele die Straße nach Ablauf der Nutzungsberechtigung an den Hoheitsträger zurück.[231]

Für den Staat wäre dieses Konzept eine Möglichkeit trotz leerer Kassen Straßenbauvorhaben überhaupt oder zumindest schneller zu verwirklichen, als er alleine dazu in der Lage wäre. Der Private nimmt ihm zunächst die Finanzierungslast ab. Dagegen sollen Privaten durch steuerlich attraktive Gestaltung für die Verwirklichung des Modells gewonnen werden.

Unter dem geltenden Steuerrecht weist das beschriebene Konzept jedoch keine steuerlichen Vorteile auf. Daher wird es bislang nicht genutzt und wird ohne Änderung steuerlicher Vorschriften auch in Zukunft nicht genutzt werden. Für den Privaten sollten Abschreibungen auf das Investitionsobjekt steuerlich vorteilhaft sein. Es war beabsichtigt, dass der Private durch die Geltendmachung der Abschreibungen seine Steuerlast verringern könne. Dies setzt voraus, dass der Private als Leasinggeber überhaupt abschreibungsberechtigt ist. Zur Frage, wer im Rahmen von Leasingverhältnissen dazu berechtigt ist, Abschreibungen auf das Wirtschaftsgut vorzunehmen, hat der BFH Stellung genommen.[232]

---

[227] *Tomas*, S. 140.

[228] Siehe beispielsweise *Pabst*, S. 185 ff.; *Tomas*, S. 140 ff.

[229] *Schmidt*, S. 155.

[230] *Bucher*, S. 70 f.; *Grupp*, DVBl. 1994, 140 (142).

[231] Zu Leasingmodellen siehe *Grupp*, DVBl. 1994, 140 (143 ff.); *Jahndorf*, NVwZ 2001, 620 (620 ff.); *Reidt/Stickler*, BauR 1997, 241 (242); *Schmitt*, FStrPrivFinG, S. 49.

[232] BFH, Urteil vom 26.01.1970, BStBl II 1970, 264; BFH, Urteil vom 18.11.1970, BStBl II

Grundsätzlich ist derjenige abschreibungsberechtigt, dem das Wirtschaftsgut zuzurechnen ist.[233]

Im Fall des sog. Spezialleasings erfolgt die Zurechnung an den Leasingnehmer. Das Leasingobjekt ist speziell auf die Bedürfnisse des Leasingnehmers zugeschnitten. Auch nach Ablauf der Leasingdauer bleibt es nur für ihn wirtschaftlich sinnvoll nutzbar. Von einer derartigen Beschränkung der Nutzbarkeit ist auszugehen, wenn für Wirtschaftsgüter, wie das verleaste, kein Markt existiert, auf dem es gehandelt werden kann und keine Nachfrage besteht.[234] Bundesautobahnen und Streckenabschnitte von Bundesautobahnen werden derzeit in Deutschland nicht gehandelt. Einzig der Bund stellt sie der Öffentlichkeit kostenlos zur Verfügung. Die Marktfähigkeit eines Wirtschaftsgutes ist unter anderem bedingt durch wirtschaftlich sinnvolle Einsatzmöglichkeiten. Bestehen solche nicht, haben Wirtschaftssubjekte keinen Anreiz solche Güter anzubieten. Von ihnen geht in dem Fall auch keine Nachfrage aus.

Unter Umständen könnte sich daran mit Einführung und zunehmender Verbreitung von Betreibermodellen im Fernstraßenbau etwas ändern. Die dann von den Nutzern zu entrichtenden Benutzungsgebühren könnten einen Anreiz für die Bereitstellung privat betriebener Bundesautobahnen darstellen. Gegebenenfalls entsteht bei dieser Entwicklung auch ein Markt, auf dem Bundesautobahnen handelbare Wirtschaftsgüter sind. Das kann jedoch vorerst dahingestellt bleiben.

Gegenwärtig stellt das Leasingmodell jedenfalls einen Fall des Spezialleasings dar. Das Investitionsobjekt ist dem Staat zuzurechnen, so dass der Private keine Abschreibungen geltend machen kann. Damit verliert das Konzept seinen steuerlichen Reiz und erscheint wenig sinnvoll.[235]

Versucht man das Modell in eine der Privatisierungsarten einzuordnen, kommt man zu dem Ergebnis, dass für keine der Privatisierungsarten alle Merkmale erfüllt sind. Mangels endgültiger Aufgabenentledigung kommt eine materielle Privatisierung nicht in Betracht. Die formelle Privatisierung setzt die Erfüllung einer vormals hoheitlich wahrgenommenen Aufgabe in privatrechtlicher Form voraus, wobei die Erfüllung unter alleiniger staatlicher Kontrolle steht. Zwar wird ein Privater in privatrechtlicher Form tätig, er steht jedoch nicht unter alleiniger staatlicher Kontrolle, sondern ist vielmehr ein eigenständiges, von staatlichen Stellen unabhängiges Rechtssubjekt. Zuletzt kommt eine Einordnung als funktionale Privatisierung in Betracht. Eine staatliche Aufgabe wird durch einen Privaten erfüllt. Allerdings ist zu berücksichtigen, dass nach Ablauf der Vertragsdauer wieder der Staat verpflichtet ist, für Erhaltung und Betrieb Sorge zu

---

1971, 133.

[233] *Bordewin/Tonner*, S. 22 f.; *Schmidt/Drenseck*, EStG, § 7 Rn. 51.

[234] *Grupp*, DVBl. 1994, 140 (142).

[235] *Grupp*, DVBl. 1994, 140 (142). Zur Unwirtschaftlichkeit der Konzessionsmodelle siehe auch BT-Drs 13/2600, S. 58 ff.

tragen. Nach Ablauf des Vertrages besteht in keiner Hinsicht eine Art der Privatisierung. Für die Laufzeit des Vertrages, liegen alle Voraussetzungen einer funktionalen Privatisierung vor. Folglich wäre hier von einer zeitweiligen funktionalen Privatisierung auszugehen.[236]

bb) Konzessionsmodell

Das Konzessionsmodell ist ähnlich gestaltet wie das Leasingmodell. Der entscheidende Unterschied besteht im steuerlichen Bereich. Bevor die steuerliche Behandlung erläutert wird, soll der Inhalt des Konzessionsmodells dargestellt werden.

Gegenstand des Konzessionsmodells ist eine vertragliche Beziehung zwischen dem Hoheitsträger und dem als Konzessionsnehmer bezeichneten Privaten. Im Wesentlichen entspricht die Gestaltung der des Leasingmodells. Der Private verpflichtet sich, ein Bauvorhaben nach den Vorstellungen des Hoheitsträgers zu verwirklichen und erhält als Gegenleistung zeitlich begrenzt das Recht zur Nutzung des Objektes. In einem gesonderten Vertrag wird eben dieses Nutzungsrecht gegen Entgelt[237] wieder auf den Bund übertragen, der das Vorhaben dann der Öffentlichkeit zur Verfügung stellt. Nach Ende des Konzessionszeitraums fällt das Recht zur Nutzung an den Bund zurück.

Mit der Bezeichnung als Konzessionsmodell verbindet sich die Erwartung, dass dem Privaten eine Konzession erteilt würde. Im allgemeinen juristischen Sprachgebrauch erhält derjenige eine Konzession, dem die behördliche Erlaubnis erteilt wird, ein bestimmtes Gewerbe zu betreiben.[238] In der Regel ist die Erteilung einer Konzession an bestimmte persönliche Fähigkeiten des Konzessionsnehmers oder sachliche Voraussetzungen geknüpft. Dabei kann es sich beispielsweise um den Nachweis spezieller Fähigkeiten oder der Pflicht zur Einhaltung von Sicherheitsbestimmungen handeln.[239] Gemeinsam ist allen derart erlaubnispflichtigen Tätigkeiten, dass sich andere Personen in Situationen erhöhter Gefahr begeben, wenn sie Leistungen in Anspruch nehmen.

Das Konzessionsmodell, wie es in Bereich der Fernstraßenfinanzierung verstanden wird, ist nicht mit einer solchen Gefahrensituation verbunden. Es liegt daher nahe, dass es sich nicht um eine Konzessionserteilung in Übereinstimmung mit dem vorstehend erläuterten Verständnis handeln kann.

Rechtlich ungenau werden unter dem Begriff Konzession teilweise auch behördliche Bewilligungen oder Verleihungen zusammengefasst, die dem Adressaten

---

[236] *Schmitt*, FStrPrivFinG, S. 50.

[237] *Rinke*, in: Kodal/Krämer, Kapitel 16 Rn. 26.1; *Schmitt*, FStrPrivFinG, S. 54 f.

[238] *Creifelds*, Rechtswörterbuch, Stichwort „Konzession“; *Tettinger*, in: Tilch/Arloth, Bd. 2, Stichwort „Konzession“.

[239] Konzessionen werden beispielsweise erteilt im Apothekenwesen (vgl. §§ 26 Abs. 1 ApoG).

ein subjektives öffentliches Recht vermitteln, welches eigentumsähnlichen Charakter hat und ausschließlich gegen Entschädigung entzogen werden kann. Dem Konzessionsnehmer kann die Durchführung seines Vorhabens nicht ohne gesicherte Rechtsstellung zugemutet werden.[240] Dergestalt dienen Konzessionen dem Schutz des Konzessionsnehmers. Sein Schutzbedürfnis kann sich insbesondere aus einem überdurchschnittlichen (finanziellen) Umfang eines Vorhabens ergeben oder aufgrund von Projektrisiken, die sich seiner Einflusssphäre entziehen und in der der öffentlichen Hand liegen. Sofern die öffentliche Hand bestrebt ist, ein derart risikobehaftetes Vorhaben durch Private verwirklichen zu lassen, hat sie die Möglichkeit, eine Konzession im vorgenannten Sinn zu erteilen. Sie schafft damit einen Anreiz für die Verwirklichung des Vorhabens in privater Initiative, da sie einen Teil der Projektrisiken übernimmt. In diesem Sinn verstanden, wird auch bei Konzessionsmodellen im Fernstraßenbau eine Konzession erteilt.

Schmidt ist der Ansicht, die Gestaltung, die dem Konzessionsmodell im Fernstraßenbau zugrunde liegt, müsse als „Gesamtgebilde" gesehen werden, weshalb es sich um einen Ratenkauf handele.[241] Dem ist nicht zuzustimmen. Voraussetzung eines Ratenkaufes wäre ein Kaufvertrag. Der Hoheitsträger kauft aber von dem Privaten kein Wirtschaftsgut. Will man eine Gesamtbetrachtung anstellen, muss man zu dem Schluss kommen, dass der Vertrag über den Bau des Straßenprojektes ein Werkvertrag darstellt; soweit daneben noch Unterhaltungs- und Betriebsleistungen zu erbringen sind, handelt es sich um einen typengemischten Vertrag mit Merkmalen von Dienst- und Werkvertrag. Folglich liegt kein Ratenkauf vor. Das Entgelt setzt sich zusammen aus der gestundeten Werklohnforderung[242] und laufenden Zahlungen aus dem Dienstvertrag.

Für den Privaten ergeben sich aus dieser Gestaltung keine Steuervorteile. Es gibt keine Grundlage, auf der ihm das Wirtschaftsgut zugerechnet werden könnte. Für den Staat könnte lediglich die vorzeitige Verwirklichung von Bauvorhaben Anreiz sein, auf diese Finanzierungsform zurückzugreifen. Für einen gewissen Zeitraum belasten die Kosten nicht den Staatshaushalt. Sie sind verteilt über mehrere Jahre aufzubringen. Verfassungsrechtliche Bedenken wirft dieses Modell nicht auf.

Konzessionsmodelle sind, genauso wie Leasingmodelle, zeitweilige funktionale Privatisierungen.[243]

cc) Betreibermodell

Allgemein spricht man von einem Betreibermodell, wenn private Rechtssubjekte Finanzierung, Bau, Unterhaltung und Betrieb eines Infrastrukturvorhabens über-

---

[240] *Tettinger*, in: Tilch/Arloth, Bd. 2, Stichwort „Konzession".
[241] *Schmidt*, S. 164.
[242] *Bucher*, S. 73.
[243] So auch *Schmitt*, FStrPrivFinG, S. 55 im Anschluss an *Krölls*, GewArch 1995, 129 (137).

nehmen. Von den Nutzern ist für die Inanspruchnahme ein leistungsabhängiges Benutzungsentgelt zu entrichten.[244] Soll der Betreiber seine Kosten über die Zahlung individueller Nutzungsentgelte für die Inanspruchnahme decken, muss ihm das Recht eingeräumt werden, Benutzungsgebühren zu erheben.[245] Daneben besteht die Option, dass der Betreiber von den Nutzern ein privatrechtliches Entgelt erhebt. Alternativ zur Refinanzierung durch Nutzungsentgelte kommt die Zahlung eines Entgeltes durch den Staat in Betracht.[246]

Bei einer vollständigen Kostendeckung über staatliche Zahlungen wird der Haushalt nicht entlastet. Es handelt sich sondern lediglich um eine Variante der Vorfinanzierung und ermöglicht damit eine frühere Verwirklichung des Vorhabens.

Häufig sind Betreibermodelle als Build-Operate-Transfer-Projekte[247] ausgestaltet. Der Betreiber verpflichtet sich, ein bestimmtes Vorhaben zu verwirklichen und für eine gewisse Zeit zu betreiben. Für die Dauer der Unterhaltung ist der Betreiber zur Erhebung von Gebühren zu berechtigen. Nach Ende des Vertrages erlischt dieses Recht und der Bund ist wieder zur Nutzung des Projektes berechtigt.[248]

Mit Betreibermodellen ist eine vollständige Entlastung des Haushaltes verbunden, wenn das einzelne Vorhaben so konzipiert ist, dass der Betreiber seine Kosten vollständig über die Erhebung von Gebühren zu Lasten der Benutzer finanziert. Diese Art der Finanzierung setzt jedoch ein wirtschaftlich arbeitendes Vorhaben voraus. Die Nachfrage seitens der Nutzer muss groß genug sein, damit kostendeckend Gebühren erhoben werden können. Bei einer großen Anzahl nachfragender Nutzer, können niedrige Gebühren, die von vielen erhoben werden, zur Deckung ausreichen. Alternativ genügte auch die Nachfrage weniger Nutzer, die aber unbedingt auf die Nutzung angewiesen sind. In diesem Fall könnte eine höhere Gebühr erhoben werden.

Im Zusammenhang mit Betreibermodellen ist zu berücksichtigen, dass für die Dauer der Vertragslaufzeit der Betrieb des Vorhabens der staatlichen Kontrolle völlig entzogen ist. Damit ist grundsätzlich auch die Erhebung von Nutzungsgebühren verbunden, da die Übertragung des Rechts zur Gebührenerhebung uner-

---

244 *Grupp*, DVBl. 1994, 140 (141); *Krämer*, in: Kodal/Krämer, Kapitel 16 Rn. 26.2; *Schmitt*, FStrPrivFinG, S. 64; *Wendt*, in: Ipsen, S. 37 (57).

245 *Krämer*, in: Kodal/Krämer, Kapitel 16 Rn. 26.2. *Krämer* spricht von der Berechtigung „Mautgebühren" zu erheben. Sofern vorliegend von Benutzungsgebühren die Rede ist, ist damit jedoch kein sachlicher Unterschied verbunden. Entscheidend ist, ob der Private dazu berechtigt ist, für die Benutzung der Straße eine öffentlich-rechtliche Gebühr zu erheben. Ob diese dann streckenbezogen - Mautgebühr - oder zeitbezogen - Benutzungsgebühr - ausgestaltet ist, ist unerheblich.

246 *Grupp*, DVBl. 1994, 140 (142).

247 BOT-Projekt.

248 In dem Sinne *Grupp*, DVBl. 1994, 140 (142); *Nicklisch*, in: Nicklisch, S. 7 (8).

lässliche Voraussetzung des Betreibermodells ist. Der Staat hat jedoch die Möglichkeit im Rahmen der Konzessionsverträge auf die Gestaltung der Gebühr Einfluss zu nehmen. Darauf sollte nicht verzichtet werden.

Der Betreiber erfüllt eine Aufgabe, die ursprünglich dem Staat zugeordnet war. In seiner Stellung als Betreiber obliegt ihm die Aufgabenerfüllung. Genau wie das Leasingmodell kann auch das Betreibermodell weder der materiellen noch der formellen Privatisierung zugeordnet werden. Vielmehr handelt es sich um eine zeitweilige funktionale Privatisierung, die auf die Dauer des Konzessionsvertrages begrenzt ist.[249]

3. Das Verhältnis von Public Private Partnership zu Privatisierung

Das Verhältnis der Rechtsinstitute Public Private Partnership und Privatisierung zueinander ist scheinbar nur schwer fassbar. Auf der einen Seite steht Public Private Partnership, der Sammelbegriff, unter den verschiedenste Kooperationsformen gefasst werden, deren Spektrum sich fast täglich verändert, auf der anderen Seite Privatisierung, ein stark umstrittener Rechtsbegriff, zu dem regelmäßig Unterformen entwickelt werden, die sich in ihrem Anwendungsbereich teilweise überschneiden. Die Unbestimmtheit beider Begriffe könnte der Grund dafür sein, warum sich in der Literatur kaum Aussagen zu ihrem Verhältnis finden oder aber oft ohne weitere Erklärung die Begriffe synonym verwendet werden.[250]

Allerdings lässt bereits die Analyse der Bedeutung beider Worte Schlussfolgerungen zur Lösung dieses Problems zu. Unter dem Begriff der Privatisierung versteht man allgemein die Verlagerung einer Aufgabe aus dem staatlichen Bereich hinein in den privaten. Privatisierung bezeichnet den Vorgang der Übertragung und damit einen Prozess.[251] Ergebnis einer Privatisierung ist die Verlagerung der Aufgabe von der öffentlichen in die private Hand. Unerheblich ist dabei, in welchem Umfang eine Übertragung stattfindet. Dagegen versteht man unter PPP die Kooperation eines Privaten mit einem Hoheitsträger zur gemeinsamen Erledigung der Aufgabe. PPP beschreibt mithin einen Zustand. Merkmal einer PPP ist die zeitlich vorgelagerte Verlagerung einer Aufgabe, die bislang durch den Staat erfüllt wurde, auf einen Privaten. PPP ist mithin das Ergebnis einer vorangegangenen Privatisierung.[252] Ohne die Verlagerung der Aufgabe auf

---

[249] So *Bucher*, die das Modell der Produktionsprivatisierung zuordnet, allerdings abweichend von der hier vertretenen Ansicht davon ausgeht, diese wäre der materiellen Privatisierung zuzuordnen. *Bucher*, S. 79.

[250] *Dreher*, NZBau 2002, 245 (247); *Tettinger*, DÖV 1996, 764 (764 ff.). Auch nach Ansicht von *Mehde* werden die Begriffe teilweise synonym verwendet *Mehde*, VerwArch 2000, 540 (543).

[251] *Bauer*, VVDStRL 54 (1995), 243 (254); *Kämmerer*, S. 58, 45, 85 ff.; *Möstl*, S. 161; *Schuppert*, in: Ipsen, S. 17 (32); *Wellenstein*, S. 1.

[252] Hierbei bleibt die Frage außer Betracht, ob es auch zu einer gegenläufigen Aufgabenver-

den Privaten - Privatisierung - wäre es nicht zu einer Zusammenarbeit - Public Private Partner-ship - gekommen.

Demzufolge handelt es sich bei der Privatisierung um einen Vorgang dessen Ergebnis in bestimmten, bereits herausgearbeiteten Fällen, eine PPP ist.[253] Zu dem gleichen Schluss kommt man, wenn Regelungen für die gemeinsame Aufgabenerledigung von Privaten und Hoheitsträgern, als Privatisierungsfolgenrecht bezeichnet.[254]

4. Folgen der Einordnung als Public Private Partnership

Nachdem PPP als Bezeichnung für verschiedenste Formen kooperativer Zusammenarbeit zwischen einem Hoheitsträger und einem Privatem dient, an deren Vorliegen keinerlei rechtliche Folgen geknüpft sind, handelt es sich nur um einen Sammel-, nicht um einen Rechtsbegriff. Unter rechtlichen Gesichtspunkten ergeben sich keine Folgen aus der Einordnung als PPP.

Allerdings kann die Einordnung eines Projektes als Public Private Partnership in anderer Hinsicht von Bedeutung sein. In der öffentlichen Meinung ist der Begriff positiv belegt und wird mit großer Akzeptanz aufgenommen. PPP-Vorhaben gelten als Erfolg versprechend, weil mit Hilfe gemeinsamer Anstrengung versucht wird, ein Ziel zu erreichen. Im Allgemeinen erreicht man in einer Partnerschaft Ergebnisse, die dem Einzelnen verwehrt bleiben. Daher gilt es solche anzustreben. Dagegen sind Privatisierungen keineswegs unumstritten. Zuweilen entsteht auch die Vorstellung, dass der Staat versucht, sich durch Privatisierungsmaßnahmen aus der Verantwortung zu stehlen. Die Aufgabe wird einem Privaten übertragen und der Hoheitsträger hat „mit ihr nichts mehr zu tun“. Während Privatisierungen immer der Kritik ausgesetzt sind, sind Partnerschaften begrüßenswert und zu unterstützen.

Im Ergebnis ist festzustellen, dass die Bezeichnung von Vorhaben als Public Private Partnership oder Privatisierung in rechtlicher Hinsicht keine Auswirkungen hat. Allerdings ist es für die Akzeptanz in der öffentlichen Meinung vorteilhafter, den Begriff Public Private Partnership zu wählen.

II. Einordnung des A-Modells

Private sind im Rahmen von A-Modell-Projekten an zwei Stellen in die Aufgabenerfüllung eingebunden. Zum einen obliegt ihnen Ausbau, Erhaltung, Betrieb und Finanzierung des Bundesautobahnabschnittes und zum anderen sind sie zuständig für die Erhebung der Maut auf Grundlage des ABMG.

---

schiebung vom privaten in den öffentlichen Sektor kommen kann, dessen Abschluss eine Public Private Partnership darstellt.

253 Zu diesem Schluss kommt auch *Lawther*, S. 2 f.

254 *Bauer*, in: Schuppert, S. 251 (252 f.).

Wie noch zu zeigen sein wird, stellt die Einbindung in Ausbau, Erhaltung, Betrieb und Finanzierung sowie die Erhebung der Maut einen Anwendungsfall einer zeitweiligen funktionalen Privatisierung dar. Eine materielle Privatisierung liegt nicht vor, da sich der Staat der Aufgaben, die ursprünglich ihm zugewiesen waren, nicht vollständig entledigt. Damit entspricht das A-Modell der Einordnung der anderen Modelle im Fernstraßenbau, die versuchen, die Finanzierungslast für notwendige Verkehrsinfrastrukturmaßnahmen, zumindest vorläufig und unmittelbar, auf Private zu übertragen.

Gleichzeitig stellen A-Modell-Projekte auf der Ebene von Ausbau, Erhaltung und Betrieb des Bundesautobahnabschnittes wie auch im Hinblick auf die Erhebung der Autobahnmaut einen Anwendungsfall einer PPP dar.[255] Der jeweilige Private wird in Kooperation mit den jeweils zuständigen staatlichen Stellen tätig. Beide wirken zusammen, um gemeinsam eine Aufgabe zu erfüllen. Es handelt sich gerade nicht um den Fall, dass Leistungen privater Subjekte gegen Entgelt in Anspruch genommen werden, um die Aufgabenerfüllung durch den öffentlichen Partner selbst zu ermöglichen.

B. Gebühren als Mittel der Finanzierung staatlicher Aufgaben

Neben der Einbindung Privater zeichnen sich A-Modell-Projekte durch eine teilweise Finanzierung über die Erhebung von Nutzerentgelten aus. Auf der Grundlage des ABMG wird für die Benutzung der Bundesautobahnen eine öffentlich-rechtliche Gebühr erhoben, die an den Betreiber des jeweiligen Bundesautobahnabschnittes weitergeleitet wird. Damit unterscheiden sich A-Modell-Projekte von der konventionellen Art der Bereitstellung von Straßenverkehrsinfrastruktur. Zu einem Anteil von mindestens 50 % der Gesamtkosten wird das Vorhaben nicht aus dem Bundeshaushalt finanziert. Der verbleibende Teil ist die so genannte Anschubfinanzierung, die aus dem Bundeshaushalt gezahlt wird.

Der nachfolgende Teil gliedert sich in zwei Abschnitte. Im Mittelpunkt des ersten Abschnittes steht die Anschubfinanzierung und damit die Frage, wie der Staat im Allgemeinen seine Ausgaben finanziert. Dazu wird dargestellt, welche Einnahmen der Staat hat, die dem Bundeshaushalt zufließen. Im Anschluss daran beschäftigt sich die Arbeit mit der Möglichkeit der Finanzierung über die Erhebung einer Gebühr. Dies ist von Bedeutung, da an den Betreiber des Autobahnabschnittes zur Refinanzierung seiner Ausgaben mit dem Mautanteil ein Nutzerentgelt weitergeleitet wird. Da die Maut im abgabenrechtlichen Sinn als Gebühr einzuordnen ist, was an späterer Stelle noch genauer zu hinterfragen ist, werden Grundsätze des Gebührenrechtes dargestellt. Hierbei wird insbesondere auf die Bemessung der Gebühr und die Verwendung der Einnahmen eingegangen. Zunächst werden Gebühren im Allgemeinen behandelt, um daran anschlie-

---

[255] So auch BMF, Schreiben vom 03.02.2005 - IV A 5 - S 7100 - 15/05, BStBl 2005 I 414; *Bartlsperger*, S. 248; *Fabian/Farle*, DStR 2005, 169 (169); *Roth*, NVwZ 2003, 1056 (1057); *Schorkopf*, NVwZ 2003, 1471 (1472).

ßend die ermittelten Grundsätze auf Straßenbenutzungsgebühren im Besonderen anzuwenden.

I. Abgaben zur Deckung des allgemeinen Finanzbedarfes des Staates

Grundsätzlich stehen Staaten vier verschiedene Wege offen, ihren Finanzierungsbedarf decken. Sie können sich entweder selbst erwerbswirtschaftlich betätigen oder sie sind mittelbar durch Abgabenerhebung am Ertrag der Wirtschaft beteiligt. Außerdem kommt die Aufnahmen von Krediten und geldschöpfende Maßnahmen in Betracht, wobei im Geltungsbereich des Grundgesetzes jedenfalls der Kreditaufnahme Grenzen gesetzt sind; vgl. Art. 109 Abs. 2, Art. 115 GG.[256]

Moderne, marktwirtschaftlich strukturierte Staaten finanzieren sich regelmäßig durch Erhebung von Abgaben. Unter dem Begriff Abgaben versteht man im Allgemeinen dem Abgabenpflichtigen hoheitlich auferlegte Geldleistungspflichten, die dieser im Rahmen eines normativ geregelten öffentlich-rechtlichen Rechtsverhältnisses schuldet.[257] Neben Steuern gehören Gebühren und Beiträge sowie Sonderabgaben zur Gruppe der Abgaben.[258] Staaten, die ihren Finanzbedarf über die Erhebung von Abgaben decken, partizipieren an der Leistungsfähigkeit ihrer Wirtschaftssubjekte. Unerheblich ist, ob die Wirtschaftssubjekte Individuen, Personengesellschaften oder Körperschaften sind.

Deutschland gehört in die Kategorie der Abgabenstaaten und wird nur in einem äußerst geringen Maß selbst erwerbswirtschaftlich tätig.[259] Steuern stellen zwar nicht die einzig zulässige und praktizierte Abgabenform dar. Allgemein wird Deutschland jedoch auch als Steuerstaat bezeichnet.[260] Diese Ansicht wird durch Abschnitt X, Art. 104 a ff. GG, des Grundgesetzes bestätigt. Zwar werden andere Abgaben als Steuern nicht ausgeschlossen, sie bedürfen jedoch einer besonderen Rechtfertigung, da sonst die Gefahr der Umgehung der finanzverfassungsrechtlichen Vorschriften besteht.[261]

---

256 *Henneke*, Rn. 19 ff.; Häufig wird die Differenzierung beschränkt auf einen Gegenüberstellung von „Steuerstaat" und „Unternehmensstaat". Beispielsweise *Sultan*, in: FG für Schanz, S. 407 (417); *Vogel*, in: Isensee/Kirchhof, HStR II, § 30 Rn. 51 ff.

257 *Badura*, S. 723.

258 *Henneke*, Rn. 280; *Tipke*, Bd. III, S. 1052; *Wilke*, S. 14 m.w.N.

259 Gerade in der jüngsten Vergangenheit ist der Umfang staatlicher Wirtschaftstätigkeit in Deutschland bedingt durch die Privatisierung vieler vormals staatlicher Unternehmen, z.B. Post, Telekom, nochmals stark reduziert worden.

260 BVerfG, Beschluss vom 08.06.1988, E 78, 249 (267); Für viele *Badura*, S. 722; *Hendler*, DÖV 1999, 749 (755); *Jachmann*, NVwZ 932 (933); *Köck*, JZ 1991, 692 (693, 695); *Scholz*, in: Festschrift für Leisner, S. 797 (797 ff.); *Tipke*, Bd. I, S. 105; *Vogel*, in: Isensee/Kirchhof, HStR IV, § 87 Rn. 34.

261 Die Erzielung von Einnahmen außerhalb der Finanzverfassung soll eine Ausnahme bleiben. BVerfG, Beschluss vom 07.11.1995, E 93, 319 (342); Beschluss vom 08.06.1988,

Die Bezeichnung Deutschlands als Steuerstaat legt die Vermutung nahe, dass neben dem Steueraufkommen zur Finanzierung der Ausgaben des Staates keine oder nur unbedeutende andere Einnahmequellen vorhanden sind. Das ist nicht der Fall. Eine solche Betrachtung vernachlässigt, dass der Staat neben Steuern weitere öffentlich-rechtlich ausgestaltete Entgelte erhebt. Die Realität sieht so aus, dass in den Kommunen 20 % aller Einnahmen aus Gebühren stammen, ein keineswegs unbedeutender Betrag.[262] Dennoch gilt, dass der Finanzbedarf im Wesentlichen durch Steuern gedeckt wird.[263]

Mit der Bezeichnung als Steuerstaat wird nicht nur auf die Finanzquellen des Staates Bezug genommen. Sie dient vielmehr auch der Abgrenzung zum Staatstyp des Unternehmensstaates[264] und verdeutlicht die Struktur als Staat, der sich zur Einnahme der notwendigen Finanzmittel grundsätzlich nicht selbst wirtschaftlich betätigt. Die Variante, sich selbst erwerbswirtschaftlich zu betätigen, findet sich in sozialistischen Systemen, weil hier der Staat systembedingt durch Eingriffe in die Produktion umfangreich Einfluss nimmt.[265]

Im nun folgenden Abschnitt werden Steuern, Gebühren, Beiträge und Sonderabgaben definiert und voneinander abgegrenzt. Dies dient der Darstellung, welche Instrumente dem Staat in Form von Abgaben zur Verfügung stehen, um Einnahmen zu erzielen.

1. Steuern

Zwar verwendet das Grundgesetz den Rechtsbegriff der Steuern in den Art. 104 a ff. GG, eine Definition findet sich jedoch nicht. Auf die in § 3 Abs. 1 AO enthaltene Definition, kann nicht unmittelbar zurückgegriffen werden.[266] Sie geht auf die Legaldefinition des § 1 Reichsabgabenordnung 1919 zurück.

Nach ständiger Rechtsprechung des Bundesverfassungsgerichtes enthält das Grundgesetz einen eigenständigen Steuerbegriff, der aber an den Steuerbegriff des § 1 RAO anknüpft. Demnach sind *„Steuern [...] Geldleistungen, die nicht eine Gegenleistung für eine besondere Leistung darstellen und von einem öffentlich-rechtlichen Gemeinwesen zur Erzielung von Einnahmen allen auferlegt werden, bei denen der Tatbestand zutrifft, an den das Gesetz die Leistungspflicht*

E 78, 249 (266 f.); *P. Kirchhof*, in: Isensee/Kirchhof, HStR IV, § 88 Rn. 269.

262 *Henneke*, Rn. 269 f.

263 *Birk*, Rn. 80; *Vogel*, in: Isensee/Kirchhof HStR II, § 30 Rn. 51.

264 In „Unternehmensstaaten" stehen sich Staat und Wirtschaft nicht getrennt voneinander gegenüber. Vielmehr bilden Staat und Wirtschaft derart eine Einheit, dass der Staat selbst produziert und seinen Finanzbedarf über einen unmittelbaren Ertrag an der Produktion deckt. *Sultan*, in: Teschemacher, S. 407 (412 ff.); *Vogel*, in: Isensee/Kirchhof HStR II, § 30 Rn. 53 (Fn. 101).

265 *Henneke*, Rn. 20 ff.; *Vogel*, in: Isensee/Kirchhof, HStR II, § 30 Rn. 53 (Fn. 101).

266 Vgl. Fn. 50.

knüpft; die Erzielung von Einnahmen kann Nebenzweck sein."[267] Die Legaldefinition aus § 3 Abs. 1 AO ist als Interpretationshilfe heranzuziehen. Wenngleich der einfachgesetzliche mit dem verfassungsrechtlichen Steuerbegriff weitgehend übereinstimmt,[268] geht der grundgesetzliche Steuerbegriff inhaltlich über das „Konzentrat einfach-gesetzlicher Normen" hinaus[269] beispielsweise im Rahmen des Einsatzes der Steuer als Lenkungsinstrument.[270]

2. Gebühren

Gebühren gehören genauso wie Beiträge zu den so genannten Vorzugslasten und dienen der Kompensation einer staatlichen Leistung.[271] Vorzugslasten sind daher dadurch gekennzeichnet, dass sie als Gegenleistung für eine Leistung des Staates erbracht werden.

Zwar kennt das Grundgesetz den Begriff der Gebühr, es verwendet ihn in Art. 74 Abs. 1 Nr. 22 GG und Art. 80 Abs. 2 GG. Der Verfassungsgeber hat jedoch wie bei den Steuern auf eine Definition verzichtet. Im Unterschied zum Steuerbegriff gibt es keine § 3 Abs. 1 AO entsprechende bundesgesetzliche Definition, die alle Erscheinungsformen einer Gebühr erfasst und als Auslegungshilfe für Kriterien der Verfassungsmäßigkeit von Gebührenmaßstäben, Gebührensätzen und Gebührenhöhen dienen könnte.[272]

Rechtsprechung und Literatur haben folgende Definition entwickelt. „Gebühren sind öffentlich-rechtliche Geldleistungen, die aus Anlass individuell zurechenbarer öffentlicher Leistungen dem Gebührenschuldner durch eine öffentlich-rechtliche Norm oder sonstige hoheitliche Maßnahme auferlegt werden und dazu bestimmt sind, in Anknüpfung an diese Leistung deren Kosten ganz oder teilweise zu decken."[273] Für die Annahme einer Gebühr ist die tatsächliche Inanspruchnahme der Leistung durch den Gebührenschuldner entscheidend. Erst an die in Anspruch genommene Leistung knüpft die Entstehung der Gebühr an.[274]

---

[267] BVerfG, Rechtsgutachten vom 16.06.1954, E 3, 407 (435), BVerfG, Beschluss vom 04.02.1958, E 7, 244 (251 f.); BVerfG, Urteil vom 10.05.1980, E 55, 274 (299); BVerfG, Urteil vom 05.11.1984, E 67, 256 (282); BVerfG, Beschluss vom 07.11.1995, E 93, 319 (346).

[268] *Hendler*, DÖV 1999, 749 (750 f.).

[269] BVerfG, Urteil vom 10.05.1980, E 55, 274 (299).

[270] BVerfG, Urteil vom 10.05.1980, E 55, 274 (299); *Kirchhof*, in: Isensee/Kirchhof, HStR IV, § 88 Rn. 54 ff.

[271] *Badura*, S. 723; *Tipke*, Bd. III, S. 1067.

[272] BVerfG, Beschluss vom 06.02.1979, E 50, 217 (225 f.); BVerfG, Beschluss vom 10.03.1998, E 97, 332 (344 f.); *P. Kirchhof*, in: Isensee/Kirchhof, HStR IV, § 88 Rn. 185; *Henneke*, Rn. 373.

[273] BVerfG, Beschluss vom 06.02.1979, E 50, 217 (226); BVerfG, Beschluss vom 12.10.1994, E 91, 207 (224); BVerfG, Beschluss vom 10.03.1998, E 97, 332 (345); *Birk*, Rn. 109; *Lang*, in: Tipke/Lang, § 3 Rn. 18; *Tipke*, Bd. III, S. 1065 f.

[274] BVerfG, Beschluss vom 07.11.1995, E 93, 319 (346); *Birk*, Rn. 109; *Lang*, in: Tip-

Innerhalb der Gebühren kann grundsätzlich zwischen zwei Arten unterschieden werden. Die Differenzierung erfolgt nach der hoheitlichen Tätigkeit, die durch die jeweilige Gebühr entgolten wird. Gebühren können erhoben werden, wenn die Verwaltung in Angelegenheiten, die den Pflichtigen betreffen, unmittelbar ihm gegenüber, bzw. für ihn, tätig wird. Das ist beispielsweise der Fall, wenn ihm eine Erlaubnis erteilt wird. Dann spricht man von einer Verwaltungsgebühr. Daneben ist denkbar, dass der Gebührenpflichtige eine Einrichtung in Anspruch nimmt, die von der Verwaltung geschaffen wurde und den Nutzern gegen Entgelt zur Verfügung gestellt wird. Erfolgt die Nutzung nicht auf Grundlage eines privatrechtlichen Vertrages, liegt eine Benutzungsgebühr vor.[275]

3. Beiträge

Im Gegensatz zu Gebühren, die das Entgelt für eine tatsächlich in Anspruch genommene Leistung darstellen, werden Beiträge für die potenzielle Inanspruchnahme staatlicher Leistungen erhoben. Insoweit ist es für einen Beitrag nicht von Bedeutung, ob der Beitragspflichtige wirklich einen Vermögensvorteil erlangt hat. Ausreichend ist die bloße Möglichkeit der Vorteilsnahme.[276]

Beiträge werden auf einfachgesetzlicher Grundlage erhoben. Im Verfassungsrecht wird der Rechtsbegriff nicht verwendet. Hauptkriterium, für die Abgrenzung von Gebühren und Beiträgen, ist die Art der zugrunde liegenden entgeltpflichtigen Leistung. In beiden Fällen ist der Adressat des Angebotes ein Personenkreis, der sich von der Allgemeinheit abgrenzt. Sofern nicht ermittelt werden kann, wer das Angebot tatsächlich in Anspruch genommen hat - Nutzer -, dafür aber die Gruppe der Nachfragenden, kann schon nach der Definition keine Gebühr erhoben werden, sondern nur ein Beitrag.

4. Sonderabgaben

Sonderabgaben sind Abgaben, die einem begrenzten Kreis von Verpflichteten auferlegt werden und jeweils für die Erfüllung einer bestimmten Aufgabe zweckgebunden sind.

Mit Steuern haben sie gemein, dass sie voraussetzungslos sind, d. h. der Abgabenpflichtige erhält weder einen Vorteil, noch die Möglichkeit durch staatliche Maßnahmen in den Genuss eines Vorteils zu kommen. Allerdings werden Sonderabgaben nicht der Allgemeinheit auferlegt, sondern einem abgrenzbaren Personenkreis, was wiederum Merkmal von Gebühren bzw. Beiträgen ist. Unterschiede zu Steuern bestehen dagegen in Idee und Funktion.

---

ke/Lang, § 3 Rn. 18.

275 *Badura*, S. 723; *Birk*, Rn. 109; *Hansmeyer/Fürst*, S. 36; *Lang*, in: Tipke/Lang, § 3 Rn. 18; *Tipke*, Bd. III, S. 1066; *P. Kirchhof*, in: Isensee/Kirchhof, HStR IV, § 88 Rn. 185 f. der die Benutzungsgebühr abweichend als Verwaltungspreis bezeichnet.

276 *Birk*, Rn. 109; *P. Kirchhof*, in: Isensee/Kirchhof, HStR IV, § 88, Rn. 213 f.; *Lang*, in: Tipke/Lang, § 3 Rn. 20.

Wegen ihrer Nähe zu Steuern werden an die Rechtfertigung von Sonderabgaben hohe Anforderungen gestellt. Sie sind nur zulässig, wenn mit ihnen ein besonderer Sachzweck verfolgt wird, der über die Absicht der Mittelbeschaffung hinausgeht.[277] Ein Rechtfertigungsbedürfnis resultiert ferner aus dem Gebot der Belastungsgleichheit der Abgabenpflichtigen. Außerdem muss der Verfassungsgrundsatz der Vollständigkeit des Haushaltes beachtet werden.[278]

II. Grundsätze des Gebührenrechtes

Nachdem erläutert wurde, welche Arten von Abgaben dem Staat überhaupt zur Erzielung von Einnahmen zur Verfügung stehen, stehen nun Gebühren im Mittelpunkt der Darstellung. Der Betreiber des Bundesautobahnabschnittes refinanziert sich anteilig über ein Nutzerentgelt, die Maut. Da die Maut als Gebühr erhoben wird,[279] sollen im nun folgenden Abschnitt wichtige Grundsätze des Gebührenrechtes vertieft dargestellt werden.

1. Die Zulässigkeit von Gebühren im Kontext der Finanzverfassung

Die Bezeichnung des X. Abschnittes des Grundgesetzes „Das Finanzwesen" lässt vermuten, dass in den nachfolgenden Vorschriften alle wesentlichen Fragen im Zusammenhang mit den staatlichen Finanzen behandelt werden. Trotzdem beschäftigen sich die Art. 104 a ff. GG lediglich mit einem Abgabentyp: der Steuer. Daraus den Schluss zu ziehen, dass einzig Steuern zulässige Abgaben sind, wird allgemein abgelehnt.[280] Weder sind alle nichtsteuerlichen Abgaben ausgeschlossen, noch ist die Liste der im Grundgesetz erwähnten Abgaben, Gebühren werden an zwei Stellen erwähnt, abschließend.[281]

Die dominierende Regelung des Steuerwesens erklärt sich, wenn man die Entstehungsgeschichte des Grundgesetzes berücksichtigt. Steuereinnahmen sollten bei Finanzierung der Staatsausgaben einen hohen Stellenwert einnehmen. Dazu kam, dass Deutschland föderalistisch aufgebaut werden sollte. Beides führt dazu, dass die Verfassung das Steuersystem derart detaillierte regelt. Daraus folgt nicht, dass andere Abgabenarten ausgeschlossen sind. Es bedeutet nur, dass die

---

[277] BVerfG, Urteil vom 05.11.1984, E 67, 256 (275).

[278] Zu Sonderabgaben siehe BVerfG, Urteil vom 10.05.1980, E 55, 274 (297 f); BVerfG, Urteil vom 05.11.1984, E 67, 256 (275); BVerfG, Beschluss vom 07.11.1995, E 93, 319 (346); BVerfG, Beschluss vom 09.11.1999, E 101, 141 (148 f.); *Birk*, Rn. 111 ff.; *Lang*, in: Tipke/Lang, § 3 Rn. 21 ff.; *P. Kirchhof*, in: Isensee/Kirchhof, HStR IV, § 88 Rn. 221 ff.; *Tipke*, Bd. III, S. 1071.

[279] Vgl. Kapitel 4 A. III. 2. a) .

[280] BVerfG, Beschluss vom 07.11.1995, E 93, 319 (342); So auch: *Wilke*, S. 154. Für die Gebühr *Lang*, in: Tipke/Lang, § 3 Rn. 18.

[281] BVerfG, Beschluss vom 07.11.1995, E 93, 319 (342); BVerfG, Beschluss vom 31.05.1990, E 82, 159 (181); BVerfG, Urteil vom 19.03.2003, NVwZ 2003, 715 (716); *Henneke*, Rn. 95; *P. Kirchhof*, in: Isensee/Kirchhof, HStR IV, § 88 Rn. 269.

Väter des Grundgesetzes ihnen im Vergleich zu Steuern einen geringeren Stellenwert einräumten. Sie überließen die notwendigen Regelungen dem einfachen Gesetzgeber.

Die grundsätzliche Entscheidung zugunsten der Steuerfinanzierung hat jedoch ein besonderes Rechtfertigungsbedürfnis aller nichtsteuerlichen Abgaben zur Folge.[282] Andernfalls wären Regelungen, die im Zusammenhang mit dem Steuersystem aufgestellt sind, durch Entscheidung für eine andere Abgabenart problemlos zu umgehen. Aufgrund der Ähnlichkeit mit Steuern trifft dies insbesondere für Sonderabgaben zu. So sind nichtsteuerliche Abgaben sachlich gerechtfertigt, wenn sie sich deutlich von Steuern unterscheiden, dem Grundsatz der Belastungsgleichheit aller Abgabenpflichtigen Rechnung tragen und den Verfassungsgrundsatz der Vollständigkeit des Haushaltsplans nicht verletzen.[283] Gegen Gebühren und Beiträge als nichtsteuerliche Abgaben bestehen nach ständiger Rechtsprechung des Bundesverfassungsgerichtes keine grundsätzlichen Bedenken.[284] Sie sind insbesondere durch die ihnen innewohnende Ausgleichsfunktion gerechtfertigt. Die Abgabe entgilt einen Vorteil, den der Abgabenpflichtige durch eine öffentliche Leistung erzielte.[285]

2. Gebührenerhebungskompetenz, Gebührenertragshoheit und Gebührenverwendung

Im Grundgesetz findet sich keine Aussage darüber, auf welcher rechtlichen Grundlage Gebühren zu erheben sind. Nachdem die Zahlungsverpflichtung für den Einzelnen einen Grundrechtseingriff darstellt, gilt der Vorbehalt des Gesetzes. Daraus folgt, dass Gebühren nur erhoben werden dürfen, wenn es hierfür eine Rechtsgrundlage gibt.[286]

Es ist ausgeschlossen, dass jeder Gesetzgeber auf Bundes- und Landesebene jegliches Verhalten gebührenpflichtig ausgestalten kann und zwar unabhängig von der betroffenen Ebene (Bund oder Land). Das widerspräche der föderalistischen Struktur Deutschlands. Mangels ausdrücklicher Zuweisung der Gesetzgebungs-

---

282 BVerfG, Beschluss vom 07.11.1995, E 93, 319 (342); Die Erzielung von Einnahmen außerhalb der Finanzverfassung soll eine Ausnahme bleiben BVerfG, Beschluss vom 08.06.1988, E 78, 249 (266 f.); BVerfG, Urteil vom 19.03.2003, NVwZ 2003, 715 (716); *P. Kirchhof*, in: Isensee/Kirchhof, HStR IV, § 88 Rn. 269.

283 Zusammenfassung der Rechtfertigungskriterien BVerfG, Beschluss vom 07.11.1995, E 93, 319 (342 f.); für Sonderabgaben BVerfG, Beschluss vom 11.10.1994, E 91, 186 (202); *Henneke*, Rn. 267 ff.

284 BVerfG, Beschluss vom 31.05.1990, E 82, 159 (181); BVerfG, Beschluss vom 24.01.1995, E 92, 91 (113); BVerfG, Beschluss vom 07.11.1995, E 93, 319 (343 f.).

285 *Henneke*, Rn. 280.

286 BVerfG, Beschluss vom 11.01.1966, E 20, 257 (269); BVerwG, Urteil vom 21.10.1970, MDR 71, 242 (243); *Wilke*, S. 46; *P. Kirchhof*, in: Isensee/Kirchhof, HStR IV, § 88 Rn. 195.

kompetenz[287] für das Gebührenwesen, ist auf die allgemeinen Zuständigkeitsregeln der Art. 70 ff. GG zurückzugreifen, um zu ermitteln, wer zum Erlass der Rechtsgrundlage für die Gebührenerhebung zuständig ist.

Dennoch findet Art. 70 Abs. 1 GG unmittelbar keine Anwendung. Gemäß Art. 70 Abs. 1 GG haben die Länder das Recht zur Gesetzgebung, soweit nicht dem Bund durch Bestimmungen des Grundgesetzes Gesetzgebungsbefugnisse verliehen sind.[288] Da das Grundgesetz keine Regelungen über die Gesetzgebungskompetenz im Gebührenwesen enthält, folgte aus der Anwendung von Art. 70 Abs. 1 GG eine Zuständigkeit der Länder für alle Gebühren.

Dem steht entgegen, dass die Zuweisung der Sachkompetenz für eine bestimmte Materie als Annexkompetenz das Recht zur Gebührenerhebung enthält.[289] Die Zuständigkeiten richten sich folglich nach den Art. 70 ff GG. Handelt es sich also um einen Bereich der ausschließlichen Gesetzgebung des Bundes, ist er auch für die Gebührenerhebung zuständig. Das gleiche gilt im Bereich der konkurrierenden Gesetzgebung, sofern er von seinem Gesetzgebungsrecht Gebrauch gemacht hat. Dagegen können die Länder in Bereichen der konkurrierenden Gesetzgebung solange und soweit der Bund sein Recht nicht ausübt oder die Länder von ihrer Abweichungskompetenz Gebrauch machen[290] sowie in allen übrigen Bereichen gebührengesetzgebend tätig werden.[291]

Zuständiges Organ der Erhebung einer öffentlich-rechtlichen Gebühr ist in jedem Fall eine Behörde, weiter gefasst ein Hoheitsträger.[292]

Im Gegensatz zur Gebührenerhebungskompetenz, die regelt, wer berechtigt ist, einen gebührenpflichtigen Tatbestand zu schaffen, bestimmt die Gebührenertragshoheit, wem das Aufkommen aus der Gebührenerhebung zusteht. Eine logische Verknüpfung folgt insoweit bereits aus dem Wesen der Gebühr als Ausgleich für einen Vorteil, den der Gebührenpflichtige aufgrund staatlicher Tätigkeit erhalten hat, bzw. für einen sonstigen individuell zurechenbaren Aufwand. Der Ertrag muss demjenigen zufließen, dem der entgeltpflichtige Aufwand entstanden ist oder der geleistet hat.[293] Für den Gesetzgeber folgt daraus die Pflicht dem handelnden Subjekt den Ertrag aus der Gebührenerhebung zuzuweisen. Es

---

[287] Die Ausnahme zu diesem Grundsatz stellt Art. 74 Abs. 1 Nr. 22 GG dar, der als Rechtsgrundlage für die Erhebung von Straßenbenutzungsgebühren heranzuziehen ist.

[288] *P. Kirchhof*, in: Isensee/Kirchhof, HStR IV, § 88 Rn. 210.

[289] Eine Auseinandersetzung mit der Konstruktion der Annexkompetenz enthält, *Wendt*, S. 26 ff.

[290] Vgl. Fn. 47.

[291] Ausführlich siehe *Kirchhof*, S. 37 ff.; *P. Kirchhof*, in: Isensee/Kirchhof, HStR IV, § 88 Rn. 210; *Wilke*, S. 161 ff. m.w.N.

[292] *Neumann/Müller*, NVwZ 2002, 1295 (1296).

[293] *Henneke*, Rn. 800; *Selmer/Brodersen*, S. 37; *Siekmann*, in: Sachs, GG, Art. 104 a Rn. 36; *Stern*, Staatsrecht II, S. 1160; *Vogel/Waldhoff*, in: Dolzer/Vogel/Graßhof, Bonner GG, Vorbem. z. Art. 104 a-115, Rn. 425.

wäre unzulässig, vom zugrunde liegenden Aufwand losgelöst, einen anderen Hoheitsträger zu begünstigen.[294]

Die Bindung des Aufkommens geht nicht so weit, dass die Einnahmen unmittelbar zum Ausgleich des Aufwandes verwendet werden müssen, der ihnen zugrunde liegt. Auch für Gebühren gilt das haushaltsrechtliche Prinzip der Nonaffektion; § 8 S. 1 BHO, § 7 S. 1 HGrG. Es besagt, dass grundsätzlich alle Einnahmen zur Deckung aller Ausgaben zur Verfügung stehen; eine Zweckbindung besteht nicht. Darüber hinaus erlaubt es die Gebührenerhebung auch in den Fällen, in denen die entstehenden Kosten bereits auf anderem Weg gedeckt sind.[295] Insoweit erfolgt in den Haushalten der Hoheitsträger eine Umverteilung.[296] Zwingend ist das Nonaffektionsprinzip jedoch nicht. Der Gebührengesetzgeber ist befugt, eine Zweckbindung des Aufkommens vorzusehen[297].

3. Grundsätze der Gebührenbemessung

Im Anschluss an die Darstellung, wer das Recht zur Erhebung von Gebühren hat und wem der Ertrag zufließt, stellt sich die Frage, wonach sich die Höhe der jeweiligen Gebühr richtet. Nachfolgend soll zwischen ausgleichenden Gebühren, vorteilsabschöpfenden Gebühren und lenkenden Gebühren unterschieden werden.

Zunächst zu den ausgleichenden Gebühren: Eine Möglichkeit der Festlegung der Gebührenhöhe ergibt sich aus dem Wesen und der Definition der Gebühr selbst. Als Entgelt für eine hoheitliche Tätigkeit kann sich ihre Höhe an dem auszugleichenden Aufwand orientieren. Der Gebührenschuldner soll für einen durch ihn veranlassten Aufwand aufkommen.

Vorteilsabschöpfende Gebühren sind dadurch gekennzeichnet, dass der Gesetzgeber beabsichtigt, sich im Wege der Gebührenerhebung einen geldwerten Vorteil durch den Gebührenschuldner zurückgewähren zu lassen, den dieser aufgrund eines staatlichen Verhaltens erlangt hat. Die Obergrenze der Gebühr ist in diesem Fall durch die Gegenleistung bestimmt. Andernfalls wäre die Gebühr stark der Steuer angenähert, die ebenfalls die allgemeine Leistungsfähigkeit belastet.[298] Im Ergebnis würde diese Gebühr den besonderen sachlichen Rechtfertigungsbedürfnissen, die an nichtsteuerliche Abgaben gestellt werden, nicht mehr genügen.

Während bei ausgleichenden Gebühren die Höhe der Gebühr denknotwendig mit den veranlassten Kosten zu verknüpfen ist, bestehen im Fall von vorteilsabschöpfenden Abgaben trotz der Anknüpfung an die staatliche Leistung verschie-

---

294 *P. Kirchhof*, in: Isensee/Kirchhof, HStR IV, § 88 Rn. 212; *Wilke*, S. 53.
295 *Wilke*, S. 52 f.
296 *Henneke*, Rn. 389.
297 *P. Kirchhof*, in: Isensee/Kirchhof, HStR IV, § 88 Rn. 208; *Wilke*, S. 54.
298 *Henneke*, Rn 384.

dene Möglichkeiten der Ausgestaltung des Gebührentarifes.[299] Entweder ist der Nutzen der hoheitlichen Leistung für den Empfänger[300] für Bemessung maßgeblich oder die Kosten, die der öffentlichen Hand für die Leistungserbringung[301] entstanden sind. Der ersten Alternative entspricht die Äquivalenztheorie. Die Gebührenhöhe richtet sich ausschließlich danach, welchen Wert die staatliche Leistung für den Empfänger hat. Problematisch erscheint hierbei, dass der individuelle Nutzen einer Leistung von Empfänger zu Empfänger unterschiedlich sein kann. Die Gebühr müsste für jeden Gebührenpflichtigen im Einzelfall nach seinem speziellen Nutzen bemessen werden.[302] Der zweiten Alternative entspricht die Kostentheorie[303]. Im Unterschied zur Äquivalenztheorie, nach der die Empfängerseite maßgeblich ist, knüpft die Kostentheorie auf der Ausgabenseite an. Sie zeichnet sich dadurch aus, dass sie eine einheitliche Bemessung der Gebühr für alle Gebührenpflichtigen ermöglicht.

Beide Theorien haben im Rahmen der Bemessung von Gebühren nicht den Rang von Verfassungsprinzipien.[304] Sie beanspruchen im Rahmen der Gebührenbemessung keine allgemeine Geltung.[305] Die Anwendbarkeit auf den jeweiligen gebührenpflichtigen Sachverhalt ist abhängig von einer gesetzlichen Anordnung.

Lenkungsgebühren bemessen sich unabhängig von dem auf Seiten des Hoheitsträgers entstandenen Aufwand, wenn auch nicht völlig losgelöst von diesem. Bei der Bemessung werden weitere Zwecke berücksichtigt, die über den Aufwands- bzw. Vorteilsausgleich hinausgehen. Sofern Gebühren das Verhalten der Gebührenpflichtigen beeinflussen sollen, spricht man von Lenkungsgebühren.[306]

Im Grunde sind Gebühren aus sich heraus lenkende Abgaben. Jede Entscheidung, einen Sachverhalt entgeltpflichtig oder entgeltfrei auszugestalten, wirkt

---

299 Ausführliche Darstellung der beiden Anknüpfungspunkte der Gebührenbemessung *Hansmeyer/Fürst*, S. 49 ff.

300 *Kirchhof*, S. 77; *Wendt*, S. 3 ff.

301 *Hansmeyer/Fürst*, S. 46; *Wendt*, S. 5.

302 Zu Problemen der Nutzentheorie *Hansmeyer/Fürst*, S. 49 ff.

303 Die Kostentheorie entspricht nicht dem Kostendeckungsprinzip, das sich in den KAG findet. Während die Kostentheorie das Verhältnis des vom Einzelnen zu zahlenden Entgeltes zu der ihm individuell zurechenbaren Leistung betrifft, erfasst das Kostendeckungsprinzip generalisierend das Gesamtgebührenaufkommen für eine vergleichbare Gruppe individuell zurechenbarer staatlicher Leistungen. Das Kostendeckungsprinzip enthält neben dem Kostenüberschreitungsverbot das Kostendeckungsgebot. *Henneke*, Rn. 401 ff.

304 Für das Äquivalenzprinzip *Kirchhof*, S. 80 ff.; für das Kostenprinzip/Kostentheorie, *Kirchhof*, S. 100 ff.

305 Für das Äquivalenzprinzip *Kirchhof*, S. 81; *Kloepfer*; AöR 97 (1972), 232 (252 f.); für das Kostenprinzip/Kostentheorie, *Kirchhof*, S. 100; *Kloepfer*, AöR 97 (1972), 232 (248 ff.).

306 Zur Zulässigkeit von Lenkungsgebühren siehe *Wendt*, (passim). Je nach angestrebtem Ziel können Lenkungszwecke zu einer Erhöhung oder Minderung der Gebühr im Vergleich zu der lediglich ausgleichend ausgestalteten Gebühr führen. Soll ein bestimmtes Verhalten unterbunden werden, erhöht sich die Gebühr. Dagegen vermindert sie sich, wenn ein bestimmtes Verhalten gefördert werden soll.

lenkend. Sie beeinflusst die Entscheidung des Nutzers und potentiell Gebührenpflichtigen ob eine Leistung in Anspruch genommen wird oder nicht. Im Unterschied dazu sind Lenkungsgebühren solche, von denen gestaltende Wirkungen ausgehen sollen. Sie sollen das Verhalten der Gebührenpflichtigen aktiv in eine Richtung beeinflussen. Die Gebühr kann das Verhalten der potentiell Gebührenpflichtigen in zwei Richtungen beeinflussen. Entweder wird die Nachfrage minimiert (Kostenüberdeckung) oder gesteigert (Kostenunterdeckung).[307]

Nach allgemeiner Ansicht sind Lenkungsgebühren grundsätzlich zulässig. Der Entgeltcharakter von Gebühren schließt weder begrifflich noch aus verfassungsrechtlichen Gründen die Verfolgung lenkender Nebenzwecke aus.[308] Wichtig ist in diesem Zusammenhang, dass Lenkungszwecke allein jedoch die Erhebung der Gebühr als solche nicht rechtfertigen.[309] Rechtfertigend wirken Lenkungszwecke nur im Rahmen der Gebührenbemessung. Grenzen der Zulässigkeit lenkender Gebühren können sich aus den Grundrechten oder aus allgemeinen Verfassungsprinzipien ergeben.[310]

Ob im Einzelfall eine ausgleichende, vorteilsabschöpfende oder lenkende Gebühr erhoben wird, ist abhängig vom jeweils zugrunde liegenden Sachverhalt und den Zwecken, die gegebenenfalls mit der Gebühr verfolgt werden sollen. Eine Unter- oder Überdeckung des auszugleichenden Aufwandes verstößt jedenfalls bei Gebühren mit denen zusätzliche Lenkungszwecke verfolgt werden nach allgemeiner Ansicht nicht gegen Art. 3 Abs. 1 GG.[311] Voraussetzung ist jedoch immer ein sachgerechter Zusammenhang zwischen der Höhe der Gebühr auf der einen Seite und den Kosten andererseits.[312]

4. Gebührenschuldner

Bereits aus der Definition der Gebühr folgt, wer neben dem gebührenerhebenden Hoheitsträger Partei des Gebührenschuldverhältnisses ist. Die Gebühr ist Entgelt für einen individuell zurechenbar veranlassten Aufwand. Wer die Kosten nicht veranlasst hat oder Empfänger der staatlichen Leistung ist, kann nicht zur Zahlung verpflichtet werden.[313]

---

307 *Kirchhof*, S. 133.

308 Darstellung der allgemeinen Ansicht *Wendt*, S. 8 ff.

309 *P. Kirchhof*, in: Isensee/Kirchhof, HStR IV, § 88 Rn. 207.

310 Zu berücksichtigen sind insbesondere das Verhältnismäßigkeitsprinzip (Zweck-Mittel-Relation), der Erforderlichkeitsgrundsatz (Wahl des mildesten sicheren Mittels) sowie die Geeignetheit (Erreichbarkeit des Zwecks mit dem gewählten Mittel). *Kirchhof*, S. 135 f.

311 BVerfG, Beschluss vom 06.02.1979, E 50, 217 (226); BVerfG, Beschluss vom 10.03.1998, DVBl. 1998, 699 (701); *P. Kirchhof*, in: Isensee/Kirchhof, HStR IV, § 88 Rn. 207.

312 BVerfG, Beschluss vom 12.02.1992, E 85, 337 (346); BVerfG, Beschluss vom 10.03.1998, DVBl. 1998, 699 (701); *Henneke*, Rn. 383.

313 Zusammenfassend *P. Kirchhof*, in: Isensee/Kirchhof, HStR IV, § 88 Rn. 196 f.

III. Straßenbenutzungsgebühren

Nachdem allgemein Gebühren für die Bereitstellung öffentlicher Leistungen thematisiert wurden, soll nunmehr erörtert werden, ob sie als Entgelt für die Bereitstellung öffentlicher Straßen erhoben werden können. Hierbei beschränkt sich die Darstellung auf Straßenbenutzungsgebühren für die Benutzung von Bundesautobahnen. Grundsätzliche Überlegungen zur Zulässigkeit einer Gebühr für die Benutzung von Straßen, lassen sich jedoch auf andere Straßenklassen übertragen. Sie sollen nur deshalb im Rahmen dieser Arbeit nicht näher behandelt werden, da der sachliche Anwendungsbereich des A-Modells, grundsätzlich auf Bundesautobahnen begrenzt ist.

Dem Begriff der „Straßenbenutzungsgebühr" soll in diesem Abschnitt ein weites Verständnis zugrunde liegen.[314] Als Straßenbenutzungsgebühr wird jedes Entgelt für die Nutzung von Verkehrswegen qualifiziert. Wie noch gezeigt werden soll, können Entgelte für die Benutzung von Straßen an die Nutzungsdauer oder die gefahrene Strecke anknüpfen. In der ersten Alternative weisen sie einen zeitlichen Bezug auf, in der zweiten Alternative dagegen einen räumlichen. Die Differenzierung in zeitbezogene und streckenbezogene Gebühren wird unter Geltung von deutschem Recht durch die Verwendung der Begriff „Benutzungsgebühr" und „Mautgebühr" verdeutlicht.[315]

Neben der allgemeinen Zulässigkeit von Straßenbenutzungsgebühren stellt sich wiederum die Frage, wem in diesem Bereich die Gesetzgebungs- und die Ertragskompetenz zugewiesen ist. Im Mittelpunkt des nachfolgenden Abschnittes steht jedoch die Gebührenbemessung. Diese ist von herausragender Bedeutung, da sich die zulässige Höhe der Gebühr maßgeblich auf die Durchführbarkeit und den Erfolg des A-Modells auswirkt. Je höher die Staatsquote an der Finanzierung, desto geringer fällt das staatliche Interesse an entsprechenden Projekten aus.

1. Zulässigkeit der Erhebung von Straßenbenutzungsgebühren

Mit der Erhebung von Gebühren für die Benutzung der Bundesautobahnen wird eine staatliche Leistung entgeltpflichtig, die den Nutzern bislang kostenfrei zur Verfügung stand.

Nach § 7 Abs. 1 S. 1 FStrG ist *„der Gebrauch der Bundesfernstraßen (...) jedermann im Rahmen der Widmung und der verkehrsbehördlichen Vorschriften zum Verkehr gestattet."* Die Vorschrift enthält das Prinzip des Gemeingebrauchs[316] für die Bundesfernstraßen. Nach den Vorschriften der Straßen- und

---

[314] Infolge der Änderungen, die durch die Förderalismusnovelle (vgl. Fn. 43) im Grundgesetz vorgenommen wurden, ist auch die Erhebung von „Entgelten" gestattet.

[315] Vgl. Kapitel 2 B. III. 3.

[316] Das Prinzip des Gemeingebrauchs ist Ausfluss der Gemeinwohlfunktion, als unmittelbares Kennzeichen Öffentlicher Sachen. *Papier*, S. 30 f.; *Petersen*, S. 144 f.; Wenngleich die

Wegegesetze der Länder gilt es auch für das untergeordnete Straßennetz.[317] Im Geltungsbereich der Landesgesetzgebung wird es verfassungsrechtlich in seinem Kerngehalt durch Art. 2 Abs. 1 S. 1, Art. 3 Abs. 1 GG gewährleistet.[318]

Das subjektiv-öffentliche Recht des Gemeingebrauchs gewährleistet jedermann, also einem nicht individualisierten Personenkreis, die zulassungsfreie Benutzung der Straßen. Das Recht ist begrenzt durch die Widmung, die Verkehrsvorschriften sowie das Recht Dritter auf Gemeingebrauch.[319] Sobald der Eigentümer der Straße in irgendeiner Weise der Nutzung zustimmen muss, handelt es sich nicht mehr um eine gemeingebräuchliche Nutzung.

Wenngleich die Gestattung einer Nutzung im Rahmen des straßenrechtlichen Gemeingebrauchs regelmäßig unentgeltlich erfolgt und aus Steuererträgen finanziert wird,[320] ist dies keinesfalls zwingend.

Entgegen einer früheren Ansicht kann eine zulassungsfreie Benutzung nicht mit einer unentgeltlichen Benutzung gleichgesetzt werden.[321] Grundlage der gegenteiligen Ansicht des Bundesverwaltungsgerichtes war die Annahme, dass aus der Erhebung von Gebühren immer die Gestattung der Nutzung folge. Da in der Gestattung die Zulassung zur Nutzung zu sehen ist, steht dies im Widerspruch zum zulassungsfreien Gemeingebrauch. Nach Ansicht des Bundesverwaltungsgerichtes steht das Wesen des Gemeingebrauchs nicht im Einklang mit einer (zulassend wirkenden) Gebühr.[322]

Zu berücksichtigen ist, dass das Bundesverwaltungsgericht in seiner Entscheidung auch die Erhebung von Gebühren für Sachverhalte des Gemeingebrauchs unter den Vorbehalt einer gesetzlichen Regelung stellt.[323] Daraus folgt, dass die Erhebung von Gebühren für die Benutzung der Straßen zwar nicht Teil des Gemeingebrauchs ist. Sie konnte aber gesetzlich vorgesehen werden.

Straßennutzung als Hauptanwendungsfall bezeichnet werden kann, findet das Prinzip darüber hinaus auch im Wasserrecht (§ 23 WHG), für die Gewässer als Verkehrswege sowie im hohen Luftraum Anwendung. *Kromer*, S. 43, 51, 83; *Merli*, S. 140 ff.; *Papier*, S. 31.

[317] Vgl. § 13 Abs. 1 S. 1 StrG für BW; Art. 14 Abs. 1 S. 1 BayStrWG; § 10 Abs. II S. 1 BerlStrG; § 14 Abs. 1 S. 1 BbgStrG; § 15 Abs. I BremLStrG; § 16 HambWG; § 14 S. 1 HessStrG; § 21 Abs. 1 S. 1 StrWG-MV; § 14 Abs. 1 S. 1 NStrG; § 14 Abs. 1 S. 1 StrWG NW; § 34 Abs. 1 S. 1 LStrGRP; § 14 Abs. 1 S. 1 SaarlStrG; § 14 Abs. 1 S. 1 SächsStrG; § 14 Abs. 1 S. 1 StrGLSA; § 20 Abs. 1 S. 1 StrWGSH; § 14 Abs. 1 ThürStrG.

[318] *Grote*, in: Kodal/Krämer, Kapitel 24 Rn. 6.

[319] BVerwG, Urteil vom 28.11.1969, E 34, 241 (244); *Grote*, in: Kodal/Krämer, Kapitel 24 Rn. 1.1 ff., 10 ff.; *Papier*, in: Erichsen/Ehlers, AllgVwR, § 43 Rn. 4.

[320] *Kirchhof*, in: Bartlsperger/Blüml/Schroeter, S. 225 (226); *Schmidt*, JuS 1989, 896 (896).

[321] a.A. Für das deutsche Wasserrecht *Czychowski/Reinhardt*, WHG, § 23 Rn. 1; für das österreichische Wasserrecht *Kaan/Braumüller*, WRG, § 8 Rn. I. 1.

[322] BVerwG, Urteil vom 14.03.1957, E 4, 342 (345); BGH, Urteil vom 19.11.1955, BGHZ 19, 85 (90).

[323] BVerwG, Urteil vom 14.03.1957, E 4, 342 (346).

Inzwischen besteht Einigkeit, dass der straßenrechtliche Gemeingebrauch der Erhebung von Straßenbenutzungsgebühren nicht entgegensteht.[324] Insbesondere widerspricht die Entgeltlichkeit nicht dem Wesen des Gemeingebrauchs.[325] Zu einer abweichenden Beurteilung käme man nur, wenn die Unentgeltlichkeit des Gemeingebrauches gesetzlich vorgesehen wäre.

Im Ergebnis wirken Nutzungsgebühren nicht (versteckt) zulassend.[326] Sie entgelten lediglich die Inanspruchnahme einer öffentlichen Sache. Sie sollen den Vermögensvorteil abschöpfen, der durch die Nutzung gewährt wird.

Zur Bestätigung soll folgender Vergleich herangezogen werden. Steht eine Sache im Gemeingebrauch, so ist ohne Einschränkung jede Person zu ihrer Nutzung im Rahmen der Widmung befugt. Sobald jemand berechtigt ist, darüber zu entscheiden, wer zur Nutzung der Sache zugelassen wird, die sich innerhalb der Widmung bewegt, steht die Sache nicht mehr im Gemeingebrauch. In diesem Fall kann der Entscheidungsträger die Nutzung auch untersagen.

Straßenbenutzungsgebühren sind grundsätzlich so ausgestaltet, dass jeder, der bereit ist, die Gebühr zu zahlen, auch zur Nutzung der Straße berechtigt ist. Die Nutzungsbefugnis hängt allein vom Nutzer ab. Eine Entscheidung des zur Verfügung stellenden Hoheitsträgers, die zur Nutzung berechtigt oder die Nutzung untersagt, ist damit nicht verbunden.

Anders wäre es zu beurteilen, wenn gezielt überhöhte Gebühren verlangt werden. In diesem Fall ist die Gebühr mit der Entscheidung verbunden, einen bestimmten Personenkreis von der Nutzung auszuschließen und im Übrigen die Nutzung zuzulassen.[327]

Zur Qualifizierung einer Gebühr als „zulassend wirkend“ kommt man auch unter Berücksichtigung der unterschiedlichen rechtlichen Gestaltungen einer Erlaubnis nicht. Zulassend wirkt ein einseitiger Zulassungsakt genauso wie ein

---

[324] *Grote*, in: Kodal/Krämer, Kapitel 24 Rn. 23; *Kirchhof*, in: Bartlsperger/Blüml/Schroeter, S. 225 (231); *Papier*, in: Erichsen/Ehlers, AllgVwR, § 43 Rn. 47 m.w.N.; *Petersen*, S. 146.

[325] Für viele: *Fromm*, ZRP 1978, 124 (125); *Grupp*, in: Marschall/Schroeter/Kastner, FStrG, § 7 Rn. 22 m.w.N.; *Merli*, S. 391 f.; *Selmer/Brodersen/Nicolaysen*, S. 73.

[326] In einem vergleichbaren Fall hatte der BGH bereits festgestellt, dass aus der Erforderlichkeit einer baupolizeilichen Erlaubnis für die Aufstellung eines Bauzauns nicht zu folgern sei, dass es sich nicht um Gemeingebrauch, sondern eine Sondernutzung handele. Die Erlaubnis enthalte die Feststellung, dass keine entgegenstehenden Sicherheitsgründe vorhanden seien, keine Zustimmung zur Nutzung. BGH, Urteil vom 19.12.1956, NJW 57, 457 (458). Inkonsequent insoweit *Sendler*, der die Erhebung von Straßenbenutzungsgebühren als Verbot mit Erlaubnisvorbehalt qualifiziert. Die Zulassung zur Nutzung stehe unter der Voraussetzung der Zahlung einer Gebühr. Trotzdem hält er Straßenbenutzungsgebühren für zulässig und sieht keinen Widerspruch zum Prinzip des Gemeingebrauchs. Art. 74 Abs. 1 Nr. 22 GG enthalte lediglich eine Bestätigung dieses Grundsatzes. *Sendler*, DÖV 1974, 217 (222 f.).

[327] *Kirchhof*, in: Bartlsperger/Blüml/Schroeter, S. 225 (228).

Vertragsschluss zwischen Hoheitsträger und Nutzer.[328] Vergegenwärtigt man sich, dass dem Abschluss eines Vertrages immer die Entscheidung für oder gegen das Eingehen vertraglicher Beziehungen vorangeht, beinhaltet auch der Vertragsschluss eine Zulassung. Dies kann jedoch nur gelten, soweit der Abschluss des Vertrages im Ermessen der Verwaltung steht. Besteht eine Erlaubnispflicht oder sogar ein Kontrahierungszwang, hängt die Zulassung ausschließlich vom Nutzer ab.[329] Eine entgegenstehende (ablehnende) Entscheidung bleibt unberücksichtigt. Nun ist die Erhebung von Straßenbenutzungsgebühren einem Vertragsschluss vergleichbar hinsichtlich dessen ein Kontrahierungszwang besteht. Somit wird keine zulassende Entscheidung getroffen.

Weiterhin findet sich der Beweis, dass die Erhebung von Straßenbenutzungsgebühren grundsätzlich zulässig ist, in Art. 74 Abs. 1 Nr. 22 GG.[330] Dem Bund ist die Gesetzgebungskompetenz zur Gebührenerhebung der Benutzung öffentlicher Straßen zugewiesen. Nach der einfachgesetzlichen Folgeregelung für den Bereich der Bundesfernstraßen § 7 Abs. 1 S. 4 FStrG, steht die Erhebung von Gebühren im Gemeingebrauch unter dem Vorbehalt des Gesetzes.

Im Ergebnis steht der Gemeingebrauch an öffentlichen Verkehrswegen nicht der Erhebung von Straßenbenutzungsgebühren entgegen.

2. Gebührenerhebungskompetenz und Ertragskompetenz im Bereich der Bundesautobahnen

Wie bereits dargestellt wurde, besitzen Hoheitsträger die Gebührenerhebungskompetenz als Annexkompetenz in den Bereichen, in denen sie gesetzgebungsbefugt sind.[331]

Ursprünglich lautete Art. 74 Abs. 1 Nr. 22 GG *„den Straßenverkehr, das Kraftfahrwesen und den Bau und die Unterhaltung von Landstraßen des Fernverkehrs"*[332] und wies damit den Straßenverkehr das Kraftfahrwesen und den Fernstraßenbau der konkurrierenden Gesetzgebung zu. Das Recht zur Erhebung von Straßenbenutzungsgebühren kann nicht als Annexkompetenz zum Bereich des Kraftfahrwesens eingeordnet werden. Kraftfahrwesen beschäftigt sich mit rechtlichen Problemen der Herstellung, Benutzung bis hin zur Außerdienststellung von motorgetriebenen spurungebundenen Landfahrzeugen.[333] Auch eine Annexkompetenz zum Straßenverkehrsrecht kommt nicht in Betracht. Als ordnungs-

---

[328] *Papier*, S. 102.
[329] a.A. *Papier*, S. 102.
[330] Vgl. *Bartlsperger*, S. 230 f.; *Steiner*, in: Isensee/Kirchhof, HStR III, § 81 Rn. 5. Zulässig ist auch die Erhebung von „Entgelten".
[331] Näher dazu Kapitel 2 B. II. 2.
[332] *Stettner* in: Dreier, GG, Bd. II, Art. 74 Rn. 100; *Pestalozza*, in: v. Mangoldt/Klein/Pestalozza, GG, Bd. 8; Art. 74 Rn. 1574.
[333] *Krämer*, in: Kodal/Krämer, Kapitel 3 Rn. 5.1; *Kunig*, in: v. Münch/Kunig, GG, Art. 74 Rn. 111.

rechtliche Materie regelt das Straßenverkehrsrecht welche Anforderungen an den Straßenverkehr und die Verkehrsteilnehmer zu stellen sind, damit die Gefahren, die von der Benutzung der Straßen ausgehen und von außen auf den Verkehr einwirken können, für die Verkehrsteilnehmer, sowie für Dritte gemindert bzw. vollständig unterbunden werden.[334] Der dritte Teilbereich des Art. 74 Abs. 1 Nr. 22 GG a.F., der Fernstraßenbau, gehört zum Straßen- und Wegerecht, das (in sachenrechtlicher Hinsicht) die Rechtsverhältnisse an den Straßen regelt. Erfasst sind alle Fragen im Zusammenhang mit der Bereitstellung der Straßen für den Verkehr, wie beispielsweise die Widmung[335], Entstehung, Ein-, Umstufung, Einziehung sowie die Zuweisung der Straßenbaulast.[336] Ob das Recht zur Erhebung von Straßenbenutzungsgebühren Annexkompetenz zum Straßen- und Wegerecht ist, soll an dieser Stelle zunächst offen bleiben.

Durch das 22. Änderungsgesetz zum Grundgesetz vom 12.05.1969[337] wurde die *„Erhebung und Verteilung von Gebühren für die Benutzung öffentlicher Straßen mit Fahrzeugen"* ausdrücklich dem Bereich der konkurrierenden Gesetzgebung zugewiesen. Der Änderung ging ein entsprechender Antrag der Fraktionen von CDU/CSU und SPD voraus.[338] Zwar findet sich in der Bundestagsdrucksache keine Begründung des Antrages, seine Zielsetzung lässt sich jedoch nachvollziehen. Hauptsächlich wurde die Abschaffung der Straßengüterverkehrssteuer angestrebt. Sie sollte durch eine wegekostenabhängige Abgabe ersetzt werden. Dafür stand zum einen die Überlegung, den Kraftfahrern die Wegekosten anzulasten, die tatsächlich von ihnen verursacht werden und außerdem einen Beitrag zur Gleichstellung des Straßen- und Schienengüterverkehrs zu leisten.[339]

Der Rechtsausschuss schlug vor, in der neuen Fassung des Art. 74 Abs. 1 Nr. 22 GG nicht festzulegen, wie die neue Abgabe rechtlich ausgestaltet werden soll. Es kam sowohl die Einführung einer Steuer, als auch einer Gebühr in Betracht.[340] Die Ausgestaltung als Steuer hätte zur Folge gehabt, dass dem Bund die Steuergesetzgebungshoheit nur bei einem Bedürfnis nach einer bundeseinheitlichen Regelung zugewiesen wäre, Art. 105 Abs. 2 GG i.V.m. Art. 72

---

334 BVerfG, Beschluss vom 09.02.1972, E 32, 319 (326); BVerfG, Beschluss vom 10.12.1975, E 40, 371 (379 f); BVerwG, Urteil vom 28.11.1969, E 34, 241 (243); BVerwG, Urteil vom 12.12.1969, E 34, 320 (323); *Krämer*, in: Kodal/Krämer, Kapitel 3 Rn. 5.4; *Steiner*, JuS 1984, 1 (1 f.).

335 Durch die Widmung werden Straßen in den Gemeingebrauch gestellt. BVerfG, Beschluss vom 10.12.1975, E 40, 371 (378).

336 BVerfG, Beschluss vom 10.12.1975, E 40, 371 (378); BVerwG, Urteil vom 28.11.1969, E 34, 241 (243); BVerwG, Urteil vom 12.12.1969, E 34, 320 (323); *Krämer*, in: Kodal/Krämer, Kapitel 3 Rn. 5.3; *Steiner*, JuS 1984, 1 (3); umfassend *Manssen*, DÖV 2001, 151 (passim).

337 BGBl. I 1969 S. 363.

338 Antrag vom 12.11.1968, BT-Drs V/3483.

339 *Pestalozza*, in: v. Mangoldt/Klein/Pestalozza, GG, Bd. 8, Art. 74 Rn. 1575 f.; *Krämer* in: Kodal/Krämer, Kapitel 3 Rn. 10.2.

340 BT-Drs zu V/3605.

Abs. 2 GG. Außerdem stünde das Aufkommen den Ländern zu, da es sich um eine Verkehrssteuer handeln würde.[341]

Dagegen erhielte der Bund Einnahmen aus der Erhebung einer Straßenbenutzungsgebühr für die Benutzung von Bundesautobahnen. Zwar setzt die Gesetzgebungskompetenz des Bundes im Rahmen der konkurrierenden Gesetzgebung nach Art. 72 Abs. 2 GG auch ein Bedürfnis nach bundeseinheitlicher Regelung voraus[342], im Gegensatz zur Steuer, würde der Ertrag dem Ausgabenträger zufließen, was aus dem Wesen der Gebühr folgt.

Grundsätzlich stehen Gebühren dem handelnden Verwaltungsträger zu. Das ist unproblematisch, wenn Bund und Länder ihre eigenen Angelegenheiten ausführen. Die Konstellation, in der Länder Angelegenheiten als eigene Aufgabe ausführen, die in der Gesetzgebungskompetenz des Bundes stehen, ist gleich zu beurteilen. Dagegen ergeben sich im Rahmen der Auftragsverwaltung Probleme. Hier weicht der Träger der Verwaltung vom Träger der Aufgaben- und Ausgabenkompetenz ab. Analog der Regelung über die Ausgabenkompetenz, sollte das Gebührenaufkommen auch dem Bund zustehen. Für die Gebührenertragskompetenz ist maßgeblich, wer Träger der Aufgabe ist, nicht, wem die Verwaltung obliegt. Ausgabenlast und Gebührenaufkommen müssen in einer Person gebündelt sein. Mithin stehen Einnahmen aus Gebühren für die Benutzung von Straßen immer demjenigen Hoheitsträger zu, der auch die Finanzierungsverantwortung trägt.

Die Änderung des Art. 74 Abs. 1 Nr. 22 GG wäre entbehrlich gewesen, wenn dem Bund auch nach der alten Fassung das Recht zur Gebührenerhebung zugestanden hätte. Zu dieser Frage wird Unterschiedliches vertreten.

Zum einen wird angenommen, dass die Gebührenerhebung nicht Annex zu einem der in Art. 74 Abs. 1 Nr. 22 GG genannten Teilbereiche sein kann; die ausdrückliche Aufnahme diente nicht lediglich der Klarstellung bereits zugewiesener Kompetenzen. Sie besitzt einen eigenen Regelungsbereich und ist die alleinige Grundlage der Gebührengesetzgebungshoheit des Bundes auf dem Gebiet der Straßenbenutzung.[343]

Dieser Ansicht ist insoweit Recht zu geben, dass durch die Neufassung dem Bund eine weitergehende Kompetenz zur Gebührenerhebung zugewiesen wird, als er vorher besaß. Während das Recht zur Gebührenerhebung nach dem ursprünglichen Wortlaut des Art. 74 Abs. 1 Nr. 22 GG auf Landstraßen des Fernverkehrs beschränkt wäre,[344] weist der Wortlaut der Vorschrift nunmehr die Erhebung und Verteilung von Gebühren für die Benutzung öffentlicher Straßen

---

341 *Krämer*, in: Kodal/Krämer, Kapitel 3 Rn. 10.2.

342 Durch die Förderalismusreform haben sich insoweit keine Änderungen ergeben.

343 *Pestalozza*, in: v. Mangoldt/Klein/Pestalozza, GG, Bd. 8, Art. 74 Rn. 1633, 1637.

344 *Schmidt-Bleibtreu*, BB 1968, 261 (263).

dem Bereich der konkurrierenden Gesetzgebung zu.[345] Die Landstraßen des Fernverkehrs sind nur ein kleiner Ausschnitt der öffentlichen Straßen.

Aus der Tatsache, dass durch eine Regelung (auch) neue Kompetenzen zugewiesen werden, lässt sich nicht zwingend folgern, dass ihr in allen Sachbereichen diese Funktion zukommt, die sie betrifft. Sie kann zugleich klarstellend und neu zuweisend wirken.

Nach allgemeiner Ansicht steht dem Bund für die Bundesfernstraßen das Recht zur Gebührenerhebung bereits als Annex seiner straßen- und wegerechtlichen Kompetenz in diesem Bereich zu.[346] Zu diesem Ergebnis führt auch eine genetische Auslegung[347] des Art. 74 Abs. 1 Nr. 22 GG. Aus verkehrspolitischer Sicht schien es zu eng, dem Bund allein die Gebührenerhebungskompetenz auf den Fernstraßen zuzuweisen. Für das untergeordnete Straßennetz lässt sich aus Art. 74 Abs. 1 Nr. 22 GG jedoch keine Annexkompetenz zugunsten des Bundes herleiten, da die Länder in diesem Bereich für das Straßen- und Wegerecht zuständig sind.[348] Daher musste in diesem Umfang eine neue Kompetenzzuweisungsnorm geschaffen werden. Eine Beschränkung auf die neu zuzuweisende Kompetenz hätte jedoch möglicherweise zu Auslegungsproblemen über den Umfang des Gebührenerhebungsrechtes des Bundes geführt. Teile wären ausdrücklich geregelt gewesen, andere hätten sich nur als Annex ergeben sollen. Die einzig sinnvolle Methode, den Auslegungsproblemen entgegenzuwirken, war die Aufnahme der Annexkompetenz in den Wortlaut. Daraus kann nicht geschlussfolgert werden, dass das Gebührenerhebungsrecht sich nicht als Annex zum Straßen- und Wegerecht des Bundes für die Bundesfernstraßen ergeben kann.

Im Ergebnis hat der Bund das Gebührengesetzgebungsrecht auf allen Straßen und nicht nur beschränkt auf die Bundesfernstraßen.[349]

Die Verteilung der Einnahmen aus der Erhebung von Straßenbenutzungsgebühren richtet sich nach den allgemeinen Regeln. Dem Bund stehen die Einnahmen zu, denen die Benutzung der Bundesfernstraßen zugrunde liegt. Für diese trägt er die Aufgaben- und damit auch die Finanzierungsverantwortung.[350] Insofern

---

345 Ausdrücklich *Oeter*, in: v. Mangoldt/Klein/Stark, GG, Bd. 2, Art. 74 Rn. 201.

346 *Bothe*, in: Wassermann, AK-GG, Bd. 2, Art. 74 Rn. 57; *Jachmann*, NVwZ 1992, 932 (936); *Krämer*, in: Kodal/Krämer, Kapitel 3 Rn. 10.2; *Schmidt-Bleibtreu*, BB 1968, 261 (263).

347 Im Wege genetischer Auslegung soll der Sinn einer Norm aus den Umständen ihrer Entstehung ermittelt werden. *Röhl*, S. 599.

348 BVerfG, Beschluss vom 10.12.1975, E 40, 371 (378); *Krämer*, in: Kodal/Krämer, Kapitel 2 Rn. 9.2.

349 *Oeter*, in: v. Mangoldt/Klein/Stark, GG, Bd. 2, Art. 74 Rn. 201.

350 *Pestalozza*, in: v. Mangoldt/Klein/Pestalozza, GG, Bd. 8, Art. 74 Rn. 1633, 1637.

ist die Zuweisung der Verteilungskompetenz in Art. 74 Abs. 1 Nr. 22 GG überflüssig.[351]

3. Benutzungsgebühren und Mautgebühren als Arten von Straßenbenutzungsgebühren

Gebühren für die Benutzung öffentlicher Straßen mit Fahrzeugen können vom fließenden Verkehr wie auch vom ruhenden Verkehr, in der Gestalt von Parkgebühren, erhoben werden.[352] Für diese Arbeit ist ausschließlich der erstgenannte Bereich von Interesse. Daher beschränkt sich die Darstellung hierauf.

Wenngleich das Grundgesetz in Art. 74 Abs. 1 Nr. 22 GG lediglich den Begriff der Straßenbenutzungsgebühr gebraucht und eine Erhebung derselben für zulässig erklärt, ist damit keine Entscheidung über die zugrunde zu legende Bemessungsgröße verbunden. Wie bereits angedeutet, kann sich die Höhe der Gebühr nach verschiedenen Kriterien richten. Maßgebliche Bemessungsgröße ist entweder die Dauer der Nutzung oder aber die gefahrene Strecke. Von der grundgesetzlichen Kompetenzzuweisungsnorm werden beide erfasst, unabhängig von ihrer zeit- oder streckenbezogenen Ausgestaltung.[353]

Die Differenzierung des Europarechts, wonach Benutzungsgebühren zeitbezogen, Mautgebühren dagegen streckenbezogen sind,[354] kann nicht auf die Kompetenznorm des Grundgesetzes übertragen werden. Fasste man unter den grundgesetzlichen Benutzungsgebührenbegriff nur zeitbezogene Gebühren, besäße der Bund in der streckenbezogenen Alternative keine Gesetzgebungskompetenz. Eine solche einengende Sichtweise ist abzulehnen. Hierfür sind insbesondere sachliche Gründe nicht ersichtlich.

Auch das deutsche Recht differenziert (heute) zwar zwischen zeitbezogenen und streckenbezogenen Gebühren, bei Erlass des Grundgesetzes war eine Unterscheidung jedoch nicht beabsichtigt. Allgemein wird im Zusammenhang mit Straßenbenutzungsgebühren zwischen Benutzungsgebühren im engeren Sinn und Mautgebühren differenziert. Diese Differenzierung wird innerhalb der vorliegenden Arbeit aufgegriffen. Daher sollen zunächst Maut- und Benutzungsgebühren inhaltlich voneinander abzugrenzen.

---

351 *Pestalozza*, in: v. Mangoldt/Klein/Pestalozza, GG, Bd. 8, Art. 74 Rn. 1627. Da nachfolgend nur Gebühren im Zusammenhang mit der Benutzung von Bundesfernstraßen behandelt werden, ist auf andernfalls notwendige Aufteilungen nicht einzugehen.

352 BVerwG, Urteil vom 28.09.1979, E 58, 326 (330); *Oeter*, in: v. Mangoldt/Klein/Stark, GG, Bd. 2, Art. 74 Rn. 201; *Pieroth*, in: Jarass/Pieroth, GG, Art. 74 Rn. 56; *Sannwald*, in: Schmidt-Bleibtreu/Klein, GG, Art. 74 Rn. 226; *Stettner*, in: Dreier, GG, Bd. II, Art. 74 Rn. 104.

353 *Klinski*, DVBl. 2002, 221 (222 f.); *Sannwald*, in: Schmidt-Bleibtreu/Klein, GG, Art. 74 Rn. 225.

354 Art. 2 b) und c) RL 1999/62/EG. Richtlinie des Europäischen Parlaments und des Rates vom 17. Juni 1999 über die Erhebung von Gebühren für die Benutzung bestimmter Verkehrswege durch schwere Nutzfahrzeuge vom 17.06.1999, ABl. EG Nr. L 187/42.

Benutzungsgebühren sind allein zeitbezogen ausgestaltet. Ihre Entrichtung berechtigt für einen gewissen Zeitraum zur Nutzung der gebührenpflichtigen Straße. Dagegen steht ihre Höhe in keiner Abhängigkeit zu der gefahrenen Strecke. Die Gebühr erhöht oder ermäßigt sich in Abhängigkeit der gefahrenen Streckenkilometer nicht.

Im Unterschied zu Benutzungsgebühren sind Mautgebühren streckenbezogen ausgestaltet. Sie richten sich im Wesentlichen nach dem zurückgelegten Weg. Mit zunehmender Strecke steigt die anfallende Gebühr. Dagegen ist unerheblich, welchen Zeitraum die Nutzung in Anspruch nimmt. Dennoch ist es durchaus zulässig, die Höhe der Mautgebühr von Zeitpunkt sowie Häufigkeit der Nutzung abhängig zu machen. Hier kommen insbesondere spezielle Vielfahrer- oder Mondscheintarife in Betracht.

4. Bemessung von Straßenbenutzungsgebühren

Aus dem Entgeltcharakter von Gebühren ergibt sich eine sachliche Verknüpfung der Person des Gebührenpflichtigen mit der jeweiligen staatlichen Leistung. Für die Feststellung eines gebührenpflichtigen Sachverhaltes folgt daraus, dass nur tatsächlich in Anspruch genommene staatliche Leistungen gebührenpflichtig sind. Dagegen besteht die Verknüpfung auf Ebene der Gebührenbemessung darin, dass die Höhe von Straßenbenutzungsgebühren unmittelbar von dem jeweils zugrunde liegenden Bemessungskriterium abhängig ist. Sie können sich entweder nach der zurückgelegten Strecke oder aber nach der Nutzungsdauer richten.

Im Ergebnis kommt der gebührenpflichtige Nutzer für eine Leistung auf, die ihm individuell zurechenbar ist.

a) Bemessung nach den Grundsätzen des allgemeinen Gebührenrechts

Prüfungsmaßstäbe im Hinblick auf Gebührenmaßstäbe, Gebührensätze oder Gebührenhöhen, die sich aus einem verfassungsrechtlichen Gebührenbegriff ableiten lassen oder sich an einem solchen orientieren, existieren nicht.[355] Das liegt daran, dass das Grundgesetzt keinen eigenständigen Gebührenbegriff enthält. Außerdem lassen sich nach Ansicht der Rechtsprechung auch aus der Zuweisung der konkurrierenden Gesetzgebungskompetenz für die Erhebung und Verteilung von Gebühren für die Benutzung öffentlicher Straßen mit Fahrzeugen an den Bund in Art. 74 Abs. 1 Nr. 22 GG keine allgemein gültigen Prüfungskriterien für die Bemessung von Straßenbenutzungsgebühren herleiten.[356]

Infolge dessen muss für die Bemessung der Straßenbenutzungsgebühren auf die allgemeinen Grundsätze des Gebührenrechts zurückgegriffen werden. Diese

---

[355] BVerfG, Beschluss vom 06.02.1979, E 50, 217 (225 f.); *Sannwald*, in: Schmidt-Bleibtreu/Klein, GG, Art. 74 Rn. 227.

[356] BVerfG, Beschluss vom 06.02.1979, E 50, 217 (226).

wurden bereits vorgestellt.[357] Gegebenenfalls sind Besonderheiten von Gebühren für die Benutzung von Straßen zu berücksichtigen.

Grundsätzliche Bedenken bestehen gegen die Zulässigkeit von Gebühren vor dem Hintergrund der Finanzverfassung aufgrund ihrer ausgleichenden Funktion nicht.[358] Dennoch sind sie insbesondere im Hinblick auf die Höhe der Gebühr, an der finanzverfassungsrechtlichen Begrenzungs- und Schutzfunktion zu überprüfen.[359]

Die Bemessung von Gebühren ist verfassungsrechtlich grundsätzlich unbedenklich, wenn erkennbar ein zulässiger Gebührenzweck verfolgt wird. Zulässige Zwecke bestehen in der Kostendeckung, im Vorteilsausgleich sowie zusätzlich in der Verhaltenslenkung.[360] Für die Rechtfertigung der Höhe von Straßenbenutzungsgebühren kann jeder dieser Zwecke herangezogen werden.

aa) Kostendeckung

Zielen Gebühren auf die Übernahme der Kosten ab, die im Zusammenhang mit der Bereitstellung von Straßen entstehen, wird der Zweck der Kostendeckung verfolgt.

Sofern nicht alle Nutzer der gebührenpflichtigen Straßen zur Zahlung von Straßenbenutzungsgebühren verpflichtet sind, sondern nur ein Teil, dürfen auf die Gebührenpflichtigen nicht alle entstehenden Kosten umgelegt werden. Der Anteil an den Gesamtkosten, der auf diejenigen Nutzer entfällt, denen die staatliche Leistung entgeltfrei zur Verfügung gestellt wird, muss von den Gesamtkosten abgezogen werden. Gebühren werden für Kosten erhoben, die durch den Gebührenpflichtigen individuell veranlasst wurden. Da durch die einzelne Nutzung einer Straße keine abgrenzbaren Kosten verursacht werden, muss zur Ermittlung des Anteils, der auf den einzelnen Nutzer entfällt, von den Gesamtkosten der Bereitstellung der Straßen ausgegangen werden. Da der Einzelne nur für die von ihm individuell veranlassten Kosten aufzukommen hat, müssen die Gesamtkosten auf alle Nutzer umgelegt werden, nicht nur auf die tatsächlich gebührenpflichtigen.[361] Würden die Gesamtkosten allein auf die gebührenpflichtigen Nutzer umgelegt, hätte das zur Folge, dass sie für Kosten einzustehen hätten, die

---

357 Vgl. Kapitel 2 B. II. 3.

358 BVerfG, Beschluss vom 07.11.1995, E 93, 319 (343 f.); BVerfG, Urteil vom 19.03.2003, NVwZ 2003, 715 (716).

359 BVerfG, Beschluss vom 07.11.1995, E 93, 319 (343 f.); BVerfG, Urteil vom 19.03.2003, NVwZ 2003, 715. Was bereits im Zusammenhang mit der grundsätzlichen Zulässigkeit der Erhebung von Gebühren angesprochen wurde, wirkt sich auch im Rahmen ihrer Bemessung aus: „Die grundgesetzliche Finanzverfassung verlöre ihren Sinn und ihre Funktion, wenn [...] beliebig hohe Gebühren erhoben werden können." BVerfG, Urteil vom 19.03.2003, NVwZ 2003, 715 (716).

360 BVerfG, Urteil vom 19.03.2003, NVwZ 2003, 715 (716 f.) m.w.N.

361 Das setzt voraus, dass neben gebührenpflichtigen Nutzern solche existieren, denen die staatliche Leistung unentgeltlich zur Verfügung gestellt wird.

nicht von ihnen veranlasst wurden. Bei Zugrundelegung des Kostendeckungsprinzips, steht das wiederum im Widerspruch zu den Anforderungen, die an eine in der Höhe sachlich gerechtfertigte Gebühr gestellt werden.

bb) Vorteilsausgleich

Bei vorteilsausgleichenden Gebühren soll ein vermögenswerter Vorteil abgeschöpft werden, der dem Einzelnen aufgrund einer öffentlichen Leistung erwächst.

Hier ist der individuelle Vorteil der staatlichen Leistung für den Einzelnen maßgebliches Kriterium für die Höhe der Gebühr. Darin spiegelt sich zugleich die Schwierigkeit von Gebühren wieder, die nach dem Gedanken des Vorteilsausgleiches bemessen werden. Zum einen müsste die Gebühr für jeden Gebührenpflichtigen einzeln ermittelt werden, was bei einer großen Anzahl von Gebührenpflichtigen nicht möglich ist und zum anderen scheint die Bemessung eines individuellen Vorteils schwierig.

cc) Verhaltenslenkung

Lenkungszwecke liegen der Bemessung einer Gebühr zugrunde, wenn das Verhalten der Gebührenpflichtigen durch die Erhebung der Gebühr beeinflusst werden soll.

Im Zusammenhang mit Straßenbenutzungsgebühren können die verschiedensten Zwecke verfolgt werden. Vielfach diskutiert[362] ist das Ziel, durch die Erhebung von Gebühren für die Benutzung von Straßen eine Verlagerung des Verkehrs von der Straße auf alternative Verkehrsmittel zu erreichen, beispielsweise Schiene oder Wasser. Zielt die Straßenbenutzungsgebühr nicht auf die Eindämmung des Straßenverkehrs ab, kann durch die Ausgestaltung der Gebühr auch Einfluss genommen werden auf die Nutzungszeiten oder aber auch die Strecken.

dd) Sonstige Bemessungsgrenzen

Die verschiedenen Zwecke - Kostendeckung, Vorteilsausgleich und Lenkung - können auch kumulativ verfolgt werden.[363] Daher wird angenommen, dass aus dem Prinzip der Kostendeckung nicht folgt, dass eine Kostenüber- oder Kostenunterdeckung die Unzulässigkeit der Gebühr nach sich zieht. Eine grundsätzlich kostendeckende Gebühr muss nicht ausschließlich an den tatsächlichen Kosten orientiert sein; die Bemessung kann wegen Verfolgung darüber hinaus gehender Zwecke zulässigerweise von den Kosten abweichen.

---

[362] Beispielsweise BT-Drs 14/7013, S. 1, 9; *Schmidt-Bleibtreu*, BB 1968, 261 (261, 263); *Uechtritz/Deutsch*, DVBl. 2003, 575 (578).

[363] BVerfG, Beschluss vom 06.02.1979, E 50, 217 (226); BVerfG, Beschluss vom 10.03.1998, E 97, 332 (345); BVerfG, Urteil vom 19.03.2003, NVwZ 2003, 715.

Gebühren, die erkennbar einen zulässigen Zweck verfolgen, sind dennoch sachlich nicht gerechtfertigt, wenn sie im Widerspruch zum Äquivalenzprinzip stehen.[364] Ein Verstoß gegen das Äquivalenzprinzip wird in der Regel dann angenommen, wenn die Höhe der Gebühr in einem (groben) Missverhältnis zu der auf Empfängerseite in Anspruch genommenen Leistung steht, die sich grundsätzlich nach dem individuellen Wert oder objektivierter nach dem zugrunde liegenden Aufwand richtet.[365] Sofern das BVerfG auf das Verhältnis zwischen Gebühr und verfolgtem Zweck abstellt,[366] ergibt sich sachlich kein Unterschied, da die Leistung in Abhängigkeit vom jeweiligen Zweck nach den Kosten (Kostendeckung) bzw. den nutzerseitigen Vorteilen (Vorteilsabschöpfung) bewertet wird.

b) Bemessung ausschließlich anhand des gesteigerten Nutzungsvorteils

Zu einem abweichenden Ergebnis kommt *Kirchhof*.[367] Seiner Ansicht nach ist zwischen der Gebührenbemessung im Regelfall und der Bemessung der Gebühr für die Benutzung von Sachen die im Gemeingebrauch stehen, zu differenzieren. Dazu gehören beispielsweise Straßen. Zwar widerspreche der Gemeingebrauch in seinem Wesen nicht der Erhebung von Gebühren. Auswirkungen sieht *Kirchhof* jedoch bei der Bestimmung der Bemessungsgrundlage für die Höhe der Gebühr.

Straßen stehen im Gemeingebrauch und können zulassungsfrei durch jedermann genutzt werden. Aus jeder unentgeltlichen Nutzung resultiert ein vermögenswerter Vorteil auf Seiten des Nutzers. Bestimmte Straßen sind durch besondere Merkmale gekennzeichnet, die sie gegenüber den Übrigen hervorheben. Diese können baulicher Natur sein oder die im Einzelfall zulässige Nutzungsart betreffen. Derart hervorgehobene Straßen gewähren ihren Nutzern im Vergleich zu den Übrigen einen gesteigerten Vermögensvorteil.

Nach *Kirchhof* rechtfertigt bei einem prinzipiell unentgeltlich gewährten Gemeingebrauch ausschließlich das Vorliegen einer „vermögenserheblichen Besonderheit" die Erhebung eines Entgeltes. Diese müsse sich in höheren Aufwendungen auf hoheitlicher Seite und in einem Vermögensvorteil für den Nutzer widerspiegeln, der gegenüber dem Normalfall gesteigert sei. Zugleich schlussfolgert er aus dieser Annahme, dass sich die Gebührenbemessung nur nach dem

---

[364] BVerfG, Beschluss vom 11.10.1966, E 20, 257 (269 f.); BVerfG, Beschluss vom 07.02.1991, E 83, 363 (392); BVerfG, Urteil vom 19.03.2003, NVwZ 2003, 715 (717); *P. Kirchhof*, in: Isensee/Kirchhof, HStR IV, § 88 Rn. 198; *Rinke*, in: Kodal/Krämer, Kapitel 16 Rn. 19.3.

[365] BVerfG, Beschluss vom 07.02.1991, E 83, 363 (392); BVerwG, Urteil vom 25.07.2001, NVwZ 2002, 206 (209); *Leisner*, Gedächtnisschrift Hans Peters, S. 730 (741).

[366] BVerfG, Beschluss vom 06.02.1979, E 50, 217 (227); BVerfG Urteil vom 19.03.2003, NVwZ 2003, 715 (717).

[367] *Kirchhof*, in: Bartlsperger/Blüml/Schroeter, S. 225 ff.

Aufwand richten dürfe, der auf den gesteigerten Nutzungs- und damit Vermögensvorteil entfällt. Daher sei keinesfalls der Gesamtaufwand für die Bereitstellung der gebührenpflichtigen Straße, der vermögenswerte Vorteil der Straße im Ganzen, als Bemessungsgrundlage heranzuziehen. Kosten, die auf die Bereitstellung einer normalen Straße ohne Nutzungsvorteil entfielen bzw. der entsprechende Wertanteil, seien abzuziehen. Maßstab der sachlichen Rechtfertigung bleibt für *Kirchhof* zwar das Äquivalenzprinzip. Für die Beurteilung käme es jedoch allein auf das Verhältnis der Gebühr zu dem Aufwand an, der auf die gesteigerte Nützlichkeit entfiele.

c) Kritik und eigene Stellungnahme

In der Literatur findet sich soweit ersichtlich keine Auseinandersetzung mit der von *Kirchhof* aufgeworfenen Frage. Regelmäßig wird die Gebührenbemessung unter Bezug auf die Grundsätze des allgemeinen Gebührenrechts problematisiert und der Gesamtaufwand bzw. Gesamtwert für maßgeblich gehalten.[368]

Dagegen lehnt *Manssen* die Maßgeblichkeit des individuellen Komfortvorteils ab. Er stellt die Frage, welcher Bewertungsmaßstab anzuwenden sei. In Betracht komme ein subjektiver Bewertungsmaßstab, der den individuellen Wert für den Leistungsempfänger widerspiegele oder ein objektiver, der sich nach dem Aufwand für die öffentliche Hand richte. *Manssen* spricht er sich gegen die alleinige Bewertung nach dem individuellen Nutzen für den Gebührenpflichtigen aus und stellt auf die notwendigen Kosten ab.[369] Maßgeblich seien danach die Gesamtkosten, nicht ein Differenzbetrag.

Der Ansicht von *Kirchhof* ist nicht zuzustimmen. Sowohl bei der Bestimmung der zulässigerweise gebührenpflichtigen Straßen, als auch bei der Bemessung der Gebühr stößt seine Argumentation auf Bedenken.

Sofern man mit *Kirchhof* ausschließlich Straßen als gebührenfähig ansieht, die durch eine „vermögenserhebliche Besonderheit" gekennzeichnet sind, die sie gegenüber anderen Straßen hervorhebt, ist unabdingbare Voraussetzung, den Grundtyp von Straßen (normale Straßen) zu qualifizieren. Nur dann können abweichende vermögenserhebliche Besonderheiten ermittelt werden. Der Gesetzgeber kennt jedoch keinen Grundtyp einer Straße. Der Versuch einer eigenen Bestimmung derjenigen Straßenklasse, die als Schnittmenge Nutzungsvorteile aufweist, die allen Straßenklassen innewohnen, scheitert. Die Ermittlung der Straßen, deren Nutzung die niedrigsten vermögenswerten Vorteile gewährt, ist nicht möglich. Legt man einen subjektiven Beurteilungsmaßstab zugrunde, der sich am jeweiligen individuellen Nutzen orientiert, ergeben sich Feststellungs- und Bewertungsschwierigkeiten. Eine objektive Bewertung anhand der Klassifi-

---

[368] *Jachmann*, NVwZ 1992, 932 (936); Hinsichtlich anderer gemeingebräuchlicher öffentlicher Sachen *Kirchhof*, DÖV 1992, 233 (237).

[369] *Manssen*, DÖV 1996, 12 (16).

zierung der Straßen- und Wegegesetze ist abzulehnen, da sie aufgrund der Kompetenzverteilung zwischen Bund und Ländern nicht zu einer einheitlichen Schnittmenge führen kann.

Spiegel der Aufwendungen für die Bereitstellung der öffentlichen Leistung auf Seiten des Hoheitsträgers ist auf Seiten des Nutzers der individuelle Wert der angebotenen Leistung. Uneinheitlich wird jeweils eines oder auch beide Kriterien - Aufwand und/oder Wert - als maßgeblich für die Gebührenbemessung angesehen.[370] Eine Beschränkung ausschließlich auf den Aufwand oder Wertanteil, der auf die gesteigerte Nützlichkeit entfällt, erfolgt nicht. Vielmehr wird anhand der Merkmale, die die gebührenpflichtige Straße von den übrigen unterscheidet und somit zu einer gegenüber dem Normalfall gesteigerten Nützlichkeit führen, lediglich der gebührenpflichtige Tatbestand abgegrenzt.[371] Als Anknüpfungspunkt der Gebührenbemessung dienen sie jedoch nicht.

Kirchhof ist ferner nicht zu folgen, wenn er annimmt, dass von einer vergleichbaren Gruppe gemeingebräuchlicher Gegenstände, die (bislang) unentgeltlich bereitgestellt werden, nur solche gebührenpflichtig ausgestaltet werden können, die im Vergleich zu den übrigen durch eine gesteigerte Nützlichkeit gekennzeichnet sind. Zwar werden die hier interessierenden Straßen bislang ohne Beschränkung unentgeltlich zur Verfügung gestellt. Das Grundgesetz, Art. 74 Abs. 1 Nr. 22 GG, sowie die nachgeordneten Straßen- und Wegegesetze[372] der Länder eröffnen jedoch, ohne Einschränkung auf bestimmte Straßenklassen, die Möglichkeit der Erhebung einer Gebühr für die Benutzung aller öffentlicher Straßen.[373] Mithin bestätigt der Gesetzgeber, dass die Gebührenpflicht bei Gegenständen im Gemeingebrauch nicht notwendigerweise an eine gesteigerte Nützlichkeit anknüpfen muss, sondern ohne Unterschied hinsichtlich aller Straßen, die im Gemeingebrauch stehen, angeordnet werden kann.

Im Ergebnis fordert weder das Wesen des Gemeingebrauchs eine Begrenzung der Gebührenpflicht auf Straßen, die einen besonderen Nutzungsvorteil aufweisen, noch finden sich in den maßgeblichen gesetzlichen Regelungen Hinweise darauf.

---

370 In diesem Sinn: Nutzungsgebühren für Straßen im Gemeingebrauch *Manssen*, DÖV 1996, 12 (16); Umweltabgaben auf Ressourcen im Gemeingebrauch *Kirchhof*, DÖV 1992, 233 (237); Parkgebühren für Straßen im Gemeingebrauch *Jachmann*, NVwZ 1992, 932 (936).

371 Siehe beispielsweise § 1 Abs. 1 ABMG oder § 3 Abs. 1 FStrPrivFinG. Eine Gebührenpflicht nach dem ABMG entsteht grundsätzlich ausschließlich für Bundesautobahnen. Nach dem FStrPrivFinG werden Gebühren auf so genannten Erschwernisstrecken (Brücken, Tunneln, Gebirgspässen sowie mehrstreifigen Bundesstraßen mit getrennten Fahrbahnen für den Richtungsverkehr mit Kraftfahrzeugen) erhoben. Alle vorgenannten Straßen weisen gegenüber den untergeordneten Straßen besondere bauliche Merkmale auf und zeichnen sich durch eine besondere Nutzungsmöglichkeit für den Schnellverkehr aus.

372 Beispielsweise Art. 14 Abs. 2 BayStrWG.

373 *Jachmann*, NVwZ 1992, 932 (936); *Manssen*, DÖV 1996, 12 (15).

Wenngleich nunmehr feststeht, dass der Staat zulässigerweise die Nutzung jeder gemeingebräuchlichen Straße gebührenpflichtig ausgestalten kann, besteht daneben die Frage nach der Gebührenbemessung. Entgegen *Kirchhof* soll für die Höhe der Gebühr der Gesamtaufwand ohne jeglichen Abzug maßgeblich sein.

Nach *Kirchhof* ist dagegen Aufwand, der bei der Bereitstellung gemeingebräuchlicher Straßen anfällt, zur Bestimmung der Bemessungsgrundlage von den Gesamtaufwendungen abzuziehen.[374] Unklar ist in diesem Zusammenhang insbesondere die Feststellung des Aufwandes, der für die Bereitstellung gemeingebräuchlicher Straßen ohne Nutzungsvorteil anfällt. Damit ist auch an dieser Stelle problematisch, welche Straßen als Vergleichsgruppe heranzuziehen wären.

Zunächst zu Kriterien für die Bewertung abzuziehenden Aufwandes: Für die Kontrolle anhand des Äquivalenzprinzips ist das Verhältnis zwischen der Gebühr und der angebotenen Leistung maßgeblich.[375] Die angebotene öffentliche Leistung kann entweder subjektiv nach ihrem individuellen Wert oder aber objektiv nach den zugrunde liegenden Aufwendungen bewertet werden. Grundsätzlich ist die Bemessungsgrundlage realitätsgerecht zu ermitteln. Allein wenn Wert oder Aufwand nicht exakt zu ermitteln ist, kann auf eine pauschalierende Betrachtung zurückgegriffen werden. Der Versuch einer Reihung der Straßenklassen nach zunehmenden Vermögensvorteile, die durch ihre Nutzung gewährt werden, scheitert bereits an der Bestimmung der Werthaltigkeit der Vorteile für den Nutzer im Einzelfall. Der wirtschaftliche Wert der Leistung hinge von dem persönlichen Interesse des Gebührenschuldners ab; ein Wert, dessen Feststellung praktisch undurchführbar ist[376] und der darüber hinaus in Abhängigkeit von dem jeweiligen Nutzer variiert.[377] Versucht man, die Bewertung zu objektivieren, ist der angefallene Aufwand zur Bewertung heranzuziehen. Wenngleich der individuelle Vorteil für die einzelnen Nutzer unterschiedlich stark ausgeprägt sein kann, sind die Gesamtkosten zu der geschätzten Anzahl von Nutzern ins Verhältnis zu setzen und der Wert für den Einzelnen pauschal festzusetzen.

Selbst bei einer Vernachlässigung des oben aufgeworfenen Problems der Kompetenzverteilung zwischen Bund und Ländern im Bereich des Straßenrechts hätte das Modell von *Kirchhof* nicht den von ihm beabsichtigten Effekt. Nach *Kirchhof* ist der Aufwand abzuziehen, der auf die Bereitstellung jeder gemeingebräuchlichen Straße entfällt. Unklar ist, welche Vergleichsgruppe gebildet werden muss.

---

374 *Kirchhof*, in: Bartlsperger/Blüml/Schroeter, S. 225 (234).

375 Zum Äquivalenzprinzip siehe Kapitel 2 B. III. 4. a) .

376 VGH München, Urteil vom 29.06.2994, NVwZ-RR 1995, 415 (416); *Fechner*, DVBl. 1997, 11 (13); *Hebrank*, NVwZ 1996, 976 (976).

377 Im vergleichbaren Fall der Parkgebühren *Holzkämper*, DÖV 1993, 475 (476); *Manssen*, DÖV 1996, 12 (16).

Stellt man auf die Straßen ab, die überhaupt die geringsten vermögenswerten Besonderheiten aufweisen, kommen beispielsweise öffentliche Feld- und Waldwege[378] als niedrigste Straßenklasse in Betracht. In diesem Zusammenhang fallen kaum Bereitstellungskosten an. Das hätte zur Folge, dass nahezu der gesamte Aufwand als solcher gilt, der der Bereitstellung eines gegenüber dem Grundtyp gesteigerten vermögenswerten Vorteils dient und den Wert der angebotenen Leistung wiedergibt. Folgt man dem, ist der abzuziehende Aufwand, von so geringem Umfang, dass er vernachlässigt werden kann.

Indessen besteht auch die Möglichkeit, jeweils den Straßentyp zum Vergleich heranzuziehen, der der gebührenpflichtigen Straßenklasse unmittelbar untergeordnet ist. Der Vergleich gebührenpflichtiger Straßen mit der jeweils untergeordneten Straßenklasse hätte bei einem grundsätzlich entgeltfreien Gebrauch zwar den Vorteil, dass tatsächlich nur der vermögenswerte Vorteil entgolten würde, der den anderen Nutzern nicht zur Verfügung steht. Er scheint von *Kirchhof* jedoch nicht beabsichtigt. Sofern *Kirchhof* auf den „Gemeingebrauch, der sich auf den gegenüber dem sonstigen Gemeingebrauch erreichten Vorteile" ergibt, abstellt, nimmt er klar Bezug auf den Vorteil den jede gemeingebräuchliche Straße bietet.

Unerheblich wäre die Frage nach dem Straßentyp dessen Aufwendungen für die Bereitstellung in Abzug zu bringen sind, wenn Bundesautobahnen nicht als normale Straße qualifizierten, die lediglich zusätzliche Merkmale aufweist, aus denen vermögenswerte Nutzungsvorteil resultieren. In diesem Fall handelte es sich bei Bundesautobahnen nicht um gemeingebräuchliche Straßen mit vermögenserheblicher Besonderheit, sondern vielmehr um ein Aliud.

Diese Auffassung ist jedoch abzulehnen. Verglichen mit den gesamten übrigen Straßen, ohne Differenzierung nach Zuständigkeiten, Funktion und Merkmalen, weisen Bundesautobahnen neben Unterschieden im Wesentlichen Gemeinsamkeiten auf. Das übergeordnete Ziel jeder Straße ist die Aufnahme von Verkehr zum Zweck der Überwindung räumlicher Unterschiede. Wenngleich sich in der speziellen Art der Nutzung - Bundesautobahnen sollen dem Fernverkehr dienen - s owie Charakterisierung anhand baulicher - ge trennte Fahrstreifen für den Richtungsverkehr - und rechtlicher Merkmale - Zulässigkeit höherer Geschwindigkeiten - Unterschiede ergeben, sind sie dennoch als Straßen einzuordnen. Sie sind gesetzlich im Zusammenhang mit anderen Straßenklassen geregelt, als Teilbereich der Bundesfernstraßen, und sind wie alle Straßenklassen dem straßenfahrzeuggebundenen Verkehr gewidmet.

Auch aus der Gebührendefinition ergibt sich keine Notwendigkeit zwischen den Gesamtkosten und denjenigen, die auf die gesteigerte Nützlichkeit entfallen, zu differenzieren.[379] Stellt man auf das Wesen von Gebühren ab, die als Entgelt für

---

[378] Beispielsweise Art. 3 Abs. 1 Nr. 4 BayStrWG.

[379] *Selmer/Brodersen*, S. 12; *Selmer/Brodersen/Nicolaysen*, S. 91.

die Inanspruchnahme individuell zurechenbarer öffentlicher Leistungen erhoben werden und dazu bestimmt sind, die Kosten der Leistung zu decken, folgt daraus die Maßgeblichkeit der gesamten öffentlichen Leistung ohne Einschränkung. Es kommt nicht nur auf einen Teil der Leistung an.

Auch der Nutzer beansprucht die öffentliche Leistung vollumfänglich. Unabhängig davon, dass die Leistung wohl nicht teilbar wäre, ist sie für ihn nur in der bestehenden Form von Interesse.

Insgesamt lässt sich feststellen, dass die Ansicht von *Kirchhof* zu viele Unsicherheiten in sich birgt und sich für sie keine Anhaltspunkte im Wortlaut der maßgeblichen Gesetze finden.

5. Zusammenfassung

Der Erhebung von Straßenbenutzungsgebühren auf Bundesfernstraßen steht weder Gedie Idee des Gemeingebrauches an den öffentlichen Straßen entgegen, nach dem jeder zulassungsfrei zur Nutzung berechtigt ist, noch stehen Strraßenbenutzungsgebühren im Widerspruch zum Wesen der Gebühr, da in der Nutzung ein dem Einzelnen individuell zurechenbarer Vorteil gesehen werden kann, die durch die Gebühr entgolten wird.

Die Zuweisung der Gebührenerhebungskompetenz an den Bund als Materie der konkurrierenden Gesetzgebung erfolgt durch Art. 74 Abs. 1 Nr. 22 GG a. E., der jedoch für die Bundesfernstraßen lediglich klarstellende Wirkung entfaltet, da ihm in diesem Bereich das Recht Gebühren zu erheben bereits als Annex der Zuweisung des Straßen- und Wegerechtes zusteht.

Die Bemessung der Straßenbenutzungsgebühr hängt davon ab, welcher Zweck mit der Gebühr verfolgt wird. Sie können sich entweder nach dem Kostendeckungsprinzip richten. Dann bemisst sich die Gebühr nach dem Anteil an den Gesamtkosten, die auf die gebührenpflichtigen Nutzer entfällt, geteilt durch die Anzahl der Nutzer. Möglich ist auch, dass daneben oder ausschließlich andere Zwecke verfolgt werden als die Deckung der entstanden Kosten. So genannte Lenkungsgebühren sind begrenzt durch das Äquivalenzprinzip. Die Gebühren dürfen nicht in einem groben Missverhältnis zu der Leistung stehen, die auf Empfängerseite in Anspruch genommenen wird.

Kapitel 3 Bau, Erhaltung und Betrieb von Bundesautobahnen nach dem A-Modell

Im Anschluss an den zweigliedrigen Aufbau von A-Modell-Projekten[380] trennt die Arbeit zwischen den Aufgaben des Betreibers des Bundesautobahnabschnittes und der (Re)Finanzierung seiner Ausgaben. Kapitel drei beschäftigt sich mit seinen Aufgaben, die unmittelbar der Bereitstellung von Bundesautobahnen dienen. Die Darstellungen schließen die Rechtsgrundlage mit ein, aufgrund derer der Private tätig wird. Fragen der Refinanzierung seiner Leistungen bleiben Kapitel vier vorbehalten.

> *„Der Auftrag- und Konzessionsgeber überträgt dem und der Konzessionsnehmer übernimmt die Erfüllung der Aufgaben des Baus, der Erhaltung und des Betriebs des [...] Straßenabschnittes der Bundesautobahn [...].“*[381]

Die vorstehende Aussage wird insoweit konkretisiert, als „einem privaten Betreiber (...) der Ausbau (des fünften und sechsten Fahrstreifens), die Erhaltung (aller Fahrstreifen), der Betrieb (aller Fahrstreifen) und die Finanzierung dieser Aufgaben zur Erfüllung übertragen werden“ soll. [382]

Im Grunde ist damit beschrieben, welche Aufgaben der Betreiber bei A-Modell-Projekten auf dem ihm zugewiesenen Bundesautobahnabschnitt ausführen soll: Bau, Erhaltung und Betrieb. Wie bereits gesagt, bleiben Fragen der Finanzierung vorläufig außen vor und werden in Kapitel vier behandelt. Dennoch bleiben grundlegende Fragen unklar. Beispielsweise ist nicht ersichtlich, aus welchen Straßenbestandteilen sich die Strecke zusammensetzt oder in welchem zeitlichen Rahmen der Betreiber des Bundesautobahnabschnittes die Aufgaben ausführen soll.

Zu Beginn beschäftigt sich das folgende Kapitel mit den Aufgaben des Betreibers. Es wird dargestellt worauf sie sich in räumlicher Hinsicht beziehen. Außerdem wird der konkrete Inhalt von Bau, Erhaltung und Betrieb beschrieben.

Daneben stellt sich insbesondere die Frage, welche rechtliche Qualität die Einbindung des Betreibers des Bundesautobahnabschnittes aufweist. Tritt er an Stelle des ursprünglich zuständigen Hoheitsträgers oder tritt er vielmehr neben diesen? In der ersten Alternative entledigt sich die öffentliche Hand einer ihr

---

[380] Für eine Zusammenfassung des Inhalts von A-Modellen siehe Kapitel 1 C. III.

[381] § 1 Muster-Konzessionsvertrag (MKV). Der Muster-Konzessionsvertrag „Konventionelle Planung“ wurde im Auftrag des Bundesministeriums für Verkehr, Bau- und Wohnungswesen erstellt. Die Gutachtergruppe bestand aus Clifford Chance Pünder/Dresdner Kleinwort Wasserstein/BUNG Beratende Ingenieure/AV Aviso Aachener - Verkehrs - Ingenieur - Sozietät.

[382] Bundesministerium für Verkehr, Bau- und Wohnungswesen, Gutachten zum A-Modell, S. 15.

obliegenden Aufgabe vollständig und überträgt sie auf einen Privaten. Insoweit soll nachfolgend von einer „Aufgabenübertragung“ gesprochen werden. Dagegen berührt die Einbindung des Privaten in der zweiten Alternative die Zuordnung der Aufgabe nicht. Träger der Aufgabe bleibt die öffentliche Hand. Der Private übernimmt lediglich deren Erfüllung. Diese Struktur soll als „Einbindung des Privaten in die Erfüllung der Aufgaben“ gekennzeichnet werden.

Mit der Art der Einbindung steht die Frage nach der Rechtsgrundlage unmittelbar im Zusammenhang, aufgrund derer der Betreiber des Bundesautobahnabschnittes zum Tätigwerden verpflichtet wird. In Betracht kommt eine gesetzliche Grundlage. Diese kann die Verpflichtung entweder selbst enthalten oder durch einen Vertrag für den Einzelfall umgesetzt werden. Unter bestimmten Voraussetzungen kann die Einbindung des Privaten aber auch durch einen Vertrag erfolgen, ohne dass die öffentliche Hand bei Abschluss des Vertrages von einer gesetzlichen Ermächtigung Gebrauch macht.

Gegenwärtig ist beabsichtigt, dass A-Modell-Projekte ausschließlich aufgrund eines Vertrages zwischen der öffentlichen Hand und dem Betreiber des Bundesautobahnabschnittes verwirklicht werden sollen. Damit unterscheiden sie sich von F-Modell-Projekten, die mit dem Fernstraßenbauprivatfinanzierungsgesetz eine gesetzliche Rechtsgrundlage haben. In diesem Kontext steht zunächst die Frage im Mittelpunkt, ob der geplanten Konzeption rechtliche Bedenken entgegenstehen. Sofern die Arbeit zu dem Ergebnis kommt, dass die Umsetzung allein auf vertraglicher Grundlage zulässig ist, wird anschließend die Rechtsnatur des Vertrages hinterfragt.

Das damalige Bundesministerium für Verkehr, Bau- und Wohnungswesen beauftragte eine Gutachtergruppe mit der Entwicklung verschiedener Varianten des A-Modells. Ihr gehörten Clifford Chance Pünder, Dresdner Kleinwort Wasserstein, BUNG Beratende Ingenieure und AV Aviso Aachener - Verkehrs - Ingenieur - Sozietät an. Die Gutachtergruppe erarbeitete drei verschiedene Muster-Konzessionsverträge. Sie sind überschrieben mit „Konventionelle Planung“, „Ideenwettbewerb“ und „Mischmodell“ und unterscheiden sich im Wesentlichen im Hinblick auf die Planungsleistungen, die von dem Betreiber des Bundesautobahnabschnittes zu erbringen sind. Während Planungsleistungen in der Variante „Konventionelle Planung“ nicht zum Aufgabenkatalog gehören, ist er in der Variante „Ideenwettbewerb“ weitgehend in die Vorhabenplanung einbezogen. Elemente beider Varianten weist die Variante „Mischmodell“ auf.

Sofern in den nachfolgenden Darstellungen auf Regelungen der Muster-Konzessionsverträge Bezug genommen wird, handelt es sich immer um das Vertragsmuster in der Variante „Konventionelle Planung“.

Wie bereits gesagt, basieren A-Modell-Projekte nicht auf einer gesetzlichen Grundlage. Zwischen der öffentlichen Hand und dem Betreiber des Bundesautobahnabschnittes soll lediglich ein Vertrag abgeschlossen werden. Dieser stellt die einzige Rechtsgrundlage der Tätigkeit des Privaten dar. Daraus folgt, dass sich alle Aufgaben des Privaten grundsätzlich ausschließlich nach den vertraglichen Bestimmungen richten. Wenngleich es zum gegenwärtigen Stand der Arbeit unklar ist, ob eine vertragliche Regelung ausreicht, müssen die Regelungen der Muster-Konzessionsverträge, einschließlich der Gutachten zur Erarbeitung des Mustervertrages, zur Auslegung der Absichten des Hoheitsträgers herangezogen werden. Die Situation ist Sachverhalten vergleichbar, in denen eine gesetzliche Grundlage besteht. So wird auch zur Auslegung der Absichten des Gesetzgebers die Gesetzesbegründung herangezogen, unbeachtlich der Wirksamkeit des Gesetzes. Die Gutachten zu den Muster-Konzessionsverträgen ersetzen die Materialien, die sonst im Rahmen eines Gesetzgebungsverfahrens entstehen.

A. Die Aufgaben des Betreibers des Bundesautobahnabschnittes im Einzelnen

Nach § 1 MKV ist der Betreiber des Bundesautobahnabschnittes zuständig für Bau, Erhaltung und Betrieb des jeweiligen Straßenabschnittes der Bundesautobahn. Diese eher allgemein gehaltene Aufgabenbeschreibung wird durch die Ausführungen des Gutachtens zum Muster-Konzessionsvertrag konkretisiert. Demnach obliegen dem Betreiber der Ausbau des fünften und sechsten Fahrstreifens sowie anschließend die Erhaltung und der Betrieb aller Fahrstreifen.[383]

I. Planung

Zeitlich im Vorfeld der Verwirklichung eines Straßenbauvorhabens ist das Stadium der (Vorhaben)Planung anzusiedeln. Es dient der Schaffung theoretischer Grundlagen für den nachfolgenden Bundesautobahnbau.

Wenngleich dem Privaten nach dem Wortlaut von § 1 MKV lediglich Bauaufgaben obliegen, steht seiner Einbindung in die Erfüllung von Planungsaufgaben zunächst begrifflich nichts entgegen. Wie bereits dargestellt entspricht es dem heutigen Verständnis, dass der (Objekt)Bau auch die (Objekt)Planung mit einschließt.[384] Beschränkungen scheinen dennoch aufgrund des Verbotes des Einsatzes hoheitlicher Mittel denkbar.

Die Gutachtergruppe hat drei verschiedene Muster-Konzessionsverträge ausgearbeitet, die sich gerade hinsichtlich der Planungsleistungen unterscheiden, die der Betreiber des Bundesautobahnabschnittes erbringen soll. Während in der Variante „Konventionelle Planung" Planungsleistungen nicht zum Aufgabenkatalog des Betreibers gehören, ist er in der Variante „Ideenwettbewerb" weitgehend in die Vorhabenplanung einbezogen. In der Variante „Mischmodell" sind beide Varianten miteinander kombiniert.

---

[383] Bundesministerium für Verkehr, Bau- und Wohnungswesen, Gutachten zum A-Modell, S. 15.

[384] Vgl. *Rinke*, in: Kodal/Krämer, Kapitel 12 Rn. 12.2; *Schmitt*, FStrPrivFinG, S. 107.

Daraus folgt, dass Fragen, die in diesem Abschnitt behandelt werden, bei der Beurteilung des A-Modells in der Variante „Konventionelle Planung" nicht zum tragen kommen. Vielmehr betreffen sie ausschließlich die beiden übrigen Varianten.

Der nun folgende Abschnitt dient nicht dazu, herauszuarbeiten, wie sich die Muster-Konzessionsverträge „Ideenwettbewerb" und „Mischmodell" im Einzelnen unterscheiden. Vielmehr soll ermittelt werden, welche planungsbezogenen Aufgaben der Betreiber des Bundesautobahnabschnittes zulässigerweise überhaupt wahrnehmen kann. Im Mittelpunkt stehen die Grenzen seiner Tätigkeit und nicht die Frage, welche Aufgaben ihm konkret übertragen werden. Zunächst soll allgemein dargestellt werden, welche Aufgaben Private im Rahmen der Planung überhaupt erfüllen können. Erst anschließend wird auf A-Modell-Projekte eingegangen.

Unter dem Begriff der (Vorhaben)Planung wird eine Vielzahl einzelner Tätigkeiten zusammengefasst. Einige sind notwendigerweise hoheitlicher Natur, andere wiederum können auch mit privatrechtlichen Mittel erfüllt werden. Während Betreiber von A-Modell-Projekten in die Erfüllung der Aufgaben eingebunden werden können, die mit Mitteln des Privatrechts erfüllt werden, bleiben ihnen die übrigen verschlossen. Der Grund dieser Beurteilung liegt in der rechtlichen Umsetzung der A-Modell-Projekte. Da die Einbindung des Betreibers des Bundesautobahnabschnittes in die Erfüllung der Straßenbauaufgaben ausschließlich auf vertraglicher Grundlage vollzogen wird, ohne jede gesetzliche Grundlage, ist ausgeschlossen, dass dem Betreiber Aufgaben zur Erfüllung mit hoheitlichen Mitteln übertragen werden.

Darüber hinaus ist der Bereich der Planung dadurch gekennzeichnet, dass ein Kernbereich an Aufgaben auch dann nicht auf Private übertragen werden könnte, wenn es eine gesetzliche Grundlage gäbe.[385] Dazu gehört insbesondere der Vorgang der Abwägung, die dem Ausgleich der betroffenen öffentlichen und privaten Belange dient.[386] Die Abwägung stellt ein zentrales hoheitliches Element der Planung dar und ist aus diesem Grund unverzichtbar.[387] Es ist verfassungsrechtlich geboten[388], dass die Abwägungsentscheidung in den Händen der zuständigen Planungsbehörde verbleibt. Entscheidend ist, dass die Substanz der Entscheidungsgewalt, die Letztentscheidungskompetenz, den zuständigen Hoheitsträgern nicht entzogen wird.[389] Die Zuständigkeit der Planungsbehörde darf nicht lediglich formal aufrechterhalten bleiben.

---

[385] *Rinke*, in: Kodal/Krämer, Kapitel 16 Rn. 25.5; *Schmitt*, FStrPrivFinG, S. 111; *Wahl*, DVBl. 1993, 517 (521).

[386] *Pabst*, S. 125; *Wahl*, DVBl. 1993, 517 (521).

[387] *Schmitt*, FStrPrivFinG, S. 112; *Wahl*, S. 24 (37); *Wahl*, DVBl. 1993, 517 (521).

[388] Zu beachten sind das Rechtsstaats- und Demokratieprinzip. Siehe *Schmitt*, FStrPrivFinG, S. 110 ff.

[389] *Pabst*, S. 125; *Wahl*, DVBl. 1993, 517 (523).

Vor diesem Hintergrund sind die einzelnen Aufgaben im Rahmen der Planung im Hinblick auf ihre Auswirkungen auf die Planungsentscheidung zu überprüfen. Zulässig ist die Einbindung Privater wo sie keinerlei Einfluss auf die Entscheidung ausüben können. Beeinflusst eine Tätigkeit dagegen unmittelbar oder mittelbar die Abwägung, kann sie nicht durch Private wahrgenommen werden.

Die meisten Aufgaben im Zusammenhang mit der Planung eines Vorhabens können Auswirkungen auf das Planungsergebnis haben. Problematisch sind insbesondere so genannte Vorbereitungshandlungen oder Vorentscheidungen. Dazu gehören beispielsweise Aufgaben im Rahmen der Vorbereitung der Linienbestimmung, die Durchführung der Variantenunterschung oder das Aufstellen der Unterlagen. Hilfstätigkeiten, die lediglich vorbereitender oder durchführender Natur sind, ohne sich auf die Planungsentscheidung auszuwirken, kommen dagegen nur in geringem Umfang vor. Der Grund dafür liegt in der Struktur der Vorhabenplanung. Sie stellt einen Gesamtvorgang dar, einen Prozess der durch aufeinander folgende Planungsschritte gekennzeichnet ist. Regelmäßig werden die nachfolgenden Planungsschritte durch den jeweils vorhergehenden beeinflusst. Dieses Phänomen lässt sich auch mit den Begriffen „Weichenstellung", „Vorwirkung" oder „Präjudizierung" umschreiben.[390]

Planerische Vorarbeiten, die der Ermittlung der tatsächlichen Verhältnisse im Planungsbereich dienen sowie die Erstellung des Bauentwurfes bleiben ohne Auswirkungen auf die abschließende Planungsentscheidung. Bei beiden handelt es sich um rein tatsächliche Vorgänge. Sie können zulässigerweise auf einen Privaten ausgelagert werden.[391]

Dagegen kann die Vorbereitung der Linienbestimmung nicht selbständig durch den Privaten wahrgenommen werden. Dazu gehören die Durchführung der Variantenuntersuchung und das Aufstellen der Unterlagen. Diese Aufgaben können lediglich in enger Abstimmung mit dem zuständigen Hoheitsträger von Privaten ausgeführt werden. Beispielsweise sind die landesplanerische Abstimmung, insbesondere die Durchführung des vorgelagerten Raumordnungsverfahrens, die Linienbestimmung an sich, die Umweltverträglichkeitsprüfung sowie grundsätzlich das Planfeststellungsverfahren von der Übertragung auf den Privaten völlig ausgeschlossen.[392]

Im Ergebnis beschränken sich planungsbezogene Aufgaben, die der Betreiber des Bundesautobahnabschnittes erfüllen kann, im Wesentlichen auf planerische Vorarbeiten, die der Ermittlung der tatsächlichen Verhältnisse im Planungsbereich dienen sowie die Erstellung des Bauentwurfes.

---

390 *Pabst*, S. 121; *Wahl*, DVBl. 1993, 517 (523).

391 *Pabst*, S. 126.

392 Zu Einzelheiten der Abgrenzung hoheitlicher und privatrechtlicher Tätigkeit im Rahmen der Straßenplanung siehe *Schmitt*, FStrPrivFinG, S. 108 ff.

Nachdem allgemein ermittelt wurde, welche Aufgaben Private im Rahmen der Vorhabenplanung übernehmen können, soll konkret auf A-Modell-Projekte eingegangen werden.

Die Variante „Konventionelle Planung" ist dadurch gekennzeichnet, dass Ausschreibung und Vergabe des Straßenbauvorhabens erst auf der Grundlage des rechtsbeständigen bzw. unanfechtbaren Planfeststellungsbeschlusses erfolgen. In die Planung wird der Betreiber des Bundesautobahnabschnittes nicht einbezogen. Sie wird vielmehr auf herkömmliche Art durch die zuständigen staatlichen Stellen ausgeführt. In dieser Ausgestaltung unterscheidet sich das A-Modell in der Planungsphase nicht vom konventionellen Modell, also der staatlichen Bereitstellung der Verkehrsinfrastruktur.[393]

Dagegen übernimmt der Betreiber des Bundesautobahnabschnittes in der Variante „Ideenwettbewerb" Planungsaufgaben. Möglich ist seine Einbindung ab dem Abschluss der Linienbestimmung. Sinnvoll ist sie in der Praxis wohl erst ab dem Stadium, in dem der Vorentwurf für das Straßenbauvorhaben vorliegt. Zu diesem Zeitpunkt stehen die Ziele, die im Rahmen von A-Modell-Projekten verfolgt werden, und die planerischen Vorgaben, die durch die zuständigen Hoheitsträger zu machen sind, in einem guten Verhältnis zueinander. Zum einen ist ein Konkretisierungsgrad der Planung erreicht, der eine sinnvolle Ausschreibung ermöglicht. Trotzdem sind Synergieeffekte, die durch die Einbindung Privater erzielt werden sollen, nicht ausgeschlossen. So kann der Private sein gesamtes „planerisches Ideenreichtum" einbringen und in Kombination mit seinem „ingenieur-technischen" Spezialwissen die Grundlage größtmöglicher Effizienz in Kosten und Leistung schaffen.[394]

Die Variante „Mischmodell" enthält Elemente der beiden vorstehend erläuterten Varianten. Sie zeichnet sich dadurch aus, dass die gesamte Strecke in Abschnitte unterteilt wird. Während einige auf Basis der Variante „Konventionelle Planung" ausgeschrieben werden, erfolgt die Ausschreibung der übrigen nach der Variante „Ideenwettbewerb".[395]

Da der Betreiber des Bundesautobahnabschnittes bei der Variante „Konventionelle Planung" keinerlei planende Aufgaben übernehmen soll, kommt es nur bei Umsetzung der Varianten „Ideenwettbewerb" oder „Mischmodell" auf die Einordnung planungsbezogener Aufgaben an. Sofern nachfolgend auf die Variante

---

[393] Bundesministerium für Verkehr, Bau- und Wohnungswesen, Gutachten zum A-Modell, S. 75 f.; zum konventionellen Modell vgl. Kapitel 1 B.

[394] Bundesministerium für Verkehr, Bau- und Wohnungswesen, Gutachten zum A-Modell, S. 75. Vertragliche Regelungen betreffend die Planungsleistungen beispielsweise Bundesministerium für Verkehr, Bau- und Wohnungswesen, Gutachten zum A-Modell, S. 284; Zu dieser Frage beim F-Modell *Reidt/Stickler*, BauR 1997, 241 (245).

[395] Bundesministerium für Verkehr, Bau- und Wohnungswesen, Gutachten zum A-Modell, S. 75.

„Ideenwettbewerb“ Bezug genommen wird, gelten die Ausführungen auch für das „Mischmodell“.

Ausweislich der Vertragsunterlagen erbringt der Betreiber des Bundesautobahnabschnittes „Leistungen für die Entwurfs-, Genehmigungs- und Ausführungsplanung“.[396] Konkretisierung erfährt diese Leistungsbeschreibung dahingehend, dass er für die Erstellung der gesamten Entwurfs-, Genehmigungs- und Ausführungsplanung allein verantwortlich ist.[397] Vor dem Hintergrund der vorstehenden Darstellungen muss dies einschränkend dahin gehend ausgelegt werden, dass der Betreiber des Bundsautobahnabschnittes auf durchführende und vorbereitende Hilfstätigkeiten beschränkt ist, die nicht entscheidungserheblich sind. Insbesondere kann er sein Know-how bei Planung und Konstruktion von Ingenieurbauwerken, wie Brücken oder Tunnel, einbringen.

II. Bau

Ausweislich § 1 MKV ist der Betreiber des Bundesautobahnabschnittes für *„Aufgaben des Baus [...] des [...] Straßenabschnittes der Bundesautobahn“* zuständig.

Legt man das allgemeine Verständnis zugrunde, erfasst der Bau einer Straße sowohl den Neubau, wie auch ihren Ausbau. Unter Neubau versteht man die erstmalige Herstellung einer Verkehrsverbindung. Dagegen spricht man von Ausbau, wenn der bereits vorhandene Bestand verbessert wird.[398]

Im Rahmen der vertraglichen Begriffsdefinitionen wird der Baubegriff bei A-Modellen konkretisiert auf den „Ausbau“ der Konzessionsstrecke sowie den „Neubau“ von zwei[399] Fahrstreifen, § 3.7 MKV. Von dieser Begriffsbestimmung wird innerhalb der erarbeiteten Muster-Konzessionsverträge abgewichen. Zur näheren Bestimmung der baulichen Leistungen verweist § 21.1 MKV, der Regelungen zu der Bauleistung enthält, auf die Leistungsbeschreibung[400]. Der Leistungsbeschreibung zufolge übernimmt der Private wiederum den „Ausbau“ der Konzessionsstrecke.[401]

---

[396] Bundesministerium für Verkehr, Bau- und Wohnungswesen, Gutachten zum A-Modell, S. 284 (§ 20.1 MKV-IW) i.V.m. S. 448 (LB IW).

[397] Bundesministerium für Verkehr, Bau- und Wohnungswesen, Gutachten zum A-Modell, S. 449.

[398] *Grupp*, in: Marschall/Schroeter/Kastner, 4. Auflage, FStrG, § 3 Rn. 6; *Lorenz*, StrGBaWü, § 9 Rn. 21; a.A. *Zeitler*, in: Sieder/Zeitler, BayStrWG Art. 9 Rn. 14; *Zeitler*, in: Bartlsperger/Blüml/Schroeter, S. 475 (476) wonach unter „Bau“ nur die erstmalige Herstellung einer Straße (Neubau) zu verstehen ist.

[399] In Ausnahmenfällen werden vier Fahrstreifen neu gebaut.

[400] Bundesministerium für Verkehr, Bau- und Wohnungswesen, Gutachten zum A-Modell, S. 447 ff.

[401] Bundesministerium für Verkehr, Bau- und Wohnungswesen, Gutachten zum A-Modell, S. 440.

Entgegen der vertraglichen Verwendung des Baubegriffs in § 3.7 MKV übernimmt der Private keine Neubauaufgaben im erläuterten allgemein geltenden straßenrechtlichen Verständnis.[402] Eine abweichende Beurteilung folgt auch nicht aus § 21 MKV, dem zufolge der Private die Konzessionsstrecke zu „errichten“ hat. Neubau ist jede erstmalige Herstellung einer Verkehrsverbindung zwischen zwei Orten.[403] Indem der Betreiber des Bundesautobahnabschnittes die bestehende Straße lediglich von vier auf sechs Fahrstreifen erweitert, führt er mithin keine Neubaumaßnahmen aus. Dagegen verbessert er eine bereits vorhandene Straße. Dabei handelt es sich um eine Ausbaumaßnahme.

Wenngleich der Private auf Grundlage der Begriffe des Muster-Konzessionsvertrages Aufgaben des Aus- und Neubaus wahrnimmt, handelt es sich nach dem allgemeinen Verständnis nur um Ausbaumaßnahmen.

III. Erhaltung

Desweiteren hat der A-Modell-Betreiber den jeweiligen Bundesautobahnabschnitt zu erhalten; § 1 MKV i.V.m. § 32 MKV. Er ist verantwortlich für alle Maßnahmen zur Erhaltung der Straßen in ihrem Bestand und in ihrer Funktionsfähigkeit.

Der Erhaltungsbegriff der Muster-Konzessionsverträge erfasst die Instandsetzung des Bundesautobahnabschnittes sowie dessen Erneuerung; § 3.8 (b) MKV. Damit entspricht er weitgehend dem Begriff der Unterhaltung im Sinne der Straßen- und Wegegesetze.[404] Ziel von Instandsetzungsmaßnahmen ist die Substanzerhaltung, die über die bauliche Unterhaltung der Straße (Instandhaltung) hinausgeht. Der Betreiber des Bundesautobahnabschnittes verpflichtet sich regelmäßig bauliche Maßnahmen durchzuführen, in deren Folge der Gebrauchswert und die Standfestigkeit der Straße deutlich gesteigert werden.[405] Desweiteren ist er für die Erneuerung der Straße zuständig. Wiederkehrend hat er den Gebrauchs- und Substanzwert sowie die Standfestigkeit der Straße wiederherzustellen, die ihrem Zustand bei Neuherstellung entspricht.[406] Erneuerungsmaß-

---

[402] a.A. wohl *Bartlsperger*, S. 247.

[403] *Lorenz*, StrGBaWü, § 9 Rn. 21.

[404] *Grupp*, in: Marschall/Schroeter/Kastner, 4. Auflage, FStrG, § 3 Rn. 7; *Lorenz*, StrGBaWü, § 9 Rn. 26; *Rinke*, in: Kodal/Krämer, Kapitel 12 Rn. 12.3; *Zeitler*, in: Sieder/Zeitler, BayStrWG, Art. 9 Rn. 9. Neben Instandsetzung und Erneuerung wird dem allgemeinen Verständnis zufolge auch die Instandhaltung der Unterhaltung zugeordnet. (Für viele *Sauthoff*, Rn. 1302) Instandhaltungsmaßnahmen sind solche, die Abnutzungserscheinungen an der Straße vorbeugen (*Lorenz*, StrGBaWü, § 9 Rn. 26; *Rinke*, in: Kodal/Krämer, Kapitel 12 Rn. 12.3).

[405] Bundesministerium für Verkehr, Bau- und Wohnungswesen, Gutachten zum A-Modell, S. 103 f. Instandsetzung im Straßen- und Wegerecht bezeichnet die Beseitigung bereits aufgetretener Abnutzungserscheinungen. (BVerwG, Urteil vom 06.12.1967, E 28, 263 (265); *Grupp*, in: Marschall/Schroeter/Kastner, 4. Auflage, FStrG, § 3 Rn. 7; *Lorenz*, StrGBaWü, § 9 Rn. 26; *Rinke*, in: Kodal/Krämer, Kapitel 12 Rn. 12.3).

[406] Bundesministerium für Verkehr, Bau- und Wohnungswesen, Gutachten zum A-Modell,

nahmen sind in größeren Zeitabständen vorzunehmen als Instandsetzungsmaßnahmen.

Wann Instandsetzungs- und Erneuerungsmaßnahmen durchzuführen sind, bestimmt sich nach den tatsächlichen Streckenverhältnissen. Der Vertrag macht hierzu keine Vorgaben. Er verpflichtet jedoch den Betreiber, zu regelmäßigen Kontrollen; § 32.3 MKV.[407]

Im Ergebnis treffen den Privaten bei A-Modellen grundsätzlich dieselben Pflichten, wie sie der öffentlichen Hand im Rahmen der Unterhaltungspflicht obliegen würden.

IV. Betrieb

Schließlich ist der Betreiber des Bundesautobahnabschnittes auch für betriebliche Maßnahmen zuständig; § 1 MKV i.V.m. § 31 MKV. Ziel betrieblicher Leistungen ist die Gewährleistung von Sicherheit und Leichtigkeit des fließenden Verkehrs.[408]

Betrieb erfasst zunächst alle technischen Leistungen, die notwendig sind, den Nutzern eine anforderungsgemäße und sichere Nutzung der Straße zu ermöglichen; § 3.8 (a) MKV. Dazu gehören insbesondere Grünpflege, Wartung und Unterhaltung der Straßenausstattung, Reinigung sowie Winterdienst (betriebliche Erhaltung).[409] Im Unterschied zu Erhaltungsmaßnahmen wirken sie sich nicht auf Funktion und Substanz der Straße aus.

Darüber hinaus hat der Betreiber im Rahmen des Betriebs auch alle Instandhaltungsmaßnahmen wahrzunehmen, § 3.8 (a) MKV,[410] also Abnutzungserschei-

---

S. 103 f. Auch im Straßen- und Wegerecht sind die gleichen Maßstäbe anzulegen. Erneuerung bezeichnet den Ersatz einer abgenutzten Anlage durch eine neuwertige. (*Rinke*, in: Kodal/Krämer, Kapitel 12 Rn. 12.4) a.A. BVerwG, Urteil vom 28.08.1987, NVwZ 1988, 146, dem zufolge der Ersatz einer bestehenden Straße, die sich baulich in ordnungsgemäßem Zustand befindet, als Erneuerung einzuordnen ist. *Sauthoff*, S. 517.

407 Bundesministerium für Verkehr, Bau- und Wohnungswesen, Gutachten zum A-Modell, S. 103 f.

408 Bundesministerium für Verkehr, Bau- und Wohnungswesen, Gutachten zum A-Modell, S. 99.

409 Bundesministerium für Verkehr, Bau- und Wohnungswesen, Gutachten zum A-Modell, S. 101. Betriebliche Maßnahmen gehören nur teilweise der Straßenbaulast an. Nicht zur Straßenbaulast gehört beispielsweise der Winterdienst (BGH, Urteil vom 03.05.1984, NVwZ 1985, 290; BVerwG, Beschluss vom 11.11.1960, NJW 1961, 619 (620); *Grupp*, in: Marschall/Schroeter/Kastner, 4. Auflage, FStrG, § 3 Rn. 16; *Lorenz*, StrGBaWü, § 9 Rn. 26, 46; *Rinke*, in: Kodal/Krämer, Kapitel 12 Rn. 13.3) sowie die Straßenreinigung (*v. Dannwitz*, in: Schmidt-Aßmann, Kapitel 7 Rn. 52; *Lorenz*, StrGBaWü, § 9 Rn. 26; *Nedden*, DVBl. 1974, 253 (254); *Rinke*, in: Kodal/Krämer, Kapitel 12 Rn. 13.3).

410 Bundesministerium für Verkehr, Bau- und Wohnungswesen, Gutachten zum A-Modell, S. 99.

nungen an der Straße vorzubeugen[411]. Entsprechend der vertraglichen Erhaltungspflicht ist auch die Betriebspflicht zweiteilig strukturiert. So ist der Betreiber zunächst zur regelmäßigen Kontrolle des Straßenzustandes verpflichtet, an die sich im Fall des negativen Abweichens des Ist- vom Soll-Zustandes eine Wartungspflicht anschließt.[412] Wartung bezeichnet in diesem Zusammenhang die Durchführung aller erforderlichen Maßnahmen zur Wiederherstellung des Zustandes, der eine anforderungsgemäße und sichere Nutzung der Straße gewährleistet.

V. Rückgabe

Nach Ablauf der Vertragslaufzeit ist der Betreiber zur Rückgabe des Bundesautobahnabschnittes verpflichtet; § 37.1 MKV. Wenngleich sich der Straßenabschnitt nicht in einem neuwertigen Zustand befinden muss, so doch zumindest in dem einer „gut erhaltenen Straße nach einer Betriebszeit von ca. 30 Jahren".[413]

B. Sachlicher Anwendungsbereich des A-Modells

Der folgende Abschnitt beschäftigt sich mit dem sachlichen Anwendungsbereich von A-Modell-Projekten. Hierbei muss unterschieden werden, auf welchem Straßenabschnitt ein A-Modell-Projekt verwirklicht werden soll und welche Straßenbestandteile vom Anwendungsbereich des A-Modells erfasst werden.

Da der jeweilige Bundesautobahnabschnitt in dem Muster-Konzessionsvertrag als Konzessionsstrecke bezeichnet wird, soll diese Bezeichnung auch in dieser Arbeit verwendet werden.

I. Bestimmung des Straßenabschnittes

Die Frage, auf welchen Straßenabschnitten A-Modell-Projekte verwirklicht werden können, gehört zum sachlichen Anwendungsbereich im engeren Sinn.

Das A-Modell firmiert unter der Bezeichnung „Betreibermodell für den mehrstreifigen Bundesautobahnausbau". Die im Titel enthaltene Beschreibung des sachlichen Anwendungsbereiches ist abschließend.

Im Vergleich zum A-Modell hat das F-Modell[414], einen weiteren sachlichen Anwendungsbereich. F-Modell-Projekte können im gesamten Bundesfernstraßennetz umgesetzt werden. Erfasst sind Bundesautobahnen genauso wie Bundesstraßen; § 1 Abs. 1, 2 FStrPrivFinG i.V.m. § 1 Abs. 2 FStrG. Dagegen beschränkt sich der sachliche Anwendungsbereich für A-Modell-Projekte auf Bundesautobahnen.

---

[411] *Lorenz*, StrGBaWü, § 9 Rn. 26; *Rinke*, in: Kodal/Krämer, Kapitel 12 Rn. 12.3.

[412] Bundesministerium für Verkehr, Bau- und Wohnungswesen, Gutachten zum A-Modell, S. 101.

[413] Bundesministerium für Verkehr, Bau- und Wohnungswesen, Gutachten zum A-Modell, S. 136 f.

[414] Vgl. Kapitel 1 C. II.

Grund der unterschiedlichen Anwendungsbereiche von A- und F-Modellen ist die Refinanzierung der Ausgaben des Betreibers des Bundesautobahnabschnittes. Während er im Rahmen von F-Modell-Projekten ein eigenes Recht zur Erhebung von Mautgebühren besitzt,[415] mithilfe dessen er von den Nutzern der ihm zugewiesenen Straßenabschnitte selbst eine Gebühr erhebt, beschränkt sich die Refinanzierungsgrundlage des Betreibers eines Bundesautobahnabschnittes nach dem A-Modell auf das Mautaufkommen, welches auf Grundlage des Autobahnmautgebührengesetzes[416] anteilig auf diesem Abschnitt erzielt wird. Mautgebühren nach dem FStrPrivFinG können auf Bundesautobahnen und auch auf Bundesfernstraßen erhoben werden. Dagegen wird die Maut nach dem Autobahnmautgebührengesetz grundsätzlich nur von (bestimmten) Nutzern der Bundesautobahnen erhoben. Das legt auch der Wortlaut nahe. Da der private Betreiber nach dem A-Modell auf die Einnahmen nach dem ABMG verwiesen ist, die auf den von ihm betriebenen Straßenabschnitt entfallen, folgt daraus zwangsläufig eine Beschränkung des Anwendungsbereiches von A-Modellen auf Straßen, für deren Nutzung Mautgebühren nach dem ABMG erhoben werden.

Die Auswahl geeigneter Bundesautobahnabschnitte für A-Modell-Projekte obliegt dem Bundesministerium für Verkehr, Bau und Stadtentwicklung.[417] Bislang existiert eine Liste, auf der 12 Pilotprojekte mit einer Gesamtlänge von 523,3 km ausgewiesen sind.[418] Prozentual handelt es sich dabei um ca. 4,4 % des gesamten Bundesautobahnnetzes. Die Projekte haben insgesamt ein Investitionsvolumen von ca. 3,6 Mrd. EURO.[419] Zwischenzeitlich wurde der Katalog reduziert auf fünf Pilotprojekte, von denen bereits vier auf den Weg gebracht wurden.[420] Hauptsächlich aus wirtschaftlichen Gesichtspunkten sollte die Länge der Bundesautobahnabschnitte 20-30 km nicht unterschreiten. Durchschnittlich weisen die bislang ausgewählten Projekte eine Länge von 44 km auf.[421]

Die Entscheidung für die Aufnahme eines Bundesautobahnabschnittes in die Projektliste wurde unter zwei Gesichtspunkten getroffen. Ausschlaggebend waren planungsrechtliche und wirtschaftliche Gründe. Letztlich zielen beide auf eine zeitnahe Verwirklichung des Straßenbauvorhabens ab. Das jeweilige Straßenbauvorhaben musste grundsätzlich im gültigen Bedarfsplan aufgenommen sein und einen Planungsstand aufweisen, aufgrund dessen eine kurzfristige Ausschreibung und Vergabe des Vorhabens möglich ist. Aus Sicht des Betreibers des Bundesautobahnabschnittes ist darüber hinaus unabdingbare Voraussetzung der Realisierung eines A-Modells, dass es sich unter betriebswirtschaftlichen

---

[415] §§ 2 f. FStrPrivFinG.
[416] Dazu siehe Kapitel 4 .
[417] *Fabian/Farle*, DStR 2004, 929 (929); *Roth*, NVwZ 2003, 1056 (1056).
[418] Zu den zwölf Pilotprojekten vgl. Anhang A.
[419] *Roth*, NVwZ 2003, 1056 (1056).
[420] Vgl. Anhang B.
[421] *Beckers/von Hirschhausen*, DIW, S. 8.

Gesichtspunkten um eine lohnende Maßnahme handelt. Dies setzt wiederum voraus, dass dem Bundesautobahnabschnitt ein eigener Verkehrswert innewohnt. Unwirtschaftliche Vorhaben sind von vornherein als A-Modell-Projekt nicht realisierbar und müssen weiterhin durch den Staat bereitgestellt werden.

Die Bestimmung des Bundesautobahnabschnittes im Einzelfall erfolgt nach § 6 MKV. Konzessionsstrecke ist dabei der

> *„insbesondere in der Leistungsbeschreibung [...] textlich und zeichnerisch dargestellte [...] Streckenabschnitt [...] der Bundesautobahn, für den der Konzessionsnehmer die Aufgaben Bau, Erhaltung und Betrieb zur Ausführung [...] übernimmt."*

In räumlicher Hinsicht ist für die Vertragsparteien von entscheidender Bedeutung, dass die Grenzen der Konzessionsstrecke definiert sind. Endpunkte, genauso wie Knotenpunkte im Streckenverlauf, an denen die Konzessionsstrecke auf andere Straßen trifft,[422] müssen genau bestimmt oder zumindest bestimmbar sein. Nur wenn das gewährleistet ist, besteht für die Vertragsparteien Rechtssicherheit über den räumlichen Verlauf der Strecke. Da hierfür zumeist die Nennung des betroffenen Autobahnabschnittes nicht genügt, ist es zur Verdeutlichung unentbehrlich, zusätzlich auf die zeichnerische Darstellung zurückzugreifen.

II. Bestimmung der Straßenbestandteile

Im Anschluss an die Darstellung des sachlichen Anwendungsbereiches von A-Modell-Projekten im engeren Sinn soll nunmehr darauf eingegangen werden, welche Bestandteile einer Straße von A-Modell-Projekten erfasst werden.

Es ist eine Besonderheit des Straßenrechtes, dass eine Straße im Sinn der Straßen- und Wegegesetze nicht auf den Straßenkörper beschränkt ist. Vielmehr setzt sich eine öffentliche Straße aus verschiedenen Bestandteilen zusammen. Für die Bundesfernstraßen enthält § 1 Abs. 4 FStrG einen Katalog der Straßenbestandteile. Dieser ist nicht abschließend, sondern nur dazu bestimmt, den Gegenstand zu kennzeichnen, an den die Rechtsfolgen der Einordnung als öffentliche Straße anknüpfen.[423] Zu den Straßenbestandteilen gehören der Straßenkörper (§ 1 Abs. 4 Nr. 1 FStrG), der Luftraum über dem Straßenkörper (§ 1 Abs. 4 Nr. 2 FStrG), das Zubehör (§ 1 Abs. 4 Nr. 3 FStrG), Einrichtungen zur Erhebung der Maut sowie zur Kontrolle der Einhaltung der Mautpflicht

---

[422] Dazu gehören beispielsweise Autobahnkreuze, Autobahndreiecke und Autobahnanschlussstellen.

[423] *Bauer*, in: Kodal/Krämer, Kapitel 6 Rn. 1.1 f.; *Grupp*, in: Marschall/Schroeter/Kastner, FStrG, § 1 Rn. 33; *Wiesinger/Maruske*, S. 63.

(§ 1 Abs. 4 Nr. 3a FStrG)[424], die Nebenanlagen (§ 1 Abs. 4 Nr. 4 FStrG) und die so genannten Nebenbetriebe (§ 1 Abs. 4 Nr. 5 FStrG).

Wenngleich unter den Begriff „Konzessionsstrecke" grundsätzlich alle Straßenbestandteile im Sinn des § 1 Abs. 4 Nr. 1-5 FStrG subsumierbar wären, sind nicht alle vom A-Modell erfasst. Gegenstand des Muster-Konzessionsvertrages ist nicht „die Straße" im Streckenverlauf oder die Straßenbestandteile gemäß § 1 Abs. 4 Nr. 1-5 FStrG, sondern nur die Straßenbestandteile gemäß § 1 Abs. 4 Nr. 1-4 FStrG.

Während im Zusammenhang mit dem Straßenkörper, dem Luftraum über dem Straßenkörper, dem Zubehör und den Nebenanlagen im Anwendungsbereich des A-Modells keine Besonderheiten verbunden sind, stellt sich die Frage, warum Nebenbetriebe ausgenommen sind und ob die Einrichtungen zur Erhebung der Maut ohne weiteres als Bestandteil der Konzessionstrecke eingeordnet werden können.

1. Nebenbetriebe gemäß § 1 Abs. 4 Nr. 5 FStrG als Vertragsgegenstand

Vom Anwendungsbereich des A-Modells sind ausdrücklich Nebenbetriebe an Bundesautobahnen nach § 1 Abs. 4 Nr. 5 FStrG ausgenommen. Nebenbetriebe sind Betriebe, die den Belangen der Verkehrsteilnehmer dienen und eine unmittelbare Zufahrt zur Bundesautobahn haben, § 15 Abs. 1 FStrG. Dazu gehören insbesondere Tankstellen, Raststätten sowie Motels.[425]

Die Bereitstellung von Nebenbetrieben an Bundesautobahnen ist Bestandteil der Straßenbaulast und obliegt dem Straßenbaulastträger.[426] Dennoch ist unabhängig vom A-Modell eine gestufte Einbindung Privater in die Erfüllung dieser Aufgaben vorgesehen. Dem liegt ein Beschluss der Bundesregierung vom 25.03.1985 zugrunde, die bundeseigenen Nebenbetriebe zu privatisieren.[427] Der Straßenbaulastträger ist berechtigt, den Bau des Nebenbetriebes auf Dritte zu übertragen. Dagegen ist er regelmäßig verpflichtet, den Betrieb durch Private führen zu lassen.[428] Im Ergebnis bedient sich der Staat im Zusammenhang mit Nebenbetrieben bereits der Hilfe Privater. Das gilt jedenfalls für bestehende Nebenbetriebe, bei denen der Staat seiner Privatisierungsverpflichtung nachgekommen ist.

---

[424] Seit in Kraft treten des von Artikel 2 des Gesetzes zur Einführung von streckenbezogenen Gebühren für die Benutzung von Bundesautobahnen mit schweren Nutzfahrzeugen vom 05.04.2002, BGBl. I 2002, 1234 (1237).

[425] *Kodal*, in: Kodal/Krämer, Kapitel 6 Rn. 14; *Steiner*, NJW 1994, 1712 (1712); *Wiesinger/Maruske*, S. 64.

[426] *Grupp*, in: Marschall/Schroeter/Kastner, FStrG, § 1 Rn. 57; *Wiesinger/Maruske*, S. 80.

[427] Umgesetzt durch das 3. FStrÄndG vom 25.03.1994, BGBl. I 1994, 673; *Bauer*, in: Kodal/Krämer, Kapitel 41 Rn. 47.

[428] *Marschall*, in: Marschall/Schroeter/Kastner, FStrG, § 15 Rn. 8 f.; *Wiesinger/Maruske*, S. 81.

Wären solche Nebenbetriebe Vertragsgegenstand der A-Modell-Verträge, würde der Betrieb doppelt einem Privaten übertragen. Das wird nicht angestrebt.

Im Hinblick auf noch nicht privatisierte oder nach Abschluss der A-Modell-Verträge zu errichtende Nebenbetriebe besteht kein Bedürfnis, sie in den Katalog der Vertragsbestandteile in § 6.1 MKV aufzunehmen. Wären diese Nebenbetriebe Vertragsbestandteil, so würde der Aufgabenbereich des Betreibers des Bundesautobahnabschnittes wesentlich erweitert. Er wäre nicht mehr nur für die Straße an sich sowie für die mit der Straße unmittelbar im Zusammenhang stehenden Straßenbestandteile verantwortlich. Darüber hinaus obläge ihm die Sorge für die Nebenbetriebe. Diese sind zwar Bestandteil der Straße und weisen eine räumliche Verbindung zu Bundesfernstraßen auf. Dennoch dienen sie nicht unmittelbar dem Verkehr, verstanden als Überwindung einer räumlichen Distanz. Vielmehr verfolgen sie Hauptzwecke, die zwar mit dem Verkehr im Zusammenhang stehen, wie beispielsweise Sicherstellung der Benzinversorgung, Bereitstellung von Reparaturkapazitäten oder Versorgung der Verkehrsteilnehmer. Sie sind jedoch nicht Teil von Verkehrsvorgängen an sich.

Der Betrieb eines Bundesautobahnabschnittes unterscheidet sich wesentlich vom Betrieb eines Nebenbetriebes nach § 1 Abs. 4 Nr. 5 FStrG. Beide sind völlig unabhängig voneinander. Deshalb soll ihre Privatisierung auch voneinander getrennt vollzogen werden. Dagegen bleibt es dem Betreiber des Autobahnabschnittes unbenommen, sich auch für den Betrieb der staatlichen oder neu zu errichtenden Nebenbetriebe zu bewerben.

Bei einer Auseinandersetzung mit der Frage der Nebenbetriebe im Kontext von A-Modell-Projekten ist zudem § 6.2 MKV zu berücksichtigen.[429] § 6.2 MKV regelt, dass Nebenbetriebe nicht zur Konzessionsstrecke gehören. Er hat neben § 6.1 MKV keine konstitutive Bedeutung, sondern dient lediglich der Klarstellung. Zu diesem Ergebnis kommt man, wenn man berücksichtigt, dass ein Gegenstand, der positiv nicht als Bestandteil einer Sache definiert wurde, nicht (negativ) von ihr ausgeschlossen werden muss und kann. Eigenständige Bedeutung gewinnt § 6.2 MKV auch nicht durch Satz 2, nach dem neben dem Betrieb des Nebenbetriebes insbesondere auch Betriebsgrundstücke, zugeordnete Funktionsflächen und rückwärtige Anbindungen nicht Bestandteil der Konzessionsstrecke sind. Auch insoweit wirkt § 6.2 MKV nur klarstellend. Vorgenanntes fällt unter den Begriff des Nebenbetriebes. Der Betreiber des Nebenbetriebes erwirbt während der Betriebsdauer die vorgenannten Betriebsgrundstücke, zu

---

[429] § 6.2 MKV hat den Wortlaut „„Nebenbetriebe“ im Sinne von § 15 FStrG (§ 1 Abs. 4 Nr. 5 FStrG) gehören nicht zur Konzessionsstrecke. Dies umfasst die Nebenbetriebe einschließlich Betriebsgrundstücke, zugeordnete Funktionsflächen und rückwärtige Anbindungen. Ebenfalls nicht zur Konzessionsstrecke gehören Flächen in der Umgebung von Nebenbetrieben, soweit die Konzessionsnehmer gemäß § 15 FStrG Verkehrssicherung, Reinigung, Grünpflege und Winterdienst dieser sonstigen Flächen übernommen haben.“

denen auch Funktionsflächen zählen, beispielsweise Kurzzeitparkplätze, Mitarbeiterparkplätze, und Fahrbahnen, die nicht zur Verbindung der Nebenbetriebe mit der Bundesautobahn dienen, wie rückwärtige Anbindungen.[430]

2. Mauterhebungseinrichtungen gemäß § 1 Abs. 4 Nr. 3a FStrG als Vertragsgegenstand

§ 6.1 MKV bestimmt die Straßenbestandteile gemäß § 1 Abs. 4 Nr. 1-4 FStrG als Bestandteile der Konzessionsstrecke. Daher sind nach dem Wortlaut auch die Einrichtungen zur Erhebung der Maut und zur Kontrolle der Mautpflicht gemäß § 1 Abs. 4 Nr. 3a FStrG erfasst.[431]

§ 1 Abs. 4 Nr. 3a FStrG wurde erst mit Gesetz vom 05.04.2002 aufgenommen.[432] Im Gesetzentwurf der Bundesregierung fehlte eine entsprechende Bestimmung zur Änderung des FStrG.[433] Sie wurde erst auf Antrag der Länder Bayern und Baden-Württemberg[434] und nach Anrufung des Vermittlungsausschusses[435] auf dessen Beschlussempfehlung[436] hin aufgenommen.[437] Der Gesetzgeber billigt der Vorschrift systematisch lediglich klarstellende Bedeutung zu. Da die Mauterhebung nicht über den Widmungszweck der Bundesautobahn hinausgehe, seien die Mauterhebungseinrichtungen Straßenbestandteile.[438]

Die Einbeziehung der Mauterhebungseinrichtungen in die Bestandteile der Konzessionsstrecke bei A-Modell-Projekten wirft Fragen auf. Hierbei ist zwischen zwei Konstellationen zu differenzieren. Die Mauterhebung durch einen privaten Betreiber des Mauterhebungssystems ist von der Mauterhebung durch die öffentliche Hand abzugrenzen.

a) Mauterhebung durch einen Privaten als Betreiber des Mauterhebungssystems

Nach § 4 Abs. 2 ABMG ist die Übertragung von Errichtung und Betrieb des Mauterhebungssystems auf einen privaten Betreiber zulässig. Diese Konstellation wird in der Praxis vermutlich den Regelfall darstellen.

---

430 *Bauer*, in: Kodal/Krämer, Kapitel 41 Rn. 55.2; vgl. auch *Wiesinger/Maruske*, S. 82.
431 Vgl. zum Inhalt von § 1 Abs. 4 Nr. 3a FStrG *Wiesinger/Maruske*, S. 82 f.
432 Vgl. Fn. 424.
433 BT-Drs 14/7013.
434 BR-Drs 8/02.
435 BT-Drs 14/8189.
436 BT-Drs 14/8631.
437 In der Folge wurde Artikel 1 § 6 Abs. 1 des Gesetzentwurfes gestrichen. Dieser enthielt eine inhaltlich gleich lautende Regelung, die jedoch nicht in das FStrG aufgenommen werden sollte (BT-Drs 14/7013, S. 6). Der Antrag von Bayern und Baden-Württemberg zielte lediglich darauf ab, die Regelung in der systematisch richtigen Stelle, dem Katalog der Straßenbestandteile, aufzunehmen. Eine inhaltliche Änderung im Vergleich zum Gesetzentwurf war nicht beabsichtigt.
438 BT-Drs 14/7013, S. 13.

Von der Übertragung sind auch und gerade die Einrichtungen im Sinne des § 1 Abs. 4 Nr. 3a FStrG erfasst.[439] Bei Anwendung der Ermächtigungsgrundlage fielen sie in den Zuständigkeitsbereich des Betreibers des Mauterhebungssystems. In diesem Fall könnten sie nicht nach § 6.1 MKV i.V.m. § 1 MKV zur Erfüllung der dort genannten Aufgaben einem privaten A-Modell-Projekt-Betreiber übertragen werden.

Ferner ist ausgeschlossen, aus § 6.1 MKV die Schlussfolgerung zu ziehen, dass der Betreiber des Bundesautobahnabschnittes nach dem A-Modell Partei des Vertrages (Auftraggeber) sein sollte, durch den dem Betreiber des Mauterhebungssystems dessen Errichtung und Betrieb übertragen wird. Wie bereits gezeigt, sind der Betreiber des Bundesautobahnabschnittes und der Betreiber des Mauterhebungssystems regelmäßig personenverschieden.[440]

Demnach muss in dieser Konstellation § 1 Abs. 4 Nr. 3a FStrG aus § 6.1 MKV ausgenommen werden.[441] Das kann entweder umgesetzt werden, indem die Konzessionsstrecke nach § 6.1 MKV „alle Straßenbestandteile gemäß § 1 Abs. 4 Nr. 1-4 FStrG mit Ausnahmen von Nr. 3a“ umfasst oder indem eine strukturell dem derzeitigen § 6.2 MKV vergleichbare Bestimmung aufgenommen wird, die die Mauterhebungseinrichtungen aus dem grundsätzlich eröffneten Anwendungsbereich wieder ausnimmt. An dieser Stelle bedarf der Vertragstext der Korrektur.

b) Mauterhebung durch die öffentliche Hand

Dagegen ist die aktuelle Fassung von § 6.1 MKV unproblematisch, wenn die öffentliche Hand von der Ermächtigung in § 4 Abs. 2 ABMG keinen Gebrauch macht und die Errichtung und den Betrieb des Mauterhebungssystems selbst übernimmt. Aufgaben, die im Zusammenhang mit Bau, Erhaltung und Betrieb der Mauterhebungseinrichtungen könnten durch den Betreiber des Bundesautobahnabschnittes erfüllt werden.

3. Beurteilung anhand des Gutachtens zum Muster-Konzessionsvertrag

In diesem Zusammenhang fällt auf, dass sich die Ausführungen zu den Bestandteilen der Konzessionsstrecke in § 6.1 MKV und im Gutachten widersprechen. Nach dem Gutachten gehören nur die Straßenbestandteile aus § 1 Abs. 4 Nr. 1-

---

439 *Roth*, NVwZ 2003, 1056 (1058); *Uechtritz/Deutsch*, DVBl. 2003, 575 (580).

440 Vgl. S. 52.

441 Anders argumentiert *Bartlsperger*, dem zufolge bei privatisierten Mauterhebungseinrichtungen diese nur insoweit zu den Straßenbestandteilen gehören, als sie anlagenspezifisch unmittelbar mit den Bundesfernstraßen verbunden sind. *Bartlsperger*, S. 253. Dieser Ansicht kann im vorliegend zu beurteilenden Zusammenhang jedoch nicht uneingeschränkt gefolgt werden, da das aufgeworfene Problem für die Teile der Mauterhebungseinrichtungen, die nach *Bartlsperger* Bestandteile der Bundesfernstraßen verbleiben, bestehen bleibt.

3 FStrG zur Konzessionsstrecke.[442] Einrichtungen zur Mauterhebung nach § 1 Abs. 4 Nr. 3a FStrG sowie Nebenanlagen gemäß § 1 Abs. 4 Nr. 4 FStrG sind nicht genannt.

Legt man die Ausführungen des Gutachtens zugrunde und beschränkt die Gruppe der vertragsgegenständlichen Straßenbestandteile auf den Katalog aus § 1 Abs. 4 Nr. 1-3 FStrG, so wären die vorgestellten Probleme in Bezug auf die Mauterhebungseinrichtungen gelöst.

In diesem Fall sind jedoch auch Nebenanlagen nicht mehr Bestandteil der Konzessionsstrecke. In der derzeitigen Fassung werden Nebenanlagen doppelt genannt. Nach Satz 1 gehören sie uneingeschränkt zur Konzessionsstrecke, nach Satz 4 setzt die Zugehörigkeit voraus, dass Nebenanlagen in den Verdingungsunterlagen der Konzessionsstrecke zugeordnet werden.[443] Satz 1 ist neben Satz 4 im Hinblick auf die Nebenanlagen ohne eigenständigen Regelungsbereich.

Ein Vergleich der Regelungen des Muster-Konzessionsvertrages und der Ausführungen des Gutachtens zu den Nebenanlagen und den Mauterhebungseinrichtungen legt die Vermutung nahe, dass der Vertragsentwurf in § 6.1 S. 1 MKV fehlerhaft ist und vielmehr „§ 1 Abs. 4 Nr. 1-3 FStrG“ lauten sollte.

C. Vertragslaufzeit

Der Vertrag zwischen dem Betreiber des Bundesautobahnabschnittes und der öffentlichen Hand wird nicht auf unbestimmte Zeit geschlossen, sondern zeitlich begrenzt. In der Regel ist eine Vertragslaufzeit von 30 Jahren vorgesehen; § 7.1 MKV.

Als Laufzeitbeginn käme entweder die Fertigstellung des erweiterten Bundesautobahnabschnittes in Betracht oder aber der Beginn der Bauarbeiten. Vertraglich vorgesehen ist, dass die 30jährige Vertragsdauer mit Einrichtung der ersten Baustelle beginnt. Damit wird der Tatsache Rechnung getragen, dass der Ausbau der Strecke nur in Teilstücken erfolgen kann. Es ist ausgeschlossen, dass die gesamte Strecke gleichzeitig erweitert wird. Wollte man als Laufzeitbeginn die Fertigstellung der Bauarbeiten definieren, entstünde auch der Anspruch des Betreibers auf Weiterleitung des Mautaufkommens erst nach Abschluss der Ausbauarbeiten. Der Grund liegt darin, dass die Verpflichtung zur Weiterleitung der Autobahnmaut nur während der 30jährigen Vertragslaufzeit besteht.[444]

Eine Regelung, die den Beginn der Vertragslaufzeit auf die Fertigstellung der Bauarbeiten verschiebt, könnte die Realisierbarkeit von A-Modell-Projekten in

---

[442] Bundesministerium für Verkehr, Bau- und Wohnungswesen, Gutachten zum A-Modell, S. 67.

[443] Bundesministerium für Verkehr, Bau- und Wohnungswesen, Gutachten zum A-Modell, S. 68.

[444] Vgl. § 40.1 MKV „*Der Auftraggeber ist während des Konzessionszeitraumes verpflichtet, [...] die Mauteinnahmen weiterzuleiten [...].*“

Frage stellen. Der Betreiber wäre gezwungen, die Baumaßnahmen vollständig selbst vor zu finanzieren.

Nach Ablauf der Konzessionslaufzeit ist der Betreiber zur Rückgabe des Bundesautobahnabschnittes an die öffentliche Hand in einem vertraglich vereinbarten Zustand verpflichtet; § 37 MKV.

D. Art der Einbindung des Betreibers des Bundesautobahnabschnittes

Der Betreiber des Bundesautobahnabschnittes nach dem A-Modell ist für Bau, Erhaltung und Betrieb eines Abschnittes der Bundesautobahn zuständig. Aus dieser allgemein gehaltenen Aussage ergibt sich nicht, in welcher Art er in die Erfüllung dieser Aufgaben eingebunden ist.

I. Einbindungsarten - Übertragung einer Aufgabe oder Einbindung in ihre Erfüllung

Bevor die Frage beantwortet werden kann, ob die Einbindung des Betreibers des Bundesautobahnabschnittes ausreichend rechtlich legitimiert ist, muss ermittelt werden, um welche Art der Einbindung es sich überhaupt handelt. Entweder ist er als Träger der Aufgaben einzuordnen oder er wird lediglich in die Erfüllung der Aufgaben eingebunden.

Wird der Private als Aufgabenträger angesehen, ist damit gleichzeitig eine vollständige Aufgabenentledigung durch die öffentliche Hand verbunden.[445] Es handelt sich um eine materielle Privatisierung.[446]

Im Gegensatz dazu verbleibt in der zweiten Alternative die Verantwortung für die Erfüllung der Aufgaben bei der öffentlichen Hand. Wenngleich sie sich zur Erfüllung ihrer Aufgaben der Hilfe Privater bedient, ist sie weiterhin Träger der Aufgabe.[447] Damit sind alle Merkmale einer funktionalen Privatisierung erfüllt.[448] Im Außenverhältnis ist die Verantwortung für die Aufgabe weiterhin der öffentlichen Hand zugewiesen, während diese im Innenverhältnis die Ausführung der Aufgaben einem Privaten überträgt.

Die Bestimmung der Art der Einbindung des Betreibers ist von Bedeutung, da je nach Art die Anforderungen variieren, die an die Rechtsgrundlage der Einbindung gestellt werden.

II. Voraussetzung der Einbindung eines Privaten

Der nachfolgende Abschnitt stellt im Wesentlichen auf die Übertragung von Aufgaben ab. Dem Begriff Übertragung ist nur hier aus Gründen der Verständ-

---

445 *Kämmerer*; S. 375; *Krämer*, in: Kodal/Krämer, Kapitel 14 Rn. 9.
446 Zur materiellen Privatisierung vgl. Kapitel 2 A. I. 2. a) bb) .
447 *Nagel*, StrGBaWü, § 45 Rn. 9; *Sauthoff*, S. 510.
448 Zur funktionalen Privatisierung vgl. Kapitel 2 A. I. 2. a) dd) .

lichkeit ein umfassendes Verständnis zugrunde zu legen. Er umfasst beide Arten der Einbindung Privater, die Übertragung einer Aufgabe und die Einbindung in ihre Erfüllung. Sofern es explizit auf eine Art der Einbindung ankommt, wird dies besonders gekennzeichnet.

Für die Frage, ob Aufgaben einer Übertragung durch den Staat überhaupt zugänglich sind, sind verschiedene Gesichtspunkte maßgeblich. Auf Grundlage der Annahme, dass Rechtssubjekte nur zur Übertragung eigener Aufgaben befugt sind,[449] ist zu differenzieren, ob der Staat die Aufgaben übertragen kann und ob der Staat die Aufgaben übertragen darf. Während sich die erste Frage mit der Möglichkeit der Übertragung beschäftigt, befasst sich die zweite Frage mit der Zulässigkeit der Übertragung.

Zunächst zur Übertragungsmöglichkeit: Nach dem hier zugrunde liegenden Verständnis können Aufgaben nur übertragen werden, wenn sie dem übertragenden Rechtssubjekt zustehen und das übernehmende Rechtssubjekt nicht ohne weiteres befugt ist, die Aufgaben zu erfüllen. Das bedeutet, dass der Staat die Aufgaben nur übertragen kann, wenn ihre Erfüllung durch einen Privaten ein vorhergehendes legitimierendes staatliches Handeln voraussetzt. In diesem Fall spricht man von Staatsaufgaben.

Wenn auf der zweiten Stufe nach der Zulässigkeit der Aufgabenübertragung zu fragen ist, setzt dies notwendigerweise voraus, dass sie als Staatsaufgaben einzuordnen sind. Nur wenn Aufgaben übertragen werden müssen, damit sie von einem Privaten erfüllt werden können, stellt sich die Frage, ob sie übertragen werden dürfen.

Die zweite Stufe ist nur unter zwei Voraussetzungen überhaupt zu berücksichtigen. In diesen Fällen steht sie der Aufgabenübertragung entgegen. Die Übertragung von Aufgaben ist ausgeschlossen, wenn sie als ausschließliche Staatsaufgaben einzuordnen sind und der Staat beabsichtigt, sich der Aufgaben vollständig[450] zu entledigen. Das folgt daraus, dass sich der Staat ausschließlicher Staatsaufgaben nicht vollständig entledigen darf.

Andernfalls steht die Frage nach der Zulässigkeit der Einbindung eines Privaten nicht entgegen. Handelt es sich nicht um eine ausschließliche Staatsaufgabe, kann der Staat entweder einen Privaten in die Aufgabenerfüllung einbinden oder sich sogar der Aufgabe zugunsten eines Privaten vollständig entledigen. Liegt eine ausschließliche Staatsaufgabe vor, ist es wie gezeigt zwar ausgeschlossen, dass sich der Staat der Aufgaben vollständig entledigt. Zulässig bleibt dagegen die Einbindung des Privaten in die Erfüllung der Aufgaben.

---

[449] *Weiss*, S. 53; So im Zusammenhang mit der Beleihung, einer Form der Aufgabenübertragung, *Vogel*, S. 61; *Weisel*, S. 61.

[450] Um eine vollständige Entledigung handelt es sich bei einer materiellen Privatisierung. Vgl. Kapitel 2 A. I. 2. a) bb) .

Nachfolgend soll herausgearbeitet werden, welche Aufgaben erst nach einer Übertragung durch den Staat von Privaten wahrgenommen werden können und wann eine Übertragung von Aufgaben ausgeschlossen ist, die dem Staat obliegen. Im Anschluss an diese abstrakten Überlegungen ist zu überprüfen, wie der Straßenverkehrsbereich einzuordnen ist.

Im Vorgriff auf die nachstehenden Darstellungen sei darauf hingewiesen, dass in Literatur und Rechtsprechung kein einheitliches Verständnis der verwendeten Begriffe existiert. Insbesondere werden Öffentliche Aufgaben und Staatsaufgaben nicht einheitlich voneinander abgegrenzt.[451] Es ist jedoch nicht Ziel dieser Arbeit, die bestehenden Unklarheiten aufzuarbeiten und neue Definitionen zu finden oder zu systematisieren. Vielmehr soll für die Zwecke der Arbeit das nachfolgend dargestellte Verständnis zugrunde gelegt werden.

1. Möglichkeit der Aufgabenübertragung

Zunächst stellt sich die Frage, ob der Staat vor der Wahrnehmung von Aufgaben durch außenstehende Private überhaupt aktiv werden muss, oder ob diese ohne weiteres durch Privatrechtssubjekte erfüllt werden können.

Unabdingbare Voraussetzung jeder Aufgabenübertragung ist es, dass dem Übertragenden die betreffende Aufgabe überhaupt obliegt (Inhaberschaft).[452] Andernfalls ist ausgeschlossen, dass sie durch ihn auf einen Dritten übertragen werden kann. Grundsätzlich muss der Übertragende nicht einziges, zumindest aber auch Zuordnungssubjekt der Aufgabe sein. Teilt er sich die zugeordnete Aufgabe, kommt als Übertragungsempfänger nur in Betracht, wer von allen Zuordnungssubjekten abweicht.[453]

Für eine Bestimmung der übertragbaren Aufgaben ist der Begriff der öffentlichen Aufgabe ungeeignet. Öffentliche Aufgaben sind ausschließlich dadurch gekennzeichnet, dass ihre Erfüllung im Interesse der Allgemeinheit liegt.[454] Die Abgrenzung erfolgt ausschließlich bezogen auf den Zweck, den diese Aufgaben verfolgen, nicht auf das Zuordnungssubjekt. Die Abgrenzung öffentlicher Aufgaben erfolgt nicht anhand ihrer Staatsbezogenheit. Sie dienen der Befriedigung der Interessen der Allgemeinheit.[455] Auch wenn an ihrer Erfüllung ein öffentliches Interesse besteht, können sie grundsätzlich in gleicher Rechtsform, Qualität

[451] BVerfG, Urteil vom 24.06.1958, E 8, 51 (Leitsatz 1, S. 63); BVerfG, Beschluss vom 05.05.1964, E 17, 371 (376 f.); BVerfG, Beschluss vom 02.05.1967, E 21, 362 (369 f.). Hierzu *Krautzberger*, S. 97 f. Beispielhaft auch Bundesregierung, Moderner Staat – Moderne Verwaltung, S. 1 f.; *Roth*, NVwZ 2003, 1056 (1057).

[452] *Weiss*, S. 53. Bezogen auf die Beleihung *Vogel*, S. 61; *Weisel*, S. 61.

[453] *Backherms*, S. 11.

[454] *Gramm*, S. 56; *Häberle*, S. 214; *v. Heimburg*, S. 13; *Klein*, DÖV 1965, 755 (759); *Krautzberger*, S. 106; *Michaelis*, S. 27; *Peters*, in: Festschrift Nipperdey, S. 877 (878).

[455] *Weisel* äußert sich kritisch zur Anknüpfung an das „öffentliche Interesse", den Gemeinwohlbezug. Er ist der Ansicht, die Existenz eines gleichgerichteten und auf Dauer gleich bleibenden Interesses aller Staatsbürger sei ausgeschlossen. *Weisel*, S. 59 f.

und Quantität vom Staat und von Privatrechtssubjekten wahrgenommen werden.[456] Zuordnungssubjekt öffentlicher Aufgaben ist ohne Einschränkung jedes Rechtssubjekt.[457] Die Übertragung öffentlicher Aufgaben auf Private durch den Staat ist ausgeschlossen, da der Staat weder notwendiges Zuordnungssubjekt öffentlicher Aufgaben ist, noch einer Erfüllung durch Private etwas entgegensteht.

Von den öffentlichen Aufgaben sind die so genannten Staatsaufgaben zu unterscheiden.[458] Ausweislich der herrschenden Meinung in Literatur und Rechsprechung sind Staatsaufgaben eine Teilmenge der öffentlichen Aufgaben.[459] Diese Ansicht ist auch anhand der Definition der Staatsaufgaben zu begründen. Im Unterschied zu den öffentlichen Aufgaben erfolgt die Abgrenzung der staatlichen Aufgaben anhand ihres Zuordnungssubjektes. Dem herrschenden Verständnis zufolge sind Staatsaufgaben Aufgaben, deren Erfüllung im öffentlichen Interesse liegt und die der Staat nach der geltenden Verfassungsordnung zulässigerweise für sich in Anspruch nimmt.[460] Einziges Zuordnungssubjekt einer Staatsaufgabe ist der Staat. Sofern eine Aufgabe als Staatsaufgabe einzuordnen ist, ist ausgeschlossen, dass sie selbständig durch Private erfüllt werden kann.[461] Wenngleich in Teilen der Literatur Staatsaufgaben nur als Aufgaben, die der Staat „zulässigerweise an sich zieht" definiert werden und nicht ausgehend von

---

[456] *Gramm*, S. 57 (Fn. 197); *Leisner*, S. 23.

[457] *Peters*, in: Festschrift Nipperdey, S. 877 (878); *Weisel*, S. 59.

[458] Das Bundesverfassungsgericht differenziert in einigen älteren Entscheidungen nicht konsequent zwischen öffentlichen Aufgaben und Staatsaufgaben. Vgl. BVerfG, Urteil vom 24.06.1958, E 8, 51 (Leitsatz 1, S. 63); BVerfG, Urteil vom 28.02.1961, E 12, 205 (243); BVerfG, Beschluss vom 05.05.1964, E 17, 371 (376 f.); BVerfG, Beschluss vom 02.05.1967, E 21, 362 (369 f.); BVerfG, Beschluss vom 14.01.1976, E 41, 205 (217); BVerfG, Beschluss vom 25.03.1980, E 53, 366 (401). Hierzu *v. Heimburg*, S. 157; *Krautzberger*, S. 97.

[459] BVerfG, Urteil vom 28.02.1961, E 12, 205 (243); *Benz*, S. 36 f.; *Burgi*, S. 42; *Weisel*, S. 61. Das Verhältnis beider Kategorien war lange umstritten. Neben der Einordnung öffentlicher Aufgaben als Vorstufe der Staatsaufgaben, gleichbedeutend mit der Aussage, letztere bildeten eine Teilmenge der öffentlichen Aufgaben, vertraten einige Stimmen die Identität, andere ein voneinander unabhängiges Nebeneinander beider Kategorien. Beispielsweise *Burgi*, S. 42 m.w.N.; *Grabbe*, S. 35; *v. Heimburg*, S. 15; *Peters*, in: Festschrift für Nipperdey, S. 877 (879). Zusammenfassend *Stuible-Treder*, S. 24.

[460] *Bull*, S. 105 f.; *Burgi*, S. 45; *Osterloh*, VVDStRL 54 (1995), 204 (207). Eine Übersicht über das Schrifttum gibt *Ossenbühl*, VVDStRL 29 (1971), 137 (153 f.). Während das Bundesverfassungsgericht zunächst eine rein „formale Befassungstheorie" vertrat, z.B. BVerfG, Urteil vom 28.02.1961, E 12, 205 (206, 243), führte es in späteren Entscheidungen wie die Literatur das Korrektiv der „zulässigerweise" an sich gezogenen Aufgaben ein, z.B. BVerfG, Urteil vom 20.07.1954, E 4, 7 (7, 8 (Leitsatz 6), 17 ff.); BVerfG, Urteil vom 29.07.1959, E 10, 89 (102 ff.); BVerfG, Beschluss vom 14.01.1976, E 41, 205 (217); BVerfG, Beschluss vom 25.03.1980, E 53, 366 (400 ff.); *v. Heimburg*, S. 15 f.; *Krautzberger*, S. 99.

[461] *Di Fabio*, JZ 1999, 585 (586).

der Gruppe der öffentlichen Aufgaben,[462] folgt daraus keine Veränderung, da in einem demokratischen Staat die Annahme getroffen wird, dass Staatsaufgaben stets im öffentlichen Interesse wahrgenommen werden.[463] Folglich handelt es sich immer um eine öffentliche Aufgabe, die der Staat durch einen Kompetenzentscheid an sich zieht (Kompetenz-Kompetenz des Staates).[464] Impliziert ist hierbei die Annahme, dass der Staat das Recht hat, sich selbst zum Träger der Aufgabe zu erklären.

Zwingende Kriterien, wann eine öffentliche Aufgabe in eine Staatsaufgabe umzuwandeln ist, existieren nicht. Auch gibt es keinen abschließenden Katalog von Staatsaufgaben.[465] Beides hat zur Folge, dass die Gruppe der Staatsaufgaben eine veränderliche Größe bildet, die sich im Rahmen des Zulässigen dem jeweiligen gesellschaftlichen und/oder politischen Umfeld anpasst.[466] Maßgeblich für den staatlichen Entscheid ist insbesondere der Stellenwert, den die Allgemeinheit der Erfüllung eben dieser Aufgabe beimisst. Dieser richtet sich nach der Intensität des öffentlichen Interesses sowie nach der rein faktischen Möglichkeit der Wahrnehmung durch Private.[467] Je mehr Hindernisse Private bei der Erfüllung von Aufgaben zu überwinden haben, desto wahrscheinlicher ist ihre Einordnung als Staatsaufgaben.

Dennoch kann der Staat den Bereich der Staatsaufgaben nicht unbeschränkt ausdehnen und dadurch mittelbar Private in dem ihnen verfügbaren Bereich beschneiden, der der Wahrnehmung von Aufgaben durch sie offen steht. Grenze der staatlichen Entscheidungskompetenz ist die Verfassung. Nur im Rahmen der verfassungsrechtlichen Ordnung ist der Staat befugt, eine öffentliche Aufgabe in eine Staatsaufgabe umzuwandeln.[468]

---

[462] *Ossenbühl*, VVDStRL 29 (1971), 137 (153); *Osterloh*, VVDStRL 54 (1995), 204 (207); *Weisel*, S. 60.

[463] *Weisel*, S. 60 f.

[464] BVerfG, Urteil vom 28.02.1961, E 12, 205 (243); BVerfG, Beschluss vom 14.01.1976, E 41, 205 (217); BVerfG, Beschluss vom 25.03.1980, E 53, 366 (400 ff.); *Burgi*, S. 50; *Gramm*, S. 47 f.; *Herzog*, S. 147 f.; *Isensee*, in: Isensee/Kirchhof, HStR III, § 57 Rn. 156 ff.; *Weisel*, S. 60.

[465] *Bull*, S. 369; *Gramm*, S. 33; *Ossenbühl*, VVDStRL 29 (1971), 137 (153); *Weisel*, S. 60. Insbesondere enthielt das Grundgesetz keinen abschließenden Katalog der Staatsaufgaben. Diese sind nur am Rande erwähnt, zumeist im Zusammenhang mit Kompetenzzuweisungen im Bundesstaat. Das Grundgesetz gebraucht den Begriff in Art. 24 Abs. 1a, 30, 33 Abs. 4, 87 Abs. 3 S. 2, 87 e Abs. 1 S. 2, 87 f Abs. 2 S. 2, 91 a Abs. 1, 104 a Abs. 1 GG.

[466] *Bull*, NVwZ 1989, 801 (805); *Ossenbühl*, VVDStRL 29 (1971), 137 (153 f.); *Weisel*, S. 60.

[467] *Stuible-Treder*, S. 16. Umfassend zu Gründen der Verstaatlichung von Aufgaben *Peters*, in: Festschrift Nipperdey, S. 877 (880 f., 892).

[468] *Leisner*, S. 16; *Schulze-Fielitz*, in: Grimm, S. 30; *Stuible-Treder*, S. 25, 31; anders *Herzog*, der dem Staat „in allen denkbaren Bereichen“ das Recht zubilligen will, seine Aufgaben selbst zu bestimmen. *Herzog*, S. 147.

In der Praxis bleibt die Abgrenzung der Staatsaufgaben von den öffentlichen Aufgaben problematisch. Aufgabenbereiche insgesamt als öffentliche oder Staatsaufgaben einzuordnen, ist aufgrund des regelmäßig unterschiedlichen Charakters der zu beurteilenden Teilaufgaben ausgeschlossen. Beispielsweise ist im Bereich der öffentlichen Schulen neben der Gewährleistung der Lehre beispielsweise auch für Reinigung und Instandhaltung der Schulgebäude Sorge zu tragen. Während erstgenanntes ohne Zweifel eine Staatsaufgabe darstellt, besteht an Reinigung und Instandhaltung zwar ein öffentliches Interesse. Mangels Kompetenzentscheid des Staates, die Aufgabe an sich zu ziehen, handelt es sich trotzdem lediglich um eine öffentliche Aufgabe. Wollte man den Aufgabenbereich öffentliche Schulen insgesamt den Staats- oder öffentlichen Aufgaben zuordnen, wären einzelne Teilaufgaben umzuqualifizieren. Das ist in beide Richtungen problematisch.[469] Um dem zu begegnen, muss zur Einordnung auf Teilaufgaben zurückgegriffen werden.[470]

2. Zulässigkeit der Aufgabenübertragung

Während es bisher zu beantworten galt, welche Aufgaben der Staat zulässigerweise zur Ausführung an sich ziehen darf, bleibt in einem zweiten Schritt zu klären, ob und wenn ja in welchem Umfang sich der Staat übernommener Aufgaben wieder entledigen darf. Dieses Phänomen wird auch als „Rückzug“ aus den Staatsaufgaben bezeichnet.[471]

Grundsätzlich kann sich der Staat der von ihm übernommenen Staatsaufgaben auch vollumfänglich wieder entledigen. Er kann über sie beliebig verfügen und ist nicht verpflichtet, sie selbst zu erfüllen oder für ihre Erfüllung einzustehen. Der Begriff Staatsaufgabe selbst impliziert kein dahingehendes Verbot.

Dennoch ist die Existenz so genannter ausschließlicher Staatsaufgaben[472] allgemein anerkannt.[473] Ausschließlicher Staatsaufgaben kann sich der Staat nicht vollständig entledigen. Eine materielle Privatisierung[474] ist in diesem Bereich

---

[469] Beispielhaft *Isensee*, in: Isensee/Kirchhof, HStR III, § 57 Rn. 138.

[470] So im Ergebnis *Isensee*, in: Isensee/Kirchhof, HStR III, § 57 Rn. 138.

[471] Cappenberger Gespräch, (passim); *Donges/Engels/Hamm/Möschel/Neumann/Siebert*, Kronberger Kreis, Tz. 5; *Dreier*, DÖV 2002, 537 (541); *Ehlers*, S. 38; *Gramm*, S. 23; *Schuppert*, in: Wallasch, S. 33, 43. Ein weites Verständnis zugrunde legend *Sontheimer*, in: Wallasch, S. 24.

[472] Literatur und Rechtsprechung divergieren in den Bezeichnungen. Neben dem Begriff der notwendigen Staatsaufgaben werden diese auch als unverzichtbare, privatisierungsfeste, originäre, genuine oder obligatorische Staatsaufgaben bezeichnet, bzw. als Kernaufgaben. Siehe *Bull*, S. 99 f.; *Gramm*, S. 24, 32 f.

[473] Für viele *Gallwas*, VVDStRL 29 (1971), 211 (226 f.); *Hengstschläger*, VVDStRL 54 (1995), 165 (174); Eine Übersicht des Schrifttums enthält *Gramm*, S. 32 f.

[474] Zum Begriff der materiellen Privatisierung vgl. Kapitel 2 A. I. 2. a) bb) .

unzulässig. Dagegen bleibt die Einbeziehung Privater im Rahmen der Aufgabenerfüllung auch bei ausschließlichen Staatsaufgaben grundsätzlich zulässig.[475]

Es gibt kaum Aufgaben, die der Staat unter Ausschluss jeglicher privater Mitwirkung erfüllen muss. Ist das anzunehmen, liegt ein Fall so genannter „exklusiver Wahrnehmungszuständigkeit“ vor.[476]

Die Möglichkeit, dass es Aufgaben gibt, die der Staat ohne jede Art der Einbindung eines Privaten erfüllen muss, führt dazu, dass auch innerhalb der Gruppe der ausschließlichen Staatsaufgaben nochmals differenziert werden muss. Ausschließliche Staatsaufgaben, bei denen sich der Staat der Hilfe Privater im Rahmen ihrer Erfüllung bedienen kann, sind von denjenigen abzugrenzen, die vollständig durch den Staat selbst wahrgenommen werden müssen.

Zur Gruppe der ausschließlichen Staatsaufgaben, von deren Erfüllung Private ausgeschlossen sind, sind Aufgaben zu zählen, deren Erfüllung für den Staat an sich wesentlich ist und von denen die Staatlichkeit eines Gebildes abhängt.[477] Dazu gehören unbestritten, insbesondere die militärische Landesverteidigung, die polizeiliche Gefahrenabwehr, Ordnungswesen, Besteuerung, Währungshoheit, Gesetzgebung sowie Rechtsprechung.[478]

Neben den wesensnotwendigen Staatsaufgaben existiert eine weitere Kategorie, die sich aus der Verfassung herleiten lässt.[479] Genau wie die Verstaatlichung von Aufgaben sind Privatisierungsmaßnahmen in ihrer Zulässigkeit durch die Verfassung begrenzt.

Zwar kennt das Grundgesetz keinen allgemeinen Privatisierungsvorbehalt. Daraus folgt, dass Privatisierungsmaßnahmen auch ohne entsprechende gesetzliche Grundlage zulässig sind. Das Regel-Ausnahme-Prinzip ist umgekehrt ausgestaltet. Privatisierungen sind zulässig, sofern das Grundgesetz kein entsprechendes Verbot enthält.[480] Schreibt also das Grundgesetz die Erfüllung einzelner Staatsaufgaben verbindlich vor, werden sie dadurch in den Rang notwendiger Staatsaufgaben erhoben. Diese werden auch als Verfassungsaufgaben bezeichnet.[481]

---

475 *Bull*, S. 100; *Burgi*, S. 61; *Gallwas*, VVDStRL 29 (1971), 211 (226 f.); *Gramm*, S. 35 f.

476 *Gallwas*, VVDStRL 29 (1971), 211 (226).

477 *Ehlers*, S. 87; *Isensee*, in: Isensee/Kirchhof, HStR III, § 57 Rn. 139.

478 Aufzählungen finden sich bei *Hengstschläger*, VVDStRL 54 (1995), 165 (174); *Isensee*, in: Isensee/Kirchhof, HStR III, § 57 Rn. 139; *Lecheler*, ZBR 1980, 69 (69); *Peters*, in: Festschrift Nipperdey, S. 877 (892).

479 *Schulze-Fielitz* geht so weit, dass er sagt „Staatsaufgaben seien stets [...] auf Grundsatzaussagen der Verfassung zurückführbar“. *Schulze-Fielitz*, in: Grimm, S. 16.

480 *Bauer*, VVDStRL 54 (1995), 243 (263 ff.); *Gramm*, S. 59; *Ossenbühl*, VVDStRL 29 (1971), 137 (163).

481 BVerfG, Beschluss vom 11.03.1997, E 95, 250 (265); *Gramm*, S. 60; *Lecheler*, BayVBl. 1994, 555 (557 f.).

In der Folge sind von Verfassung wegen als privatisierungsfest anzusehende Staatsaufgaben der materiellen Privatisierung nicht zugänglich. Einfachgesetzliche Veränderungen dieser Zuweisungen sind ausgeschlossen. Privatisierungsbeschränkungen, die aus der Einordnung der Aufgabe als Verfassungsaufgabe resultieren, können allein im Wege einer Grundgesetzänderung, in deren Folge Privatisierungsverbote aus dem Verfassungstext entfernt werden, aufgehoben werden.

Dagegen können wesensnotwendige Staatsaufgaben nicht im Wege der Verfassungsänderung einer Privatisierung zugänglich gemacht werden. Dem steht entgegen, dass sie ja gerade das Wesen des Staates ausmachen und von ihm notwendigerweise selbst ausgeführt werden müssen. Andernfalls stellte sich der Staat selbst in Frage.[482]

Grundsätzlich liegt der Zuweisung einer Staatsaufgabe zum Kreis der privatisierungsfesten Staatsaufgaben folgendes Abhängigkeitsverhältnis zugrunde: Je weiter eine Privatisierungsmaßnahme in staatliche Kernbereiche eingreift, desto weniger ist sie zulässig.[483]

III. Einordnung des Straßenverkehrsbereiches

Der vorhergehende Abschnitt beschäftigte sich mit der Frage, wann der Staat Private in die Erfüllung von Aufgaben, für die er zuständig ist, einbinden kann und unter welchen Voraussetzungen die Einbindung ausgeschlossen ist. Die Arbeit beschränkte sich bislang auf allgemeine Darstellungen. Eine Einordnung von Aufgaben im Einzelfall erfolgte nicht. Nachdem Übertragungsmöglichkeit sowie Zulässigkeit der Übertragung von Aufgaben auf abstrakter Ebene dargestellt wurden, soll nunmehr der Straßenverkehrsbereich im Mittelpunkt stehen. Entscheidend ist die Einordnung von Bau, Erhaltung und Betrieb der Bundesautobahnen, da der Betreiber des Bundesautobahnabschnittes nach dem A-Modell diese Aufgaben ausführen soll.

In Teilen der Literatur ist die Aussage anzutreffen, der Bereich des Verkehrswesens sei als staatliche Aufgabe einzuordnen.[484] Dies ist in dieser Allgemeinheit unzutreffend. Es wird insbesondere nicht berücksichtigt, dass das Verkehrswesen einer Differenzierung zugänglich ist, die im Rahmen der Qualifizierung als Staatsaufgaben auch vorgenommen werden muss.

Grundsätzlich muss im Verkehrswesen zwischen der Verkehrsinfrastruktur und dem Verkehrsbetrieb unterschieden werden.[485] Unter dem Verkehrsbetrieb ver-

---

[482] *Ehlers*, S. 87 f.; *Ronellenfitsch*, NVwZ 1998, 1021 (1023).

[483] *Gramm*, S. 34; beispielsweise *Vitzthum*, AöR 104 (1979), 580 (593).

[484] *Bull*, S. 241; *Burgi*, S. 104; *Gramm*, S. 40; *Herzog*, in Isensee/Kirchhof, HStR III, § 58 Rn. 34; *Weiss*, S. 239.

[485] Die begriffliche Trennung wurde eingeführt durch die Richtlinie 91/440/EWG des Rates zur Entwicklung der Eisenbahnunternehmen der Gemeinschaft vom 29.07.1991, ABlEG L 237 vom 24.08.1991, S. 25 und vertieft durch Richtlinie 2001/12/EG des Europäischen

steht man das Erbringen von Dienstleistungen durch Transportunternehmen, also den Verkehr selbst. Dagegen subsumiert man unter den Begriff der Verkehrsinfrastruktur alle Maßnahmen, die der Errichtung, Unterhaltung und dem Betrieb des Verkehrsnetzes dienen.[486] Folglich setzt der Verkehrsbetrieb eine bestehende Verkehrsinfrastruktur voraus.

Für die Arbeit ist ausschließlich die Verkehrsinfrastruktur von Interesse. Inhalt des A-Modells sind Bau, Erhaltung und Betrieb (sowie Finanzierung) eines Abschnittes der Bundesautobahn. Es beschränkt sich auf Maßnahmen im Zusammenhang mit der Bereitstellung von Straßen, also auf den Bereich der Verkehrsinfrastruktur. Auf die Nutzung der bereitzustellenden Straßen zielt es dagegen nicht ab.

1. Straßenbaulast als Inhalt der Sorge für die Straßenverkehrsinfrastruktur

Der Betreiber des Bundesautobahnabschnittes ist verantwortlich für Bau, Betrieb, Erhaltung und Finanzierung des Abschnittes der Bundesautobahn. Diese Aufgaben gehören wie gezeigt, dem Bereich der Sorge für die Verkehrsinfrastruktur an und werden auch unter dem Begriff der Straßenbaulast zusammengefasst.[487]

Die Straßenbaulast umfasst alle Aufgaben, die mit dem Bau und der Unterhaltung der Bundesfernstraßen zusammenhängen; § 3 Abs. 1 S. 1 FStrG. Nach allgemeiner Ansicht ist der Begriff nicht eng auszulegen. Er beinhaltet neben den baulichen Maßnahmen auch nichtbauliche Aufgaben insbesondere finanzieller Natur.[488] Zu den baulichen Maßnahmen gehören insbesondere Bau, Unterhaltung, Erweiterung und sonstige Verbesserung der Straßen.

Aufgrund der Tatsache, dass die Straßenbaulast ein Rechtsinstitut der öffentlichen Straßen darstellt,[489] kann sie ausschließlich an öffentlichen Straßen entstehen. Ausgenommen sind Privatstraßen, hinsichtlich derer keine Straßenbaulast im Sinn des Straßenrechts besteht.

Da Bau, Betrieb, Erhaltung und Finanzierung der Bundesautobahnen Aufgaben der Straßenbaulast sind, muss nachfolgend geprüft werden, ob die Straßenbaulast eine (ausschließliche) Staatsaufgabe darstellt.

Parlaments und des Rates vom 26.02.2001, ABlEG L 75 vom 15.03.2001, S. 1.

486 *Weiss*, S. 240.

487 *Burgi*, S. 104; *Lorenz*, StrGBaWü, § 9 Rn. 20 ff.; *Marschall*, in: Marschall/Schroeter/Kastner, FStrG, § 3 Rn. 4 ff.; *Sauthoff*, S. 513 f.

488 *Krämer*, in: Kodal/Krämer, Kapitel 12 Rn. 10.

489 *Lorenz*, StrGBaWü, § 9 Rn. 2; *Rinke*, in: Kodal/Krämer, Kapitel 12 Rn. 1; *Sauthoff*, S. 487; *Zeitler*, in: Bartlsperger/Blüml/Schroeter, S. 475 (475).

2. Staatsaufgabe Straßenbaulast?

Die Straßenbaulast kann nur dann Gegenstand der Konzessionsverträge sein, die A-Modell-Projekten zugrunde liegen, wenn sie als Staatsaufgaben zu qualifizieren ist. Nur als Staatsaufgabe ist sie der öffentlichen Hand in einer Form zugewiesen, die es erlaubt, dass der Staat Private in die Erfüllung der Aufgaben einbindet. Das ist sowohl Voraussetzung für eine Aufgabenübertragung als auch Voraussetzung der Einbindung eines Privaten in die Aufgabenerfüllung.[490]

In Übereinstimmung mit der herrschenden Meinung und dem Begriffsverständnis, das dieser Arbeit zugrunde liegt, ist die Straßenbaulast als Staatsaufgabe einzuordnen.[491] Der Straßenbaulast gehören Aufgaben an, deren Erfüllung im Interesse der Allgemeinheit liegt[492] und die der Staat zur Erfüllung an sich gezogen hat. In diesem Sinn sind auch Ansichten zu werten, nach denen die „Sorge für die Infrastruktur"[493] bzw. für den „Verkehrsbereich"[494] als Staatsaufgabe zu qualifizieren ist.[495]

Dieser Einordnung liegen verschiedene Gesichtspunkte zugrunde. Sie sollen nachfolgend dargestellt werden.

a) Staatsaufgabe aufgrund der Regelung der Gesetzgebungskompetenz?

Auf die Zuweisung der konkurrierenden Gesetzgebungskompetenz für *„den Bau und die Unterhaltung von Landstraßen für den Fernverkehr"* in Art. 74 Abs. 1 Nr. 22 GG lässt sich die Qualität als Staatsaufgabe nicht zurückführen.

Gesetzgebungskompetenzen haben nach herrschender Ansicht grundsätzlich keinerlei aufgabenrechtlichen Gehalt. Der Begriff des aufgabenrechtlichen Gehaltes soll als Tätigkeits-, Einstands- und Gewährleistungspflicht verstanden werden.[496]

---

490 Dazu ausführlich Kapitel 3 D. II.

491 *Bull*, S. 241 (*Bull* differenziert nicht zwischen Verkehrsinfrastruktur und Verkehrsbetrieb, ordnet aber im Ergebnis den Bereich der Verkehrsinfrastruktur als Staatsaufgabe ein.); *Weiss*, S. 239. Im Ergebnis auch *Isensee*, in Isensee/Kirchhof, HStR III, § 57 Rn. 149 (Fn. 265); *Leisner*, S. 24. a.A. BGH, Urteil vom 01.06.1970, BGHZ 54, 165 (168).

492 BGH, Urteil vom 20.03.1967, DÖV 1967, 387 (388); BGH, Urteil vom 05.07.1990, BGHZ 112, 74 (84); *Herber*, in: Kodal/Krämer, Kapitel 12 Rn. 5; *Kämmerer*, S. 376; *Marschall*, in: Marschall/Schroeter/Kastner, FStrG, § 3 Rn. 3; *Sauthoff*, NVwZ 1998, 239 (254); *Steiner*, in: Steiner, BesVwR, S. 790.

493 *Burgi*, S. 104.

494 *Bull*, S. 241; *Gramm*, S. 40, 148 f.; *Herzog*, in Isensee/Kirchhof, HStR III, § 58 Rn. 34; *Weiss*, S. 239.

495 Vgl. Kapitel 3 D. III.

496 a.A. BVerfG, dem zufolge Gesetzgebungsbefugnisse des Bundes teilweise mit materiellrechtlichem Gehalt versehen sind: Zur Ableitung von Aufgaben aus Gesetzgebungskompetenzen beispielsweise BVerfG, Beschluss vom 22.05.1962, E 14, 105 (111); BVerfG, Beschluss vom 14.01.1976, E 41, 205 (218 f.); BVerfG, Urteil vom 19.10.1982, E 61, 149

Art. 74 Abs. 1 Nr. 22 GG regelt die Frage der Gesetzgebungszuständigkeit. Die Vorschrift enthält keine Aussagen darüber, durch wen und in welcher Form Aufgaben erfüllt werden müssen, die in diesem Bereich anfallen. Gegen die Annahme eines aufgabenrechtlichen Gehaltes von Gesetzgebungskompetenzen lässt sich insbesondere anführen, dass dem Staat die Gesetzgebungskompetenz auch in Bereichen zusteht, die rein privater Initiative vorbehalten sind[497].

b) Staatsaufgabe aufgrund von Grundrechten

Unterdessen lassen sich aus anderen grundgesetzlichen Vorschriften Aussagen über die Aufgabenqualität ableiten. Im Betracht kommen insbesondere die Grundrechte. Art. 11 GG (Freizügigkeit) enthält beispielsweise die staatliche Aufgabe der Überwachung, Planung und Koordination der Errichtung von Verkehrsinfrastruktureinrichtungen. Es wird eine Gewährleistungsverantwortung des Staates begründet, die ihn verpflichtet, für einen gewissen Bestand an Infrastruktureinrichtungen Sorge zu tragen.[498] Er ist nicht befugt, den Infrastrukturbereich insgesamt und damit auch die Straßenverkehrsinfrastruktur rein privater Initiative zu überlassen.

c) Staatsaufgabe aufgrund von Verwaltungskompetenzen

Im Unterschied zu den Gesetzgebungskompetenzen k önnen grundgesetzliche Bestimmungen zu Verwaltungskompetenzen durchaus einen aufgabenrechtlichen Gehalt aufweisen. Aus Art. 87 a ff. GG lassen sich Aussagen ableiten, ob die behandelten Materien als staatliche Aufgaben einzuordnen sind.[499] Entscheidend ist, ob sie über das ihnen notwendig innewohnende „dürfen" auch eine Pflicht zur Wahrnehmung der Kompetenz beinhalten.[500]

Wie bereits gezeigt, sind Bundesautobahnen Gegenstand des Art. 90 GG, der zu den Vorschriften über die Ausführung der Bundesgesetze und die Bundesverwaltung gehört. Art. 90 GG regelt neben dem Eigentum an den bisherigen Reichsstraßen (Abs. 1) die Verwaltung der Bundesautobahnen (Abs. 2 - Auftragsverwaltung, Abs. 3 - unmittelbare Bundesverwaltung).[501]

---

(192).

497 *Ossenbühl*, Festschrift für Lukes, S. 525 (533). Beispielsweise Art. 74 Abs. 1 Nr. 11 GG (Recht der Wirtschaft), Art. 74 Abs. 1 Nr. 17 GG (Ein- und Ausfuhr land- und forstwirtschaftlicher Erzeugnisse, die Hochsee- und Küstenfischerei), Art. 74 Abs. 1 Nr. 21 (Hochsee- und Küstenschifffahrt).

498 *Weiss*, S. 239.

499 Vgl. *Ossenbühl*, Festschrift für Lukes, S. 525 (531 f.).

500 Ausdrücklich für Art. 90 Abs. 2 GG *Marschall*, in: Marschall/Schroeter/Kastner, FStrG, § 3 Rn. 1. Allgemein *Lecheler*, NVwZ 1989, 834 (834 f.).

501 Zu den Verwaltungskompetenzen vgl. Kapitel 1 B. I.

Mit der Zuweisung des privatrechtlichen Eigentums an Bundesautobahnen an den Bund nach Art. 90 Abs. 1 GG ist keine Aufgabenzuweisung im Hinblick auf die Straßenbaulast verbunden.[502]

Dagegen entspricht es der allgemeinen Ansicht, dass Art. 90 Abs. 2 GG ein aufgabenrechtlicher Gehalt zukommt.[503] Dieser besteht neben dem kompetenzrechtlichen Gehalt, der darin liegt, dass für Bundesautobahnen die Bundesauftragsverwaltung angeordnet wird. Dies setzt allerdings voraus, dass die Bereitstellung von Bundesautobahnen und damit die Straßenbaulast dem Bund als Aufgabe zugewiesen ist. Andernfalls ginge sie ins Leere. Es ist ausgeschlossen, dass staatliche Verwaltung angeordnet wird, wenn der Staat nicht gleichzeitig für die Bereitstellung des zu verwaltenden Gegenstandes verantwortlich ist.

Mithin ging der Gesetzgeber davon aus, dass die Verwaltung der Bundesautobahnen eine Aufgabe darstellt, für die ein Hoheitsträger zuständig ist. Dies setzt jedoch denklogisch voraus, dass Bundesautobahnen auch in die Zuständigkeit des Staates fallen, was wiederum nur dann anzunehmen ist, wenn es sich dabei um eine Staatsaufgabe handelt.[504]

Diese muss der Staat auch erfüllen, weil an der Erfüllung der Straßenbauaufgaben ein besonderes öffentliches Interesse besteht, welches insbesondere aus der Bedeutung von Straßen für ein Gemeinwesen resultiert.[505]

d) Staatsaufgabe aufgrund der fehlenden Handelbarkeit

Darüber hinaus ergibt sich die Notwendigkeit, in der Straßenbaulast eine staatliche Aufgabe zu sehen vor dem Hintergrund, dass es sich bei Straßenverkehrsinfrastruktur grundsätzlich nicht um ein wettbewerbsfähiges Gut handelt.[506] Da Straßen damit der wirtschaftliche Nutzen fehlt, ist grundsätzlich ausgeschlossen, dass sie in privater Initiative bereit gestellt werden.

---

502 *Grupp*, in: Marschall/Schroeter/Kastner, 4. Auflage, FStrG, § 1 Rn. 2; *Ibler*, in: v. Mangoldt/Klein/Stark, GG, Bd. 3, Art. 90 Rn. 29; a.A. *Kodal*, in: Kodal/Krämer, Kapitel 2 Rn. 12 ff.

503 *Arndt*, S. 153 f.; *Bartlsperger*, S. 100 f.; *Bucher*, S. 119; Bundesministerium für Verkehr, Bau- und Wohnungswesen (Hrsg.), Fernstraßenbauprivatfinanzierungsgesetz, S. 39.

504 *Gramm*, S. 68; *Grupp*, in: Marschall/Schroeter/Kastner, 4. Auflage, FStrG, § 1 Rn. 2; *Steiner*, in: Isensee/Kirchhof, HStR III, § 81 Rn. 4; *Weiss*, S. 239. Zum aufgabenrechtlichen Gehalt von Verwaltungskompetenzen *Lerche*, in: Maunz/Dürig, GG, Bd. V, Art. 87 Rn. 17 f., 42 ff. Speziell zum aufgabenrechtlichen Gehalt der (ehemaligen) Verwaltungskompetenzen im Bereich Bahn und Post *Lecheler*, NVwZ 1989, 834 (834 f.); *Ossenbühl*, Festschrift für Lukes, S. 525 (532 ff.); *Schmidt-Aßmann/Fromm*, S. 59 ff.

505 Zur Bedeutung von Straßen siehe Kapitel 1 A.

506 Der Wettbewerbsfähigkeit steht insbesondere die grundsätzlich kostenfreie Nutzungsmöglichkeit staatlicher Straßen entgegen.

e) Straßenbaulast als Staatsaufgabe nach Ansicht von Literatur und Rechtsprechung

Zur Bestätigung der Ansicht, dass Aufgaben der Straßenbaulast Staatsaufgaben sind, können Teile von Literatur und Rechtsprechung herangezogen werden.[507]

Zu berücksichtigen ist jedoch, dass die dort verwendete Terminologie uneinheitlich ist. Aufgaben der Straßenbaulast werden auch als öffentliche Aufgaben der Daseinsvorsorge bezeichnet,[508] die es zu übertragen gilt.[509] Dies ist nicht schlüssig.

Wie gezeigt handelt es sich bei der Straßenbaulast um eine Staatsaufgabe, nicht um eine öffentliche Aufgabe.

Außerdem widerspricht die Einordnung als öffentliche Aufgabe der anschließend getroffenen Feststellung, diese sei zu übertragen. Beides schließt sich gegenseitig aus. Entweder handelt es sich um eine öffentliche Aufgabe oder der Staat muss sie dem Privaten übertragen, wenn dieser künftig Träger der Aufgabe sein soll oder in ihre Erfüllung einzubinden ist. Öffentliche Aufgaben kann der Staat nicht übertragen. Wie gezeigt, können sie zulässigerweise von Hoheitsträgern genauso wie von Privaten wahrgenommen werden. Der Private muss und kann hierfür nicht durch den Staat legitimiert werden.[510] Ist eine Aufgabe dagegen den Staatsaufgaben zuzuordnen, bedarf jede Einbindung eines Privaten einer besonderen rechtlichen Legitimation.

f) Staatsaufgabe beschränkt auf Teile der Straßenbaulast?

Aus den vorhergehenden Darstellungen folgt, dass die Straßenbaulast als staatliche Aufgabe einzuordnen ist. Eine abweichende Ansicht, nach der die Straßen-

---

[507] BGH, Urteil vom 05.02.1962, NJW 1962, 796 m.w.N.; BGH, Urteil vom 01.06.1970, BGHZ 54, 165 (168); *Bull*, S. 241, 244; *Burgi*, S. 104; *Lorenz*, StrGBaWü, § 9 Rn. 3; *Marschall*, in: Marschall/Schroeter/Kastner, 4. Auflage, FStrG, § 3 Rn. 1.1. Explizit für den Bundesfernstraßenbau *Wendrich*, BauR 1985, 152 (157).

[508] BVerfG, Urteil vom 22.05.1963, E 16, 147 (172); BGH, Urteil vom 15.06.1967, BGHZ 48, 98, (103), BGH, Urteil vom 24.05.1973, NJW 1973, 1650 (1651); *Klein*, DÖV 1965, 755 (756); *Krämer*, in: Kodal/Krämer, Kapitel 12 Rn. 4; *Marschall*, in: Marschall/ Schroeter/Kastner, FStrG, § 3 Rn. 3; *Sauthoff*, S. 509; *Steiner*, in: Isensee/Kirchhof, HStR, III, § 81 Rn. 8. Unklar formuliert *von Danwitz*, der die Aufgaben als „Hoheitsaufgaben" bezeichnet (*von Danwitz*, in: Schmidt-Aßmann, Kapitel 8 Rn. 52).

[509] Rechtsprechung und Schrifttum ordnen private Träger der Straßenbaulast teilweise als beliehene Unternehmer ein (*Krämer*, in: Kodal/Krämer, Kapitel 12 Rn. 4). Wenngleich erst in einem zweiten Schritt nach dem Rechtsakt der Einbindung des Privaten zu fragen ist, ist die vorgesehene Beleihung Indiz dafür, dass ein Träger einer Aufgabe (der Staat) diese grundsätzlich auf einen anderen (den Privaten) übertragen muss. Davon zu unterscheiden ist die Frage, ob die Aufgabenübertragung mit einer Beleihung des Privaten verbunden sein muss. Das ist nur der Fall, wenn der Private die Aufgaben mit hoheitlichen Mitteln erfüllen soll.

[510] Hierzu siehe Kapitel 3 D. II.

baulast aufzugliedern ist, ist abzulehnen. Sie führte dazu, dass Teile der Straßenbaulast als Staatsaufgabe einzuordnen wären, andere dagegen nicht.

Vertreter dieser Ansicht trennen zwischen Bau und Unterhaltung von Straßen als Realakte sowie den Statusakten, aufgrund derer eine private oder lediglich tatsächlich öffentliche Straße[511] zu einer öffentlichen Straße werde. Während die Staatsaufgabenqualität der baulichen Tätigkeiten abgelehnt wird, ist anerkannt, dass die Widmung zur öffentlichen Straße allein durch den Staat vorgenommen werden kann.[512] Folglich ist der Statusakt auch nach dieser Ansicht als Staatsaufgabe einzuordnen.

Hierbei wird jedoch übersehen, dass immer zwischen der Qualifizierung einer Aufgabe an sich und deren Erfüllung zu trennen ist. Auf den vorliegenden Sachverhalt bezogen bedeutet dies, dass zu unterscheiden ist zwischen der Straßenbaulast als Aufgabe und den baulichen Maßnahmen und Statusakten, die beide zur Erfüllung der Aufgabe notwendig sind. Die Einordnung als Staatsaufgabe ist aber grundsätzlich ohne Einfluss auf die rechtliche Qualität der Aufgabenerfüllung und umgekehrt.

Zumindest im Bereich der schlichten Hoheitsverwaltung, zu dem auch bauliche Maßnahmen der Straßenbaulast gehören, steht es der öffentlichen Hand frei, ob sie Aufgaben mit Hilfe öffentlicher oder privater Mittel erfüllt.[513] Regelmäßig handelt der Staat bei der Erfüllung dieser Aufgaben hoheitlich.[514] Nimmt ein Privater Aufgaben wahr, die von der öffentlichen Hand schlicht-hoheitlich erfüllt würden, spricht eine Vermutung dafür, dass er die Aufgaben privatrechtlich erfüllt.[515] Bei Hoheitsträgern existiert eine solche Vermutungsregel dagegen nicht. Wenngleich Aufgaben der Straßenbaulast tatsächlich hoheitlich erfüllt werden,[516] stünde einer privatrechtlichen Erfüllung der baulichen Maßnahmen grundsätzlich nichts entgegen.

Dieser Ansicht ist insoweit zuzustimmen, als sie feststellt, dass es dem Staat freisteht zu entscheiden, in welcher Rechtsform er die Aufgabe erfüllen wird. Seine Aufgabe beschränkt sich jedoch nicht auf die Gewährleistung der Öffent-

---

511 Tatsächliche öffentliche Straßen sind solche, die nicht dem öffentlichen Verkehr gewidmet sind, dennoch aber im Gebrauch des öffentlichen Verkehrs stehen. *Krämer*, in: Kodal/Krämer, Kapitel 4 Rn. 15.1 ff.; *Zippelius*, DÖV 1958, 838 (849); *Zörner*, NJW 2002, 261 (263).

512 *Marschall*, in: Marschall/Schroeter/Kastner, FStrG, § 3 Rn. 1.

513 BGH, Urteil vom 15.06.1967, BGHZ 48, 98 (103).

514 BGH, Urteil vom 01.06.1970, BGHZ 54, 165 (168); BGH, Urteil vom 24.05.1973, NJW 1973, 1650 (1651).

515 *Hubert*, StrGLSA, § 9 Rn. 4.

516 BGH, Urteil vom 05.02.1962, NJW 1962, 796; BGH, Urteil vom 01.06.1970, BGHZ 54, 165 (168); *Hubert*, StrG LSA, § 9 Rn. 4; *Marschall*, in: Marschall/Schroeter/Kastner, 4. Auflage, FStrG, § 3 Rn. 1.1; *Wendrich*, BauR 1985, 152 (157); *Wendrich*, StrG NdS, § 10 Rn. 1.

lichkeit einer Straße, sondern bezieht auch Bau und Unterhaltung mit ein.[517] Allein die Tatsache, dass diese ausführenden Tätigkeiten genauso gut in privatrechtlicher Form erfüllt werden könnten, hindert die Einordnung der Einzelaufgaben sowie der übergeordneten Straßenbaulast als Staatsaufgabe nicht.

3. Straßenbaulast als ausschließliche Staatsaufgabe?

Wenngleich die Qualifizierung der Straßenbaulast als Staatsaufgabe allgemein nicht in Zweifel gezogen wird, gibt es über die Einordnung als ausschließliche Staatsaufgabe Meinungsverschiedenheiten. Aufgrund der Bedeutung, die Verkehrswegen, insbesondere Straßen in einem und für einen Staat zukommt, wird die Sorge für die Verkehrsinfrastruktur teilweise als ausschließliche Staatsaufgabe eingeordnet.[518] In diesem Zusammenhang darf nicht außer acht gelassen werden, dass auch bei der Einordnung als ausschließliche Staatsaufgabe weiter differenziert werden muss. Teilweise dürfen Private in die Erfüllung ausschließlicher Staatsaufgaben eingebunden werden, teilweise nicht.

Krüger führt an, dass Straßen von „existenzieller" Bedeutung für ein Staatswesen sind, weshalb die Sorge für sie eine ausschließliche Staatsaufgabe darstelle. Staaten könnten ohne Straßen nicht existieren. Sie seien sowohl Entwicklungs-[519] als auch Machtbasis[520]. Auch in der aktuellen Literatur wird die Bedeutung der Straßen für einen Staat nicht verkannt.[521] Dennoch gibt es keinen Grund, warum die Staatsaufgabe Sorge für die Straßenverkehrsinfrastruktur eine ausschließliche Staatsaufgabe darstellen sollte, die der Staat zudem selbst erfüllen muss und sich dabei nicht der Hilfe Privater bedienen darf.[522] Insbesondere liegt dem Grundgesetz nicht die Annahme zugrunde, dass es sich um eine ausschließliche Staatsaufgabe handelt.[523]

Der Staat kann seiner Bereitstellungsaufgabe in unterschiedlicher Weise genügen. Am intensivsten wird der Staat tätig wenn er die betreffende Aufgabe ausschließlich selbst oder durch kontrollierte Einrichtungen wahrnimmt. Dagegen genügt er seiner Pflicht grundsätzlich auch, indem er private Tätigkeiten, die die Erfüllung der Aufgabe anstreben, anregt und fördert.[524]

---

517 *Burgi* spricht insoweit von Staatsaufgaben, die im Institut der Straßenbaulast zusammengefasst sind. *Burgi*, S. 104.

518 Einzig *Krüger*, (passim). Die Frage aufwerfend *Lecheler*, ZBR 1980, 69 (70).

519 Straßen als Medium raumüberwindender Vorgänge dienen der Kommunikation und dem Austausch von Wissen und Information. *Krüger*, Marktwirtschaftliche Ordnung, S. 4 ff.

520 Straßen sind Voraussetzung der Ausübung staatlicher Herrschaft. *Krüger*, S. 6 f.

521 Für viele *Steiner*, in: Isensee/Kirchhof, HStR III, § 81 Rn. 1.

522 a.A. *Wendrich*, BauR 1985, 152 (157).

523 Ausdrücklich *Steiner*, in: Isensee/Kirchhof, HStR III, § 81 Rn. 9. Vgl. auch *Bartlsperger*, S. 101, dem zufolge sich auch aus dem aufgabenrechtlichen Gehalt des Art. 90 GG nicht ableiten lässt, dass es sich um eine ausschließliche Staatsaufgabe handelt.

524 Zu den Gestaltungsmöglichkeiten staatlicher Tätigkeit *Wahl*, in: Ellwein/Hesse, 29 (31); *Isensee*, in: Isensee/Kirchhof, HStR III, § 57 Rn. 139.

Bezogen auf den Bereich der Bundesfernstraßen ist festzustellen, dass eine (weitgehende) Einbindung Privater in die Erfüllung der Aufgabe nicht dazu führt, dass diese nicht mehr im erforderlichen Umfang und in der notwendigen Art und Weise gewährleistet wird.

Grundsätzlich ist die Straßenbaulast an Bundesautobahnen dem Bund zugewiesen; § 5 Abs. 1 FStrG. Wie gezeigt, obliegt den Ländern die faktische Straßenbaulast. Dagegen bleibt der Bund Träger der finanziellen Straßenbaulast.[525] Dennoch ist die Übertragung der Straßenbaulast zulässig.[526] Als wesentliches Argument muss § 5 Abs. 1 FStrG herangezogen werden, dem zufolge es explizit zulässig ist, dass ein Dritter Träger der Baulast werden kann *„[...] soweit nicht die Baulast anderen nach gesetzlichen Vorschriften oder öffentlich-rechtlichen Verpflichtungen obliegt."*

Grundlage der Baulast Dritter sind entweder gesetzliche Vorschriften oder öffentlich-rechtliche Verpflichtungen, z.B. Verwaltungsakte oder öffentlich-rechtliche Verträge.[527] Unerheblich ist, ob es sich bei dem Dritten um einen anderen Hoheitsträger oder einen Privaten handelt.[528] Die Straßenbaulast Dritter wird auch als Sonderbaulast bezeichnet.[529]

Die Frage, ob der Übertragung der Straßenbaulast im Sinne einer materiellen Privatisierung quantitative Grenzen derart gesetzt sind, dass sich die öffentliche Hand nicht der Straßenbaulast für das gesamte Bundesfernstraßennetz entledigen darf, sondern einen gewissen Bestand selbst gewährleisten muss, soll dahingestellt bleiben.

Der Einbindung eines Privaten in die Erfüllung der Straßenbauaufgaben, die nicht als Aufgabenübertragung einzuordnen ist, stehen keine Einwendungen entgegen. Diese ist zulässig. Rechtsgrundlage der Einbindung Privater sind Verträge, auf dem Gebiet des Straßenbaus beispielsweise bürgerlich-rechtliche Werkverträge.[530]

Dies ist nicht Gegenstand des Regelungsbereiches von § 5 Abs. 1 FStrG, da die Straßenbaulast nicht auf einen neuen Träger übergeht. § 5 Abs. 1 FStrG setzt dies jedoch voraus. Daraus folgt, dass die Übertragung der Straßenbaulast auf einen anderen als den regelmäßig zuständigen Hoheitsträger nur mittels gesetzlicher oder öffentlich-rechtlicher Verpflichtungen erfolgen kann. Beschränkt

---

525 Siehe dazu Kapitel 1 B. I. und Kapitel 1 B. III.

526 Hier verstanden als „grundsätzlich" zulässig.

527 *Krämer*, in: Kodal/Krämer, Kapitel 14 Rn. 3; *Marschall*, in: Marschall/Schroeter/Kastner, FStrG, § 5 Rn. 4; *Zeitler*, in: Bartlsperger/Blüml/Schroeter, S. 475 (478).

528 *Lorenz*, StrGBaWü, § 45 Rn. 8; *Nagel*, StrGBaWü, § 45 Rn. 5 jeweils im Zusammenhang mit dem Abschluss öffentlich-rechtlicher Verträge.

529 *Krämer*, in: Kodal/Krämer, Kapitel 14 Rn. 1; *Nagel*, StrGBaWü § 45 Rn. 1; *Sauthoff*, S. 509; *Zimniok*, BayStrWG, Art. 44 Erl. 1.a).

530 BGH, Urteil vom 15.06.1967, BGHZ 48, 98 (103); BGH, Urteil vom 01.06.1970, BGHZ 54, 165 (167); *Maurer*, AllgVerwR, § 23 Rn. 64.

sich die Aufgabenwahrnehmung seitens des anderen auf die Erfüllung der Aufgabe, ohne dass damit ein Wechsel der Aufgabenträgerschaft verbunden ist, findet § 5 Abs. 1 FStrG keine Anwendung. In diesem Fall sind der Vorschrift keine Aussagen darüber zu entnehmen, auf welcher rechtlichen Grundlage die Einbindung in die Aufgabenerfüllung zu erfolgen hat.[531]

4. Zusammenfassung

Die Ergebnisse des vorstehenden Abschnittes lassen sich wie folgt zusammenfassen:

Die Einbindung Privater in die Wahrnehmung von Aufgaben der Straßenbaulast setzt einen legitimierenden Rechtsakt voraus, da die Aufgaben als Staatsaufgaben einzuordnen sind, und

Die Einbindung des Privaten kann entweder eine Aufgabenübertragung sein, was mit einem Wechsel der Aufgabenzuordnung von der öffentlichen Hand hin zum Privaten verbunden ist, oder sich lediglich auf den Bereich der Aufgabenerfüllung beschränken, wobei die Aufgabe weiterhin in der Zuständigkeit der öffentlichen Hand verbliebe.

IV. Einordnung des A-Modells

Im Anschluss an die allgemeinen Überlegungen, in welcher Form Private in die Wahrnehmung von Aufgaben der Straßenbaulast eingebunden werden können, ist nunmehr konkret auf das A-Modell einzugehen. Es stellt sich die Frage, in welcher Form der Betreiber des Bundesautobahnabschnittes in die Erfüllung der Straßenbaulastaufgaben eingebunden wird. Entweder wird eine Übertragung der Straßenbaulast angestrebt und verwirklicht. Oder seine Einbindung stellt sich als Beteiligung an der Erfüllung von Aufgaben der Straßenbaulast dar.

1. Auslegung anhand des Wortlautes von § 1 MKV

Für die Bewertung der Einbindung des Betreibers des Bundesautobahnabschnittes ist der Wortlaut der Muster-Konzessionsverträge von entscheidender Bedeutung. Er ist unmittelbarer Ausdruck dessen, welches Ziel von staatlicher Seite angestrebt wird.

Für die Beurteilung ist § 1 MKV heranzuziehen, der den Vertragsgegenstand bestimmt. § 1 MKV lautet

> *„Der Auftrag- und Konzessionsgeber überträgt dem und der Konzessionsnehmer übernimmt die Erfüllung der Aufgaben des Baus, der Erhaltung und des Betriebs des […] Straßenabschnittes […].“*[532]

[531] Der Frage, ob konkret bei A-Modell-Projekten der Abschluss eines Vertrages als Rechtsgrundlage ausreicht, wird in Kapitel 3 E. I. nachgegangen.

[532] Nach § 38 MKV ist der private Betreiber auch für die Finanzierung der aus dem Vertrag

Es fällt auf, dass Vertragsgegenstand weder die „Straßenbaulast" noch „alle Aufgaben der Straßenbaulast" sind. Dem Privaten wird lediglich ein enumerativ aufgezählter Aufgabenkomplex zur Erfüllung übertragen. Wenngleich es sich bei Bau, Erhaltung und Betrieb des Bundesautobahnabschnittes um Teilaufgaben der Straßenbaulast handelt,[533] kann daraus nicht geschlussfolgert werden, dass sich der Staat der Aufgaben entledigt.

Zu berücksichtigen ist ferner, dass dem Privaten ausdrücklich die „Erfüllung" der vorgenannten Aufgaben zugewiesen wird. Zielte § 1 MKV auf eine Aufgabenentledigung des Staates ab, wären, verkürzt formuliert, die Aufgaben übertragen worden. Indessen umfasst der Aufgabenbereich des Privaten ausdrücklich nur die Erfüllung der Aufgaben. Beschränkt sich der Funktionsbereich des Privaten jedoch auf die Erfüllung, also die Wahrnehmung der Aufgaben, verbleibt die Aufgabe an sich in den Händen des ursprünglichen Trägers.

Der Wortlaut der Präambel des Muster-Konzessionsvertrages bleibt ohne Einfluss auf die Bestimmung des Vertragsgegenstandes. Diese lautet

> *„Der Auftrag- und Konzessionsgeber überträgt zu diesem Zweck dem Konzessionsnehmer die Aufgaben Bau, Erhaltung und Betrieb des Projekts einschließlich der Finanzierung durch einen Privaten."*

Im Unterschied zu § 1 MKV fehlt in der Präambel der Einschub „zur Erfüllung". Da Präambeln ausschließlich der Darstellung von Motiven, Absichten und Zwecken der Parteien dienen,[534] sind für den Inhalt der Vereinbarung allein die eigentlichen Vertragsbestimmungen maßgeblich.

Zur Bestätigung der Auslegung von § 1 MKV können die Ausführung des Gutachtens zum A-Modell herangezogen werden. Wenngleich auch das Gutachten Formulierungen enthält, die Indiz für eine Aufgabenentledigung sein könnten,[535] ist eine solche nicht beabsichtigt. Überwiegend wird von den Gutachtern die Ansicht zum Ausdruck gebracht, es handele sich um eine Einbindung in den Vollzug der Aufgaben.[536] Beschränkt sich die Tätigkeit des Betreibers des Autobahnabschnittes auf den Aufgabenvollzug, so bedient sich die öffentliche Hand seiner Hilfe lediglich im Rahmen der Aufgabenerfüllung. Im

---

resultierenden Verpflichtungen zuständig. Wenngleich die Finanzierung auch einen Teil der Straßenbaulast darstellt, soll im Zusammenhang mit allgemeinen Ausführungen zur Straßenbaulast zur Vereinfachung nur auf § 1 MKV Bezug genommen werden.

533 Zur Auswirkungen der Beschränkung auf Teilbereiche der Straßenbaulast siehe Kapitel 3 D. IV. 2.

534 Creifelds, Rechtswörterbuch, Stichwort „Präambel".

535 Auch das Gutachten spricht davon, dass der Auftrag- und Konzessionsgeber „die Aufgaben Bau, Erhaltung und Betrieb des Projektes einschließlich der Finanzierung überträgt" Bundesministerium für Verkehr, Bau- und Wohnungswesen, Gutachten zum A-Modell, S. 15.

536 Bundesministerium für Verkehr, Bau- und Wohnungswesen, Gutachten zum A-Modell, S. 206.

seiner Hilfe lediglich im Rahmen der Aufgabenerfüllung. Im Außenverhältnis bleibt sie weiterhin Träger der Aufgabe.

Nachdem die Übertragung der Erfüllung ein Minus zur Übertragung der Aufgaben darstellt, muss der Wortlaut der Präambel des Vertrages sowie die Formulierung des Gutachtens einschränkend dahingehend ausgelegt werden, dass sich der Staat der Aufgaben jedenfalls nicht vollständig entledigen wollte. Vielmehr war nur eine im Innenverhältnis zum Betreiber des Bundesautobahnabschnittes wirkende Verlagerung der tatsächlichen Erfüllung beabsichtigt.

2. Auswirkung der Beschränkung des Vertragsgegenstandes auf Teile der Straßenbaulast auf die Einordnung der Aufgabenwahrnehmung durch den Betreiber des Bundesautobahnabschnittes?

Wie im vorhergehenden Abschnitt gezeigt, erfasst § 1 MKV nicht alle Aufgaben der Straßenbaulast. Vielmehr beschränkt die Vorschrift den Vertragsgegenstand auf Bau, Erhaltung und Betrieb des Projektes. Die Finanzierungsverpflichtung des Betreibers des Bundesautobahnabschnittes ist Gegenstand von § 38 MKV.

Die in §§ 1, 38 MKV aufgeführten Aufgaben stellen lediglich Teilbereiche der Straßenbaulast dar. Daraus kann jedoch nicht darauf geschlossen werden, dass der Betreiber des Bundesautobahnabschnittes lediglich in die Erfüllung der Aufgaben eingebunden wird. Die Beschränkung seiner Aufgaben schließt den Wechsel der Zuständigkeit nicht aus. Auch Teile der Straßenbaulast können auf einen neuen Rechtsträger übergehen.[537]

Definitionsgemäß umfasst die Straßenbaulast *„alle mit dem Bau und der Unterhaltung von Straßen zusammenhängenden Aufgaben"*; § 3 Abs. 1 S. 1 FStrG. Wie angedeutet, beschreiben §§ 1, 38 MKV nicht alle zur Straßenbaulast gehörenden Aufgaben. Der Private ist insbesondere nicht zuständig für Nebenbetriebe an Bundesautobahnen (§§ 27 f. MKV) oder die Beschaffung notwendiger Grundstücke (§ 9 MKV). Beides ist jedoch Gegenstand der Straßenbaulast.[538]

Wenngleich die Definition der Straßenbaulast als „alle Aufgaben" eine einheitliche Zuweisung der damit verbundenen Aufgaben an einen Träger vermuten lässt, steht einer Teilung der Aufgaben nichts entgegen. Gesetzlich vorgesehen ist zunächst eine räumliche Teilung: Unterschiedliche Straßenklassen sind gesetzlich unterschiedlichen Trägern zugewiesen.[539] Darüber hinaus ist auch eine inhaltliche Teilung der Aufgaben zulässig.[540] Bestätigend kann die Trennung von faktischer und finanzieller Straßenbaulast bei Bundesautobahnen herange-

---

537 *Lorenz*, StrGBaWü, § 45 Rn. 16; *Rinke*, in: Kodal/Krämer, Kapitel 14 Rn. 1.

538 *Lorenz*, StrGBaWü, § 9 Rn. 23 f.; *Marschall*, in: Marschall/Schroeter/Kastner, FStrG, § 3 Rn. 3.4; *Rinke*, in: Kodal/Krämer, Kapitel 12 Rn. 11; *Wendrich*, StrG NdS § 9 Rn. 2.

539 *Rinke*, in: Kodal/Krämer, Kapitel 12 Rn. 1 ff.

540 *Krämer*, in: Kodal/Krämer, Kapitel 14 Rn. 14; *Lorenz*, StrGBaWü, § 45 Rn. 16.

zogen werden. Träger der faktischen Straßenbaulast, also Bau, Erhaltung und Betrieb, sind die Länder gemäß § 5 Abs. 1 FStrG i.V.m. Art. 90 Abs. 2 GG. Dagegen ist der Bund Träger der finanziellen Straßenbaulast; Art. 104 a Abs. 2 GG. Möglich ist darüber hinaus auch eine zeitlich beschränkte Übertragung der Baulast.[541]

Folglich ist die Zuweisung einzelner Bestandteile der Straßenbaulast an den Betreiber des Bundesautobahnabschnittes zwar kein Indiz für die Übertragung der Straßenbaulast. Sie steht ihr indessen auch nicht entgegen.

3. Vergleich zu F-Modell-Projekten

Auch ein Vergleich mit F-Modell-Projekten[542] spricht für eine Auslegung von § 1 MKV als Vorschrift, aufgrund derer sich die öffentliche Hand bei der Erfüllung ihrer Aufgaben der Hilfe Privater bedient, ohne sich der Aufgabe vollständig zu entledigen.

Inhaltlich sind A-Modell-Projekte mit den angesprochenen F-Modellen vergleichbar. Beide sind als Betreibermodelle für die Bundesautobahnen konzipiert.[543]

Im Rahmen von F-Modell-Projekten bedient sich die öffentliche Hand eines Privaten bei der Erfüllung der Straßenbaulast.[544] Gemäß § 1 Abs. 2 FStrPrivFinG übernimmt der Private die „Ausführung“ von Bau, Erhaltung, Betrieb und Finanzierung der Bundesfernstraßen. Nach allgemeiner Ansicht beinhaltet dies keinen Übergang der Straßenbaulast auf den Privaten. Die Aufgaben-“Ausführung“ wird mit der Erledigung gleichgesetzt. Demnach bedient sich die öffentliche Hand lediglich zur Erfüllung eigener Aufgaben der Hilfe eines Privaten, ohne ihm die Aufgabe zu übertragen.[545]

Abweichend von § 1 Abs. 2 FStrPrivFinG spricht der Muster-Konzessionsvertrag zum A-Modell nicht von „Ausführung“ sondern von „Erfüllung“. Ein inhaltlicher Unterschied ist damit jedoch nicht verbunden. Beides kennzeichnet die Erledigung und den Vollzug einer Aufgabe. Für die Übertragung von Aufgaben werden sie dagegen nicht verwendet.

---

541 *Lorenz*, StrGBaWü, § 45 Rn. 16.

542 Vgl. Kapitel 1 C. II.

543 *Laaser/Jakubowski*, RuR 2003, 278 (280 f.); *Neumann/Müller*, NZBau 2003, 299 (299); *Beckers/von Hirschhausen*, DIW, S. 2. Zu Einzelheiten siehe Kapitel 1 C. II. sowie Kapitel 1 C. III.

544 Zum Inhalt des F-Modells vgl. Kapitel 1 C. II.

545 *Bucher*, S. 179 ff.; Bundesministerium für Verkehr, Bau- und Wohnungswesen (Hrsg.), Fernstraßenbauprivatfinanzierungsgesetz, S. 40; *Reidt/Stickler*, BauR 1991, 241 (242); *Rinke*, in: Kodal/Krämer, Kapitel 16 Rn. 27 ff.; *Schmitt*, FStrPrivFinG, S. 94 ff.

4. Pflichten der öffentlichen Hand

Aus den Pflichten, die der öffentlichen Hand im Rahmen von A-Modell-Projekten obliegen, lassen sich möglicherweise Schlussfolgerungen für die Art der Einbindung des Privaten ableiten.

Gegen eine Aufgabenübertragung und für eine Einbindung in die Erfüllung der Aufgaben spricht es, wenn die öffentliche Hand für einen Teilbereich einer unteilbaren Gesamtaufgabe zuständig bleibt. Aus der Unteilbarkeit einer Aufgabe folgt nicht, dass sich die öffentliche Hand der Hilfe eines Privaten bei der Erfüllung nicht bedienen kann.

Handelt es sich dagegen um eine teilbare Aufgabe, besteht die Möglichkeit, dass Teile der Gesamtaufgabe übertragen worden sind und sich die Einbindung bzgl. anderer Teile auf die Teilnahme an der Aufgabenerfüllung beschränkt. Dennoch spräche die ausdrückliche Zuweisung von Teilaufgaben in die Zuständigkeit der öffentlichen Hand, also die ausdrückliche Ablehnung eines Wechsels der Aufgabenzuordnung, dafür, dass dieser Wechsel insgesamt nicht angestrebt wird.

Wie gezeigt, besteht der Gesamtkomplex Straßenbaulast aus verschiedenen Einzelaufgaben und ist teilbar. Trotzdem soll nachfolgend geprüft werden, ob sich die öffentliche Hand Teile der Einzelaufgaben vorbehält. Daraus sollen Schlussfolgerungen für die Behandlung insgesamt gezogen werden.

a) Widmung des Autobahnabschnittes

Der nachfolgende Abschnitt beschäftigt sich mit der Widmung des Autobahnabschnittes, der dem jeweiligen Betreiber nach dem A-Modell zugewiesen wird.

Im Vorfeld der Widmung, ist eine neu errichtete Straße Privatstraße oder tatsächliche öffentlich Straße.[546] Erst die Widmung[547] qualifiziert eine Straße als öffentlich-rechtliche Sache[548] und stellt sie für den öffentlichen Verkehr[549] bereit. Als konstituierender Rechtsakt begründet sie die Eigenschaft einer Straße als öffentlich im Sinne des Wegerechtes. Auch die Abschnitte der Bundesautobahnen, die Betreibern nach dem A-Modell zugewiesen sind, sollen als öffent-

---

546 *Axer*, S. 57; *Nagel*, StrGBaWü, § 5 Rn. 1; *Steiner*, in: Steiner, BesVwR, Rn. 30; *Zimniok*, BayStrWG, Art. 6 Erl. 1.e).

547 Die Widmung erfolgt regelmäßig durch einen Verwaltungsakt (vgl. *Marschall*, in: Marschall/Schroeter/Kastner, FStrG, § 2 Rn. 1.2; *Nedden*, in: Bartlsperger/Blüml/Schroeter, S. 63 (68 ff.); *Sauthoff*, S. 33) in Form einer Allgemeinverfügung (vgl. *Lorenz*, StrGBaWü, § 5 Rn. 20; *Nedden*, in: Bartlsperger/Blüml/Schroeter, S. 63 (70); *Wendrich*, StrG NdS, § 6 Rn. 1; *Zimniok*, BayStrWG, Art. 6 Erl. 3. b). Entsprechend der herrschenden Rechtsmeinung (*Wolkwitz/Knackstedt*, ThürStrG, § 6; *Hubert*, StrGLSA, § 6 Rn. 1) qualifizieren einige Straßen- und Wegegesetze der Länder die Widmung ausdrücklich als Allgemeinverfügung, z.B. § 6 Abs. 1 S. 1 ThürStrG, § 6 Abs. 1 StrG LSA.

548 Der öffentlich-rechtliche Status einer tatsächlich vorhandenen Straße wird begründet. *Lorenz*, StrGBaWü, § 5 Rn. 2; *Nedden*, in: Bartlsperger/Blüml/Schroeter, S. 63 (63).

549 *Lorenz*, StrGBaWü, § 5 Rn. 2; *Stelkens/Budach*, LKV 1992, 23.

lich-rechtliche Sachen einzuordnen sein. Daher kommt es darauf an, ob sie gewidmet sind. Andernfalls sind zwar die bestehenden Fahrstreifen als öffentliche Straße zu qualifizieren, die hinzukommenden dagegen nicht.

Grundsätzlich ist der Straßenbaulastträger für die Widmung einer Straße zuständig. Daraus folgt, dass man aus der Zuständigkeit für die Widmung, darauf schließen kann, wer Träger der Straßenbaulast ist. Sofern die öffentliche Hand für die Widmung zuständig ist, spricht dies gegen eine Übertragung der Straßenbaulast.

Zunächst soll herausgearbeitet werden, ob die Erweiterung der Bundesautobahnabschnitte überhaupt widmungspflichtig ist. Nur wenn eine Widmungspflicht anzunehmen ist, stellt sich überhaupt die Frage, wer für die Widmung zuständig ist.

Ergibt sich die Notwendigkeit einer Widmung, ist zu prüfen, ob die Widmung bereits im Vorfeld der Einbindung des Betreibers des Bundesautobahnabschnittes erfolgt. Ist dies der Fall, kann aus der Zuweisung der Zuständigkeit für die Widmung nicht mehr auf die Art der Einbindung des Betreibers des Bundesautobahnabschnittes geschlossen werden. Die Widmung könnte und müsste nicht mehr Vertragsgegenstand sein.

Erfolgt die Widmung dagegen nicht vor der Einbindung des Betreibers des Bundesautobahnabschnittes, bleibt zu prüfen, ob in seiner Person alle formellen und materiellen Voraussetzungen der Widmung vorliegen, damit er als Baulastträger qualifizieren kann. Anderenfalls ist die Übertragung einer Aufgabe abzulehnen.

aa) Erforderlichkeit der Widmung

Zunächst zu der Frage, ob die Bundesautobahnabschnitte, die den Betreiber nach dem A-Modell zugewiesen werden, überhaupt widmungspflichtig sind. Wenngleich die Bundesautobahnabschnitte, die Gegenstand von A-Modell-Projekten sind, bereits vor ihrer Erweiterung als öffentliche Straßen gewidmet waren, ist eine erneute Widmung der hinzukommenden Bestandteile nicht entbehrlich.

Dagegen spricht insbesondere nicht, dass dem Straßenrecht eine Anwachsung der Widmung nicht unbekannt ist. Unerhebliche Veränderungen einer bestehenden gewidmeten Straße, sind von der ursprünglichen Widmung erfasst. Aufgrund einer Elastizität, die der Widmung innewohnt, wird eine bestehende Widmung ausgedehnt.[550]

Regelmäßig bezieht sich die Widmung aber nur auf die Straßenabschnitte, für die sie ausgesprochen wurde. Erweiterungen, wie beispielsweise Verlängerun-

---

[550] Zur Elastizität der Widmung vgl. BayVGH, Urteil vom 09.01.1990, BayVBl. 1990, 661; OVG Münster, Urteil vom 17.01.1980, DÖV 1980, 924 (925); OVG Saarlouis, Beschluss vom 30.11.1990, NVwZ-RR 1992, 58; *Sauthoff*, S. 34 ff.; *Wendrich*, StrG NdS, § 6 Rn. 6.

gen, also neue Trassenstücke, sind von ihr nicht erfasst. Es bedarf insoweit einer neuen, eigenständigen Widmung.

Eine Ausnahme sieht § 2 Abs. 6 a FStrG vor. Nach der Vorschrift ist eine Widmung entbehrlich, wenn eine Bundesfernstraße verbreitert, begradigt, unerheblich verlegt oder ergänzt wird. In diesem Fall ist nicht anzunehmen, dass der neue Straßenteil nicht gewidmet ist oder die Widmung der bereits bestehenden Straße nach dem Grundsatz der Elastizität auf diesen ausgedehnt wird. Vielmehr handelt es sich um eine eigene Widmung des hinzukommenden Straßenteils. Sie erfolgt nicht ausdrücklich sondern wird fingiert.[551] Der neue Straßenteil gilt durch die Verkehrsübergabe als gewidmet. § 2 Abs. 6 a FStrG dient der Verwaltungsvereinfachung, da eine zusätzliche Widmung insbesondere aus Gründen der Rechtssicherheit nicht erforderlich ist.[552]

A-Modell-Projekte zeichnen sich durch eine Erweiterung der bestehenden Fahrbahnen in der Regel von vier auf sechs Fahrstreifen aus.[553]

Da es sich dabei nicht um eine unerhebliche Veränderung handelt, kommt eine Anwachsung der Widmung für die bestehenden Fahrstreifen nicht in Betracht.

Vom Wortsinn könnten die baulichen Maßnahmen zwar grundsätzlich von § 2 Abs. 6 a FStrG erfasst sein. Insbesondere bezieht sich das Erfordernis der Unerheblichkeit lediglich auf die Varianten verlegt oder ergänzt. Trotzdem werden von § 2 Abs. 6 a FStrG nur untergeordnete Maßnahmen erfasst.

Darunter versteht man Maßnahmen, die sich auf geringe bauliche Veränderungen beschränken. Die verkehrliche Funktion der Straße muss im Wesentlichen ihrer Funktion vor Durchführung der Maßnahme entsprechen. Im Umkehrschluss dazu muss eine Maßnahme als wesentlich angesehen werden, wenn sie Änderungen am funktionalen Charakter sowie der Verkehrsbedeutung der Straße zur Folge hat.[554] Wesentliche Veränderungen sind daran erkennbar, dass der veränderte Straßenteil einem Verkehr dient, der gegenüber dem bisherigen entweder erheblich größer oder andersartig ist.[555]

Die Erweiterung einer Straße um mindestens eine Fahrbahn wird nicht als untergeordnete Maßnahme angesehen.[556] Auch handelt es sich bei der Anlage neuer Fahrstreifen nicht lediglich um eine Verbreiterung im Sinn von § 2

---

[551] *Herber*, in: Kodal/Krämer, Kapitel 7 Rn. 19.34; *Peine*, JZ 1996, 398 (403); *Marschall*, in: Marschall/Schroeter/Kastner, FStrG, § 2 Rn. 1.1.

[552] OVG Saarlouis, Beschluss vom 30.11.1990, NVwZ-RR 1992, 58; *Hubert*, StrGLSA, § 6 Rn. 6; *Krüger*, NWVBl. 1993, 161 (163); *Wendrich*, StrG NdS, § 6 Rn. 1.

[553] Vgl. Kapitel 1 C. III.

[554] *Krüger*, NWVBl. 1993, 161 (163).

[555] OVG Münster, Urteil vom 17.01.1980, DÖV 1980, 924 (925); *Sauthoff*, S. 37.

[556] Fickert, § 6 Rn. 69; *Lorenz*, StrGBaWü, § 5 Rn. 67; *Marschall*, in: Marschall/Schroeter/Kastner, FStrG, § 2 Rn. 34; *Nagel*, StrBaWü, § 5 Rn. 35; *Sauthoff*, S. 37; *Schulze*, S. 135. So auch Bundesministerium für Verkehr, Bau- und Wohnungswesen, Gutachten zum A-Modell, S. 83 ff.

Abs. 6 a FStrG. Im Vordergrund stehen vielmehr die Erweiterung der bestehenden Straße um neue Fahrbahnen und die damit verbundenen Auswirkungen auf den Verkehr, die nicht als unerheblich eingestuft werden können.[557]

Daraus folgt, dass die neuen Fahrstreifen nicht gemäß § 2 Abs. 6 a FStrG durch Verkehrsübergabe fiktiv gewidmet werden. Erst eine ausdrückliche Widmung der Erweiterungsbauwerke begründet ihren öffentlich-rechtlichen Status. Andernfalls qualifizierten zwar die vor der Erweiterung bestehenden Fahrstreifen als öffentliche Straße, die hinzukommenden jedoch nicht.

bb) Keine Widmung vor Einbindung des Betreibers des Bundesautobahnabschnittes

Nunmehr steht fest, dass die baulichen Veränderungen an dem bestehenden Bundesautobahnabschnitt widmungspflichtig sind. Der Frage nach der Widmung könnte im zu beurteilenden Zusammenhang dennoch keine Bedeutung zugemessen werden, wenn diese bereits zeitlich vor der Einbindung des Betreibers des Bundesautobahnabschnittes erfolgte. Dann käme es für das Vorliegen der Widmungsvoraussetzungen auf die Person des ursprünglichen Baulastträgers an, nicht auf den Betreiber des Bundesautobahnabschnittes.

Idealerweise erfolgt die Widmung einer Straße gleichzeitig mit ihrer Indienststellung, also ihrer Freigabe für den Verkehr. Dagegen entspricht es dem Regelfall, dass die Indienststellung zeitlich der Widmung vorausgeht. Bis zu ihrer Widmung qualifiziert die Straße in diesem Fall als tatsächlich öffentlich.[558] Für den vorliegend Sachverhalt käme eine dritte Variante in Betracht, in der die Widmung vor Indienststellung der Straße für den öffentlichen Verkehr vorgenommen wird.

In diesem Fall muss nochmals zwischen zwei Widmungszeitpunkten differenziert werden. Entweder erfolgt die Widmung nach Herstellung des Straßenkörpers aber vor Indienststellung oder vor Herstellung des Straßenkörpers und Indienststellung. Für A-Modell-Projekte wäre die zweite Alternative maßgeblich, da erst dem Betreiber des Bundesautobahnabschnittes die Herstellung obliegt.

Die Frage, ob eine in ihrer Bausubstanz noch nicht bestehende Straße, bereits gewidmet werden kann, wird uneinheitlich beurteilt.

Sobald das Bauvorhaben hinreichend konkretisiert ist, stehen Gründe der Bestimmtheit des Verwaltungsaktes, § 37 Abs. 1 VwVfG, jedenfalls nicht mehr entgegen.[559]

---

[557] Zur erwarteten Verkehrswirkung vgl. Bundesministerium für Verkehr, Bau- und Wohnungswesen, Gutachten zum A-Modell, S. 83 ff.

[558] *Wendrich*, StrG NdS, § 6 Rn. 2.

[559] Zum Konkretisierungsgrad siehe *Herber*, in: Kodal/Krämer, Kapitel 7 Rn. 15.1; OVG Berlin, Urteil vom 06.05.1977, BauR 1977, 415 (416).

Die Ansicht, die eine Widmung für unwirksam erachtet, die der Existenz der Straße vorangeht, ist abzulehnen. Sie fußt auf der Annahme, dass Widmungen Realakte darstellten. Realakte als rein faktisch wirkende Handlungen setzen jedoch die Existenz der Sache voraus, an der sie ihre Wirkungen entfalten sollen. Handlung und Wirkung fallen bei Realakten zeitlich grundsätzlich nicht auseinander. Mithin setzte die Widmung als Realakt das Bestehen der zu widmenden Straße voraus.[560]

Nach der allgemein vorherrschenden Ansicht, qualifizieren Widmungen als Verwaltungsakte,[561] und sind als solche nicht bedingungsfeindlich.[562] Der herrschenden Meinung folgend, kann eine herzustellende Straße bereits vor ihrer tatsächlichen Existenz gewidmet werden.[563] Die Wirksamkeit der Widmung ist entweder durch das Bestehen des Straßenkörpers oder durch Indienststellung der Straße aufschiebend bedingt.[564]

Während sich Vertreter des „Existenzzeitpunktes" darauf berufen, dass die Verkehrsübergabe Realakt sei, der sich lediglich auf die tatsächliche Nutzungsmöglichkeit auswirke und an den keine Voraussetzungen der Wirksamkeit der Widmung als Verwaltungsakt geknüpft seien[565], ist für Vertreter des Indienststellungszeitpunktes der Rechtsakt der Widmung letztlich untrennbar mit dem Realakt der Indienststellung verbunden[566].

Für die vorliegende Arbeit kann der Meinungsstreit dahingestellt bleiben. Er zeigt aber, dass die Widmung aufschiebend bedingt wirksam bereits vor Herstellung des Straßenkörpers vorgenommen werden kann.

Folglich wäre es zwar grundsätzlich zulässig, die neuen Fahrstreifen bereits vor ihrer Errichtung durch den Privaten zu widmen. Dies ist jedoch nicht erfolgt. Die öffentliche Hand ist nach § 30.2 MKV zur rechtzeitigen Gewährleistung der Widmung verpflichtet, d. h. spätestens im Zeitpunkt der Indienststellung für den öffentlichen Verkehr.[567] Sofern die hinzukommenden Fahrbahnen bereits vor der Einbindung des Privaten gewidmet werden sollten, müsste dies wohl zum Zeitpunkt des Vertragsabschlusses erfolgt sein. Das kann dem Vertragstext jedoch nicht entnommen werden.

---

[560] *Zippelius*, DÖV 1958, 838 (841) mit Verweis auf Otto Mayer.

[561] Verwaltungsakte sind Rechtsakte. Vgl. *Forsthoff*, S. 355.

[562] Das folgt bereits aus § 36 VwVfG nach dem ein Verwaltungsakt mit einer Bedingung versehen werden kann.

[563] *Herber*, in: Kodal/Krämer, Kapitel 7 Rn. 15.1; *Marschall*, in: Marschall/Schroeter/Kastner, FStrG, § 2 Rn. 19; *Zippelius*, DÖV 1958, 838 (842).

[564] *Marschall*, in: Marschall/Schroeter/Kastner, FStrG, § 2 Rn. 19.

[565] z.B. Bekanntgabe, vgl. *Marschall*, in: Marschall/Schroeter/Kastner, FStrG, § 2 Rn. 19.

[566] *Forsthoff*, S. 358; *Zippelius*, DÖV 1958, 838 (842).

[567] § 30.2 MKV lautet: *„Der Konzessionsgeber verpflichtet sich, die notwendige uneingeschränkte fernstraßenrechtliche Widmung der ausgebauten Teile der Konzessionsstrecke rechtzeitig herbeizuführen."*

Im Ergebnis sind die neu herzustellenden Fahrstreifen nicht vor Einbindung des Betreibers des Bundesautobahnabschnittes gewidmet.

cc) Vorliegen der materiellen und formellen Voraussetzungen der Widmung

Nachdem nunmehr feststeht, dass Erweiterungen im Rahmen von A-Modell-Projekten widmungspflichtig sind, ist in einem nächsten Schritt auf die formellen und materiellen Voraussetzungen der Widmung einzugehen. Es ist zu prüfen, ob in der Person des Betreibers des Bundesautobahnabschnittes alle formellen und materiellen Voraussetzungen der Widmung gegeben sind. Nur dann könnte er als Straßenbaulastträger einzuordnen sein.

Zu den materiellen Voraussetzungen der Widmung gehört, dass dem Straßenbaulastträger die Verfügungsbefugnis über die Grundstücke zusteht, auf denen die Straße errichtet werden soll. Nur wenn der Straßenbaulastträger für die betroffene Wegfläche die Verfügungsmacht besitzt, kann die Straße für den öffentlichen Verkehr gewidmet werden. Somit ist nachfolgend zu prüfen, wer im Hinblick auf die Grundstücke für die Erweiterung verfügungsbefugt ist.

Die Annahme der Verfügungsbefugnis setzt nicht notwendigerweise voraus, dass der Straßenbaulastträger Eigentümer der Grundstücke ist. Es genügt, wenn er Besitz erwirbt. Besitz kann ihm entweder aufgrund Vertrag, Besitzeinweisung oder sonstigen gesetzlichen Verfahren zustehen. Eine andere Möglichkeit besteht darin, dass der Eigentümer oder sonstige dinglich Berechtigte der Widmung zustimmen; § 2 Abs. 2 FStrG.

Die entscheidende Bestimmung des Muster-Konzessionsvertrages in diesem Zusammenhang ist § 9.1 MKV. Er lautet

> *„Der Auftrag- und Konzessionsgeber verpflichtet sich, die für den Bau der Konzessionsstrecke nach Maßgabe dieses Vertrages erforderlichen Grundstücke bzw. Nutzungsrechte unentgeltlich und rechtzeitig (...) dem Konzessionsnehmer nach Maßgabe der nachfolgenden Regelungen für die Dauer des Konzessionszeitraumes zur Verfügung zu stellen.“*

Daraus wird ersichtlich, dass der Betreiber des Bundesautobahnabschnittes kein Eigentum an den betroffenen Grundstücken erwerben soll. Vielmehr wird angestrebt, dass die Länder den Erwerb der erforderlichen Grundstücke durchführen und das Eigentum auf den Bund übertragen sollen.[568]

[568] Bundesministerium für Verkehr, Bau- und Wohnungswesen, Gutachten zum A-Modell, S. 80.

Da der Bund nach den Bestimmungen des Grundgesetzes nicht Träger der Straßenbaulast an den Bundesautobahnen ist, sondern im Regelfall die Länder,[569] sind aufgrund seines Eigentums die Voraussetzungen des § 2 Abs. 2 FStrG nicht erfüllt.

Es ist davon auszugehen, dass die Länder in ausreichendem Maße über die Straßengrundstücke verfügungsbefugt sind. Dafür genügt, dass der Bund als Eigentümer die erforderliche Zustimmung erteilt; § 2 Abs. 2 FStrG.[570]

Dagegen steht der unmittelbare Besitz an den Straßengrundstücken dem Betreiber des Bundesautobahnabschnittes zu. Grundsätzlich genügt für die Annahme der Verfügungsbefugnis über die betroffenen Grundstücke, dass der Straßenbaulastträger und der Grundstückseigentümer einen Besitzüberlassungsvertrag geschlossen haben, aus dem der Straßenbauzweck klar erkennbar hervorgeht.[571] Diesen Anforderungen genügt § 9.1 MKV, da er den Bund als Eigentümer und Konzessionsgeber zur Bereitstellung der Grundstücke für den Bau der Straße verpflichtet. Somit ist der Betreiber des Bundesautobahnabschnittes aufgrund Besitzes über die Straßengrundstücke verfügungsbefugt.

Im Ergebnis besitzen sowohl die Länder, wie auch der Betreiber des Bundesautobahnabschnittes in ausreichendem Maße Verfügungsmacht über die Straßengrundstücke. Daher kann aus der rechtlichen Verfügungsbefugnis nicht unmittelbar auf den Träger der Straßebaulast geschlossen werden. In einem weiteren Schritt soll geprüft werden, ob sich aus der Zuweisung der rechtlichen Verfügungsbefugnis dennoch Hinweise auf den Straßenbaulastträger ableiten lassen.

Im Normalfall basiert die rechtliche Verfügungsbefugnis auf dem Eigentum des Straßenbaulastträgers. Da die Straßengesetze von einer Verbindung zwischen öffentlicher Sachherrschaft und zivilrechtlichem Eigentum ausgehen,[572] mus s der Straßenbaulastträger bestrebt sein, Eigentum an den Straßengrundstücken zu erwerben.[573] An die Stelle des Eigentumserwerbes kann die Zustimmung des Eigentümers zur Widmung treten. Durch seine Zustimmung erklärt sich der Eigentümer ausdrücklich mit der Beschränkung seiner Eigentümerbefugnisse aufgrund der Widmung der Straße einverstanden.[574] Hinter diese ausdrückliche Erklärung tritt die rechtliche Verfügungsbefugnis aufgrund Besitzes zurück. Auch

---

569 Vgl. S. 33 f.

570 Vgl. *Marschall*, in: Marschall/Schroeter/Kastner, FStrG, § 2 Rn. 9, 15.

571 OVG Saarlouis, Beschluss vom 30.11.1990, NVwZ-RR 1992, 58 (59); *Krämer*, in: Kodal/Krämer, Kapitel 7 Rn. 11.22; *Marschall*, in: Marschall/Schroeter/Kastner, FStrG, § 2 Rn. 15.

572 *Lorenz*, StrGBaWü, § 5 Rn. 15; Zur Bestätigung können § 6 Abs. 1 S. 1 FStrG sowie die entsprechenden Bestimmungen in den Landesstraßengesetzen herangezogen werden, die bei einem Wechsel der Straßenbaulast den Wechsel des Eigentums auf den neuen Träger vorsehen.

573 *Marschall*, in: Marschall/Schroeter/Kastner, FStrG, § 2 Rn. 10, 12.

574 *Marschall*, in: Marschall/Schroeter/Kastner, FStrG, § 2 Rn. 12.

wenn die Besitzüberlassung erkennbar im Hinblick auf die Widmung der Straße erfolgt sein muss, wird die rechtliche Verfügungsbefugnis in diesem Fall nur mittelbar begründet. Dagegen folgt die rechtliche Verfügungsbefugnis aus der Zustimmungserklärung unmittelbar.

Die rechtliche Verfügungsbefugnis des Betreibers des Bundesautobahnabschnittes aufgrund seines Besitzes tritt hinter der der Länder aufgrund Zustimmungserklärung des Bundes als Eigentümer zurück.

Auch die Vorschriften über das Widmungsverfahren sprechen gegen die Übertragung der Straßenbaulast auf den Betreiber des Bundesautobahnabschnittes und für einen Verbleib derselben in den Händen der Länder.

Grundsätzlich ist der Straßenbaulastträger für den Erlass der Widmungsverfügung zuständig. Nur wenn die Straßenbaulast gemäß § 5 Abs. 1 S. 1 FStrG einem „anderen" obliegt, gehört die Widmung der Straße in den Aufgabenbereich der Straßenaufsichtsbehörde.[575] Zu berücksichtigen ist jedoch, dass die Straßenaufsichtsbehörde erst auf vorherigen schriftlichen Antrag des Straßenbaulastträgers tätig wird. Der Antrag ist insoweit Zulässigkeitsvoraussetzung der Widmung.[576]

§ 33. 2 MKV regelt, wie die Widmung der auszubauenden Straßen vorgenommen werden soll. Er lautet:

> *„Der Konzessionsgeber verpflichtet sich, die notwendige uneingeschränkte fernstraßenrechtliche Widmung der ausgebauten Teile der Konzessionsstrecke rechtzeitig herbeizuführen."*

Ein Antrag des Betreibers des Bundesautobahnabschnittes ist hierfür nach den Bestimmungen des Vertrages nicht erforderlich. Nachdem ein entsprechender Antrag jedoch Zulässigkeitsvoraussetzung der Widmung ist, sofern die Straßenbaulast einem anderen im Sinne von § 5 Abs. 1 FStrG obliegt, kann im Umkehrschluss aus dem Fehlen des Antrages geschlossen werden, dass A-Modell-Projekte nicht mit einem Wechsel der Straßenbaulast verbunden sind.

Nicht der Betreiber nach dem A-Modell ist für die Widmung der Straße verantwortlich, sondern die öffentliche Hand.

b) Vorzeitige Besitzeinweisung nach § 18 f Abs. 1 FStrG

Hinweise über die Zuweisung der Straßenbaulast können sich auch aus den Regelungen ergeben, die die Muster-Konzessionsverträge im Kontext mit der vorzeitigen Einweisung des Betreibers des Bundesautobahnabschnittes in den Be-

---

[575] Die Aufgaben der Straßenaufsichtsbehörde sind in § 20 FStrG niedergelegt. Ihr obliegt die Überwachung der Träger der Straßenbaulast. Sie soll sicherstellen, dass die Träger der Straßenbaulast die ihnen gesetzlich auferlegten Aufgaben erfüllen.

[576] *Herber*, in: Kodal/Krämer, Kapitel 7 Rn. 17.1.

sitz noch zu enteignender Grundstücke enthalten, die für die Verwirklichung der Straßenbaumaßnahme erforderlich sind.[577]

Die vorzeitige Besitzeinweisung ist in § 18 f Abs. 1 FStrG geregelt. Sie dient der Beschleunigung von Maßnahmen, die grundsätzlich erst nach einer vorangegangenen Enteignung durchgeführt werden könnten.[578] Auf Antrag des Straßenbaulastträgers weist die Enteignungsbehörde den Straßenbaulastträger in den vorzeitigen Besitz ein. Antragsteller und Begünstigter sind demnach der Straßenbaulastträger, Entscheidungsträger ist die Enteignungsbehörde.[579] Somit ist zu prüfen, ob der Betreiber des Bundesautobahnabschnittes im Bedarfsfall einen Antrag auf vorzeitige Besitzeinweisung stellen könnte oder müsste und ob er Adressat der vorzeitigen Besitzeinweisung wäre.

Die vorzeitige Besitzeinweisung für Grundstücke, die für die Umsetzung von A-Modell-Projekten benötigt werden, ist in § 9.2 MKV geregelt.

> *„Für die rechtzeitige Zurverfügungstellung der Grundstücke genügt eine vorzeitige Besitzeinweisung nach § 18 f Abs. 1 FStrG (...).“*

Nach den Regelungen des Muster-Konzessionsvertrages ist die öffentliche Hand verpflichtet, entweder die Grundstücke rechtzeitig zur Verfügung zu stellen (§ 9.1 MKV) oder alternativ, die vorzeitige Besitzeinweisung rechtzeitig herbeizuführen.

Nachdem die Enteignungsbehörde[580] nicht Partei des Muster-Konzessionsvertrages wird, hat der öffentliche Vertragpartner nur bedingt Einfluss auf die Dauer des Verfahrens und die Rechtzeitigkeit der Besitzeinweisung, zu der er sich verpflichtet hat. Beeinflussen kann er den Zeitpunkt lediglich indem er unter Beachtung der vermutlichen Verfahrensdauer den Antrag nach § 18 f Abs. 1 FStrG rechtzeitig stellt.

Die Antragstellung kann aus eigenem Recht erfolgen oder aber aus abgeleitetem Recht. Antragstellung aus eigenem Recht setzt voraus, dass die öffentliche Hand Straßenbaulastträger ist und nicht der Betreiber des Bundesautobahnabschnittes. Andernfalls wäre dieser antragsbefugt.

---

[577] Das Verfahren der vorzeitigen Besitzeinweisung entspricht in Funktion und Wesen der Enteignung. Ziel ist es, eine zeitnahe Verwirklichung des Enteignungszweckes zu ermöglichen. Da das Enteignungsverfahren, nicht zuletzt aufgrund seiner Bedeutung - mit einer Enteignung ist ein Eingriff in die Grundrechte des ursprünglichen Eigentümers verbunden - langwierig ist, musste ein Verfahren geschaffen werden, dass die entgegenstehenden Interessen der Allgemeinheit an einer schnellen Verwirklichung der Vorhaben berücksichtigt. Zur vorzeitigen Besitzeinweisung siehe *Aust*, in: Kodal/Krämer, Kapitel 37 Rn. 30 ff.

[578] *Aust*, in: Kodal/Krämer, Kapitel 37 Rn. 30; *Kastner*, in: Bartlsperger/Blüml/Schroeter, S. 447 (460); *Kastner*, in: Marschall/Schroeter/Kastner, FStrG, § 18 f Rn. 2.

[579] *Kastner*, in: Marschall/Schroeter/Kastner, FStrG, § 18 f Rn. 13; *Sauthoff*, S. 43.

[580] Eine Übersicht zu den Enteignungsbehörden findet sich bei *Kastner*, in: Marschall/Schroeter/Kastner, FStrG, § 19 Rn. 26.

Antragstellung aufgrund abgeleiteten Rechts kommt nicht in Betracht, da § 9.2 MKV nicht als Bevollmächtigung der öffentlichen Hand gesehen werden kann, den Antrag im Namen des Betreibers des Bundesautobahnabschnittes zu stellen. Eine solche Auslegung ist vom Wortlaut der Regelung nicht gedeckt. Der Betreiber des Bundesautobahnabschnittes erteilt keine Vollmacht durch die ein anderer berechtigt wird, eine Handlung auszuführen. Vielmehr enthält die Regelung eine Verpflichtung der öffentlichen Hand.

Zu berücksichtigen ist, dass der Betreiber des Bundesautobahnabschnittes nicht in den Besitz der benötigten Grundstücke eingewiesen werden kann. § 9.2 MKV muss einschränkend dahingehend ausgelegt werden, dass die vorzeitige Besitzeinweisung der Länder genügt. Diese stellen dann dem Betreiber des Bundesautobahnabschnittes die Grundstücke zur Verfügung.

Im Vergleich zum F-Modell fällt auf, dass dort dem Privaten explizit die Rechte nach § 18 f FStrG zugewiesen werden; § 1 Abs. 3 FStrPrivFinG. Der Private und nicht die öffentliche Hand wird in den Besitz eingewiesen; § 7.3 MKV F-Modell.[581] Im Rahmen von A-Modell-Projekten ist das ausgeschlossen, da eine entsprechende gesetzliche Regelung fehlt.

Sofern die Antragstellung der öffentlichen Hand auf Besitzeinweisung aus eigenem Recht erfolgt, muss sie notwendigerweise als Straßenbaulastträger einzuordnen sein.

c) Nebenbetriebe nach § 15 FStrG

Schließlich kann vergleichsweise die rechtliche Burteilung der Privatisierung der Nebenbetriebe[582] gemäß § 15 FStrG herangezogen werden.[583] Die Privatisierung der Nebenbetriebe ist der Privatisierung der Bundesautobahnabschnitte im Rahmen von A-Modell-Projekten vergleichbar. Die tatsächlichen Sachverhalte entsprechen einander.

Nach § 15 Abs. 2 FStrG kann der Bau und Betrieb von Nebenbetrieben auf Dritte übertragen werden. Dabei verbleiben die hoheitlichen Befugnisse, wie beispielsweise das Recht vorzeitig nach § 18 f FStrG vorzeitig in den Besitz eingewiesen zu werden oder die Planfeststellung nach § 17 FStrG, in den Händen des zuständigen Straßenbaulastträgers.[584] Mit der Privatisierung der Nebenbetriebe ist kein Wechsel in der Person des Baulastträgers verbunden.[585]

Nachdem die rechtliche Gestaltung der Privatisierung der Nebenbetriebe nicht mit einem Wechsel der Straßenbaulastträgerschaft verbunden ist, kann daraus

---

581 *Kastner*, in: Marschall/Schroeter/Kastner, FStrG, § 18 f Rn. 44.

582 Zur Definition von Nebenbetrieben vgl. Kapitel 3 B. II. 1.

583 Allgemein zu Nebenbetrieben *Bauer*, in: Kodal/Krämer, Kapitel 41 Rn. 49 ff.; *Marschall*, in: Marschall/Schroeter/Kastner, FStrG, § 15 (passim); *Wiesinger/Maruske*, S. 80 ff.

584 *Steiner*, NJW 1994, 1712 (1712).

585 *Bauer*, in: Kodal/Krämer, Kapitel 41 Rn. 53 ff.

geschlussfolgert werden, dass ein Wechsel von der öffentlichen Hand auch im Rahmen von A-Modell-Projekten nicht angestrebt wird.

5. Zusammenfassung

Zusammenfassend lässt sich feststellen, dass eine Entledigung der Straßenbaulast durch die öffentliche Hand nicht beabsichtigt war. Die Untersuchung der maßgeblichen Bestimmungen des Muster-Konzessionsvertrages lässt diese Schlussfolgerung nicht zu. Die öffentliche Hand bleibt auch hinsichtlich der Streckenabschnitte, auf denen A-Modelle verwirklicht werden, Träger der Straßenbaulast. Lediglich in die Erfüllung der daraus erwachsenden Aufgaben wird der Betreiber des Bundesautobahnabschnittes einbezogen.

E. Umsetzung von A-Modell-Projekten

Nachdem ermittelt wurde, dass der Betreiber des Bundesautobahnabschnittes nur in die Erfüllung der Aufgaben aus der Straßenbaulast eingebunden werden soll, beschäftigt sich der nachfolgenden Abschnitt damit, wie diese Einbindung rechtlich umgesetzt werden soll.

A-Modell-Projekte zeichnen sich dadurch aus, dass sie sich nicht auf eine gesetzliche Grundlage zurückführen lassen.[586] Ihre Rechtsgrundlage ist ausschließlich ein Vertrag zwischen dem Betreiber des Bundesautobahnabschnittes und der öffentlichen Hand.

In diesem Punkt unterscheiden sich A-Modell-Projekte und F-Modell-Projekte voneinander. Zwar wird auch bei F-Modell-Projekten zwischen der öffentlichen Hand und dem Privaten ein Vertrag abgeschlossen.[587] Im Unterschied zu A-Modell-Projekten macht die öffentliche Hand bei Abschluss des Vertrages jedoch von einer gesetzlichen Ermächtigungsgrundlage Gebrauch, die sich aus § 1 Abs. 2 FStrPrivFinG ergibt.[588]

Ziel dieses Teils der Arbeit ist es, zu ermitteln, ob die angestrebte Konzeption auf rechtliche Bedenken stößt. Daher wird das Modell der vertraglichen Umsetzung auf seine Durchführbarkeit hin überprüft. Besonderes Augenmerk wird darauf gelegt, ob eine gesetzliche Grundlage tatsächlich entbehrlich ist. Andernfalls könnten A-Modell-Projekte in der gegenwärtigen Form nicht realisiert werden. Vielmehr müsste zunächst eine gesetzliche Grundlage geschaffen werden.

---

[586] *Beckers/von Hirschhausen*, DIW, S. 8; Bundesministerium für Verkehr, Bau- und Wohnungswesen, Gutachten zum A-Modell, S. 20 f.; *Neumann/Müller*, NZBau 2003, 299 (301); *Roth*, NVwZ 2003, 1056 (1056).

[587] Bundesministerium für Verkehr, Bau- und Wohnungswesen (Hrsg.), Fernstraßenbauprivatfinanzierungsgesetz, passim.

[588] Die Beauftragung des Privaten erfolgt durch einen Konzessionsvertrag, bzw. durch einen vergleichbaren Rechtsakt. BT-Drs 12/6884, S. 5; *Schmitt*, FStrPrivFinG, S. 128; *Stabreit*, NVwZ 1999, 965 (965).

Unerheblich davon, ob im Ergebnis eine gesetzliche Grundlage erforderlich ist oder nicht, steht dem Abschluss eines Vertrages zwischen der öffentlichen Hand und Betreibern von Bundesautobahnabschnitten als unmittelbare Rechtsgrundlage von A-Modell-Projekten nichts entgegen. Entweder wird der Betreiber des Bundesautobahnabschnittes ausschließlich durch den Vertrag in die Erfüllung der Aufgaben eingebunden. Sofern die Arbeit zu dem Ergebnis kommt, dass eine gesetzliche Rechtsgrundlage nicht entbehrlich ist, muss der Vertragsschluss dagegen in Umsetzung einer gesetzlichen Ermächtigung erfolgen. Daher soll auch auf die Rechtsnatur des abzuschließenden Vertrages sowie auf die Vertragsparteien eingegangen werden.

I. A-Modell-Projekte ausschließlich auf vertraglicher Grundlage - Zulässigkeit und Grenzen der Einbindung Privater in die Erfüllung staatlicher Aufgaben durch Vertrag

Ob A-Modell-Projekte ausschließlich aufgrund einer vertraglichen Rechtsgrundlage verwirklicht werden können oder ob eine gesetzliche Rechtsgrundlage notwendig ist, richtet sich nach dem Inhalt des A-Modells. Eine gesetzliche Rechtsgrundlage wäre beispielsweise erforderlich, wenn ein Bereich betroffen ist, der einer lediglich vertraglichen Regelung nicht zugänglich ist. Das kommt insbesondere in Betracht, wenn der Betreiber des Bundesautobahnabschnittes bei der Erfüllung seiner Aufgaben nicht nur in privatrechtlichen Handlungsformen tätig wird. Sofern Private hoheitlich handeln, setzt dies immer eine gesetzliche Rechtsgrundlage voraus.[589] Darüber hinaus könnte die Notwendigkeit einer gesetzlichen Rechtsgrundlage auch aus allgemeinen Grundsätzen folgen.

1. Erfüllung der Aufgaben durch den Betreiber des Bundesautobahnabschnittes mit Mitteln des Privatrechtes

Im Rahmen von A-Modell-Projekten ist der Betreiber des Bundesautobahnabschnittes für Bau, Erhaltung und Betrieb des Bundesautobahnabschnittes zuständig.[590] Wie gezeigt, verbleiben die Aufgaben in Trägerschaft der öffentlichen Hand. Der Betreiber des Bundesautobahnabschnittes wird nur in ihre Erfüllung eingebunden.

Unklar ist, in welcher Handlungsform der Betreiber des Bundesautobahnabschnittes die Aufgaben erfüllt. Er könnte entweder hoheitlich tätig werden oder sich privatrechtlicher Mittel bedienen.

Die zulässigen Mittel zur Aufgabenerfüllung und das Erfordernis einer gesetzlichen Rechtsgrundlage bedingen sich gegenseitig. Der Einsatz hoheitlicher Mittel setzt eine gesetzliche Rechtsgrundlage voraus und bei Vorliegen einer gesetzlichen Rechtsgrundlage kommt der Gebrauch hoheitlicher Mittel in Betracht. Während das erstgenannte zwingend ist, stellt sich das zweite als Option dar.

---

[589] Vgl. Kapitel 3 E. I. 1. a) .
[590] Zum Inhalt der Aufgaben vgl. Kapitel 3 A.

In diesem Zusammenhang ist zu berücksichtigen, dass aus dem Vorliegen einer gesetzlichen Rechtsgrundlage, die den Einsatz hoheitlicher Mittel erlaubt, nicht geschlossen werden kann, dass im konkreten Einzelfall auch hoheitliche Mittel zum Einsatz kommen. Regelmäßig besteht trotzdem eine Wahlmöglichkeit zwischen einer hoheitlichen oder privatrechtlichen Erfüllung der Aufgaben.

Für diese Arbeit folgt daraus, dass es einer gesetzlichen Rechtsgrundlage bedarf, wenn der Betreiber des Bundesautobahnabschnittes im Rahmen der Erfüllung seiner Aufgaben hoheitliche Mittel einsetzt. In diesem Fall wäre seine Einbindung ausschließlich auf vertraglicher Grundlage unzulässig. Erfüllt er seine Aufgaben dagegen mit Mitteln des Privatrechts, steht dies einer lediglich vertraglichen Einbindung jedenfalls nicht entgegen.

a) Keine Beleihung

Voraussetzung für den Gebrauch hoheitlicher Mittel durch den Betreiber des Bundesautobahnabschnittes wäre eine dahingehende Ermächtigung. Diese erfolgt im Wege einer Beleihung.[591] Unter einer Beleihung versteht man die Übertragung staatlicher Aufgaben auf Private zur selbständigen Erfüllung in den Rechtsformen des öffentlichen Rechts.[592] Mithin ist sie gekennzeichnet durch die Übertragung einer Aufgabe, bei der es sich um eine staatliche Aufgabe handeln muss sowie dadurch, dass der Private berechtigt wird, die Aufgabe mit hoheitlichen Mitteln zu erfüllen. Unerheblich ist dagegen, in welcher Form er hoheitlich handelt. Er kann sich entweder obrigkeitlicher oder schlicht-hoheitlicher Mittel bedienen.[593]

Die Beleihung eines Privaten mit hoheitlichen Befugnissen setzt in jedem Fall eine Rechtsgrundlage voraus.[594] Unerheblich ist, ob die Beleihung durch Gesetz selbst oder in Gebrauch einer gesetzlichen Ermächtigung erfolgt. Da A-Modell-Projekte ohne gesetzliche Rechtsgrundlage verwirklicht werden sollen, können sie nicht mit einer Beleihung des Betreibers des Bundesautobahnabschnittes verbunden sein. Daher kann er bei der Erfüllung der Aufgaben nicht hoheitlich tätig werden.

Darüber hinaus zielen A-Modell-Projekte nicht darauf ab, dass der Betreiber des Bundesautobahnabschnittes ihm übertragene Aufgaben mit hoheitlichen Mitteln

---

591 Zur privatrechtlichen Tätigkeit BGH, Urteil vom 24.05.1973, NJW 1973, 1650. Zur Beleihung *Maurer*, AllgVerwR, § 23 Rn. 56.

592 *Burgi*, in: Erichsen/Ehlers, AllgVwR, § 54 Rn. 24; *Maurer*, AllgVerwR, § 23 Rn. 56; *Steiner*, in: FS für Koja, S. 603 (603).

593 *Steiner*, in: FS für Koja, S. 603 (604); *Wolff/Bachof/Stober*, Bd. 3, § 90 Rn. 14 f.

594 Sog. Gesetzesvorbehalt *Maurer*, AllgVwR, § 23 Rn. 58; *Ossenbühl*, VVDStRL 29 (1971), 137 (169 ff.); *Steiner*, in: FS für Koja, S. 603 (612); *P. Stelkens/Schmitz*, in: Stelkens/Bonk/Sachs, VwVfG, § 1 Rn. 231; *Wolff/Bachof/Stober*, Bd. 3, § 90 Rn. 44.

erfüllt.[595] Eine Beleihung ist daher entbehrlich. Für diese Beurteilung sind verschiedene Gesichtspunkte maßgeblich.

Bei A-Modell-Projekten bindet die öffentliche Hand einen Privaten in die Erfüllung von Aufgaben ein, die sie bislang selbst wahrgenommen hat. Wenngleich es sich um staatliche Aufgaben handelt,[596] werden diese nicht auf den Betreiber des Bundesautobahnabschnittes übertragen[597]. Wie bereits gezeigt, bedient sich die öffentliche Hand lediglich der Hilfe des Betreibers des Bundesautobahnabschnittes bei ihrer Erfüllung.

Außerdem stellt sich bei A-Modell-Projekten die Frage, ob der Betreiber mit den Aufgaben Bau, Erhaltung und Betrieb des Straßenabschnittes beliehen werden muss. Diese wird uneinheitlich beurteilt.[598] Bau, Erhaltung und Betrieb sind Aufgaben, die mittels hoheitlichen oder privaten Mitteln erfüllt werden können.[599] Erfüllt der Staat die Aufgaben aus der Straßenbaulast, handelt er regelmäßig hoheitlich.[600] Erfüllt dagegen ein Privater diese Aufgaben, spricht eine Vermutung zugunsten der Aufgabenerfüllung im Wege privatrechtlicher Tätigkeit.[601] Aufgaben der Straßenbaulast können von Privaten mit privatrechtlichen Mitteln bewältigt werden.[602] Das gilt auch, wenn die betreffende Aufgabe von der öffentlichen Hand hoheitlich erfüllt wurde.[603] Daher ist auch vor diesem Hintergrund eine Beleihung entbehrlich.

b) Vergleich mit dem F-Modell

Bestätigend kann die Beurteilung der Tätigkeit von Privaten auf Grundlage des FStrPrivFinG herangezogen werden. Gemäß § 1 Abs. 2 FStrPrivFinG kann *„der Bau, die Erhaltung, der Betrieb und die Finanzierung von Bundesfernstraßen*

---

595 Ob eine Beleihung mit den Aufgaben Bau, Erhaltung und Betrieb notwendig ist, wird uneinheitlich beurteilt. Für die Beleihung *Steiner*, NJW 1994, 3150 (3150); *Wendrich*, BauR 1985, 152 (157); dagegen *Krämer*, in: Kodal/Krämer, Kapitel 16 Rn. 27.11; *Schmitt*, FStrPrivFinG, S. 101 ff. (beide im Zusammenhang mit F-Modell-Projekten).

596 Vgl. Kapitel 3 D. III.

597 Für viele *Uechtritz/Deutsch*, DVBl. 2003, 575 (581); a.A. wohl *Steiner*, NJW 1994, 3150 (3150).

598 Für eine Beleihung *Steiner*, NJW 1994, 3150 (3150); *Wendrich*, BauR 1985, 152 (157); dagegen *Krämer*, in: Kodal/Krämer, Kapitel 16 Rn. 27.11; *Schmitt*, FStrPrivFinG, S. 101 ff.

599 BGH, Urteil vom 15.06.1967, BGHZ 48, 98 (103) Bei einigen Verwaltungsaufgaben steht es der Verwaltung frei, ob sie diese mit öffentlichen oder privaten Mitteln erfüllt (Wahlfreiheit). Diese Möglichkeit besteht nicht in Bereichen, in denen die Verwaltung auf Zwangsmittel angewiesen ist, insbesondere in der Ordnungs- und Aufgabenverwaltung (*Maurer*, AllgVerwR, § 3 Rn. 9).

600 BGH, Urteil vom 01.06.1970, BGHZ 54, 165 (168); BGH, Urteil vom 24.05.1973, NJW 1973, 1650 (1651).

601 *Hubert*, StrGLSA, § 9 Rn. 4.

602 *Uechtritz/Deutsch*, DVBl. 2003, 575 (581).

603 a.A. *Wendrich*, BauR 1985, 152 (157).

Privaten zur Ausführung übertragen werden". Damit ist keine Übertragung hoheitlicher Befugnisse auf den Privaten verbunden.[604]

§ 1 Abs. 2 FStrPrivFinG und § 1 MKV weichen dem Wortlaut nach voneinander ab. Die Aufgaben werden bei F-Modellen zur Ausführung und bei A-Modellen zur Erfüllung übertragen. Damit ist jedoch kein inhaltlicher Unterschied verbunden. Bei beiden Modellen bedient sich die öffentliche Hand bei der Erfüllung ihrer Aufgaben aus der Straßenbaulast der Hilfe Privater.

Etwas anderes folgt auch nicht daraus, dass der Muster-Konzessionsvertrag zum A-Modell keine Regelung enthält, die § 1 Abs. 4 FStrPrivFinG entspricht. Gemäß § 1 Abs. 4 FStrPrivFinG gehen hoheitliche Befugnisse auf den Privaten nicht über, soweit das FStrPrivFinG nichts Abweichendes bestimmt. Nach Ansicht des Gesetzgebers dient § 1 Abs. 4 FStrPrivFinG lediglich dem Verständnis von § 1 Abs. 2 FStrPrivFinG, ohne einen selbständigen Regelungsinhalt zu haben. Er stellt klar, dass mit der Übertragung der Aufgaben Bau, Erhaltung, Betrieb und Finanzierung zur Ausführung keine Übertragung hoheitlicher Befugnisse verbunden ist.[605] Als lediglich klarstellende Vorschrift, bleibt sie ohne Einfluss auf den Inhalt von § 1 Abs. 2 FStrPrivFinG. Mithin bedarf es einer entsprechenden Regelung bei A-Modellen nicht.

F-Modell-Projekte bedürfen nur einer gesetzlichen Rechtsgrundlage, damit der Betreiber nach dem F-Modell mit dem Recht zur Erhebung von Gebühren für die Benutzung des Straßenabschnittes beliehen werden kann.[606]

c) Umfassendes Anweisungsrecht des öffentlichen Vertragspartners

Ein weiteres Indiz dafür, dass der Betreiber des Bundesautobahnabschnittes bei der Erfüllung der Aufgaben privatrechtlich handelt, wäre seine Einordnung als Verwaltungshelfer.

Im Unterschied zum Beliehenen kennzeichnet den Verwaltungshelfer, dass er als Privatperson eine Verwaltungsbehörde mit privatrechtlichen Mitteln bei der Durchführung von Verwaltungsaufgaben unterstützt. Hierbei nimmt er Hilfstätigkeiten im Auftrag und auf Weisung der Behörde wahr.[607] Die Einordnung als Verwaltungshelfer setzt somit das Bestehen eines Weisungsverhältnisses voraus.

---

[604] BT-Drs 12/6884, S. 5; *Reidt*, NVwZ 1996, 1156 (1159); *Rinke*, in: Kodal/Krämer, Kapitel 16 Rn. 27.11; *Schmitt*, FStrPrivFinG, S. 100 ff.

[605] BT-Drs 12/6844, S. 6; So auch: *Reidt*, NVwZ 1996, 1156 (1149); *Rinke*, in Kodal/Krämer, Kapitel 16 Rn. 27.11; *Schmitt*, FStrPrivFinG, S. 102 f.

[606] Vgl. dazu S. 152.

[607] Anwendungsfälle der Verwaltungshilfe sind beispielsweise Schülerlotsen (OLG Köln, NJW 1968, 655 (656); *Maurer*, AllgVerwR, § 23 Rn. 60; *Wolff/Bachof/Stober*, Bd. 3, § 90a Rn. 2); Bürger, die von der Polizei nach einem Unfall beauftragt werden, den Verkehr zu regeln (*Maurer*, AllgVerwR, § 23 Rn. 60) oder Abschleppunternehmen (BGH, Urteil vom 21.01.1993, BGHZ 121, 161 (167)).

Ferner muss sich die Tätigkeit des Privaten auf unselbständige Hilfsdienste beschränken.

Das Weisungsverhältnis zwischen dem Betreiber des Bundesautobahnabschnittes und der öffentlichen Hand ist in § 19 MKV geregelt. § 19.1 S. 1 MKV lautet

> *„Der Auftrag- und Konzessionsgeber [...] ist berechtigt, den Konzessionsnehmer zur Wahrnehmung ihm obliegender Aufgaben und zur Durchführung erforderlicher Maßnahmen anzuweisen."*

Damit ist die öffentliche Hand umfassend anweisungsberechtigt. Ihr Anweisungsrecht beschränkt sich nicht auf Sachverhalte, in denen der Private seine Aufgaben nicht ordnungsgemäß erfüllt (Schlechtleistung).[608]

Das in § 19.1 S. 1 MKV geregelte Anweisungsrecht dient der Absicherung der öffentlichen Hand. Es ist darauf gerichtet, die Erfüllung der Aufgaben durch den Privaten so sicher zu stellen, wie sie durch die öffentliche Hand zu erfüllen wäre. Am Charakter als umfassendes Anweisungsrecht ändert auch § 19.1 S. 2 MKV nichts.

> *„Er (der Auftrag- und Konzessionsgeber) darf jedoch vom Konzessionsnehmer keine Maßnahmen verlangen, die er in vergleichbaren Fällen nicht auch selbst ergreifen würde, es sein denn, der Auftrag- und Konzessionsgeber trägt die Kosten."*

Die Vorschrift dient lediglich dem Schutz des Konzessionsnehmers, der vor überzogenen Forderungen des Auftrag- und Konzessionsgebers bewahrt werden soll. Ihm ist nicht zuzumuten, Maßnahmen durchzuführen, die der Auftrag- und Konzessionsgeber in Ausnutzung der umfassenden Anweisungsbefugnis fordert, ohne sie jedoch selbst erfüllen zu müssen. Eine Beschränkung des Anweisungsrechtes der öffentlichen Hand ist damit nicht verbunden.

In der Praxis erleichtert die Ausgestaltung des Anweisungsrechtes voraussichtlich die Tätigkeit der öffentlichen Hand und reduziert ihre Aufgaben. Nicht jede einzelne Maßnahme muss angewiesen werden, sondern nur solche, die der Betreiber des Bundesautobahnabschnittes nicht von sich aus erfüllt.

Neben dem Weisungsverhältnis, setzt die Einordnung als Verwaltungshelfer auch voraus, dass sich die Tätigkeiten des Privaten auf unselbständige Hilfsdienste beschränken. Vor diesem Hintergrund erscheint die Einordnung des A-Modell-Betreibers als privatrechtlich handelnder Verwaltungshelfer fraglich. Er erfüllt die ihm zugewiesenen Aufgaben tatsächlich weitgehend selbständig. Insbesondere wird er nicht erst auf Anweisung des Straßenbaulastträgers tätig.

---

[608] Bundesministerium für Verkehr, Bau- und Wohnungswesen, Gutachten zum A-Modell, S. 19.

Dennoch schließt dies seine Einordnung als Verwaltungshelfer nicht aus. Zum einen bezieht sich die Unselbständigkeit des Verwaltungshelfers nicht auf die zeitliche Abfolge von Anweisung und Tätigkeit. Es kommt nicht darauf an, dass der Private immer erst nach Anweisung der öffentlichen Hand tätig wird. Unselbständig nimmt vielmehr Bezug auf den Umfang des Weisungsrechtes. Es zielt darauf ab, dass die volle Entscheidungsfreiheit im Zusammenhang mit einer staatlichen Aufgabe in den Händen der Behörde verbleibt[609] oder dass auf das Verhalten des Verwaltungshelfers unmittelbar Einfluss genommen werden kann.[610] Entweder wird dies gewährleistet, indem die Behörde jede einzelne Handlung des Privaten anweist. Dann handelt es sich um einen Fall unselbständiger Verwaltungshilfe. Andererseits wird die volle Entscheidungsfreiheit der Behörde auch gewahrt, wenn der Private zunächst ohne Anweisung der Behörde tätig wird, diese jedoch jederzeit korrigierend eingreifen kann und der Private verpflichtet ist, den Anweisungen Folge zu leisten. Diese Gestaltung wird als selbständige Verwaltungshilfe bezeichnet.

Bei A-Modell-Projekten erfüllt der Betreiber des Bundesautobahnabschnittes seine Aufgaben zunächst selbständig, verstanden als „er wird tätig, ohne dass es hierzu einer Anweisung der Behörde bedarf". Dennoch ist die öffentliche Hand jederzeit berechtigt, die Durchführung von Maßnahmen anzuweisen, die erforderlich sind; § 19.1 MKV. Dagegen ist der Betreiber verpflichtet, den Anweisungen Folge zu leisten. Insoweit ist § 19 Abs. 2 MKV maßgeblich, der lautet

> *„Der Konzessionsnehmer verpflichtet sich, diesen Anweisungen des Auftrag- und Konzessionsgebers sowie der von ihm beauftragten Dritten unverzüglich Folge zu leisten."*

Im Ergebnis erfüllen Betreiber nach dem A-Modell die Voraussetzungen eines selbständigen Verwaltungshelfers.

Abgesehen davon ist anerkannt, dass Aufgaben auf einen Verwaltungshelfer „umfassend [...] und weit reichend [...]"[611] delegiert werden können. Möglich ist beispielsweise, dass er „langfristig selbständig" eine Anlage zur Abwasserbeseitigung betreibt.[612] Diese Beurteilung wird auf den Bereich der Fernstraßenprivatisierung übertragen. Private, die im Rahmen eines Leasingmodells[613] ein-

---

609 *v. Heimburg*, S. 130.

610 *Kumanoff/Schwarzkopf/Fröse*, SächsVBl. 1997, 73 (75).

611 *Osterloh*, VVDStRL 54 (1995), 204 (236).

612 *Krölls*, GewArch 1995, 129 (131); *Kumanoff/Schwarzkopf/Fröse*, SächsVBl. 1997, 73 (74).

613 Das Leasing-Modell ist der Gruppe der Vorfinanzierungsmodelle zuzuordnen (Zu dieser Gruppe gehört neben dem Leasing-Modell das so genannte Konzessionsmodell. *Ekardt*, VBlBW 1997, 281 (282); *Pabst*, S. 184). Der Staat als Leasingnehmer schließt einen Vertrag mit einem Privaten (in der Regel eine privatwirtschaftliche Objektgesellschaft), der als Leasinggeber fungiert. Der Private übernimmt die Finanzierung des Straßenbauvorhabens und zudem dessen Erstellung, Unterhaltung und Erhaltung. Nach Fertigstellung mie-

gebunden sind, werden als Verwaltungshelfer eingeordnet. Sie sind Betreibern nach dem A-Modell insoweit vergleichbar, als sie umfassend für Errichtung, Erhaltung und Unterhaltung des Straßenbauprojektes verantwortlich sind. Sie gleichen darin einem Generalunternehmer. Mithin steht auch das umfassende Tätigkeitsfeld des A-Modell Betreibers seiner Einordnung als Verwaltungshelfer nicht entgegen.

Demzufolge ist der Betreiber des Bundesautobahnabschnittes als Verwaltungshelfer einzuordnen, der zur Erfüllung der ihm zugewiesenen Aufgaben auf Mittel des Privatrechtes beschränkt ist.

d) Zusammenfassung

Der Betreiber des Bundesautobahnabschnittes bedient sich bei der Erfüllung seiner Aufgaben ausschließlich privatrechtlicher Handlungsformen. Er greift nicht auf hoheitliche Mittel zurück.

Die Handlungsform steht einer Einbindung, ohne gesetzliche Rechtsgrundlage, nicht entgegen.

2. Vorbehalt des Gesetzes

Auch aus dem Grundsatz vom Vorbehalt des Gesetzes lässt sich das Erfordernis einer gesetzlichen Grundlage für A-Modell-Projekte nicht herleiten.[614]

Nach der vom Bundesverfassungsgericht entwickelten Wesentlichkeitstheorie verpflichtet der Gesetzesvorbehalt den Gesetzgeber dazu, in grundlegenden normativen Bereichen, zumal im Bereich der Grundrechtsausübung, soweit diese staatlicher Regelung zugänglich ist, alle wesentlichen Entscheidungen selbst zu treffen.[615]

---

tet der Staat für eine fest vereinbarte, unkündbare Dauer das Objekt von der Objektgesellschaft. Als Gegenleistung zahlt er an den Privaten eine Leasingrate. Vorfinanzierungsmodelle sind insbesondere aus Gründen des Haushaltsrechtes umstritten. Zu Vorfinanzierungsmodellen siehe *Grupp*, DVBl. 1994, 140 (142 ff.); *Jahndorf*, NVwZ 2001, 620 (621 ff.); *Pabst*, S. 184 ff.; *Püttner*, S. 728 (731 ff.); *Zeiss*, NVwZ 1998, 467 (467 ff.).

[614] Ausdrücklich *Bartlsperger*, S. 247.

[615] BVerfG, Beschluss vom 08.08.1978, E 49, 89 (126); BVerfG Beschluss vom 20.10.1982, E 61, 260 (275); BVerfG, Beschluss vom 29.10.1987, E 77, 170 (230 f.); *Hofmann*, in: Schmidt-Bleibtreu/Klein, GG, Art. 20 Rn. 70; *Schulze-Fielitz*, in: Dreier, GG, Bd. II, Art. 20 Rn. 103; Im Unterschied zur früher vorherrschenden Meinung (BVerfG, Beschluss vom 06.05.1958, E 8, 155 (166 f.); *Maurer*, AllgVerwR, § 6 Rn. 9; *Hofmann*, in: Schmidt-Bleibtreu/Klein, GG, Art. 20 Rn. 70) beschränkt sich der Gesetzesvorbehalt nicht darauf, dass ein Gesetz lediglich bei Eingriffen in Freiheit und Eigentum erforderlich ist (Zu Nachweisen siehe BVerfG, Beschluss vom 08.08.1978, E 49, 89 (126)). Wenngleich kein Totalvorbehalt beabsichtigt ist, nach dem jedwedes staatliches Handel einer gesetzlichen Grundlage bedürfte (BVerfG, Beschluss vom 28.10.1975, E 40, 237 (250); *Maurer*, AllgVerwR, § 6 Rn. 10; *Stern*, Staatsrecht I, S. 808), ist der Anwendungsbereich des Grundsatzes vom Vorbehalt des Gesetzes auszuweiten. Das BVerfG spricht davon, dass „Han-

In diesen Bereichen bedarf staatliches Handeln der Legitimation durch förmliches Gesetz.[616]

a) Eingriff in Freiheit und Eigentum

Mit A-Modell-Projekten sind keine Eingriffe in Freiheit und Eigentum verbunden, die zu berücksichtigen sind und nach dem Grundsatz vom Vorbehalt des Gesetzes eine Rechtsgrundlage erforderlich machen würden.

Unter einem Eingriff versteht man normative Regelungen, die gezielt und gewollt die Adressaten belasten oder beeinträchtigen,[617] sowie Realakte der öffentlichen Hand, durch die geschützte Tätigkeiten behindert und gefährdet werden.[618] Dazu gehören beispielsweise Warnungen oder Empfehlungen.

In tatsächlicher Hinsicht berühren A-Modell-Projekte drei Personengruppen, bei denen Eingriffe in Freiheit und Eigentum nicht ausgeschlossen scheinen. Betroffen sind die Benutzer der Bundesautobahn, die Bundesländer, in denen die betreffenden Bundesautobahnabschnitte liegen und die Eigentümer der Grundstücke, die zur Erweiterung der Bundesautobahnabschnitte benötigt werden.

---

deln in grundlegenden Bereichen" durch Gesetz legitimiert sein müsse. Hintergrund ist, dass Freiheit des Einzelnen häufig nicht (ausschließlich) auf dem Unterbleiben eines staatlichen Eingriffes fußt. Von Bedeutung sind zudem Leistungen des Staates sowie Chancen, die staatliches Handeln dem Einzelnen bietet. (BVerfG, Beschluss vom 28.10.1975, E 40, 237 (248 ff.); *Schulze-Fielitz*, in: Dreier, GG, Bd. II, Art. 20 Rn. 103).

[616] BVerfG, Beschluss vom 08.08.1978, E 49, 89 (126); BVerfG, Urteil vom 14.07.1998, E 98, 218 (251 f.); Der Grundsatz vom Vorbehalt des Gesetzes (Gesetzesvorbehalt) wird zumeist aus Art. 20 Abs. 3 GG hergeleitet (BVerfG, Beschluss vom 28.10.1975, E 40, 237 (249); BVerfG, Beschluss vom 08.08.1978, E 49, 89 (126); BVerwG, Urteil vom 29.11.1985, E 72, 265 (266); *Jarass*, in: Jarass/Pieroth, GG Art. 20 Rn. 44). Darüber hinaus hat er seine Grundlage zudem im Rechtsstaatsprinzip (BVerfG, Beschluss vom 10.05.1988, E 78, 179 (197); *Jarass*, in: Jarass/Pieroth, GG, Art. 20 Rn. 44; *Ossenbühl*, in: Isensee/Kirchhof, HStR III, § 62 Rn. 33; *Schulze-Fielitz*, in: Dreier, GG, Bd. II, Art. 20 Rn. 95; *Stern*, Staatsrecht I, S. 805) sowie im Demokratieprinzip (*Jarass*, in: Jarass/Pieroth, GG, Art. 20 Rn. 44; *Ossenbühl*, in: Isensee/Kirchhof, HStR III, § 62 Rn. 33; *Schulze-Fielitz*, in: Dreier, GG, Bd. II, Art. 20 Rn. 95). Der Gesetzesvorbehalt dient zum einen der demokratischen Legitimation des Handelns der Verwaltung. Darüber hinaus soll die Entscheidungsfindung aus dem internen Bereich hinaus in die Öffentlichkeit verlagert, und eine umfangreichere Entscheidungssuche gewährleistet werden. Letztlich sollen betroffene und widerstreitende Interessen in einem größeren Maß ausgeglichen werden, als es bei einer (internen) Verwaltungsentscheidung möglich wäre. (BVerfG, Beschluss vom 28.10.1975, E 40, 237 (249)).

[617] „Klassischer Eingriff": BVerwG, Urteil vom 27.03.1992, E 90, 112 (121); *Dreier*, in: Dreier, GG, Bd. I, Vorb. Rn. 124; *Enders*, in: Friauf/Höfling, GG, Bd. 1, vor Art. 1 Rn. 102; *Isensee*, in: Isensee/Kirchhof, HStR V, § 111 Rn. 61; *Jarass*, in: Jarass/Pieroth, GG, Vorb. vor Art. 1 Rn. 25.

[618] „Faktischer Eingriff": *Dreier*, in: Dreier, GG, Bd. I, Vorb. Rn. 125; *Isensee*, in: Isensee/Kirchhof, HStR V, § 111 Rn. 62 ff.; *Jarass*, in: Jarass/Pieroth, GG, Vorb. vor Art. 1 Rn. 26.

aa) Nutzer der Bundesautobahn

Ein Eingriff in Freiheit und Eigentum der Bundesautobahnbenutzer lässt sich nicht feststellen. Weder wird durch die Erfüllung der Straßenbau-, Straßenunterhaltungs- und Finanzierungsaufgaben durch den Betreiber des Bundesautobahnabschnittes eine Regelung gegenüber den Bundesautobahnbenutzern getroffen, noch werden sie in der Ausübung geschützter Tätigkeiten beeinträchtigt. Vielmehr soll den Nutzern durch die Übertragung der Ausführung der genannten Aufgaben auf den Privaten ein im Vergleich zur herkömmlichen Aufgabenerfüllung größeres Maß an Freiheit gewährleistet werden. Insbesondere bestehende (bauliche) Grenzen der Fortbewegungsfreiheit werden ausgedehnt bzw. beseitigt.

bb) Bundesländer

Dagegen besteht die Möglichkeit, dass durch die Einbindung des Betreibers des Bundesautobahnabschnittes Eigentum und Rechte der Bundesländer beeinträchtigt werden, was im Ergebnis jedoch abzulehnen ist.

Zunächst sind die Bundesländer nicht grundrechtsberechtigt. Aufgrund der Intention von Grundrechten, die dem Schutz privater Interessen gegenüber dem Staat dienen sollen,[619] sind grundsätzlich nur Personen des Privatrechts Träger von Grundrechten.[620] Bundesländer sind dagegen juristische Personen des öffentlichen Rechts und als solche Grundrechtsverpflichtete, nicht Grundrechtsträger.[621]Entscheidend ist, dass bei ihnen grundsätzlich keine grundrechtstypische Gefährdungslage auftreten kann, die das Verhältnis von Staat und Bürger kennzeichnet.[622] Einen Grundrechtsschutz zugunsten des Staates „vor sich selbst" gebe es jedoch nicht.[623]

Daneben erscheint zweifelhaft, ob A-Modell-Projekte überhaupt zu einem Eingriff in Rechte und Eigentum der Länder führen würden. Wenngleich die Länder in Folge der Einbindung des Betreibers des Bundesautobahnabschnittes Aufgaben nicht mehr ausführen, die ihnen als Straßenbaulastträger obliegen, ist dies unbeachtlich. Zwar basieren A-Modelle auf einem Konzept des Bundes, tatsäch-

---

619 *Clemens*, in: Umbach/Clemens, GG, Bd. I, vor Art. 2 ff. Rn. 45; *Krüger/Sachs*, in: Sachs, GG, Art. 19 Rn. 91.

620 BVerfG, Beschluss vom 08.07.1982, E 61, 82 (101).

621 Für Universitäten als juristische Person des öffentlichen Rechts BVerfG, Beschluss vom 16.01.1963, E 15, 256 (262); *Ibler*, in: Friauf/Höfling, GG, Bd. 1, Art. 19 Rn. 10; *Krüger/Sachs*, in: Sachs, GG, Art. 19 Rn. 90. Rechtsprechung und Literatur erkennen Ausnahmen nur in eng begrenztem Umfang an z.B. Art. 101, 103 GG (Garantie des rechtsstaatlichen Gerichtsverfahrens), Universitäten (Art. 5 Abs. 3 GG), Rundfunkanstalten (Art. 5 Abs. 1 S. 2 GG), Religionsgemeinschaften (*Badura*, S. 87 f.; *Ibler*, in: Friauf/Höfling, GG, Bd. 1, Art. 19 Rn. 10; *Krüger/Sachs*, in: Sachs, GG, Art. 19 Rn. 93 ff.).

622 BVerfG, Beschluss vom 07.06.1977, E 45, 63 (79); BVerfG, Beschluss vom 08.07.1982, E 61, 82 (102, 105); *Krüger/Sachs*, in: Sachs, GG, Art 19 Rn. 91.

623 *Clemens*, in: Umbach/Clemens, GG, Bd. I, vor Art. 2 ff. Rn. 45.

lich umgesetzt werden sie jedoch auf Landesebene.[624] Es ist ausgeschlossen, dass das Land einen Eingriff in Eigentum und eigene Rechte geltend macht, der auf einem eigenen Handeln beruht.

cc) Grundstückseigentümer

Problematischer erscheint, ob unmittelbar durch das A-Modell in Freiheit und Eigentum der Grundstückseigentümer eingegriffen wird, deren Grundstücke zum (Aus)Bau des Bundesautobahnabschnittes benötigt werden. Auch dies ist abzulehnen.

Mit dem A-Modell ist nur die Einbindung des Betreibers des Bundesautobahnabschnittes in Bau, Erhaltung, Betrieb und Finanzierung des Bundesautobahnteilstückes verbunden. Notwendige Enteignungsverfahren bzw. Verfahren zur vorzeitigen Besitzeinweisung nach § 18 f Abs. 1 FStrG werden weder durch den Betreiber nach dem A-Modell noch zu seinen Gunsten durchgeführt.[625] Begünstigt ist vielmehr letztlich der Bund. Das Verfahren nach § 18 f Abs. 1 FStrG wäre auch im Rahmen des konventionellen Bundesautobahnbaus angewandt worden. Mithin wird in die Rechte der betroffenen Grundstückseigentümer nicht durch oder aufgrund des A-Modells eingegriffen, weshalb daraus auch nicht die Notwendigkeit einer gesetzlichen Grundlage folgt.

b) Wesentliche Entscheidungen in grundlegenden normativen Bereichen

Dennoch könnten mit A-Modellen wesentliche Entscheidungen in grundlegenden normativen Bereichen verbunden sein, die nicht in einem Eingriff bestehen. Dem grundlegend normativen Bereich müssen zunächst alle grundrechtsrelevanten Tätigkeiten zugeordnet werden. Über den bereits dargestellten Bereich der Eingriffsverwaltung hinaus, bedürfen teilweise auch Maßnahmen der Leistungsverwaltung einer legitimierenden gesetzlichen Grundlage. Jedoch ist hier zu differenzieren.

Während die Gewährung staatlicher Leistungen, beispielsweise Subventionen, grundsätzlich nicht unter dem Vorbehalt des Gesetzes steht,[626] kann die Notwendigkeit einer gesetzlichen Grundlage aufgrund des Unterlassens einer Leistung bzw. schützender Maßnahmen anzunehmen sein.[627]

---

624 Dazu siehe Kapitel 3 E. IV.

625 Vgl. dazu Kapitel 3 D. IV. 4. b).

626 BVerwG, Urteil vom 21.03.1958, E 6, 282 (287 f.); BVerwG, Urteil vom 08.02.1974, E 45, 8 (11); BVerwG, Urteil vom 27.03.1992, E 90, 112 (126); *Jarass*, in: Jarass/Pieroth, GG, Art. 20 Rn. 49; *Stern*, Staatsrecht I, S. 808; a.A. *Maurer*, AllgVerwR, § 6 Rn. 14. Einschränkend ist zu berücksichtigen, dass eine gesetzliche Grundlage dennoch notwendig ist, wenn die Subvention zu einem Grundrechtseingriff bei einem Dritten führt. BVerwG, Urteil vom 27.03.1992, E 90, 112 (126).

627 BVerfG, Beschluss vom 21.12.1977, E 47, 46 (79); *Jarass*, in: Jarass/Pieroth, GG, Art. 20

Zudem ist zu berücksichtigen, dass grundrechtsrelevante Maßnahmen lediglich einen Ausschnitt der grundlegend normativen Bereiche darstellen.[628] Nach Ansicht des Bundesverfassungsgerichts bemisst sich die Frage, ob staatliches Handeln im Einzelfall einen grundlegenden Bereich betrifft, nach der Eigenart der Regelungsgegenstände und danach, welche Lebensbereiche und Rechtspositionen des Bürgers betroffen sind. Die Entscheidung hat alle genannten Gesichtspunkte zu berücksichtigen.[629]

Inhalt von A-Modellen ist die Einbindung des Betreibers des Bundesautobahnabschnittes in die Erfüllung von Aufgaben der Straßenbaulast. Die Wirkung des A-Modells beschränkt sich auf das Innenverhältnis zwischen dem Baulastträger und dem Betreiber. Eine Verschiebung bzw. Übertragung der Straßenbaulast auf einen anderen Baulastträger geht damit wie gezeigt nicht einher. Mithin tangieren A-Modelle Rechtspositionen von Dritten nicht. Die öffentlich-rechtlichen Zuständigkeiten sowie die Letztverantwortung verbleiben in den Händen des ursprünglich zuständigen Hoheitsträgers.

3. Einordnung des Betreibers des Bundesautobahnabschnittes als selbständiger Verwaltungshelfer

Weiterhin ist zu berücksichtigen, dass es sich um einen Fall einer umfassenden Einbindung eines Privaten in die Erfüllung einer staatlichen Aufgabe handelt. Auch unter diesem Gesichtspunkt scheint das Erfordernis einer spezial-gesetzlichen Grundlage für A-Modelle nicht ausgeschlossen.

Es ist anerkannt, dass in Fällen der unselbständigen Verwaltungshilfe keine gesetzliche Grundlage notwendig ist.[630] Der Gesetzesvorbehalt findet insoweit keine Anwendung. Dagegen sind A-Modell-Betreiber als so genannte selbständige Verwaltungshelfer einzuordnen.[631]

Im Hinblick darauf, warum die unselbständige Verwaltungshilfe auch ohne spezialgesetzliche Grundlage für zulässig gehalten wird, ist sie der selbständigen Verwaltungshilfe vergleichbar. Beide sind dadurch gekennzeichnet, dass an der Zuordnung der Aufgabe keine Veränderung eintritt. Der Aufgabenträger wechselt nicht. Insbesondere ist mit beiden Alternativen der Verwaltungshilfe keine Aufgabenentledigung seitens des staatlichen Hoheitsträgers verbunden.[632] Des-

---

Rn. 50.

628 BVerfG, Beschluss vom 08.08.1978, E 49, 89 (126 f.).

629 BVerfG, Beschluss vom 28.10.1975, E 40, 237 (249).

630 *Ossenbühl*, VVDStRL 29 (1971), S. 137 (198); *Peine*, DÖV 1997, 353 (357); *Steiner*, Öffentliche Verwaltung, S. 238 f.; *Wolff/Bachof/Stober*, Bd. 3, § 90a Rn. 34; *Zuleeg*, DÖV 1970, 627 (631).

631 Vgl. Kapitel 3 E. I. 1. c) a.A. Bartlsperger der die Betreiber als „lediglich privatrechtlich in Dienst genommene Private" einordnet. *Bartlsperger*, S. 248.

632 Als Begründung für die Zulässigkeit der unselbständigen Verwaltungshilfe ohne gesetzliche Grundlage *Steiner*, Öffentliche Verwaltung, S. 239.

weiteren erhält auch der selbständige Verwaltungshelfer keine nennenswerten Entscheidungsbefugnisse.[633] Wie bereits gezeigt, ist der Unterschied zwischen einem unselbständigen und einem selbständigen Verwaltungshelfer von untergeordneter Bedeutung. Letztlich verbleibt die volle Entscheidungsfreiheit bei beiden Alternativen in öffentlicher Hand.

Bestätigend kann der Grundsatz der Wahlfreiheit der Verwaltung in organisatorischer Hinsicht herangezogen werden, dem zufolge der Staat sich zur Erfüllung eigener Aufgaben privater Verwaltungshelfer bedienen kann.[634]

4. Spezieller Gesetzesvorbehalt des § 5 Abs. 1 FStrG

Schließlich ergibt sich die Notwendigkeit einer spezialgesetzlichen Regelung auch nicht aus dem speziellen Gesetzesvorbehalt des § 5 Abs. 1 FStrG. Nach dieser Vorschrift bedarf die Zuweisung der Baulast an Bundesautobahnen an einen anderen als den grundsätzlich zuständigen Hoheitsträger einer gesetzlichen Grundlage. A-Modelle bewirken jedoch gerade keine Übertragung der Baulast. Wie bereits gezeigt, handelt es sich vielmehr lediglich um eine Einbindung in die Ausführung der Aufgaben.

5. Anordnung der Auftragsverwaltung nach Art. 90 Abs. 2 GG

Schließlich sollte nicht außer Acht gelassen werden, dass A-Modell-Projekte einen Bereich betreffen, der den Ländern nach Art. 90 Abs. 2 GG zur Auftragsverwaltung zugewiesen ist. Auch vor diesem Hintergrund könnte eine gesetzliche Grundlage notwendig sein.

Im Bereich der Auftragsverwaltung ist die Kompetenz des Bundes zur Regelung der Ausführung von Bundesgesetzen eingeschränkt. Durch Bundesgesetz kann der Bund mit der Einrichtung der Behörden[635] die Organisation und mit dem Verfahren[636] die Art und Weise des Verwaltungshandelns regeln.[637] Zwar

---

633 Zum unselbständigen Verwaltungshelfer *Wolff/Bachof/Stober*, Bd. 3, § 90a Rn. 34.

634 *Wolff/Bachof/Stober*, Bd. 3, § 90a Rn. 35 im Anschluss an *Wolff/Bachof/Stober*, Bd. 1, § 23 Rn. 31.

635 *Pieroth*, in: Jarass/Pieroth, GG, Art. 85 Rn. 3; *Maurer*, Staatsrecht, S. 621. Die „Einrichtung" der Behörden umfasst ihre Errichtung (Gründung, Bildung), die Einrichtung im engeren Sinn (Gestaltung, innere Organisation) und die Übertragung der Aufgaben einschließlich deren Veränderung (*Lerche*, in: Maunz/Dürig, GG, Bd. V, Art. 84 Rn. 25; *Pieroth*, in: Jarass/Pieroth, GG, Art. 84 Rn. 3 m.w.N.).

636 Wenngleich das Verwaltungsverfahren im Unterschied zu Art. 84 Abs. 1 GG nicht explizit aufgeführt wird, ist es nach herrschender Ansicht dennoch von Art. 85 GG erfasst. Die Nichterwähnung des Verwaltungsverfahrens wird allgemein als „Redaktionsversehen" gewertet, da nicht anzunehmen sei, dass die Einwirkungsmöglichkeiten des Bundes bei der ihm näher stehenden Auftragsverwaltung von geringerem Umfang sein sollten, als die bei der Ausführung von Bundesgesetzen in landeseigener Verwaltung (Art. 84 Abs. 1 GG). BVerfG, Beschluss vom 15.07.1969, E 26, 338 (385); *Maurer*, Staatsrecht, S. 621; *Pieroth*, in: Jarass/Pieroth, GG, Art. 85 Rn. 3. Im Ergebnis auch, jedoch ohne das Erfordernis der Zustimmung des Bundesrates *Henneke/Ruge*, in: Schmidt-Bleibtreu/Klein,

scheint es möglich, dass durch die Entwicklung und Umsetzung von A-Modell-Projekten im Bundesautobahnbau eine Regelung des Verfahrens zur Ausführung des FStrG getroffen wird. Im Ergebnis ist dies jedoch abzulehnen.

Der Begriff Verwaltungsverfahren erfasst insbesondere Verwaltungshandlungen mit Außenwirkungen. Neben der Art und Weise, in der Verwaltungsbehörden tätig werden, betrifft das Verwaltungsverfahren insbesondere auch die Handlungsform derer sich die Verwaltung bedient.[638] Mithin regeln gesetzliche Bestimmungen, welche die Handlungsform, in der die Verwaltung tätig werden soll, zum Gegenstand haben, das Verwaltungsverfahren. Sie sind daher an die Form eines Bundesgesetzes gebunden.

Grundsätzlich sind die hier zu beurteilenden Straßenbaulastaufgaben durch den zuständigen Straßenbaulastträger zu erfüllen. Bei Bundesautobahnen ist das Land bzw. sind die zuständigen Landesbehörden zuständig.[639] Ihnen steht es frei, in welcher Handlungsform sie ihre Aufgaben erfüllen.

Das Konzept zu A-Modell-Projekten sieht vor, dass nicht mehr der ursprüngliche Hoheitsträger, sondern ein Privater diese Aufgaben erfüllt. Damit betrifft es jedenfalls das Verfahren zur Ausführung eines Bundesgesetzes. Den Anforderungen des Art. 85 Abs. 1 GG muss jedoch erst dann genügt werden, wenn der Bund verbindliche Regelungen für das Verwaltungsverfahren trifft.[640] Gerade das ist hier abzulehnen. Zwar fördert der Bund Betreibermodelle an Bundesautobahnen und mithin auch das A-Modell. Jedoch muss berücksichtigt werden, dass die Entscheidung, ob ein Bundesautobahnabschnitt einem Privaten als A-Modell-Projekt zur Ausführung übertragen wird, (grundsätzlich) bei den Ländern liegt.[641]

GG, Art. 85 Rn. 5; *Lerche*, in: Maunz/Dürig, GG, Bd. V, Art. 85 Rn. 26 ff.

637 Infolge der Änderungen, die durch die Föderalismusnovelle Eingang in das Grundgesetz gefunden haben, ist die Zustimmung des Bundesrates nicht mehr erforderlich. Die Länder sind jedoch zur Schaffung abweichender Regelungen berechtigt.

638 BVerfG, Beschluss vom 25.06.1974, E 37, 363 (385); BVerfG, Urteil vom 10.12.1980, E 55, 274 (319); BVerfG, Urteil vom 17.07.2002, E 105, 313 (331); *Bartlsperger*, in: Dolzer/Vogel/Graßhof, Bonner GG, Art. 90 Rn. 84; *Pieroth*, in: Jarass/Pieroth, GG, Art. 84 Rn. 4. Nach BVerfG, Beschluss vom 08.04.1987, E 75, 108 (152) sind Vorschriften über das Verwaltungsverfahren „gesetzliche Bestimmungen, die die Tätigkeit der Verwaltungsbehörden im Blick auf die Art und Weise der Ausführung der Gesetze einschließlich ihrer Handlungsformen, die Form der behördlichen Willensbildung, die Art der Prüfung und Vorbereitung der Entscheidung, deren Zustandekommen und Durchsetzung sowie verwaltungsinterne Mitwirkungs- und Kontrollvorgänge in ihrem Ablauf regeln."

639 Vgl. S. 33.

640 BVerfG, Beschluss vom 08.04.1987, E 75, 108 (165); *Henneke/Ruge*, in: Schmidt-Bleibtreu/Klein, GG, Art. 84 Rn. 4 i.V.m. Art. 85 Rn. 5.

641 Davon zu unterscheiden ist die Tatsache, dass der Bund durch Weisungen zulässigerweise die Sachkompetenz an sich ziehen kann. Von der Sachkompetenz abzugrenzen ist die so genannte Wahrnehmungskompetenz, also das Handeln und die Verantwortung im Außen-

Der Bund trifft insoweit keine verbindlichen Regelungen, die länderseitig zu berücksichtigen sind.

Eine abweichende Beurteilung ist auch nicht vor dem Hintergrund geboten, dass der Bund Muster-Konzessionsverträge erarbeiten ließ. Die Muster-Konzessionsverträge sind keine zwingenden Vorgaben. Sie haben lediglich empfehlenden Charakter und dienen der Vereinfachung und Vereinheitlichung der Projektumsetzung. Hauptsächlich sind sie der Größe der Projekte, der übergreifenden Bedeutung von Bundesautobahnen und der mangelnden Erfahrung der Länder beim Abschluss solcher Verträge geschuldet. Auch aufgrund der hohen anfallenden Kosten, die mit der Erarbeitung solcher Verträge einhergehen, war es empfehlenswert, sie zentral nur einmal erarbeiten zu lassen.

6. Zusammenfassung

Im Ergebnis bedarf die Realisierung von A-Modellen aus keinem der vorgenannten Gesichtspunkte einer spezialgesetzlichen Grundlage. Die gewählte Struktur erlaubt die Einbindung des Privaten auf vertraglicher Grundlage.

Im Rahmen von A-Modell-Projekten erfüllt der Private die ihm zur Erfüllung übertragenen Aufgaben des Baus, der Erhaltung und des Betriebs von Bundesautobahnabschnitten privatrechtlich. Hoheitlicher Mittel bedient er sich nicht.[642]

II. Abschluss eines „Konzessionsvertrages"?

Ausgehend von der Feststellung, dass A-Modell-Projekte zulässigerweise ausschließlich auf vertraglicher Grundlage umgesetzt werden können, ohne dass es einer gesetzlichen Rechtsgrundlage bedarf, wendet sich die Arbeit nunmehr dieser vertraglichen Grundlage im Speziellen zu.

---

verhältnis (BVerfG, Urteil vom 22.05.1990, E 81, 310 (331 f.); BVerfG, Urteil vom 19.02.2002, E 104, 249 (264 f.)), die unentziehbar den Ländern zugewiesen ist. Indem der Bund im Einzelfall die zuständige Landesbehörde anweist, die Straßenbau- und Straßenunterhaltungsaufgaben einem Privaten zur Erfüllung zu übertragen, macht er lediglich von seiner Sachkompetenz Gebrauch. Eine Regelung des allgemein gültigen Verwaltungsverfahrens ist hiermit jedoch nicht verbunden.

642 Ausdrücklich nur *Uechtritz/Deutsch*, DVBl. 2003, 575 (581). *Uechtritz/Deutsch* lehnen die Übertragung „obrigkeitlicher" Befugnisse ab, also der Anwendung von Befehl und Zwang (BGH, Urteil vom 23.02.1956, BGHZ 20, 102 (104); *Maurer*, AllgVerwR, § 3 Rn. 11). Gleichzeitig verweisen sie jedoch auf die „verwandte Materie des FStrPrivFinG". Die Aufgaben, auf die hiermit Bezug genommen wird (Bau, Erhaltung und Betrieb von Straßen) werden jedoch nicht mit obrigkeitlichen Mitteln, sondern schlicht-hoheitlich erfüllt (*Schmitt*, FStrPrivFinG, S. 99 f.). Es ist davon auszugehen, dass *Uechtritz/Deutsch* nur ungenau formulieren. Unter Berücksichtigung der Regelungen des FStrPrivFinG kommt man zu dem Schluss, dass vielmehr keine „hoheitlichen" Befugnisse übergehen sollen.

Wie bereits dargestellt, beauftragte das damalige Bundesministerium für Verkehr, Bau- und Wohnungswesen eine Gutachtergruppe[643] mit der Entwicklung von Musterregelungen.[644] Die Endfassung eines Mustervertrages wurde unter dem 20.12.2002 vorgestellt.[645] Er firmiert unter der Bezeichnung Muster-Konzessionsvertrag und wird auch darüber hinaus als Konzessionsvertrag bezeichnet.[646]

Im Mittelpunkt des nun folgenden Abschnittes stehen im Wesentlichen die Frage, worauf sich die Bezeichnung als Konzessionsvertrag gründet. Es erscheint nicht ausgeschlossen, dass A-Modell-Projekte die Merkmale eines Konzessionsmodells erfüllen. Daher soll untersucht werden, ob sich das A-Modell als eines der bereits vorgestellten Privatisierungsmodelle im Fernstraßenbereich einordnen lässt. Bislang wird unterschieden zwischen dem Leasingmodell, dem Konzessionsmodell und dem Betreibermodell.[647] Die Bezeichnung des Mustervertrages legt die Vermutung nahe, dass A-Modell-Projekte die Merkmale des Konzessionsmodells erfüllen. Ferner könnte die Bezeichnung als Konzessionsvertrag ihre Ursache aber auch darin haben, dass mit A-Modell-Projekten die Vergabe einer Konzession verbunden ist.

1. A-Modell als Konzessionsmodell oder Betreibermodell

Trotz der Bezeichnung der Musterverträge als Muster-Konzessionsvertrag wird angenommen, dass A-Modelle als Betreibermodelle[648] qualifizieren. Daraus folgt gleichzeitig, dass sie nicht als Konzessionsmodell[649] im oben vorgestellten Sinn einzuordnen sind.

Wie bereits erläutert wird einem Privaten im Rahmen von A-Modell-Projekten Ausbau, Betrieb und Erhaltung eines bestehenden Bundesautobahnabschnittes zur Erfüllung übertragen. Als Gegenleistung leitet der Bund an ihn die Einnahmen aus der Autobahnmaut weiter, die anteilig auf den jeweiligen Straßenab-

---

643 Zu den Mitgliedern der Gutachtergruppe vgl. S. 104.

644 Von der Gutachtergruppe wurden drei verschiedene Vertragsmuster erarbeitet, jeweils eines für die Varianten Konventionelle Planung, Ideenwettbewerb und Mischmodell. Zur Vereinfachung nimmt die Arbeit nur auf die Variante Konventionelle Planung Bezug.

645 Vgl. *Roth*, NVwZ 2003, 1056 (1057).

646 BT-Drs 14/8724, S. 2; *Neumann/Müller*, NZBau 2003, 299 (300); *Roth*, NVwZ 2003, 1056 (1057).

647 Vg. Kapitel 2 A. I. 2. b).

648 Betreibermodelle zeichnen sich dadurch aus, dass private Rechtssubjekte für ein Infrastrukturvorhaben die Finanzierung, den Bau sowie Unterhaltung und Betrieb übernehmen. Von den Benutzern ist für die Inanspruchnahme ein leistungsabhängiges Benutzungsentgelt zu entrichten. Im Einzelnen zu Betreibermodellen siehe Kapitel 2 A. I. 2. b).

649 Der Konzessionsnehmer verpflichtet sich ein Bauvorhaben nach den Vorstellungen des Konzessionsgebers zu verwirklichen und erhält als Gegenleistung das Nutzungsrecht für dieses Objekt. Dieses Nutzungsrecht wird gegen Entgelt wieder auf den Bund übertragen, der das Bauvorhaben dann der Öffentlichkeit zur Verfügung stellt. Im Einzelnen zu Konzessionsmodellen siehe Kapitel 2 A. I. 2. b) bb).

schnitt entfallen. Stellt man auf die oben dargestellte Begriffsbestimmung ab, lassen sich A-Modell-Projekte mit diesem Inhalt weder als Betreibermodell noch als Konzessionsmodell einordnen.

Mit Betreibermodellen haben A-Modelle gemein, dass der Private Bau, Betrieb und Erhaltung eines Straßenbauvorhabens übernimmt. Ein wesentliches Merkmal von Betreibermodellen erfüllt der Betreiber des Bundesautobahnabschnittes nach dem A-Modell jedoch nicht. A-Modell-Betreiber erheben von den Nutzern des ihnen zugewiesenen Bundesautobahnabschnittes kein Benutzungsentgelt. Vielmehr erhalten sie mit der Weiterleitung des Mautaufkommens ein Entgelt, das ihnen durch den Bund gezahlt wird.

Auch der Gruppe der Konzessionsmodelle sind A-Modelle nicht zuzuordnen. Diese sind dadurch gekennzeichnet, dass der Private ein Straßenbauvorhaben nach den Vorstellungen der öffentlichen Hand verwirklicht und als Gegenleistung für einen bestimmten Zeitraum das Recht zur Nutzung des Verkehrsprojektes erhält. Dieses Nutzungsrecht wiederum räumt der Private gegen regelmäßige Zahlung des Nutzungsentgeltes dem Bund ein.[650] A-Modell-Projekte beschränken sich jedoch gerade nicht darauf, dass der Betreiber des Bundesautobahnabschnittes diesen ausbaut. Vielmehr übernimmt er darüber hinaus auch Erhaltung und Betrieb. Damit zielt die Weiterleitung der Maut nicht nur die Abgeltung der Kosten für die Errichtung privat finanzierte Verkehrswege durch ratenweise Zahlung ab. Das wird auch daraus ersichtlich, dass gerade keine bestimmte Ratenzahlungshöhe oder Gesamthöhe der weiterzuleitenden Maut vereinbart ist.

Im Ergebnis erfüllen A-Modelle weder alle Kriterien von Betreibermodellen, noch sind sie Konzessionsmodelle im oben dargestellten Sinn. Sie können keinem derzeitigen Privatisierungsmodell im Fernstraßenbau unmittelbar zugeordnet werden. Darüber hinaus ergibt sich auch keine überwiegende Übereinstimmung mit einem der Modelle. Daher müssen sie als Privatisierungsmodell eigener Art eingeordnet werden. Die Bezeichnung der vertraglichen Grundlage als Muster-Konzessionsvertrag kann nicht aus der Zuordnung von A-Modellen zur Gruppe der Konzessionsmodelle abgeleitet werden.

2. Baukonzession oder Bauauftrag

Obwohl die Bezeichnung des Vertrages als Muster-Konzessionsvertrag nicht damit begründet werden kann, dass A-Modell-Projekte als Konzessionsmodell einzuordnen sind, ist die Bezeichnung korrekt. Der Betreiber des jeweiligen Bundesautobahnabschnittes erhält eine Baukonzession. Insbesondere ist die vertragliche Grundlage nicht als Bauauftrag einzuordnen.

Die Frage, ob die Muster-Konzessionsverträge als Bauauftrag oder Baukonzession einzuordnen sind, ist von wesentlicher Bedeutung. Im Unterschied zum Bauauftrag unterliegt die Vergabe von Baukonzessionen einem besonderen ver-

---

650 *Grupp*, DVBl. 1994, 140 (143); *Rinke*, in: Kodal/Krämer, Kapitel 16 Rn. 26.1.

gaberechtlichen Regime; § 6 Abs. 1 S. 1 VgV[651]. Darüber hinaus ist auch der Baukonzessionär selbst öffentlicher Auftraggeber; § 98 Nr. 6 GWB[652].

Baukonzessionen sind nach § 6 Abs. 1 S. 2 VgV „Bauaufträge, bei denen die Gegenleistung für die Bauarbeiten statt in einer Vergütung in dem Recht auf Nutzung der baulichen Anlage, gegebenenfalls zuzüglich der Zahlung eines Preises besteht." Nach der Definition sind Baukonzessionen eine Teilmenge der Bauaufträge. Entscheidend für die Abgrenzung ist die Art der vereinbarten Gegenleistung. Im Unterschied zu einem Bauauftrag besteht die Gegenleistung bei einer Baukonzession anstelle der üblichen Vergütung in dem Recht, die eigene Leistung für eine bestimmte Zeit zu nutzen bzw. entgeltlich zu verwerten[653], gegebenenfalls zuzüglich zur Zahlung eines Preises[654].

Die Frage, ob Betreiber des Bundesautobahnabschnittes nach dem A-Modell eine Konzession im vorstehend dargestellten Sinn erhalten, wird unterschiedlich beurteilt.[655] Die Einordnung erscheint problematisch, wenn man berücksichtigt, dass der Betreiber des Bundesautobahnabschnittes als Gegenleistung eine Anschubfinanzierung und anteilig die Einnahmen aus der Autobahnmaut erhält.

Die Anschubfinanzierung spricht nicht gegen die Annahme der Vergabe einer Konzession. Dem ausdrücklichen Wortlaut von § 98 Nr. 6 GWB, § 6 S. 2 VgV, Art. 1 Abs. 3 RL 2004/18/EG[656] zufolge ist die Zahlung eines Preises neben dem Recht zur Nutzung zulässig.

---

[651] Verordnung über die Vergabe öffentlicher Aufträge vom 09.01.2001, BGBl. I 2001, 110, neu gefasst durch Bekanntmachung vom 11.02.2003, BGBl. I 2003, 169, zuletzt geändert durch Art. 2 des Gesetzes vom 01.09.2005, BGBl. I 2005, 2676.

[652] Gesetz gegen die Wettbewerbsbeschränkungen vom 26.08.1998, BGBl. I 1998, 2521, neu gefasst durch Bekanntmachung vom 15.07.2005, BGBl. I 2005, 2114, geändert durch Art. 1 des Gesetzes vom 01.09.2005, BGBl. I 2005, 2676.

[653] *Boesen*, S.173.

[654] *Eschenbruch*, in: Niebuhr/Kulartz/Kus/Portz, GWB, § 98 Rn. 167; *Hertwig*, S. 45; *Höfler/Ruppmann*, in: Höfler/Bayer, 2. Teil Rn. 603 ff.; *Stickler*, in: Reidt/Stickler/Glahs, § 98 Rn. 63; *Werner*, in: Byok/Jaeger, GWB, § 98 Rn. 387. Vgl. auch Art. 1 Abs. 3 RL 2004/18/EG Richtlinie 2004/18/EG des Europäischen Parlamentes und des Rates vom 31. Mai 2004 über die Koordinierung der Verfahren zur Vergabe öffentlicher Bauaufträge, Lieferaufträge und Dienstleistungsaufträge, ABlEG L 134 vom 30.04.2004, S. 114. Vor Inkrafttreten der vorgenannten Richtlinie war der Begriff der Baukonzession auf Ebene des Europarechtes in Art. 1 lit. d) RL 93/37/EWG definiert. Richtlinie 93/37/EWG des Rates vom 14. Juni 1993 zur Koordinierung der Verfahren zur Vergabe öffentlicher Bauaufträge, ABlEG L 199 vom 09.08.1993, S. 54. Die RL 93/37/EWG wurde durch RL 2004/18/EG aufgehoben. Eine inhaltliche Änderung des Begriffs der Baukonzession war damit jedoch nicht verbunden. Vielmehr zielte die RL 2004/18/EG lediglich darauf ab, die Texte verschiedener Richtlinien zu vereinfachen, zu modernisieren und in einem einheitlichen Text zusammenzufassen.

[655] Für die Erteilung einer Konzession *Beckers/von Hirschhausen*, DIW, S. 7; Bundesministerium für Verkehr, Bau- und Wohnungswesen, Gutachten zum A-Modell, S. 141; *Neumann/Müller*, NZBau 2003, 299 (301); a.A. *Roth*, NVwZ 2003, 1056 (1059).

[656] Vgl. Fn. 655.

Dagegen erscheint fraglich, ob dem A-Modell-Betreiber das Recht zur Nutzung des Straßenabschnittes gewährt wird. Grundsätzlich erfolgt die Nutzung durch Bereitstellung einer Anlage gegen die Zahlung einer Gebühr. Vorliegend käme zum einen eine Nutzung durch die öffentliche Hand in Betracht, andererseits könnte auch eine Nutzung durch die Verkehrsteilnehmer anzunehmen sein.

A-Modelle wären nicht mit einer Nutzung im Sinne der § 98 Nr. 6 GWB, § 6 S. 2 VgV, Art. 1 Abs. 3 RL 2004/18/EG verbunden, wenn dies voraussetzt, dass das entgeltpflichtige Nutzungsverhältnis unmittelbar zwischen den Verkehrsteilnehmern als Nutzer des Bauwerkes und dem Betreiber des Bundesautobahnabschnittes als Bereitstellendem bestehen müsste.

Grundsätzlich wird gefordert, dass der Konzessionsnehmer seine Entlohnung nicht direkt vom öffentlichen Auftraggeber erhält.[657] Vielmehr soll der Konzessionsnehmer eine Vergütung von den Nutzern des Bauwerkes verlangen. Diese Voraussetzung ist im vorliegenden Fall nicht erfüllt. Der Betreiber des Bundesautobahnabschnittes erhebt gerade keine Vergütung von den Verkehrsteilnehmern für die Nutzung des ihm zugewiesenen Bundesautobahnabschnittes. Dem steht auch nicht entgegen, dass die Nutzung des Bundesautobahnabschnittes für einen bestimmten Verkehrsteilnehmerkreis entgeltpflichtig ist, da sie zur Zahlung von Maut auf Grundlage des ABMG verpflichtet sind. Der mautpflichtige Nutzer zahlt an den Staat als Gläubiger. Der Staat verpflichtet sich wiederum zur Weiterleitung der Maut an den Betreiber des Straßenabschnittes. Mithin besteht das entgeltpflichtige Verhältnis nicht zwischen dem Betreiber und dem Nutzer, sondern zwischen dem Staat und dem Nutzer.

Wenngleich der Betreiber seine Entlohnung mithin von der öffentlichen Hand erhält, scheint eine Qualifikation als Konzession dennoch nicht ausgeschlossen. Die Regelung, dass der Konzessionsnehmer sein Entgelt nicht direkt vom Konzessionsgeber (öffentlicher Auftraggeber) erhalten soll, zielt darauf ab, dass nicht der Konzessionsgeber sondern vielmehr der Nutzer mit der Entgeltpflicht belastet werden soll. Das ist jedoch auch im Rahmen des A-Modells gewährleistet. Mit der Gebühr belastet sind die mautpflichtigen Nutzer des Straßenabschnittes. Der Staat als öffentlicher Auftraggeber fungiert insoweit nur als Zahlstelle. Er leitet die Maut unmittelbar an den Konzessionsnehmer weiter.

Dennoch steht die Entlohnung direkt durch den öffentlichen Auftraggeber nicht in jedem Fall der Annahme einer Baukonzession entgegen. Sie setzt voraus, dass der Projektbetreiber dennoch von einem Nutzungsrecht Gebrauch macht. Ein Nutzungsrecht ist entscheidend dadurch gekennzeichnet, dass der Inhaber die Verantwortung für die Nutzung trägt. Dazu gehört insbesondere das ungewisse Risiko, das sich aus der Natur der Nutzung ergibt. Sofern dem Konzessionsnehmer das Projektrisiko zugewiesen ist, macht er von seinem Nutzungsrecht

---

[657] Mitteilung der Kommission zu Auslegungsfragen im Bereich der Konzessionen im Gemeinschaftsrecht, ABlEG C 121 vom 29.04.2000, S. 2 (3).

Gebrauch, obwohl er direkt durch den öffentlichen Auftraggeber entlohnt wird. Das Projektrisiko erstreckt sich sowohl auf den technischen, als auch auf den finanziellen Bereich. Von entscheidender Bedeutung ist, dass dem Konzessionsnehmer das mit der Anlage verbundene Risiko der Amortisation zugewiesen wird (Refinanzierungsrisiko).[658]

Das finanzielle Risiko bei A-Modellen ist dem Betreiber des Bundesautobahnabschnittes zugewiesen. Er trägt insbesondere das Verkehrsmengenrisiko, also das Risiko, dass das Verkehrsaufkommen mit schweren LKW hinter den Prognosen zurückbleibt.[659] Dieses ist von besonderer Bedeutung, da die Mauteinnahmen unmittelbar an die Verkehrsmenge geknüpft sind. Der Muster-Konzessionsvertrag enthält keine Regelungen, nach denen der Vertragspartner auf Seiten der öffentlichen Hand die Garantie für eine gewisse Verkehrsmenge übernimmt. Das würde der Annahme einer Baukonzession entgegenstehen.

Im Ergebnis ist mit A-Modell-Projekten die Vergabe einer Konzession an den Betreiber des Bundesautobahnabschnittes verbunden.[660]

Dagegen können F-Modelle nicht zur Beurteilung herangezogen werden, ob A-Modelle mit der Erteilung einer Konzession im vergaberechtlichen Sinn verbunden sind. F-Modell-Projekte zeichnen sich gerade dadurch aus, dass sich der

---

658 Mitteilung der Kommission zu Auslegungsfragen im Bereich der Konzessionen im Gemeinschaftsrecht, ABlEG C 121 vom 29.04.2000, S. 2 (3); *Endler*, NZBau 2002, 125 (127); *Roth*, NVwZ 2003, 1056 (1059).

659 *Beckers/von Hirschhausen*, DIW, S. 25; DB Research, Nr. 264, S. 8 ff.; *Neumann/Müller*, NZBau 2003, 299 (301).

660 a.A. *Roth*, der die Annahme einer Konzession mangels „Nutzung" durch den Privaten ablehnt. Laut *Roth* zeichnen sich Konzessionen dadurch aus, dass „der private Investor den Hauptteil der Risiken trägt und eine aktive Nachfragesteuerung betreiben kann". Das Merkmal der „aktiven Nachfragesteuerung" leitet er aus einer Mitteilung der Europäischen Kommission ab (Mitteilung der Kommission zum Ausbau des transeuropäischen Verkehrsnetzes: Neue Formen der Finanzierung Interoperable elektronische Mauterhebungssysteme, vom 23.04.2003, KOM (2003)132 endgültig, S. 18). M.E geht er in seiner Auslegung der Kommissionsmitteilung fehl. Die Kommission spricht nicht davon, dass alle Konzessionen durch eine aktive Nachfragesteuerung des privaten Investors gekennzeichnet sind. Vielmehr handelt es dabei nur um eine mögliche Variante. Zur Bestätigung kann herangezogen werden, dass auch Konzessionen als möglich erachtet werden, bei denen die Refinanzierung über die Erhebung fiktiver Gebühren (einer Schattenmaut) erfolgt (KOM (2003)132 endgültig, S. 12). Mit dem Begriff der „Schattenmaut" werden Sachverhalte bezeichnet, in denen die Maut nicht unmittelbar von den Nutzern erhoben wird. Vielmehr zahlt der Staat an den Konzessionsnehmer ein Entgelt, welches sich in der Höhe an der tatsächlichen Nutzung (durch fiktiv entgeltpflichtige Nutzer) ausrichtet. Obwohl auch in dieser Konstellation eine „aktive Nachfragesteuerung" durch den Konzessionsnehmer ausgeschlossen ist, lehnt die Kommission die Annahme einer Konzession nicht ab.

Betreiber durch die Erhebung einer Gebühr refinanziert, die er unmittelbar von den Nutzern erhebt.[661] Sie sind folglich typische Konzessionen.

III. Rechtsnatur des Konzessionsvertrages

Unklarheiten bestehen darüber hinaus über die Rechtsnatur des Konzessionsvertrages. Er könnte als öffentlich-rechtlicher Vertrag nach §§ 54 ff. VwVfG oder als privatrechtlicher Vertrag einzuordnen sein.[662]

1. Öffentlich-rechtlicher Vertrag oder privatrechtlicher Vertrag?

Der Frage, ob der Vertrag mit dem der Betreiber des Bundesautobahnabschnittes in die Erfüllung der Aufgaben aus der Straßenbaulast eingebunden wird, einen öffentlich-rechtlichen Vertrag oder einen privatrechtlichen Vertrag darstellt, kommt nicht nur theoretische Bedeutung zu.

Die Rechtsnatur ist insbesondere dafür maßgeblich, welcher Rechtsweg im Streitfall gegeben ist. Handelt es sich um einen privatrechtlichen Vertrag, steht der Weg zu den ordentlichen Gerichten offen, andernfalls der Verwaltungsrechtsweg.

Von untergeordneter Bedeutung, aber nicht zu vernachlässigen, ist auch dass die Qualifikation das anzuwendende Vertragsrecht beeinflusst. Allerdings fallen die Unterschiede in diesem Bereich gering aus. Das Verwaltungsrecht ordnet in § 62 S. 2 VwVfG die entsprechende Geltung der Vorschriften des Bürgerlichen Gesetzbuches an. Zu berücksichtigen ist, dass sich die grundsätzliche Zulässigkeit der Wahl der Vertragsform oder inhaltliche Beschränkungen nach der Zuordnung zur Gruppe der öffentlich-rechtlichen oder privatrechtlichen Verträge richten. Darüber hinaus ist das Schriftformerfordernis bei Abschluss jedes öffentlich-rechtlichen Vertrages zu beachten; § 57 VwVfG.[663] Dagegen kann aus der Schriftform eines Vertrages nicht auf seine Rechtsnatur geschlossen werden.[664]

Zunächst soll allgemein erläutert werden, unter welchen Voraussetzungen von einem öffentlich-rechtlichen Vertrag auszugehen ist. Hierbei wird auch darauf eingegangen, wie Verträge zu beurteilen sind, die neben dem Öffentlichen Recht

---

661 *Neumann/Müller*, NZBau, 2003, 299 (301); *Reidt*, NordÖR 1999, 435 (436); *Reidt*, NVwZ 1996, 1156 (1156); *Reidt/Stickler*, BauR 1997, 241 (242); *Schmitt*, FStrPrivFinG, S. 160 ff.; *Uechtritz*, VBlBW 2002, 317 (318 f.).

662 Allgemein zu öffentlich-rechtlichen Verträgen *Lange*, JuS 1982, 500 (passim); *Lange*, NVwZ 1983, 313 (passim); *Maurer*, AllgVerwR, § 14; *Scherzberg*, JuS, 1992, 205 (passim); *Ziekow/Siegel*, VerwArch 2003, 593 (passim); *Ziekow/Siegel*, VerwArch 2004, 133 (passim); *Ziekow/Siegel*, VerwArch 2004, 281 (passim); *Ziekow/Siegel*, VerwArch 2004, 573 (passim).

663 *Bonk*, in: Stelkens/Bonk/Sachs, VwVfG, § 54, Rn. 73; *Henneke*, in: Knack, VwVfG, § 54 Rn. 2; *Maurer*, AllgVerwR, § 14 Rn. 8; *Scherzberg*, JuS 1992, 205 (206); *Weck*, DVP 2003, 133 (133).

664 *Kopp/Ramsauer*, VwVfG, § 54 Rn. 27.

auch Rechtsverhältnisse auf dem Gebiet des Privatrechts betreffen. Im Anschluss stellt sich die Frage nach der konkreten Einordnung des Muster-Konzessionsvertrages.

a) Definition des öffentlich-rechtlichen Vertrages

Grundsätzlich erfolgt die Abgrenzung zwischen öffentlich-rechtlichen und privatrechtlichen Verträgen nach objektiven Kriterien. Der zugrunde liegende Wille der vertragsschließenden Parteien bleibt unbeachtlich.[665] Nach der Legaldefinition des § 54 S. 1 VwVfG spricht man von einem öffentlich-rechtlichen Vertrag, wenn ein Rechtsverhältnis auf dem Gebiet des öffentlichen Rechts durch Vertrag begründet, geändert oder aufgehoben wird. Ob der zu beurteilende Vertrag gerade ein „Rechtsverhältnis auf dem Gebiet des öffentlichen Rechts" zum Inhalt hat, richtet sich nach dem jeweiligen Vertragsgegenstand. Rechtsprechung und Literatur konkretisieren den Begriff des Vertragsgegenstandes dahingehend, dass für seine Bestimmung Inhalt, Zweck und Gesamtcharakter des Vertrages maßgebend sind.[666] In Zweifelsfällen kann darüber hinaus zudem auf den Sachzusammenhang, in dem die Regelung steht, zurückgegriffen werden. Wann genau ein Rechtsverhältnis auf dem Gebiet des öffentlichen Rechts anzunehmen ist, wird immer im Einzelfall zu beurteilen sein. Eine abschließende Bewertung im Voraus scheint nicht möglich, da sich keine Kriterien erarbeiten lassen, die Allgemeingültigkeit beanspruchen könnten.

b) Aufspaltung eines Vertrages in einen öffentlich-rechtlichen und einen privatrechtlichen Teil?

Im Zusammenhang mit der Bestimmung des Vertragsgegenstandes ist weiterhin von Bedeutung, dass der herrschenden Ansicht zufolge, eine Aufspaltung eines Vertrages in einen öffentlich-rechtlich und einen privatrechtlichen Teil auch dann nicht erfolgt, wenn der Vertrag Bestimmungen enthält, die neben dem öffentlichen Recht auch Rechtsverhältnisse auf dem Gebiet des privaten Rechts betreffen.

---

[665] *Maurer*, AllgVerwR, § 14 Rn. 9; *Scherzberg*, JuS 1992, 205 (206); *Ziekow/Siegel*, VerwArch 2003, 593 (597). Der Parteiwille, einen öffentlich-rechtlichen oder privatrechtlichen Vertrag abschließen zu wollen, bleibt bei der Einordnung unberücksichtigt. In engen Grenzen macht die Literatur dort eine Ausnahme von diesem Grundsatz, wo der Verwaltung auch ohne Berücksichtigung der Vertragsform, des Recht zusteht, ein Rechtsverhältnis öffentlich-rechtlich oder privatrechtlich auszugestalten (z.B. bei der Regelung des Benutzungsverhältnisses öffentlicher Einrichtungen). *Bonk*, in: Stelkens/Bonk/Sachs, VwVfG, § 54 Rn. 75; *Kopp/Ramsauer*, VwVfG, § 54 Rn. 27.

[666] BVerwG, Beschluss der GmS-OGB vom 10.04.1986, E 74, 368 (370); BVerwG, Urteil vom 05.10.1965, E 22, 138 (138, 140); BVerwG, Urteil vom 27.06.1968, E 30, 65 (67); *Bonk*, in: Stelkens/Bonk/Sachs, VwVfG, § 54 Rn. 76; *Ziekow/Siegel*, VerwArch 2003, 593 (597).

Dem liegt der Grundsatz der Einheitlichkeit der Rechtsnatur zugrunde. Regelt ein Rechtsverhältnis verschiedene Rechte und Pflichten die in einem inneren Zusammenhang stehen, wird dieses insgesamt dem öffentlichen Recht zugeordnet, sofern die enthaltene öffentlich-rechtliche Verpflichtung nicht nur von unwesentlicher Bedeutung ist. Ausnahmsweise können dennoch so genannte zusammengesetzte Verträge vorliegen. Dies setzt voraus, dass es sich um eine rein äußerliche Verbindung nebeneinander stehender, teilbarer Rechte bzw. Pflichten handelt, die weder im Synallagma stehen noch aufeinander bezogen sind.[667]

c) Einordnung der A-Modell-Verträge

Im Anschluss an die allgemeine Darstellung zur Beurteilung der Rechtsnatur von Verträgen, soll nunmehr konkret auf die Einordnung der Verträge eingegangen werden, die A-Modellen zugrunde liegen. Im Schrifttum wird deren Rechtsnatur uneinheitlich beurteilt.[668]

Ein Sachverhalt, in dem nach allgemeiner Ansicht unproblematisch eine Zuordnung des Vertrages zum öffentlichen Recht vorgenommen werden kann, liegt zunächst nicht vor. Weder regelt der Konzessionsvertrag vertraglich, was andernfalls Gegenstand öffentlich-rechtlicher Normen wäre, noch betrifft er Pflichten, die grundsätzlich ein Träger hoheitlicher Gewalt im Wege hoheitlicher Mittel wahrnehmen müsste.[669]

Nach vorherrschender Ansicht qualifizieren Verträge, die die Übertragung einer staatlichen Aufgabe von der öffentlichen Hand auf den Privaten zum Gegenstand haben, unstreitig als öffentlich-rechtliche Verträge.[670] Beschränken sich die Aufgaben des Privaten dagegen auf den Bereich der Aufgabenerfüllung, ohne dass damit eine Veränderung in der Person des zuständigen Aufgabenträgers einhergeht, ist damit nicht automatisch eine Einordnung als öffentlich-rechtlicher Vertag verbunden.[671] Dennoch wird eine „Einbindung in die Erfüllung einer staatlichen Aufgabe“ als Indiz für eine Qualifizierung als öffentlich-

---

[667] BGH, Urteil vom 29.11.2002, NVwZ 2003, 371 (372); BVerwG, Urteil vom 06.07.1973, E 42, 331 (333 f.); BVerwG, Urteil vom 01.02.1980, DVBl. 1980, 686 (687); *Bonk*, in: Stelkens/Bonk/Sachs VwVfG § 54, Rn. 77 ff.; *Henneke*, in: Knack, VwVfG, § 54 Rn. 12 ff.; *Kopp/Ramsauer*, VwVfG, § 54 Rn. 29; *Lange*, JuS 1982, 500 (503); *Lange*, NVwZ 1983, 313 (319); *Maurer*, AllgVerwR, § 14 Rn. 11; *Ziekow/Siegel*, VerwArch 2003, 593 (598).

[668] Für einen öffentlich-rechtlichen Vertrag Bundesministerium für Verkehr, Bau- und Wohnungswesen, Gutachten zum A-Modell, S. 62 f.; *Neumann/Müller*, NZBau 2003, 299 (301). Für einen privatrechtlichen Vertrag wohl *Roth*, NVwZ 2003, 1956 (1959).

[669] Der Verwaltung steht insbesondere ein Wahlrecht zu, ob sie die Aufgaben aus der Straßenbaulast in Rechtsformen öffentlichen oder privaten Rechts erfüllen will.

[670] So BVerwG, Urteil vom 17.02.1971, E 37, 231 (233); *Gries/Willebald*, JuS 1990, 103 (107); *Kopp/Ramsauer*, VwVfG, § 54 Rn. 35; *Kopp/Schenke*, VwGO § 40 Rn. 9 a (Wegebaulastvertrag); *Schlosser*, in: Marschall/Schroeter/Kastner, FStrG, § 5 Rn. 4 (Übernahme der Straßenbaulast), Rn. 36.

[671] BVerwG, Beschluss der GmS-OGB vom 10.04.1986, E 74, 368 (371 f.).

rechtlicher Vertrag angesehen. Die damit verbundene Vermutungsregel ist jedoch widerlegbar.[672]

Das beschriebene Problem der Einordnung als öffentlich-rechtlicher oder privatrechtlicher Vertrag ist im Kern darauf zurückzuführen, dass es sich um einen Bereich handelt, in der auch die Verwaltung berechtigt ist, die ihr obliegenden Aufgaben mit öffentlich-rechtlichen oder mit privatrechtlichen Mitteln zu erfüllen. In der Literatur wird die Abgrenzung in diesem Fall teilweise danach vollzogen, ob die Einbindung des Privaten unmittelbar der Erfüllung der staatlichen Aufgabe dient oder lediglich mittelbar. Nur im erstgenannten Fall qualifiziere der Vertrag als öffentlich-rechtlich.[673] Dieser Ansicht liegt die Vermutung zugrunde, dass die Verwaltung auf öffentlich-rechtliche Rechtsformen festgelegt ist, sofern unmittelbar die Erfüllung einer öffentlichen Aufgabe angestrebt wird. Hierbei wird übersehen, dass auch die unmittelbare Erfüllung einer staatlichen Aufgabe mit privatrechtlichen Mitteln erfolgen kann.[674]

A-Modell-Betreiber sind vertraglich zur Erfüllung der Aufgaben aus der Straßenbaulast verpflichtet. Wie bereits dargestellt, ist damit gerade kein Wechsel der Straßenbaulastträgerschaft verbunden.[675] Vielmehr verbleibt die Letztverantwortung für die Straßenbauaufgaben in den Händen des hoheitlichen Baulastträgers. Der Private übernimmt lediglich die Erfüllung der aus der Baulast resultierenden Aufgaben. Wenngleich es sich bei der Straßenbaulast um einen öffentlich-rechtlich zu beurteilenden Sachverhalt handelt und die Einbindung des Privaten mithin der Erfüllung einer staatlichen Aufgabe dient, führt dies nicht dazu, dass der Vertrag, als öffentlich-rechtlicher Vertrag qualifiziert. Gerade im Bereich der Baulast steht der öffentlichen Hand ein Wahlrecht hinsichtlich der Mittel zu, derer sie sich zur Erfüllung ihrer Aufgaben bedient. Wie gezeigt besteht jedoch eine, wenn auch widerlegbare, Vermutung für ein Handeln der Verwaltung in öffentlich-rechtlichen Formen. Erfüllt die Verwaltung die Aufgaben der Straßenbaulast selbst, wird sie nach herrschender Ansicht öffentlich-rechtlich tätig.[676] Diese Einordnung des Verwaltungshandelns als öffentlich-rechtlich gilt auch für die Rechtsnatur des Vertrages. Insofern ist der Grundsatz durchbrochen, dass die Verwaltung kein Wahlrecht bei der Zuordnung eines Vertrages zum öffentlichen oder zum privaten Recht hat.[677] Indem sie befugt ist, dass betroffene Rechtsverhältnis, hier folglich die Erfüllung der Aufgaben aus der Straßenbaulast, öffentlich-rechtlich oder privatrechtlich zu

---

672 *Bonk*, in: Stelkens/Bonk/Sachs, VwVfG, § 54 Rn. 76; *Kopp/Ramsauer*, VwVfG, § 54 Rn. 28.

673 *Lange*, NVwZ 1983, 313 (317) m.w.N.; *Scherzberg*, JuS 1992, 205 (206); *Schmitt*, FStrPrivFinG, S. 133 f.

674 *Lange*, NVwZ 1983, 313 (317) m.w.N.

675 Vgl. Kapitel 3 D. IV.

676 Vgl. Fn. 600.

677 Die Möglichkeit der Durchbrechung bejahen auch *Bonk*, in: Stelkens/Bonk/Sachs, VwVfG, § 54 Rn. 75; *Kopp/Ramsauer*, VwVfG, § 54 Rn. 27.

regeln, kann sie die Rechtsnatur des Vertrages beeinflussen. Demzufolge qualifiziert ein Vertrag, der einen Privaten in die Erfüllung der Straßenbaulastaufgaben einbindet, als öffentlich-rechtlicher Vertrag im Sinne der §§ 54 ff. VwVfG, da die öffentliche Hand unstreitig öffentlich-rechtlich tätig wird.

Zweifel an der öffentlich-rechtlichen Rechtsnatur von A-Modell-Verträgen kommen auch nicht auf, wenn man sich den konkreten Pflichtenkreis des Betreibers des Bundesautobahnabschnittes vergegenwärtigt. A-Modell-Betreiber sind zuständig für die Ausführung von Bau-, Betriebs- und Unterhaltungsmaßnahmen, alles Aufgaben, die Gegenstand eines privatrechtlichen Werkvertrages sein könnten. In Auswertung dessen werden insbesondere Baukonzessionsverträge als privatrechtlich eingestuft.[678] Konzessionsverträge verpflichten den Privaten zur Errichtung eines Bauwerkes, an dem diesem als Gegenleistung das Recht zur Nutzung gewährt wird. Auch wenn Konzessionsverträge grundsätzlich als privatrechtliche Verträge eingeordnet werden, kann dies nicht verallgemeinert werden. Hierbei bleibt insbesondere der Vertragsgegenstand im Einzelfall unberücksichtigt. Wenngleich die Einordnung eines Konzessionsvertrages als privatrechtlicher Vertrag regelmäßig aufgrund der größeren Nähe zum Privatrecht geboten sein kann, müssen im Einzelfall Ausnahmen je nach Art des Vertragsgegenstandes oder des Verwaltungshandelns gemacht werden. Vorliegend spricht insbesondere für einen öffentlich-rechtlichen Vertrag, dass die Verwaltung wie gezeigt Aufgaben aus der Straßenbaulast mit öffentlichen Mitteln erfüllt. Unbeachtlich bleibt, dass der Betreiber des Bundesautobahnabschnittes mit den Aufgaben auch durch einen privatrechtlichen Vertrag hätte betraut werden können.

2. Ausblick - Qualifizierung als öffentlich-rechtlicher Kooperationsvertrag

Wie gezeigt, ist die Einordnung von A-Modell-Verträgen in die Gruppe der öffentlich-rechtlichen Verträge mit Schwierigkeiten verbunden. Außerdem enthalten die derzeit geltenden Vorschriften zum Verwaltungsvertrag (§§ 54-62 VwVfG) keine Regelungen, die im speziellen auf das Verwaltungskooperationsrecht abgestimmt sind. Die Bedürfnisse beider Parteien[679] im Rahmen der Zusammenarbeit von Behörden und Privaten bei der Erledigung von öffentlichen Aufgaben (Public Private Partnership) werden nicht ausreichend berücksichtigt.[680]

---

[678] *Reidt/Stickler*, BauR 1997, 365 (365).

[679] Ziel muss es sein, einen Ausgleich zwischen den maßgeblichen Interessen des staatlichen und privaten Vertragspartners zu erzielen. *Tettinger*, DÖV 1996, 764 (766 f.).

[680] Die Vorschriften zum öffentlich-rechtlichen Vertrag gelten in der derzeitigen Fassung seit ca. 30 Jahren nahezu unverändert. Im Mittelpunkt des Gesetzgebungsverfahrens stand die grundsätzliche Frage, ob der Staat mit einem Privaten überhaupt Verträge abschließen darf. Ungeklärt blieben dagegen weiterführende Fragen nach der näheren Ausgestaltung des Verhältnisses zwischen dem Staat und dem privaten Partner. *Bonk*, DVBl. 2004, 141

Aufgrund der zunehmenden Beteiligung Privater an der Erfüllung staatlicher Aufgaben ist gegenwärtig die Aufnahme neuer Regelungen in das Verwaltungsverfahrensgesetz zu einem so genannten Kooperationsvertrag in der Diskussion.[681] A-Modell-Verträge lägen genau im Anwendungsbereich der zu schaffenden Regelungen zu einem Kooperationsvertrag, da sich die Verwaltung zur Erfüllung ihr obliegender Aufgaben aus der Straßenbaulast der Hilfe einer Privatperson bedient. Mithin sind A-Modelle gerade durch die spezielle Interessenlage gekennzeichnet, deren Ausgleich die neuen Vorschriften des VwVfG dienen sollen und wären als Kooperationsvertrag nach (wohl) § 54a VwVfG einzuordnen.[682]

IV. Parteien des Konzessionsvertrages

Gegenstand des folgenden Abschnittes ist die Frage, wer für die öffentliche Hand Partei des Konzessionsvertrages wird. Vertragschließender auf Seiten des Betreibers des Bundesautobahnabschnittes ist dieser selbst. Sofern es sich, wie regelmäßig zu erwarten ist, um eine juristische Person handelt, wird sie bei Abschluss des Vertrages durch die jeweils durch zuständigen Organe vertreten.

Auf staatlicher Seite scheint sowohl eine Beteiligung der Bundesländer, wie auch des Bundes möglich. Es ist zu differenzieren zwischen der Übertragung von Bau, Betrieb, Erhaltung und Finanzierung zur Ausführung und der Einräumung der Konzession.

Zuständig für die Übertragung von Aufgaben der Straßenbaulast zur Ausführung sind die Länder.[683] Aufgrund der Auftragsverwaltung[684] der Bundesfernstraßen, Art. 85 i.V.m. Art. 90 Abs. 2 GG, ist es ausgeschlossen, dass der Bund diesbezüglich auf Seiten der öffentlichen Hand als Vertragspartei auftritt. Grundsätz-

---

(147 f.); *Wolff/Bachof/Stober*, Bd. 3, § 92 Rn. 33.

681 Die Bundesregierung fördert die Fortentwicklung der Handlungsform des öffentlich-rechtlichen Vertrages. Ziel ist die Entwicklung eines passenden Rechtsinstitutes welches dem gewandelten Staatsverständnis eines kooperativen Staates entspricht. Beirat Verwaltungsverfahrensrecht, NVwZ 2002, 834 (834 f.); *Schmitz*, NVwZ 2000, 1238 (1240); *Schuppert*, Verwaltungskooperationsrecht, Gutachten im Auftrag des Bundesministeriums des Inneren, passim; *Ziekow*, Verwaltungskooperationsrecht, Gutachten im Auftrag des Bundesministeriums des Inneren, (passim). Regelungsvorschläge finden sich auch bei *Becker*, ZRP 2002, 303 (308).

682 Zu diesem Ergebnis kommen auch Bundesministerium für Verkehr, Bau- und Wohnungswesen, Gutachten zum A-Modell, S. 65.

683 *Henneke/Ruge*, in: Schmidt-Bleibtreu/Klein, GG, Art. 90 Rn. 4b.

684 Bundesauftragsverwaltung stellt eine Form der Landesverwaltung dar. Behörden der Länder führen als Landesorgane Bundesaufgaben aus, wobei sie in Ausübung eigener Landesgewalt, im eigenen Namen, tätig werden. BVerfG, Urteil vom 22.05.1990, E 81, 310 (331); BVerwG, Urteil vom 30.11.1995, E 100, 56 (58); *Bartlsperger*, in: Dolzer/Vogel/Graßhof, Bonner GG, Art. 90 Rn. 50 ff.; a.A. nach der Länder Aufgaben der Auftragsverwaltung als „eigene Aufgaben“ wahrnehmen BVerfG, Beschluss vom 12.01.1983, E 63, 1 (42).

lich sind die Bundesländer bei der Bundesfernstraßenverwaltung umfassend für die Verwaltung der Bundesfernstraßen zuständig,[685] insbesondere für die Vermögensverwaltung, die Aufgaben erfasst, die der Erfüllung der Straßenbaulast dienen.[686]

Wenngleich dem Bund in Bereich der Auftragsverwaltung weitreichende Einwirkungsmöglichkeiten zustehen, welche die Hoheitsgewalt der Bundesländer begrenzen, beschränken sie sich auf inhaltliche Fragen[687]. Von der damit angesprochenen Sachkompetenz ist die Wahrnehmungskompetenz abzugrenzen, die unentziehbar den Bundesländern zusteht.[688] Hinsichtlich der Wahrnehmungskompetenz besteht kein Eintrittsrecht des Bundes. Der Abschluss des Vertrages mit dem beschriebenen Inhalt fällt in den Bereich der Wahrnehmungskompetenz. Sie betrifft mit dem Handeln und der Verantwortlichkeit nach außen alle außenwirksamen Maßnahmen.[689] Zu beachten ist jedoch, dass das jeweils zuständige Bundesland die Verträge nicht im eigenen Nahmen schließt. Aufgrund § 7.1 AVVFStr[690] schließen die Bundesländer die betreffenden Verträge im Namen des Bundes ab. Sie handeln unter der Bezeichnung „Bundesrepublik Deutschland - Bundesstraßenverwaltung“.[691]

Auffällig ist, dass neben den Bundesländern auch der Bund unmittelbar selbst als Vertragspartei des Konzessionsvertrages auftritt, ohne von dem jeweiligen Bundesland vertreten zu werden. Dem liegt zugrunde, dass von dem vorstehend beschriebenen Vertragsteil, der allein die baulichen Maßnahmen betrifft, die Bestimmungen abzugrenzen sind, nach denen sich die Verpflichtung des Bundes zur Weiterleitung der Autobahnmaut ergibt. Begünstigter der Einnahmen auf Grundlage des Autobahnmautgebührengesetzes ist der Bund. Gemäß § 11 ABMG steht ihm das Aufkommen zu. Daher ist ausgeschlossen, dass sich die Länder zur Weiterleitung der Maut an den Privaten verpflichten (können). Um

---

685 *Bartlsperger*, in: Dolzer/Vogel/Graßhof, Bonner GG, Art. 90 Rn. 67.

686 Der Bereich der Vermögensverwaltung erfasst jegliche Rechtsgeschäfte vermögensrechtlicher Art. Sie können entweder dazu führen, dass die öffentliche Hand Vermögensrechte erwirbt oder dazu, dass der Bund durch das entsprechende Rechtsgeschäft verpflichtet wird, die entstehenden Zweckausgaben zu tragen. BVerwG, Urteil vom 15.04.1977, E 52, 226 (228); *Bartlsperger*, in: Dolzer/Vogel/Graßhof, Bonner GG, Art. 90 Rn. 65 f.; *Krämer*, in: Kodal/Krämer, Kapitel 2 Rn. 28.62 f.

687 Sachkompetenz, Sachbeurteilung und Sachentscheidung; BVerfG, Urteil vom 22.05.1990, E 81, 310 (332).

688 BVerfG, Urteil vom 22.05.1990, E 81, 310 (332)

689 BVerfG, Urteil vom 22.05.1990, E 81, 310 (332); BVerwG, Urteil vom 30.11.1995, E 100, 56 (58).

690 Erste Allgemeine Verwaltungsvorschrift für die Auftragsverwaltung der Bundesfernstraßen vom 03.07.1951, Bundesanzeiger Nr. 132, in der Fassung der Zweiten Allgemeinen Verwaltungsvorschrift für die Auftragsverwaltung der Bundesfernstraßen vom 11.02.1956, Bundesanzeiger Nr. 38. Vgl. Bundesministerium für Verkehr, Bau- und Wohnungswesen, Gutachten zum A-Modell, S. 61.

691 *Bartlsperger*, in: Dolzer/Vogel/Graßhof, Bonner GG, Art. 90 Rn. 68.

den Vertrag in der angestrebten Konzeption verwirklichen zu können, bedarf es daher der Einbeziehung des Bundes als vertragsschließende Partei.

Die Einbindung des Bundes als Vertragspartner ist auch vor dem Hintergrund geboten, dass dem Privaten neben Bau, Erhaltung und Betrieb auch die Finanzierung dieser Aufgaben zur Erfüllung übertragen wird. Während Bau, Erhaltung und Betrieb, wie gezeigt, in den Zuständigkeitsbereich der Bundesländer gehören, obliegt dem Bund die Finanzierung der Aufgaben. Ihm ist die finanzielle Straßenbaulast zugewiesen, weshalb er die anfallenden Zweckausgaben zu tragen hat. Da der Private somit Aufgaben des Bundes erfüllen soll, die der Übertragung durch die Bundesländer verschlossen sind, muss der Bund zwingend Partei des Konzessionsvertrages werden. Im Ergebnis sind neben dem privaten Betreiber sowohl Bund unmittelbar, wie auch das entsprechende Bundesland in Vertetung des Bundes Partei des Konzessionsvertrages.

F. Zusammenfassung

Der private Betreiber verpflichtet sich im Rahmen von A-Modell Projekten zum Ausbau, zur Erhaltung und zum Betrieb eines Straßenabschnittes im Verlauf einer bereits bestehenden Bundesautobahn. Er wird durch die Verwaltung in die Erfüllung der Aufgaben eingebunden, die dem Pflichtenkreis der Straßenbaulast zuzuordnen sind.

Mit der Übertragung der Aufgaben auf den Privaten zur Erfüllung ist keine Übertragung der staatlichen Aufgaben verbunden, die der Straßenbaulast zuzurechnen sind. Vielmehr verbleibt die Straßenbaulast in den Händen des Hoheitsträgers, der sich lediglich zulässigerweise der Hilfe eines Privaten zur Erfüllung seiner Aufgaben bedient. Aufgrund der Beschreibung seiner Aufgaben qualifiziert der Private als selbständiger Verwaltungshelfer.

A-Modell-Projekte werden ausschließlich auf vertraglicher Grundlage verwirklicht. Es bedarf keiner spezialgesetzlichen Rechtsgrundlage. Während sich die vertragliche Umsetzung gegenwärtig der überkommenen Formen des öffentlichrechtlichen Vertrages für die kooperative Zusammenarbeit zwischen öffentlicher Hand und Privatrechtssubjekten bedient, werden A-Modell-Verträge künftig als öffentlich-rechtliche Kooperationsverträge einzuordnen sein. Der Gesetzgeber beabsichtigt mit dem Typus des öffentlich-rechtlichen Kooperationsvertrages ein Vertragsregime einzuführen, das den Bedürfnissen im Rahmen solcher Kooperationsverhältnisse besser gerecht wird. Der A-Modell-Vertrag ist als Konzessionsvertrag einzuordnen, was dazu führt, dass bei der Vergabe ein besonderes vergaberechtliches Regime zu beachten ist. Darüber hinaus ist der Baukonzessionär selbst öffentlicher Auftraggeber, wenn er Verträge mit Sub-Unternehmern abschließt. Vertragspartner sind der Private auf der einen Seite und das Bundesland, in dem der betreffende Bundesautobahnabschnitt belegen ist, sowie der Bund auf der anderen Seite.

Kapitel 4 Refinanzierung der Leistungen des Betreibers des Bundesautobahnabschnittes auf der Grundlage des Autobahnmautgesetzes

Im Anschluss an die Erläuterung der Inhalte von A-Modell-Projekten sowie deren rechtlicher Umsetzung, soll nunmehr die Refinanzierung der Leistungen des Betreibers des Bundesautobahnabschnittes im Mittelpunkt stehen. Im Unterschied zu Straßenbauvorhaben, die nach Maßgabe des F-Modells verwirklicht werden, erhält der Betreiber des Autobahnschnittes nicht das Recht zur Erhebung einer Gebühr von den Benutzern des ihm zugewiesenen Bundesautobahnabschnittes. Vielmehr enthalten die Muster-Konzessionsverträge in diesem Zusammenhang folgende Regelungen

> *§ 40.1 „Der Auftraggeber ist während des Konzessionszeitraumes[692] verpflichtet, ohne Abzüge bzgl. Kosten der LKW-Maut, an den Konzessionsnehmer diejenigen Mauteinnahmen weiterzuleiten, die dem Auftraggeber auf Grund der Mauterhebung nach dem Autobahnmautgesetz für einen bestimmten Monat zustehen und auf die Konzessionsstrecke entfallen [...].“*

> *§ 40.2 „Vorbehaltlich anderweitiger Regelungen dieses Vertrages beträgt die Höhe der weiterzuleitenden Mauteinnahmen [95] % der dem Auftraggeber nach dem Autobahnmautgesetz für die Konzessionsstrecke zustehenden Maut.“*

> *§ 39.1 „Der Auftrag- und Konzessionsgeber verpflichtet sich, dem Konzessionsnehmer zur Realisierung des Projekts eine Anschubfinanzierung [...] zu zahlen.“*

Die Finanzierungsgrundlage des A-Modell-Betreibers besteht somit aus zwei Komponenten. Als laufende Zahlung, erhält der Betreiber des Bundesautobahnabschnittes die Einnahmen aus der Autobahnmaut zugewiesen, die anteilig auf den vertragsgegenständlichen Straßenabschnitt im Verlauf der Bundesautobahn entfallen. Zahlungsbeginn ist die Einrichtung der ersten Baustelle; § 7.1 S. 1 MKV. Darüber hinaus erhält er eine Anschubfinanzierung aus dem Bundeshaushalt.

Wenngleich die staatliche Anschubfinanzierung von nicht unmaßgeblicher Größe ist, soll die Autobahnmaut als Finanzierungsgrundlage im Mittelpunkt der Darstellungen stehen. Sie ist für den Betreiber des Bundesautobahnabschnittes von besonderem Interesse, weil sie an ihn während der gesamten Vertragslaufzeit gezahlt wird und in gewisser Weise in ihrer Höhe nicht kalkulierbar ist. So lässt sich insbesondere die Anzahl der mautpflichtigen Nutzer bei Abschluss des

---

[692] Beginn des Konzessionszeitraums ist der Tag der Einrichtung der ersten Baustelle, § 7.1 S. 1 MKV.

Vertrags schwer bemessen. Es fehlen langfristige und aussagekräftige Erhebungen zu den Fahrzeugzahlen. Entwicklungen während der langen Vertragsdauer können nur begrenzt antizipiert werden.

Wegen der sachlichen Nähe wird die Refinanzierungsgrundlage des Betreibers des Bundesautobahnabschnittes im Kontext zu ihrer Rechtsgrundlage, dem Gesetz über die Erhebung von streckenbezogenen Gebühren für die Benutzung von Bundesautobahnen mit schweren Nutzfahrzeugen,[693] behandelt. Neben den Voraussetzungen für die Entstehung der Mautpflicht soll das Hauptaugenmerk auf die Tätigkeiten des Betreibers des Mauterhebungssystems gelegt werden. Von Interesse ist neben Fragen nach der Mautpflicht, der zulässigen Mauthöhe sowie der Einnahmenverteilung insbesondere das Mauterhebungssystem sowie in welcher Rechtsform durch wen die Maut erhoben wird.

A. Autobahnmaut

Herkömmlicherweise wurden die Ausgaben im Bereich des Bundesfernstraßenwesens aus Mitteln des Bundeshaushaltes bestritten. Zur Entlastung des Bundeshaushaltes empfahl die Pällmann-Kommission eine konsequente Umstellung hin zu einer Nutzerfinanzierung.[694]

Entgegen der teilweise vertretenen Ansicht, durch das ABMG werde der „Systemwechsel von der reinen Haushaltsfinanzierung zur Benutzerfinanzierung von Verkehrswegen eingeleitet“[695], handelt es sich um einen schon länger andauernden Prozess. Für die Annahme einer Nutzerfinanzierung sind zwei Merkmale charakteristisch. Sie zeichnet sich durch die Erhebung eines Entgeltes für die Benutzung der Straßen von den Verkehrsteilnehmern aus sowie dadurch, dass die Einnahmen zweckgebunden für die entgeltpflichtige Straße verwendet werden.

Bereits mit dem ABBG[696] wurde die Benutzung der Bundesautobahnen für einen bestimmten Personenkreis entgeltpflichtig. Das Aufkommen stand dem Bund zu; § 6 ABBG. Im Unterschied zum später erlassenen ABMG enthielt das ABBG keinerlei Vorgaben, über die Verwendung der Einnahmen. Während diese nach § 11 S. 2 ABMG zweckgebunden für die Verkehrsinfrastruktur zu ver-

---

693 Autobahnmautgesetz - ABMG, vgl. Fn. 12.

694 Pällmann-Kommission, S. 31. Zu den Begriffen Haushaltsfinanzierung und Nutzerfinanzierung vgl. Kapitel 1 C. I.

695 So aber *Neumann/Müller*, NZBau 2003, 299 (299); *Neumann*, NVwZ 2005, 130 (130).

696 Gesetz zu dem Übereinkommen vom 09.02.1994 über die Erhebung von Gebühren für die Benutzung bestimmter Straßen mit schweren Nutzfahrzeugen, vom 30.08.1994, BGBl. II 1994, 1765. Grundlage und Rahmen für das ABBG bilden die Richtlinie 93/89/EWG und ein Übereinkommen zwischen Deutschland, Dänemark und den Benelux-Staaten, später folgte Schweden. Inhalt des Übereinkommens war die Bildung eines Gebührenverbundes zur Erhebung von Gebühren für die Nutzung bestimmter Straßen durch schwere Nutzfahrzeuge.

wenden sind, konnte der Bund über die auf Grundlage des ABBG erhobenen Gebühren frei verfügen und folglich anfallende Ausgaben in allen Bereichen aus den Einnahmen bestreiten. Dagegen bewirkt die Erhebung der Gebühr auf Grundlage des FStrPrivFinG eine Umstellung auf die Nutzerfinanzierung des Verkehrsprojektes. Nach dem FStrPrivFinG ist für die Benutzung gewisser Erschwernisstrecken eine Gebühr zu entrichten. Begünstigter der Einnahmen aus dieser Gebühr ist der Betreiber des F-Modell-Projektes.

Das ABMG bildet lediglich den vorläufigen Höhepunkt dieses Systemwechsels, indem es unter Beibehaltung der persönlichen Gebührenpflicht, wie sie im ABBG geregelt war, von einer zeitbezogenen Benutzungsgebühr auf eine streckenbezogene Mautgebühr umstellt.

Um den aufgezeigten inhaltlichen Wechsel nachvollziehen zu können, sollen zunächst Entstehungsgeschichte und Inhalt des ABBG dargestellt werden. Dabei soll auch die Problematik einer zeitbezogenen Gebühr im Verhältnis zu einer streckenbezogenen Gebühr aufgezeigt werden. Anschließend ist näher auf das Konzept und die einzelnen Regelungen des ABMG einzugehen.

I. Historische Grundlagen

Mautgebühren nach dem ABMG sind nicht die ersten Gebühren, die in Deutschland für die Benutzung von Straßen mit Fahrzeugen erhoben werden. Bereits im 19. Jahrhundert wurden Gebühren für die Straßenbenutzung erhoben. Paradoxer Weise ist das zunehmende Verkehrsaufkommen für das Ende der damaligen „Entgeltlichkeit" verantwortlich. Mit den vorhandenen Erhebungsmethoden war eine verkehrsgerechte Abfertigung der Straßenbenutzer nicht mehr zu gewährleisten. Die entstehende Verkehrsbehinderung hatte die Einstellung der Gebührenerhebung zur Folge.[697]

Bis vor kurzer Zeit wurde das bundesdeutsche Straßennetz den Nutzern jedoch grundsätzlich zur Verfügung gestellt, ohne dass sie zur Zahlung eines Entgeltes für die konkrete Benutzung verpflichtet waren. Dabei beschränkt sich die Aussage auf Gebühren, die für die Benutzung von Straßen durch den fließenden Verkehr erhoben werden. Parkgebühren bleiben außer Betracht.

1. Das ABBG - Autobahnbenutzungsgebührengesetz für schwere Nutzfahrzeuge

Eine Ausnahme von der unentgeltlichen Nutzung der Verkehrswege betraf bereits den Schwerverkehr. Seit Einführung des ABBG[698] waren Kraftfahrzeuge oder Fahrzeugkombinationen, die ausschließlich für den Güterverkehr bestimmt

---

[697] Zur Gebührenerhebung in der Geschichte des Straßenbaus *Rinke*, in: Kodal/Krämer, Kapitel 16, Rn. 18.1 ff.

[698] Vgl. Fn. 696.

waren und ein zulässiges Gesamtgewicht von mindestens 12 t hatten, verpflichtet, eine zeitbezogene Benutzungsgebühr zu zahlen; § 1 Abs. 1 ABBG i.V.m. Art. 2 d) RL 99/62/EG[699].

a) Entstehung und Inhalt

Ursprung der Gebührenerhebung war ein Vorstoß der Bundesrepublik Deutschland aus dem Jahr 1992: Der Erlass des „Gesetzes über Gebühren für die Benutzung von Bundesfernstraßen mit schweren Lastfahrzeugen"[700]. In seinem Urteil vom 19.05.1992 zum StrBG stellte der EuGH einen Verstoß gegen Art. 76 EWGV fest und untersagte den deutschen Weg der nutzerbezogenen Anlastung von Wegekosten.[701]

Nach dem Urteil des EuGH kam es zu „zähen und langwierigen"[702] Verhandlungen des Rates der Europäischen Gemeinschaften, die am 19.06.1993 in einer gemeinsamen Erklärung der EG-Verkehrsminister mündeten. Man hatte auf politischer Ebene eine Einigung auf ein gemeinschaftsweites System zur Anlastung der Wegekosten im Straßengüterverkehr erzielt. In Übereinstimmung mit dieser Erklärung sowie der Richtlinie 93/89/EWG des Rates der Europäischen Gemeinschaften[703] beschloss der Bundestag mit Zustimmung des Bundesrates das ABBG. Dabei handelt es sich im Grunde um ein Zustimmungsgesetz zu einem Übereinkommen zwischen Belgien, Dänemark, Luxemburg, den Niederlanden und Deutschland über ein gemeinsames Nutzungsgebührensystem.[704] Die

---

699 Vgl. Fn. 354.

700 Gesetz über Gebühren für die Benutzung von Bundesfernstraßen mit schweren Lastfahrzeugen vom 30.04.1990, BGBl. I 1990, 826 (Straßenbenutzungsgebührengesetz (StrBG)); Inhalt des Gesetzes war die Einführung von Gebühren für die Benutzung von Bundesautobahnen durch Fahrzeuge mit einem Gesamtgewicht von über 12 t, verbunden mit einer Absenkung der Kraftfahrzeugsteuer. Aufgrund der Abkommen der Bundesrepublik Deutschland mit anderen Staaten auf dem Gebiet des Steuerrechts wirkte sich die Absenkung der Kraftfahrzeugsteuersätze positiv nur für deutsche Steuerpflichtige aus und führte im Ergebnis zu einer Schlechterstellung ausländischer Adressaten der Benutzungsgebühr gegenüber deutschen.

701 EuGH, Urteil vom 19.05.1992, NJW 1992, 1949 f.

702 Begründung zum Entwurf eines Gesetzes zu dem Übereinkommen vom 09.02.1994 über die Erhebung von Gebühren für die Benutzung bestimmter Straßen mit schweren Nutzfahrzeugen, BT-Drs 12/7267, S. 5.

703 Die Richtlinie 93/89/EWG vom 25. Oktober 1993 enthält Regelungen zur Besteuerung bestimmter Kraftfahrzeuge zur Güterbeförderung sowie der Erhebung von Maut- und Benutzungsgebühren für bestimmte Verkehrswege. Sie wurde durch den EuGH mit Urteil vom 05.07.1995 wegen Verletzung von Verfahrensvorschriften für nichtig erklärt (EuGH Slg. 1995, I-01827), wobei bis zum Erlass einer neuen Richtlinie (99/62/EG, vom 17.06.1999) auf diesem Gebiet ihre Wirkungen aufrechtzuerhalten waren.

704 Übereinkommen vom 09.02.1994 in dem die unterzeichnenden Staaten von der Möglichkeit nach Art. 8 RL 99/62/EG als Zusammenschluss mehrerer Mitgliedstaaten ein Benutzungsgebührensystem aufzubauen.

materiellen Regelungen des Übereinkommens werden allein um Durchführungsbestimmungen ergänzt. Am 18.09.1997 erweiterte sich der Unterzeichnerkreis des Übereinkommens um Schweden.[705]

Wesentlicher Inhalt des ABBG war die Einführung einer zeitbezogenen Nutzungsgebühr für die Benutzung der Bundesautobahnen mit schweren Nutzfahrzeugen zum 01.01.1995. Die Erhebung erfolgte durch den Erwerb einer Vignette, die dann für einen gewissen Zeitraum, in der Regel ein Jahr, zur Nutzung der Bundesautobahnen berechtigte. Im Jahr 2000 erzielte Deutschland auf Grundlage des ABBG Einnahmen in Höhe von 836 Mio. DM.[706]

b) Die Entscheidung für eine zeitbezogene Gebühr

Art. 7 Abs. 1 RL 99/62/EG stellt es den Mitgliedstaaten frei, Maut- oder Benutzungsgebühren einzuführen. Mautgebühren sind streckenbezogen. Ihre Höhe richtet sich danach, welche Entfernung ein Fahrzeug auf der mautpflichtigen Straße zwischen zwei Punkten zurücklegt; Art. 2 b) RL 99/62/EG. Dagegen ist eine Benutzungsgebühr zeitbezogen. Sie ist abhängig von der Dauer, für die der Nutzer zum Gebrauch berechtigt sein soll; Art. 2 c) RL 99/62/EG.

Im Rahmen des ABBG war die Entscheidung zugunsten einer zeitbezogenen Gebühr gefallen. Der Grund für die Entscheidung zugunsten einer zeitbezogenen und gegen die Einführung einer streckenbezogenen Gebühr waren technische Probleme bei der Gebührenerhebung. Streckenbezogene Gebühren stellen weitaus größere Anforderungen an ein Erhebungssystem.

Das damalige Bundesministerium für Verkehr, Bau und Stadtentwicklung gab 1995 ein Gutachten in Auftrag, in dessen Rahmen zehn Technologien zur automatischen Gebührenerhebung auf Autobahnen untersucht werden sollten.[707] Ziel der Untersuchung war es zu ermitteln, inwieweit die Systeme (Telematiksysteme) die Erhebung der Gebühr sowie die Kontrolle der ordnungsgemäßen Entrichtung der geschuldeten Gebühr zufriedenstellend ermöglichten. Die Untersuchung mit dem Titel „Feldversuch Autobahntechnologien A 555“ wurde vom TÜV Rheinland durchgeführt. Sie ergab, dass mit der damaligen verfügbaren Technologie zwar eine flächendeckende Erhebung von streckenbezogenen Gebühren für die Benutzung der Autobahnen möglich gewesen wäre. Dagegen konnte eine wirksame Kontrolle zumindest vollautomatisch nicht gewährleistet werden. Im Unterschied zu vollautomatischen Kontrollsystemen haben manuelle Kontrollen jedoch nur einen geringeren Wirkungsgrad. Da die Erhebung einer Gebühr immer eine effektive Kontrolle der Gebührenentrichtung voraussetzt,

---

[705] BT-Drs 14/7023, S. 9.
[706] BT-Drs 14/7023, S. 9.
[707] *Roßnagel*, ZRP 1995, 100 (100); TÜV Rheinland, Feldversuch „Autobahntechnologien A 555“.

stand eben dies zum damaligen Stand der Technik der Einführung einer streckenbezogenen Gebühr für die Benutzung von Bundesautobahnen entgegen.[708]

Zwischenzeitlich geht der Gesetzgeber davon aus, dass die technischen Voraussetzungen zur Errichtung eines wirksamen Mauterhebungs- und Kontrollsystems gegeben sind. Ziel ist es im Kontext des ABMG ein Mauterhebungssystem zu errichten, das ohne Eingriff in den freien Verkehrsfluss auskommt.[709]

2. Das ABMG - Gesetz zur Einführung streckenbezogener Gebühren für die Benutzung von Bundesautobahnen mit schweren Nutzfahrzeugen

Der nächste Schritt im Zuge der Umstellung von Haushalts- auf Nutzerfinanzierung der Verkehrsinfrastruktur war die Einführung einer streckenbezogenen Gebühr für die Benutzung der Bundesautobahnen. Streckenbezogene Gebühren ermöglichen im Unterschied zu zeitbezogenen Gebühren eine verursachergerechte Anlastung der Wegekosten,[710] da sie die tatsächliche Nutzung abbilden.

a) Wirkung zeitbezogener und streckenbezogener Gebühren

Zeitbezogene Gebühren[711] können aus Sicht des zahlenden Nutzers Wirkungen entfalten, die sowohl nachteilig, als auch vorteilhaft sein können. Diese Aussage erklärt sich vor dem Hintergrund, dass jeder gebührenpflichtige Nutzer den gleichen Betrag für den Erwerb der Vignette aufwenden muss. Die Kosten entstehen unabhängig vom Umfang der Nutzung der Bundesautobahnen. Fällt der Gebrauch gering aus, entstehen vergleichsweise hohe Benutzungsgebühren. Bei einer umfangreichen Nutzung ist der auf den einzelnen Kilometer entfallende Betrag dagegen wesentlich geringer. Für den Staat als Zahlungsempfänger ist das Verhältnis zwischen Entgelt und Straßennutzung genau im entgegen gesetzten Fall von Vorteil. Für eine geringe Be- und damit Abnutzung der Straßen erhält er ein größeres Entgelt als im Fall einer starken Beanspruchung. Im Ergebnis spiegelt die Gebühr in den seltensten Fällen die adäquate Gegenleistung für die tatsächliche Nutzung wieder. Dagegen bildet eine Gebühr, die in der Höhe von der gefahrenen Strecke abhängt, die tatsächliche Nutzung genau ab.

b) Keine gleichzeitige Erhebung von Maut- und Benutzungsgebühren

Art. 7 Abs. 3 S. 1 Richtlinie 1999/62/EG[712] enthält das Verbot auf einem Straßenabschnitt gleichzeitig Benutzungs- und Mautgebühren zu erheben. Mithin

---

[708] TÜV Rheinland, Feldversuch „Autobahntechnologien A 555", S. 26.
[709] BT-Drs 14/7013, S. 10.
[710] BT-Drs 14/7013, S. 1, 9; *Neumann/Müller*, NVwZ 2002, 1295 (1295); Pällmann-Kommission, S. 42; *Uechtritz/Deutsch*, DVBl. 2003, 575 (576).
[711] Vgl. zum Begriff der Benutzungsgebühr Kapitel 2 B. III. 3.
[712] Vgl. Fn. 354.

setzte die Einführung einer Mautgebühr auf Bundesautobahnen die Abschaffung der Benutzungsgebühr nach dem ABBG für dieselbe Strecke voraus. Ausnahmen zu diesem Grundsatz sind in RL 99/62/EG nur in begrenztem Umfang vorgesehen. Die Möglichkeit neben Mautgebühren auf derselben Strecke gleichzeitig auch Benutzungsgebühren zu erheben ist auf so genannte Erschwernisstrecken[713] beschränkt. Dazu gehören Brücken, Tunnel oder Gebirgspässe; Art. 7 Abs. 3 RL 99/62/EG. Der Bundesgesetzgeber hat dem mit § 12 ABMG[714] Rechnung getragen. Die Norm sieht vor, dass mit dem Beginn der Mauterhebung nach dem ABMG, festzulegen durch das damalige Bundesministerium für Verkehr, Bau- und Wohnungswesen mit Zustimmung des Bundesrates im Wege einer Verordnung, das Bundesautobahnbenutzungsgebührengesetz außer Kraft tritt.[715] Damit entfällt in diesem Zeitpunkt die Rechtsgrundlage für die Erhebung der zeitbezogenen Benutzungsgebühr nach dem ABBG.

Dagegen steht die Erhebung der Autobahnmaut nach dem ABMG der Verwirklichung von F-Modell-Projekten nicht entgegen. Grundsätzlich untersagt die Richtlinie 1999/62/EG[716] zwar die gleichzeitige Erhebung von Maut- und Benutzungsgebühren für ein und denselben Straßenabschnitt; Art. 7 Abs. 3 RL 99/62/EG. Im Zusammenhang mit der gleichzeitigen Erhebung der Autobahnmaut und Benutzungsgebühr für die Nutzung eines Straßenabschnittes, der als F-Modell verwirklicht wurde, ist dieses Verbot aus zwei Überlegungen nicht zu beachten. Zum einen gestattet die Richtlinie ausdrücklich die gleichzeitige Erhebung im Zuge von Brücken, Tunnel und Gebirgspässen, so genannten Erschwernisstrecken. F-Modell-Projekte betreffen gerade und ausschließlich diese Erschwernisstrecken. Darüber hinaus werden bei einem nebeneinander der Maut nach dem ABMG sowie der Gebühr nach dem FStrPrivFinG nicht gleichzeitig Maut- und Benutzungsgebühren erhoben. Vielmehr stellt sowohl die Gebühr nach dem ABMG wie auch die Gebühr nach dem FStrPrivFinG eine Mautgebühr im Sinne der Richtlinie dar. Beide sind streckenbezogen. Eine gleichzeitige Erhebung von mehreren Mautgebühren auf unterschiedlicher Rechtsgrundlage für ein und dieselbe Strecke verbietet Art. 7 Abs. 3 RL 99/62/EG jedoch dem Wortlaut nach nicht. Selbst wenn man Art. 7 Abs. 3 RL 99/62/EG über seinen Wortlaut hinaus dahingehend auslegen wollte, dass er allgemein die gleichzeiti-

---

713 *Uechtritz*, DVBl. 2002, 739 (741).

714 § 12 ABMG in der am 07.12.2004 geltenden Fassung lautete „*Das Bundesministerium für Verkehr, Bau- und Wohnungswesen wird ermächtigt, durch Rechtsverordnung mit Zustimmung des Bundesrates den Zeitpunkt des Beginns der Erhebung der Maut festzulegen. Zu diesem Zeitpunkt tritt das Autobahnbenutzungsgebührengesetz für schwere Nutzfahrzeuge (...) außer Kraft.*" BGBl. I 2002, 1234.

715 Zunächst war vorgesehen, das BMVBS mit Zustimmung des Bundesrates zu ermächtigen, im Verordnungswege das ABBG aufzuheben. Darin wäre ein Verstoß gegen das Gewaltenteilungsprinzip zu sehen gewesen. (vgl. BT-Drs 14/7013, S. 21). In der beschlossenen Fassung ist das „in Kraft treten" des ABMG automatisch geknüpft an das „außer Kraft treten" des ABBG.

716 Vg. Fn. 354.

ge Erhebung verschiedener Gebühren für die Benutzung ein und derselben Strecke untersagt, wäre ein Nebeneinander der Gebühr nach dem ABMG und der Gebühr nach dem FStrPrivFinG zulässig, da sie gerade die Erschwernisstrecken betreffen, die von dem Verbot ausgenommen sind. Der Gesetzgeber hat von diesem Recht jedoch keinen Gebrauch gemacht. § 1 Abs. 3 Nr. 3 ABMG nimmt Bundesautobahnabschnitte, für deren Benutzung eine Maut nach dem FStrPrivFinG erhoben wird, von der Mautpflicht aus.

c) Die Entstehung des Autobahnmautgesetzes

Die Absicht, das ABBG in seiner Wirksamkeit zeitlich zu beschränken, ergibt sich bereits aus dem zugrunde liegenden Übereinkommen. Dort ist es in das Ermessen der Unterzeichnerstaaten gestellt, nach dem 01.01.1998 ein entfernungsabhängiges Mauterhebungssystem einzuführen.[717] Wie gezeigt war der Einstieg in die Erhebung von Gebühren für die Straßennutzung über ein zeitbezogenes Entgelt nötig, da zu diesem Zeitpunkt die technischen und rechtlichen Voraussetzungen nicht gegeben waren, um ein entfernungsbezogenes elektronisches Gebührenerhebungssystem einzuführen und dessen ordnungsgemäßes Funktionieren zu gewährleisten.[718] Hingegen stand einem zeitbezogenen Gebührensystem nichts im Weg. Sobald die Voraussetzungen jedoch geschaffen wären, sollte die Umstellung auf das Mauterhebungssystem erfolgen; nur so ist das zu entrichtende Entgelt tatsächlich von der Nutzung abhängig und orientiert sich am Verursacherprinzip.[719]

Außerdem enthält die Richtlinie 99/62/EG Höchstsätze für die Benutzungsgebühren einschließlich der Verwaltungsgebühren, die nach Ansicht der Unterzeichnerstaaten keine adäquate Gegenleistung für den wirklichen Umfang des Straßengebrauchs durch die Nutzer darstellen können.[720] Für Mautgebühren dagegen ist kein Höchstbetrag vorgegeben.

Obwohl bereits 1998, am 20. Oktober, von der Regierungskoalition der Beschluss gefasst wurde, möglichst frühzeitig von einer zeitbezogenen auf eine streckenbezogene Gebühr umzustellen[721], lag erst am 01.10.2001 ein Entwurf der Bundesregierung für ein „Gesetz zur Einführung streckenbezogener Gebühren für die Benutzung von Bundesautobahnen mit schweren Nutzfahrzeugen" (ABMG) vor.[722] Am Gesetzgebungsverfahren war neben dem Bundestag, federführend der Ausschuss für Verkehr, Bau- und Wohnungswesen (15. Ausschuss) beteiligt. Die Verabschiedung des Gesetzes setzte die Zustimmung des Bundes-

---

[717] Art. 17 Abs. 1 Übereinkommen über die Erhebung von Gebühren für die Benutzung bestimmter Straßen mit schweren Nutzfahrzeugen, BGBl. II 1994, 1768.

[718] Vgl. Kapitel 4 A. I. 1. b) .

[719] BT-Drs 12/7267, S. 6.

[720] Anhang II zu RL 99/62/EG.

[721] BT-Drs 14/7013, S. 9.

[722] Zum Verlauf des Gesetzgebungsverfahrens BT-Drs 14/7013; BT-Drs 14/7087; BT-Drs 14/7822; BR-Drs 8/02; BT-Drs 14/8189; BT-Drs 14/8631; BR-Drs 246/02.

rates voraus. In Teilbereichen wich der Bundesrat von den Ansichten der Bundesregierung ab, weshalb der Vermittlungsausschuss angerufen wurde. Dieser gab am 20.03.2002 seine Empfehlungen zur Änderung der beschlossenen Fassung des Gesetzes ab, die bei der endgültigen Verabschiedung[723] übernommen wurden.

Hauptstreitpunkte zwischen Bundesregierung und Bundesrat waren insbesondere die Frage nach der Definition der mautpflichtigen Fahrzeuge (§ 1 Abs. 1 ABMG), inwieweit die Auslagerung notwendiger Entscheidungen auf Verordnungen rechtlich zulässig sei (z. B. §§ 1 Abs. 4, 3 Abs. 2 ABMG), Kriterien für die Bestimmung der Höhe der Mautsätze (vgl. § 3 ABMG) sowie die Ausgestaltung der rechtlichen Stellung des Betreibers.

Während der Entwurf der Bundesregierung vorsah, den Kreis der mautpflichtigen Fahrzeuge in § 1 ABMG positiv zu definieren:

> *„Für die Benutzung der Bundesautobahnen mit Fahrzeugen oder Fahrzeugkombinationen mit einem zulässigen Gesamtgewicht von mindestens zwölf Tonnen ist eine Gebühr [...] zu entrichten (Maut).“*,

wollte der Bundesrat die Regelungstechnik des ABBG wieder aufgreifen[724] und statisch auf die Inhaltsbestimmung des Fahrzeugbegriffes in Art. 2 c) RL 99/62/EG verweisen:

> *„Für die Benutzung der Bundesautobahnen mit Fahrzeugen im Sinne des Artikels 2 Buchstabe d der Richtlinie 1999/62/EG [...].“*

Die Bundesregierung wollte nach eigenen Angaben mit ihrer Regelungstechnik Rechtsunsicherheiten und Streitigkeiten über den Adressatenkreis des Gesetzes vermeiden.[725] In der von ihr vorgeschlagenen Fassung wäre der Kreis der mautpflichtigen Fahrzeuge größer gewesen als im ABBG; die Formulierung hätte der Justiz wenig Möglichkeiten geboten im Auslegungsweg oder durch definitorische Maßnahmen Fahrzeuggruppen aus dem Anwendungsbereich des Gesetzes auszunehmen. Im Gegensatz zu den von der Bundesregierung angestrebten „sicheren“ Mauteinnahmen, standen für den Bundesrat wohl soziale und wirtschaftsfördernde Aspekte im Vordergrund. Die Bestimmung des Adressatenkreises in Übereinstimmung mit dem ABBG durch Verweisung auf RL 99/62/EG verbunden mit einem größeren Umfang persönlicher Befreiungen hat letztlich einen kleineren Kreis mautpflichtiger Fahrzeuge zur Folge. Insbesondere kleine und mittelständische Unternehmen müssen nicht fürchten, in den

---

[723] 05.04.2002, BGBl. I 2002, 1234.

[724] Vgl. § 1 Abs. 1 ABBG.

[725] BT-Drs 14/7013, S. 11; BT-Drs 14/7087, S. 1.

Anwendungsbereich des ABMG zu fallen.[726] Damit bewahrt der Vorschlag des Bundesrates einen bereits geschwächten Wirtschaftszweig vor weiteren Belastungen.

Zu den übrigen strittigen Punkten hier nur kurze Anmerkungen.[727] In Bezug auf die Regelungstechnik im Verordnungswege erschien aus Sicht des Bundesrates zweifelhaft, ob die übertragenen Materien nicht solche sind, die zwingend durch den parlamentarischen Gesetzgeber selbst geregelt werden müssten[728]; die Bestimmung der Mauthöhe sollte sich an weiteren Kriterien orientieren um auf regionale Besonderheiten adäquat reagieren zu können[729] und schließlich war vorgeschlagen, eine Ermächtigungsgrundlage zugunsten der Bundesregierung mit Zustimmung des Bundesrates aufzunehmen, die eine Beleihung des Betreibers zwecks Erhebung der Maut und Betrieb des Mauterhebungssystems erlaubt[730].

Die Bestimmung des Beginns der Mauterhebung warf Probleme auf. Aufgrund des Verbotes der gleichzeitigen Erhebung einer Maut- und Benutzungsgebühr war erforderlich, dass mit Beginn der Mauterhebung nach dem ABMG die Erhebung der Benutzungsgebühr nach dem ABBG endete. Daher sah § 12 ABMG[731] vor, dass im Zeitpunkt des Beginns der Mauterhebung nach dem ABMG das ABBG außer Kraft tritt. Der Beginn der Mauterhebung wurde durch § 2 LKW-MautV[732] zunächst für den 31.08.2003, 0.00 Uhr festgelegt.[733] Ab dem 01.09.2003 wird daher keine Benutzungsgebühr nach dem ABBG mehr erhoben. Aufgrund technischer Probleme mit dem Mauterhebungssystem, verschob sich jedoch der Beginn der Mauterhebung. Die Erhebung der Maut begann schließlich erst am 01.01.2005, 0.00 Uhr; § 12 Abs. 1 ABMG[734].

d) Ziele des Gesetzgebers bei Erlass des Autobahnmautgesetztes

Übergeordnetes Ziel bei Erlass des ABMG ist die Stärkung der Finanzkraft des Bundes durch eine verursachergerechte Umlage der Wegekosten auf die Nutzer von Bundesfernstraßen. Es dominiert alle sonstigen Absichten, die mit dem ABMG verbunden wurden.

Die Beschränkung auf den Schwerverkehr erklärt sich aus der Annahme, dass der Schwerverkehr die Verkehrswege übermäßig beansprucht. Zum einen belastet er die vorhandenen Straßen durch eine im Vergleich zu anderen Kraftfahr-

---

[726] Vgl. Kapitel 4 A. II. 1. a) cc) (1) .
[727] Vgl. Kapitel 4 A. II. 2. und Kapitel 4 A. III. 2.
[728] BT-Drs 14/7013, S. 19, bezogen auf die Mauthöhe.
[729] BT-Drs 14/7013, S. 20.
[730] BT-Drs 14/7013, S. 20.
[731] In der Fassung vom 05.04.2002, BGBl. I 2002, 1234.
[732] Verordnung zur Erhebung, zum Nachweis der ordnungsgemäßen Entrichtung und zur Erstattung der Maut vom 24.06.2003, BGBl. I 2003, 1003.
[733] *Halaczinsky*, NWB Fach 28, S. 1019 (1020).
[734] In der Fassung der Bekanntmachung vom 02.12.2004, BGBl. I 2004, 3122.

zeugen stärkere Abnutzung. Außerdem ist er Ausgangspunkt der verschiedensten Wirkungen, die verlangen, das vorhandene Verkehrsnetz auszubauen, um den bestehenden und ständig wachsenden Bedarf entsprechend abdecken zu können.

Daneben ist vor allem der Wirtschaftssektor in den Kreis der Überlegungen mit einbezogen worden. In der Gesetzesbegründung ist der Aufbau eines innovativen Mauterhebungssystems vorgesehen. Unter der Voraussetzung, dass ein deutscher Bewerber die Ausschreibung um den Betreibervertrag gewinnt, könnte sich das positiv auf die Technologieindustrie in Deutschland auswirken und unter Umständen Arbeitsplätze sichern oder sogar neu schaffen.

Mögliche negative Auswirkungen sieht der Gesetzgeber nicht. Nachdem Transportkosten nur einen minimalen Anteil an den Gesamtkosten darstellen, werden im produzierenden Gewerbe keine Preiswirkungen erwartet. Im Gütertransportgewerbe würden zwar zusätzliche Belastungen auftreten, diese wären jedoch wettbewerbsneutral, da sie gleichermaßen jedes Transportunternehmen (inländische wie ausländische) treffen würden.[735]

Nach Absicht des Gesetzgebers soll der Maut auch Lenkungswirkung zukommen und sie soll zu einer umweltgerechtern Form des Güterverkehrs beitragen. So erhofft sich der Gesetzgeber eine Verlagerung auf die umweltfreundlicheren Transportmittel Schiff und Bahn und verspricht sich eine bessere Ausnutzung der Kapazitäten, die zur Einsparung einzelner Gütertransporte führen könnte.[736]

e) Inhalt des ABMG

Im Grunde enthält das ABMG zwei völlig voneinander getrennte Regelungskomplexe.

Auf der einen Seite trifft es die Entscheidung, den Gebrauch der Bundesautobahnen überhaupt von der Entrichtung einer streckenbezogenen Mautgebühr abhängig zu machen. In diesem Zusammenhang werden Fragen nach der objektiven Mautpflicht verbunden mit persönlichen (§ 1 Abs. 1 i.V.m. § 1 Abs. 2 ABMG) und sachlichen (§ 1 Abs. 1 i.V.m. Abs. 3 ABMG) Befreiungen beantwortet. Außerdem wird mit der subjektiven Mautpflicht die Problematik des Mautschuldners geregelt (§ 2 ABMG) sowie die Höhe der Mautsätze (§ 3 ABMG) und die Verwendung des Mautaufkommens (§ 11 ABMG).

Der zweite Regelungsbereich beschäftigt sich mit Aufgaben und Anforderungen, die im Zusammenhang mit der Erhebung der Maut zu berücksichtigen sind; §§ 4-10 ABMG.

---

[735] BT-Drs 14/7013, S. 10 f.
[736] BT-Drs 14/7013, S. 1, 9; *Halaczinsky*, NWB Fach 28, 1019 (1019).

Zum besseren Verständnis der einzelnen Vorschriften setzt sich die Arbeit nachfolgend kritisch mit dem Inhalt des Gesetzes auseinander. Die Darstellung erfolgt hierbei getrennt nach den bereits vorgestellten unterschiedlichen Regelungskomplexen.

Vorangestellt sei, dass das ABMG die Einbeziehung eines privaten Betreibers zur Erfüllung der gesetzlich vorgesehenen Aufgaben in Betracht zieht. Es handelt sich zunächst lediglich um eine Option, die außerhalb des Gesetzes umgesetzt werden kann. Beachtenswert ist, dass sich die gesetzgeberische Intention, Private einzubinden, an vielen Stellen des ABMG und im Zusammenhang mit den meisten der anfallenden Aufgaben wieder findet. Außerdem entspricht die Vorgehensweise den allgemein anzutreffenden Privatisierungstendenzen, deren Hintergründe und Gestaltung zu Beginn der Arbeit erläutert wurden. Obwohl die Aufgabenübertragung auf Private mithin lediglich eine Möglichkeit darstellt, soll zu Zwecken dieser Arbeit unterstellt werden, dass Aufgaben nach dem ABMG soweit als möglich auf private Betreiber übertragen werden. Dennoch bleibt es dem Staat unbenommen die Aufgaben durch die originär zuständigen Stellen ausführen zu lassen.

Soweit die genaue (technische) Ausgestaltung des Mauterhebungssystems zur Beantwortung rechtlicher Fragen ausschlaggebend sein sollte, werden in dieser Arbeit zwei unterschiedliche Strategien verfolgt. Ergeben sich in Abhängigkeit von der konkreten Ausgestaltung des Mauterhebungssystems unterschiedliche rechtliche Beurteilungen, sollen diese getrennt voneinander dargestellt werden, ohne eine Entscheidung zwischen den möglichen Varianten zu treffen. Daneben besteht die Möglichkeit, dass Einzelheiten des Mauterhebungssystems für die Erläuterung von Abläufen, beispielsweise Mauterhebung oder Kontrolle, von Bedeutung sind. In diesen Fällen soll auf das vom Betreiberkonsortium Toll Collect entwickelte und errichtete Mauterhebungssystem Bezug genommen werden.[737]

II. Erster Regelungskomplex: Mautpflicht, Mauthöhe und Einnahmenverteilung nach dem ABMG

Bevor auf das Verfahren zur Erhebung der Maut näher eingegangen wird, soll der Kreis der Adressaten des ABMG bestimmt werden. Dieser Aufbau wird gewählt, da die genaue Ausgestaltung des Mauterhebungssystems möglicherweise von der Anzahl der Nutzer abhängt. Die zeitnahe und mit möglichst geringen Behinderungen verbundene Abfertigung weniger Nutzer, stellt geringere Anforderungen an ein Mauterhebungssystem, als bei einem großen Kreis mautpflichtiger Nutzer der Bundesautobahnen zu bewältigen wären.

---

[737] Vgl. Kapitel 4 A. III. 1.

Neben der Erläuterung der sachlichen und persönlichen Mautpflicht nach dem ABMG beschäftigt sich der nachfolgende Abschnitt mit Kriterien und Mechanismen der Festsetzung der Mauthöhe. Abschließend wird die Verwendung der Mauteinnahmen dargestellt.

1. Entstehung der Mautpflicht

Mautpflichtig ist, wer zur Entrichtung der Gebühr verpflichtet ist, wenn er den Sachverhalt verwirklicht, an den das Gesetz die Entstehung der Zahlungspflicht knüpft. Die Mautpflicht nach dem ABMG knüpft an zwei Voraussetzungen an. Sie entsteht, wenn ein bestimmter Kreis von Verkehrsteilnehmern bestimmte Verkehrswege benutzt und kann auch als objektive Mautpflicht bezeichnet werden. Davon ist die Frage nach der subjektiven Mautpflicht zu unterscheiden. Sie regelt, wer bei Verwirklichung des mautpflichtigen Sachverhaltes verpflichtet ist, die Maut zu zahlen.

Hinsichtlich des mautpflichtigen Sachverhaltes enthält das ABMG in § 1 eine leicht unübersichtliche Verweis- und Befreiungsregelung. Wer Mautschuldner ist, bestimmt sich nach § 2 ABMG.

a) Die objektive Mautpflicht - § 1 ABMG

§ 1 ABMG beschäftigt sich mit der Frage von welchem Verkehrsteilnehmerkreis für welche Verkehrsvorgänge Gebühren nach dem ABMG zu erheben sind. Mautpflichtig ist „die Benutzung der Bundesautobahnen mit Fahrzeugen im Sinne der Richtlinie 1999/62/EG[738]". Damit knüpft die Entstehung der Mautpflicht an die befahrene Straße und an das Fahrzeug an.

aa) Mautpflicht im Regelfall - § 1 Abs. 1 ABMG

Die Entstehung der Mautpflicht nach dem ABMG setzt voraus, dass eine bestimmte Straße von einer bestimmten Art von Fahrzeugen befahren wird.

Mautpflichtig ist die Benutzung von Bundesautobahnen[739]. Für das Befahren von Straßen des untergeordneten Straßennetzes, beginnend bei den Bundesstraßen, kann auf Grundlage des ABMG grundsätzlich keine Maut erhoben werden.

Der Kreis der mautpflichtigen Fahrzeuge wird durch einen „statischen Verweis"[740] auf Art. 2 d) RL 1999/62/EG bestimmt. Mautpflichtig sind Kraftfahrzeuge oder Fahrzeugkombinationen, die ausschließlich für den Güterkraftverkehr bestimmt sind und deren zulässiges Gesamtgewicht mindestens 12 t beträgt. Dieser Fahrzeuggruppe wird in besonders starkem Umfang die Verursachung von Kosten für Errichtung, Erhaltung und Betrieb des Straßennetzes angelastet.

---

[738] Vgl. Fn. 354.
[739] Zur Bestimmung des Begriffs Bundesautobahn vgl. Kapitel 1 A.
[740] *Neumann/Müller*, NVwZ 2002, 1295 (1296).

Hintergrund der definitorischen Beschränkung auf Fahrzeuge, die „ausschließlich zum Güterkraftverkehr bestimmt" sind, ist das Ziel der zugrunde liegenden Richtlinie im Transportsektor harmonisierend zu wirken und in diesem Bereich bestehende Wettbewerbsverzerrungen zwischen den Staaten der Europäischen Union zumindest zu mildern.[741]

Von der Mautpflicht werden nur Fahrzeuge erfasst, die ausschließlich zum Güterkraftverkehr „bestimmt" sind. Die Zuordnung zu dieser Gruppe erfolgt demnach scheinbar anhand eines subjektiven Kriteriums. Maßgeblich ist der bestimmte Zweck. Dagegen ist der tatsächliche Gebrauch nach dem Wortlaut unerheblich. Eine solche Auslegung würde in der Praxis zu erheblichen Schwierigkeiten führen. Zum einen wäre unklar, wer die Zweckbestimmung treffen sollte. Infrage kommen neben dem Eigentümer auch der Halter des Fahrzeuges sowie der Disponent.[742] Weiterhin könnten Rechtsunsicherheiten bei der Frage nach der Bestimmung im Einzelfall auftreten.

Abweichend von der subjektiven Vorgehensweise, die der Wortlaut nahe zu legen scheint, verfolgt die Rechtsprechung einen anderen Weg. Demnach ist ein Fahrzeug dann zum ausschließlichen Gütertransport bestimmt, wenn objektive Merkmale darauf schließen lassen, dass es generell und ausschließlich dem Gütertransport dienen soll. Unerheblich ist die konkrete Verwendung im Rahmen einer einzelnen Fahrt, genauso wie die gelegentliche Verwendung zu Zwecken abseits des Gütertransports. Ist der Zweck eines Kraftfahrzeuges grundsätzlich, also regelmäßig und dauerhaft der Gütertransport, fällt es in den Kreis der mautpflichtigen Fahrzeuge.[743] Damit wendet die Rechtsprechung einen objektivierten subjektiven Maßstab an der sich nicht danach richtet, was ein möglicherweise „Bestimmungsberechtigter" innerlich als Zweck vorsieht. Entscheidend ist der regelmäßige tatsächliche Gebrauch

bb) Kontroversen im Gesetzgebungsverfahren bei der Bestimmung der mautpflichtigen Fahrzeuge

Der Entwurf der Bundesregierung[744] weicht hinsichtlich der Verpflichteten nach dem ABMG von der endgültigen Fassung des Gesetzes ab. Anstelle des Verweises auf die Richtlinie 99/62/EG enthält § 1 Abs. 1 ABMG (Entwurf) die Aussage, dass von *„alle(n) Fahrzeuge(n) oder Fahrzeugkombinationen mit einem zulässigen Gesamtgewicht von mindestens 12 t"* Maut zu erheben ist.

Der Gesetzentwurf sieht damit eine Mautpflicht für einen größeren Kreis von Verkehrsteilnehmern vor, als die schließlich verabschiedete Fassung. Es fehlt an

---

741 RL 99/62/EG, S. 1, Nr. (12).

742 Zur Bestimmung der Begriffe vgl. Kapitel 4 A. II. 1. b) aa) und Kapitel 4 A. II. 1. b) bb) .

743 OVG Münster, Beschluss vom 30.01.2002, DAR 2002, 235 (236).

744 Entwurf eines Gesetzes zur Einführung von streckenbezogenen Gebühren für die Benutzung von Bundesautobahnen mit schweren Nutzfahrzeugen, vom 01.10.2001, BT-Drs 14/7013.

der ausschließlichen Bestimmung für den Güterverkehr. Erfasst würden beispielsweise auch Fahrzeuge mit denen gelegentlich oder nie Güter transportiert werden, die also überhaupt nicht dem Güterverkehr dienen sollen. Voraussetzung ist nur, dass sie mindestens für ein Gesamtgewicht von 12 t zugelassen sind.

Regelungstechnisch wäre darin eine überschießende Richtlinienumsetzung zu sehen gewesen. Überschießende Richtlinienumsetzungen zeichnen sich dadurch aus, dass die umsetzenden nationalen Vorschriften über den Anwendungsbereich der entsprechenden Richtlinie hinaus auf weitere Sachverhalte anzuwenden gewesen wären und sie entsprechend den Vorgaben des Gemeinschaftsrechtes geregelt hätten.[745]

Die beschlossene Fassung des ABMG enthält hingegen keine überschießende Umsetzung der Richtlinie. Das wirft die Frage auf, warum der Gesetzgeber davon abgesehen hat. In Betracht kommt zunächst, dass überschießende Richtlinienumsetzungen aus gemeinschaftsrechtlichen Gründen unzulässig sind. Darüber hinaus könnte der Gesetzgeber auch aus rechts- oder wirtschaftspolitischen Motiven davon Abstand genommen haben.

(1) Zulässigkeit einer überschießenden Richtlinienumsetzung

In Rechtsprechung und Literatur ist soweit ersichtlich keine umfangreiche Auseinandersetzung mit der Problematik überschießender Richtlinienumsetzungen zu finden. Sofern sich der EuGH oder Autoren überhaupt mit dem Thema beschäftigen, dann unter dem Gesichtspunkt, wie Normen, die eine überschießende Richtlinienumsetzung beinhalten, auszulegen sind[746] und ob die Zuständigkeit zur Bestimmung des Auslegungsmaßstabes nach Art. 234 EGV beim EuGH liegt.[747]

Trotzdem besteht zu dieser Frage Klärungsbedarf. Aufgrund der starken Abweichung von der Definition der RL 1999/62 EG bestehen Zweifel an der europarechtlichen Zulässigkeit des Entwurfs der Bundesregierung.[748]

Eine überschießende Umsetzung von Richtlinien ist den Mitgliedstaaten nicht untersagt, wenn und soweit damit den Richtlinienvorgaben nicht widersprochen wird.[749]

---

[745] *Bärenz*, DB 2003, 375 (375); *Habersack/Mayer*, JZ 1999, 913 (914).

[746] Entsprechende Normen könnten einheitlich auszulegen sein, wobei dann der Auslegungsmaßstab das Gemeinschaftsrecht wäre, oder gespalten - der richtlinienumsetzende Teil nach gemeinschaftsrechtlichen und der verbleibende Teil nach nationalen Vorgaben auszulegen wäre.

[747] Für einige: *Basedow*, FS Brandner, S. 651 (661 f.); *Schroeder*, in Streinz, EUV/EGV, EGV Art. 249 Rn. 131.

[748] BT-Drs 14/7013, S. 18.

[749] *Nettesheim*, in: Grabitz/Hilf, Art. 249 EGV Rn. 151.

Von einer Richtlinie geht demnach keine Sperrwirkung aus, die es verbietet, ihren Inhalt im nationalen Recht auch auf Sachverhalte auszudehnen, die außerhalb des konkreten Anwendungsbereiches der Richtlinie liegen.

Begrenzt wird dieser Grundsatz nur unter bestimmten Voraussetzungen. So besteht die Möglichkeit, dass die Richtlinie selbst die überschießende Umsetzung generell, oder zumindest in einigen Bereichen untersagt. Enthält der Akt des europäischen Rechts derartige Vorgaben, darf sich der nationale Gesetzgeber nicht darüber hinwegsetzen. Andernfalls ist der nationale Gesetzgeber berechtigt, die europäischen Vorgaben über den Bereich hinaus, in dem er zur Umsetzung verpflichtet ist, in das nationale Recht zu übernehmen. Grenzen seiner Befugnis, entweder in Form einer vollständigen Untersagung oder der Beschränkung auf Teilbereiche, können sich nur aus der Richtlinie selbst ergeben.

RL 99/62/EG erlaubt es zur Harmonisierung im europäischen Raum, von Fahrzeugen mit einem zulässigen Gesamtgewicht von mindestens 12 t, die ausschließlich für den Güterverkehr bestimmt sind, Mautgebühren für die Benutzung der Bundesautobahnen zu erheben. Ein Verbot, darüber hinaus auch von anderen Fahrzeuggruppen Gebühren zu erheben, enthält die Richtlinie nicht. Demnach kann die beabsichtigte überschießende Umsetzung für die abweichende endgültige Fassung nicht kausal gewesen sein. Sie verstieße nicht gegen Gemeinschaftsrecht,

(2) Änderung aus rechts- oder wirtschaftspolitischen Motiven

Dem Entwurf der Bundesregierung, der nur an das zulässige Gesamtgewicht anknüpfte, lagen andere Motive zugrunde. Ausschlaggebend für die „geringfügige" Ausweitung[750] war insbesondere die Absicht, die Wegekosten konsequent den Verursachern anzulasten. Darüber hinaus sollte Auslegungsproblemen vorgebeugt werde. Bei der Bestimmung der Adressaten des Vorläufers ABBG, führten diese zu einer Abhängigkeit der staatlichen Einnahmen aus der Gebühr von Gerichtsentscheidungen über die Einbeziehung der Fahrzeuge in die Gebührenpflicht.[751]

Dagegen wurde vom Bundesrat vorgebracht, es handele sich keineswegs nur um eine geringfügige Ausweitung. Unabhängig vom Gebrauch sei jedes Fahrzeug bei Vorliegen der gewichtsmäßigen Voraussetzungen mautpflichtig sofern Bundesautobahnen befahren würden. Betroffen seien hiervon vor allem klein- und mittelständische Betriebe, Forstwirtschaft und das schaustellende Gewerbe, deren Fuhrpark sich auf wenige Fahrzeuge beschränke.[752] Unter Geltung des ABBG fielen sie aus dessen Anwendungsbereich heraus, weil die vorhandenen Fahrzeuge bestimmungsgemäß alle anfallenden Transporte übernehmen mussten

---

[750] BT-Drs 14/7087, S. 1.

[751] Insgesamt vgl. BT-Drs 14/7013, S. 11 f.; BT-Drs 14/7087, S. 1 f.

[752] BT-Drs 14/7013, S. 18.

und gerade nicht ausschließlich zum Gütertransport bestimmt waren. Die neu hinzukommenden Kosten stellten nach Ansicht des Bundesrates eine zusätzliche Belastung für einen ohnehin angegriffenen Wirtschaftszweig dar. Außerdem sei mit der Einbeziehung dieser Gruppen in keiner Weise das Lenkungsziel „Verlagerung der Transporte auf Schiff und Bahn“ zu erreichen. Eine Verlagerung sei in den betreffenden Fällen wegen der zu bewältigenden geringen Wegstrecken der Natur der Sache nach ausgeschlossen. Entweder sei sie unwirtschaftlich oder mangels entsprechender Infrastruktur tatsächlich unmöglich.[753] Der Zweck, Rechtsstreitigkeiten und Auslegungsprobleme zu vermeiden, stehe in keinem Verhältnis zu dem gewählten Mittel.

Zu einer Lösung dieses Konfliktes führte erst die Anrufung des Vermittlungsausschusses, der empfahl den statischen Verweis auf die RL 99/62/EG aufzunehmen.[754] Dieser Empfehlung wurde letztlich auch gefolgt.

cc) Befreiungen - § 1 Abs. 2 und 3 ABMG

Neben der Bestimmung des Kreises von Verkehrsteilnehmern, die verpflichtet sind, für die Benutzung der Bundesautobahnen Maut zu entrichten, sieht das ABMG Ausnahmen von der Mautpflicht vor. Diese sind in § 1 Abs. 2-3 ABMG geregelt.

Im Gleichlauf mit den Voraussetzungen der Entstehung der Mautpflicht knüpfen auch die Befreiungstatbestände an bestimmte Verkehrsteilnehmer und Abschnitte von Bundesautobahnen an. § 1 ABMG enthält in Abs. 2 persönliche Befreiungen und in Abs. 3 sachliche Befreiungen. Diese werden nachfolgen näher dargestellt.

(1) Persönliche Befreiungen - § 1 Abs. 2 ABMG

Nach § 1 Abs. 2 S. 1 ABMG sind fünf Fahrzeuggruppen aus dem Anwendungsbereich des ABMG ausgenommen.

Nicht mautpflichtig sind Kraftomnibusse, § 1 Abs. 2 S. 1 Nr. 1 ABMG. Diese Befreiung ist überflüssig, da Kraftomnibusse mangels Widmung für den Güterverkehr gar nicht in den Anwendungsbereich des ABMG fallen. § 1 Abs. 2 S. 1 Nr. 1 ABMG fand Eingang in den Gesetzestext, weil der Entwurf der Bundesregierung zu § 1 Abs. 1 ABMG keine Beschränkung auf den Güterverkehr vorsah. Eine inhaltliche Änderung im Vergleich zum Anwendungsbereich des ABBG war mit der abweichend formulierten Definition der mautpflichtigen Fahrzeuge nicht beabsichtigt. Sofern Kraftomnibusse wie unter Geltung des ABBG bei einer Definition kraft Verweis auf RL 1999/62 EG mautpflichtig sind, müssen sie bei einer Definition, die sich allein nach dem Gewicht der Fahrzeuge richtet,

---

[753] BT-Drs 14/7013, S. 18.
[754] BT-Drs 14/8631, S. 2.

ausdrücklich ausgenommen werden.[755] Zwar ist vor diesem Hintergrund die Aufnahme des Befreiungstatbestandes verständlich. Nach der endgültigen Fassung des Gesetzes ist sie jedoch schlicht überflüssig. Maßgeblich für die Entstehung der Mautpflicht ist die Bestimmung des Kraftfahrzeuges für den Güterverkehr. Kraftomnibusse sind per se nicht für den Güterverkehr sondern für den Transport von Menschen bestimmt. Sie fallen damit wegen des Verweises auf die Richtliniendefinition nicht in den Anwendungsbereich des ABMG. Ein Sachverhalt, auf den eine Norm nicht anwendbar ist, kann aber nicht von ihr befreit werden. Insofern ist ein Versehen des Gesetzgebers anzunehmen, der es übersehen hat, § 1 Abs. 2 S. 1 Nr. 1 ABMG in Anpassung auf den veränderten Wortlaut zu streichen.

Weitere persönliche Befreiungen sind in § 1 Abs. 2 S. 1 Nr. 2-5 ABMG enthalten.[756] Demnach ist keine Maut zu entrichten für Fahrzeuge der Streitkräfte, der Polizeibehörden, des Zivil- und Katastrophenschutzes, der Feuerwehr und anderer Notdienste sowie Fahrzeuge des Bundes, § 1 Abs. 2 S. 1 Nr. 2 ABMG, für Fahrzeuge, die ausschließlich für den Straßenunterhaltungs- und Straßenbetriebsdienst einschließlich Straßenreinigung und Winterdienst genutzt werden, § 1 Abs. 2 S. 1 Nr. 3 ABMG, für Fahrzeuge, die ausschließlich für Zwecke des Schausteller- und Zirkusgewerbes eingesetzt werden, § 1 Abs. 2 S. 1 Nr. 4 ABMG sowie für Fahrzeuge, die von gemeinnützigen oder mildtätigen Organisationen für den Transport von humanitären Hilfsgütern, die zur Linderung einer Notlage dienen, eingesetzt werden,[757] § 1 Abs. 2 S. 1 Nr. 5 ABMG.

Die Befreiungen sind durch das besondere öffentliche Interesse, dem die Fahrzeuge dienen, motiviert.[758] Teilweise setzen sie die bisherige Regelung des ABBG fort.[759] Im Rahmen des Gesetzgebungsverfahrens wurden lediglich klarstellende Änderungen vorgenommen. Dagegen stellt die Aufnahme der Schausteller- und Zirkusfahrzeuge und humanitärer Fahrzeuge eine inhaltliche Ergänzung dar.

Voraussetzung der Befreiung von der eigentlich bestehenden Mautpflicht ist grundsätzlich, dass die Nutzung zu dem genannten Zweck erkennbar ist; § 1 Abs. 2 S. 2 ABMG. Erst durch die Erkennbarkeit der Zweckbestimmung wird ein Vollzug ohne aufwändige und kostenintensive Kontrollen ermöglicht. Eine Ausnahme ist in diesem Zusammenhang lediglich für die Befreiung der

---

755 BT-Drs 14/7013, S. 12.

756 § 1 Abs. 2 S. 1 Nr. 3-5 ABMG wurden neu eingefügt mit Gesetz vom 02.12.2004, BGBl. I 2004, 3120. Nr. 2-4 übernehmen ohne inhaltliche Änderungen die vorher in Nr. 2 aufgeführten Fahrzeuge. Lediglich Nr. 5 wurde neu eingefügt.

757 Erfasst sind sowohl eigene Fahrzeuge der Hilfsorganisationen, wie auch solche, die zu diesem Zweck angemietet werden. Humanitäre Hilfsgüter im Sinn der Vorschrift sind beispielsweise Medikamente, medizinisches Gerät, Nahrungsmittel, Kleidung oder Notunterkünfte. BT-Drs 15/389, S. 7.

758 *Halaczinsky*, NWB Fach 28, 1019 (1020).

759 BT-Drs 14/7013, S. 12.

Fahrzeuge gemeinnütziger und mildtätiger Organisationen vorgesehen; § 1 Abs. 2 S. 2 ABMG. Diese ist auch notwendig, da sich der Gütertransport zu gemeinnützigen Zwecken in seinem Erscheinungsbild nicht von anderen Güterverkehrsvorgängen unterscheidet.

(2) Sachliche Befreiungen - § 1 Abs. 3 ABMG

Neben den persönlichen Befreiungen von der Mautpflicht sieht das ABMG auch sachliche Befreiungen vor. So sind nach § 1 Abs. 3 ABMG bestimmte Abschnitte der Bundesautobahnen von der Mautpflicht ausgenommen.[760] Ziel der sachlichen Befreiungen in § 1 Abs. 3 Nr. 1 und 2 ABMG ist es der Gebührenerhebungspraxis in Frankreich gleichzutun[761] und in Gebieten, in denen eine Verlagerung des Verkehrs auf das nachgeordnete Straßennetz zu erwarten ist, dieser vorzubeugen.[762]

Dagegen sieht § 1 Abs. 3 Nr. 3 ABMG eine Befreiung von der Mautpflicht nach dem ABMG für die Strecken vor, auf denen bereits nach dem FStrPrivFinG ein Entgelt zu entrichten ist.

Zwar ist das zu zahlende Entgelt nach § 2 Abs. 1 FStrPrivFinG auch eine Mautgebühr, so dass Art. 7 Abs. 3 RL 99/62/EG, der mit Ausnahme von sog. Erschwernisstrecken die gleichzeitige Erhebung von Maut- und Benutzungsgebühren untersagt, nicht einschlägig ist, und die Richtlinie der Mauterhebung auf einer Strecke sowohl nach dem ABMG als auch dem FStrPrivFinG nicht entgegenstünde.[763] Der Gesetzgeber strebt jedoch die Förderung von Projekten nach dem FStrPrivFinG an.[764] Nachdem F-Modell-Projekte bereits nach der gegenwärtigen Rechtslage nur zurückhaltend verwirklicht werden, erscheint bei einer doppelten Mauterhebung deren Wirtschaftlichkeit noch in gesteigertem Maß zweifelhaft.[765]

(3) Kein Verstoß gegen Europarecht durch Regelung von Befreiungstatbeständen

Ein Verstoß gegen Europarecht ist in den Befreiungstatbeständen nicht zu sehen. Wie bereits erläutert, kann von den Vorgaben der Richtlinie abgewichen werden sofern und soweit eine Richtlinie Tatbestände nicht zwingend regelt.[766] Nach

---

760 Nr. 1: BAB A 6 von der deutsch-französischen Grenze bis zur Anschlussstelle Saarbrücken-Fechingen; Nr. 2: BAB A 5 von der deutsch-schweitzerischen Grenze und der deutsch-französischen Grenze bis zur Anschlussstelle Müllheim/Neuenburg.

761 Dort beginnt die Erhebung von Bundesautobahnbenutzungsgebühren erst im Abstand von einigen Kilometern zu den Staatsgrenzen.

762 BT-Drs 14/7013, S. 12.

763 Vgl. dazu bereits die Ausführungen auf S. 185.

764 BT-Drs 14/7013, S. 12.

765 Zu den Hintergründen der Befreiung dieser Strecken von der Mautpflicht nach dem ABMG vgl. auch *Bartlsperger*, S. 239 ff.

766 Dabei ist eine Abweichung sowohl nach „unten“ - Verringerung des Anwendungsberei-

Art. 7 Abs. 1 RL 99/62/EG dürfen Mitgliedstaaten für Kraftfahrzeuge, die für den Güterverkehr bestimmt sind, Mautgebühren einführen. Eine Verpflichtung entsprechend vorzugehen resultiert daraus nicht. Daher steht die Richtlinie einer Befreiung bestimmter Fahrzeuge die grundsätzlich mautpflichtig wären, nicht entgegen. Sind in der Richtlinie selbst Befreiungsmöglichkeiten vorgesehen, verstößt deren Umsetzung auch nicht gegen Europarecht.

dd) Ausweitung der Mautpflicht

Neben Befreiungen von grundsätzlich mautpflichtigen Sachverhalten, sieht das ABMG in § 1 Abs. 4 auch die Möglichkeit der Ausweitung der Mautpflicht auf Abschnitte von Bundesstraßen vor.[767] Die Vorschrift ist Ermächtigungsgrundlage für das jetzige Bundesministerium für Verkehr, Bau und Stadtentwicklung, um nach Anhörung der Kommission der Europäischen Gemeinschaften und mit Zustimmung des Bundesrates Rechtsverordnungen zu erlassen, die eine Ausdehnung der Mautpflicht zum Inhalt haben. Der Erlass einer Rechtsverordnung kommt nur in Betracht, wenn die Ausweitung der Mautpflicht aus Sicherheitsgründen gerechtfertigt ist. Das ist anzunehmen, wenn die Mauterhebung zu unvertretbaren Verkehrsverlagerungen führt, die vermieden werden sollen.

Im Rahmen des Gesetzgebungsverfahrens hatte der Bundesrat beantragt, zur Klarstellung anstelle „aus Sicherheitsgründen“ die Formulierung „aus Gründen des öffentlichen Wohls, um durch die Mauterhebung ausgelösten Verkehrsverlagerungen zu begegnen“ zu verwenden.[768] Dem wurde nicht gefolgt. Dagegen wurde vorgebracht, dass der ursprünglich vorgesehene Wortlaut das Erreichen des angestrebten Ziels, die Vermeidung von Verkehrsverlagerungen, gewährleiste.[769] Außerdem werde durch Übernahme der Formulierung aus der Richtlinie sichergestellt, dass nicht gegen ihre Vorgaben verstoßen werde.

Gegenwärtig wurde soweit ersichtlich noch nicht von § 1 Abs. 4 ABMG Gebrauch gemacht.

ee) Zusammenfassung

Grundsätzlich ist für die Benutzung des gesamten Bundesautobahnnetzes mit Fahrzeugen von mindestens einem zulässigen Gesamtgewicht von 12 t, die ausschließlich zum Gütertransport bestimmt sind, Maut zu zahlen. Davon sind einige Fahrzeuggruppen aus Gründen des öffentlichen Interesses ausgenommen und desweiteren Streckenabschnitte im Verlauf von Bundesautobahnen, bei denen eine Verlagerung auf das nachgeordnete Straßennetz zu befürchten ist, oder Be-

---

ches, als auch nach „oben“ Ausdehnung des Anwendungsbereiches möglich.

767 § 1 Abs. 4 ABMG setzt Art. 7 Abs. 2 b) i) RL 99/62/EG um, nach der Mitgliedstaaten aus Sicherheitsgründen Befreiungen vornehmen können.

768 BT-Drs 14/7013, S. 19.

769 BT-Drs 14/7087, S. 2.

sonderheiten, begründet in der Grenznähe, die Befreiung erfordern. Aus Sicherheitsgründen kommt auch eine Ausweitung der Maupflicht auf Abschnitte von Bundesstraßen in Betracht.

b) Die subjektive Mautpflicht - § 2 ABMG

Im Unterschied zu § 1 ABMG, der regelt, welche Sachverhalte entgeltpflichtig sind, ergibt sich aus § 2 ABMG die Person des Zahlungspflichtigen, die auch Mautschuldner genannt wird.

Sofern mehrere Personen Mautschuldner hinsichtlich eines entgeltpflichtigen Sachverhaltes sind, ordnet § 2 S. 2 ABMG eine gesamtschuldnerische Haftung an. Sie richtet sich nach den Vorschriften des Zivilrechtes; §§ 421 ff. BGB.[770]

Mautschuldner sind Personen, die im Zeitpunkt der mautpflichtigen Bundesautobahnbenutzung Eigentümer oder Halter des Fahrzeuges sind (§ 2 S. 1 Nr. 1 ABMG), diejenigen, die über den Gebrauch des Fahrzeuges bestimmen (§ 2 S. 1 Nr. 2 ABMG) und schließlich Fahrzeugführer (§ 2 S. 1 Nr. 3 ABMG). Die drei Personengruppen unterscheiden sich insbesondere nach Art und Intensität ihrer Beziehung zum mautpflichtigen Fahrzeug. Während Eigentümer und Halter nicht unbedingt über den konkreten Gebrauch des Fahrzeuges bestimmt haben müssen, kennzeichnet gerade diese Unmittelbarkeit das Verhältnis von Disponent und Fahrzeugführer zum Fahrzeug.

aa) Eigentümer und Halter - § 2 S. 1 Nr. 1 ABMG

Wer Eigentümer eines Fahrzeuges ist, bestimmt sich nach dem Zivilrecht.[771] Daneben ist der Fahrzeughalter Schuldner der Maut. Fahrzeughalter ist, wer das Fahrzeug für eigene Rechnung gebraucht und die Verfügungsgewalt ausübt.[772] Die Qualifizierung von Eigentümer oder Halter des Fahrzeuges als Schuldner der Mautpflicht ist demnach unabhängig davon, ob sie auf die konkrete mautpflichtige Fahrt Einfluss genommen haben.

bb) Disponent - § 2 S. 1 Nr. 2 ABMG

Zusätzlich zum Eigentümer und Halter des Fahrzeuges schuldet der Disponent die Maut. Disponent ist derjenige, der über den Gebrauch des Fahrzeuges bestimmt. Er unterscheidet sich vom Halter dadurch, dass er das Fahrzeug nicht

---

770 Aus der Gesamtschuld folgt, dass der Gläubiger berechtigt ist, die Leistung nach seinem Belieben von jedem der Schuldner ganz oder teilweise zu fordern. Insgesamt ist die Leistung nur einmal zu bewirken. *Grüneberg*, in: Palandt, Überbl v § 420 Rn. 6.

771 Eigentümer ist, wem das umfassendste Recht zu tatsächlichen und rechtlichen Herrschaftshandlungen, die nach der Rechtsordnung an einer beweglichen oder unbeweglichen Sache zulässig sind, zugeordnet ist. *Bassenge*, in: Palandt, Überbl v § 903 Rn. 1, § 903 Rn. 1 ff.

772 BGH, Urteil vom 29.05.1954, BGHZ 13, 351 (354); BGH, Urteil vom 22.03.1983, BGHZ 87, 133 (135); *Hentschel*, Straßenverkehrsrecht, § 7 Rn. 14; *Kuckuk*, in: Kuckuk/Werny § 7 Rn. 29.

„für eigene Rechnung" in Gebrauch hat. Vielmehr soll Disponent sein, wer für die Einhaltung aller Vorschriften die im Zusammenhang mit dem Gebrauch des Fahrzeuges zu beachten sind, verantwortlich ist. Er hat für den ordnungsgemäßen Einsatz der Fahrzeuge zu sorgen. Dazu gehört unter anderem die Zahlung der Maut oder zumindest die Schaffung der Voraussetzungen für eine ordnungsgemäße Mautentrichtung.[773] In Unternehmen des Güterkraftverkehrs gilt derjenige als Disponent, der über den konkreten Einsatz der Fahrzeuge bestimmt. Häufig nimmt diese Aufgabe nicht der Eigentümer der Fahrzeuge wahr, sondern ein Angestellter.

cc) Fahrzeugführer - § 2 S. 1 Nr. 3 ABMG

Derjenige, der für das Verhalten des Fahrzeuges im Straßenverkehr, also alle Vorgänge, die im Zusammenhang mit der Fortbewegung des Fahrzeuges stehen, verantwortlich ist, gilt als Führer der Kraftfahrzeuges[774] und ist in dieser Eigenschaft Schuldner der Maut; § 2 S. 1 Nr. 3 ABMG.

dd) Kritik am Kreis der subjektiv Mautpflichtigen nach dem ABMG

Wie gezeigt, haften Eigentümer, Halter, Disponent und Fahrzeugführer gesamtschuldnerisch für die Zahlung der Maut. Damit hat der Gesetzgeber alle Personen erfasst, die einen Bezug, gleich wie geartet, zum Fahrzeug oder aber der konkreten Fahrt haben. Unerheblich ist dabei, welcher Art und Intensität dieser Bezug ausgestaltet ist. Dem Antrag des Bundesrates, den Kreis auf Eigentümer und Halter zu begrenzen,[775] wurde nicht stattgegeben. Als Motiv dieser Vorgehensweise ist die Absicht des Gesetzgebers zu vermuten, unter allen Umständen die Zahlung der Autobahnmaut sicherzustellen.

In diesem Zusammenhang ist insbesondere der Status Deutschlands als Transitland zu berücksichtigen. Neben rein innerdeutschen Fahrten, die von Unternehmern mit Sitz im Inland ausgeführt werden, treten vermehrt grenzüberschreitende Sachverhalte auf. Diese zeichnen sich dadurch aus, dass ausländische Fuhrunternehmen Transporte ausführen, die zwar im Inland beginnen, deren Bestimmungsort jedoch im Ausland liegt, oder dass es sich um Transitverkehr handelt, bei dem Beginn und Ziel der Reise im Ausland belegen sind.

---

[773] So die Begründung zum Entwurf des ABMG, BT-Drs 14/7078, S. 2.

[774] *Hentschel*, Straßenverkehrsrecht, § 2 StVG Rn. 2; *Kuckuk*, in: Kuckuk/Werny, § 2 Rn. 4.

[775] Die Bedenken des Bundesrates gründeten sich auf soziale Erwägungen. Dazu gehört zum einen die mögliche Mauthöhe. Außerdem berief man sich auf mangelnde Kenntnisse, wie und durch wen in der Praxis die Zahlung der Maut erfolgen würde. Es sei nicht sichergestellt, dass die Mautschuldner überhaupt Einblick oder Einfluss in bzw. auf den Prozess der Mautzahlung hätten. Sie trotzdem in den Kreis der Schuldner einzubeziehen, sei unvertretbar. Vgl. BT-Drs 14/7013, S. 19.

Probleme, denen durch die Ausweitung des Personenkreises der Mautschuldner begegnet werden soll, ergeben sich nur, wenn die Maut nicht ordnungsgemäß entrichtet wird. Insbesondere die Nacherhebung durch Bescheid gemäß § 8 ABMG könnte sich schwierig gestalten, wenn die mautpflichtige Fahrt von einem Unternehmer oder Unternehmen mit Sitz im Ausland durchgeführt wird. Ist neben dem Unternehmer auch der Fahrzeugführer Schuldner der Maut, kann nach § 7 Abs. 7 ABMG der Anspruch diesem gegenüber durchgesetzt werden. Damit wird die Nacherhebung der Maut im Ausland entbehrlich.

Bei dieser Vorgehensweise wird übersehen, dass Personen als Schuldner der Maut bestimmt sind, die im tatsächlichen Ablauf vermutlich keinen Einfluss darauf haben, ob die Maut ordnungsgemäß entrichtet wird. Hauptsächlich unter sozialen Gesichtspunkten erscheint das Vorgehen des Gesetzgebers daher zweifelhaft. Es erscheint jedoch gerechtfertigt, wenn man in die Überlegungen einbezieht, dass diese Regelungstechnik die effektivste Möglichkeit bietet, die Mautpflicht auch durchzusetzen. Andernfalls könnten sich Unternehmer in den oben dargestellten Sachverhalten mit Auslandsbezug der Mautpflicht entziehen.

2. Die Höhe der Maut

Das ABMG selbst regelt die Höhe der zu entrichtenden Gebühr nicht. Vielmehr enthält § 3 Abs. 2 S. 1 ABMG eine Ermächtigung zugunsten der Bundesregierung, nach der diese berechtigt ist, durch Rechtsverordnung mit Zustimmung des Bundesrates die Höhe der Maut festzulegen.

Bemessungsgrundlage der Maut sind die Kosten, die durch den Kreis der mautpflichtigen Fahrzeuge verursacht werden und sich im Zusammenhang mit Bau, Betrieb und Erhaltung des mautpflichtigen Bundesautobahnnetzes ergeben; § 3 Abs. 2 S. 2 ABMG. Das bedeutet, dass von den Gesamtkosten der Anteil der Kosten abzuziehen ist, der auf Fahrzeuge entfällt, die nicht mautpflichtig sind und darüber hinaus der Kostenanteil, der im Verlauf von Bundesautobahnabschnitten entsteht, deren Benutzung entgeltfrei möglich ist.

a) Zulässigkeit der Festlegung der Mauthöhe im Verordnungsweg

Im Verlauf des Gesetzgebungsverfahrens war streitig, ob die Delegierung der Festlegung der Mauthöhe auf den Verordnungsgeber rechtlich zulässig sei.

Als problematisch wurde die Bedeutung der Mauthöhe im Kontext des ABMG angesehen. Regelungen zur Höhe der Gebühr seien für den Gesamtinhalt des Gesetzes derart wesentlich, dass sie aus verfassungsrechtlichen Gründen nicht durch den Verordnungsgeber getroffen werden könnten.[776] Nach Ansicht der Bundesregierung waren jedoch mit der Entscheidung für eine wegekostenabhängige Gebühr und der Bestimmung der möglichen Differenzierungskriterien

[776] BT-Drs 14/7013, S. 19.

die wesentlichen Punkte durch den Gesetzgeber selbst geregelt worden, ohne sie auf den Verordnungsgeber zu delegieren.[777] Wäre das der Fall, stünde der gewählten Regelungstechnik nichts im Wege.

Rechtsverordnungen sind materielle Rechtssätze, die aufgrund einer formellgesetzlichen Ermächtigung von Exekutivorganen erlassen werden. Insoweit bestimmt Art. 80 Abs. 1 GG, dass der Erlass von Rechtsverordnungen durch die Bundesregierung, Bundesminister oder Landesregierungen zulässig ist, wenn sie dazu durch Gesetz ermächtigt sind. Art. 80 GG vereinigt zwei gegensätzliche Funktionen in sich.

Zum einen dient die Delegierungsregelung der Entlastung der gesetzgebenden Gewalt von zeitaufwändiger Detailarbeit. Sie soll dazu befähigt werden sich auf wesentliche, grundlegende Gesetzgebungsvorhaben zu konzentrieren.[778]

Zum anderen hat Art. 80 GG auch eine Funktionssicherungs- und Begrenzungsfunktion, die auch Parlamentsvorbehalt genannt wird. Der Gesetzgeber soll daran gehindert werden, sich aller seiner Rechtssetzungsbefugnisse zu entledigen. So untersagt Art. 80 GG in dieser Funktion die Delegation der wesentlichen Entscheidungen auf den Verordnungsgeber. Diese sind durch den parlamentarischen Gesetzgeber selbst zu treffen.[779] Maßstab und Leitlinie für die Abgrenzung zwischen wesentlichen und unwesentlichen Entscheidungen sind die Grundrechte. Als wesentlich werden Regelungen anzusehen sein, die von grundlegender Bedeutung für die Verwirklichung und Ausübung von Grundrechten sind.[780]

Im Kontext von Regelungen, die nicht dem Parlament vorbehalten sind, genügt der Ermächtigungsgeber seiner Verpflichtung nach dem Bestimmtheitsgebot aus Art. 80 Abs. 1 S. 2 GG, wenn er Inhalt, Zweck und Ausmaß der gesetzlichen Ermächtigung für die Übertragung von Rechtsetzugsbefugnissen auf die Exekutive im Gesetz bestimmt.

Im Zusammenhang mit dem ABMG muss zwischen der Begründung der Mautpflicht und der Bestimmung der Mauthöhe differenziert werden. Von wesentlicher Bedeutung für die Verwirklichung von Grundrechten scheint nur der erste Komplex, die Begründung der Mautpflicht.

---

[777] BT-Drs 14/7087, S. 2.

[778] Entlastungsfunktion: *Bauer*, in: Dreier, GG, Bd. II, Art. 80 Rn. 11; *Brenner*, in: v. Mangoldt/Klein/Stark, GG, Bd. 3, Art. 80 Rn. 8; *Nierhaus*, in: Dolzer/Vogel/Graßhof, Bonner GG, Art. 80 Rn. 60; *Ossenbühl*, in: Isensee/Kirchhof, HStR IV, § 64 Rn. 2.

[779] Funktionssicherungs- und Begrenzungsfunktion: BVerfG, Urteil vom 23.10.1951, E 1, 14 (60); BVerfG, Urteil vom 05.03.1958, E 7, 282 (301); BVerfG, Beschluss vom 20.10.1981, E 58, 257 (277); BVerfG, Beschluss vom 08.06.1988, E 78, 249 (272); *Bauer*, in: Dreier, GG, Bd. II, Art. 80 Rn. 11; *Brenner*, in: v. Mangoldt/Klein/Stark, GG, Bd. 3, Art. 80 Rn. 9.

[780] *Bauer*, in: Dreier, GG, Bd. II, Art. 80 Rn. 2; *Brenner*, in: v. Mangoldt/Klein/Stark, GG, Bd. 3, Art. 80 Rn. 29.

Die grundsätzliche Entscheidung den zugrunde liegenden Sachverhalt überhaupt mautpflichtig auszugestalten hat der Gesetzgeber in § 1 ABMG selbst getroffen. Es ist nicht beabsichtigt diese auf den Verordnungsgeber zu delegieren.

Dagegen soll der Verordnungsgeber nach § 3 Abs. 3 ABMG die Höhe der Maut festlegen. Die Regelung der Mauthöhe an sich ist im Vergleich zur grundsätzlichen Entscheidung für die Erhebung einer Maut nicht von wesentlicher Bedeutung für die Verwirklichung der Grundrechte des Einzelnen, so dass der Parlamentsvorbehalt nicht greift.

Auch dem Bestimmtheitsgebot hat der Gesetzgeber bei Erlass des ABMG Rechnung getragen. Er bestimmt selbst, dass sich die geschuldete Maut nach der zurückgelegten Strecke, der Achszahl und der Emissionsklasse des Fahrzeugs zu richten hat. Damit hat er Inhalt und Ausmaß der Ermächtigung ausreichend genau selbst bestimmt.

b) Umlagefähige Kosten

Die Maut ist als Gebühr ausgestaltet. Sie stellt das Entgelt für eine Leistung des Staates oder sonstigen individuell zurechenbar veranlassten Aufwand dar.[781] Daraus folgt, dass sich die Höhe der Maut maßgeblich an dem zugrunde liegenden Aufwand zu orientieren hat.

Wie bereits gezeigt, sind die Kosten für Bau, Erhaltung, Ausbau und Betrieb des mautpflichtigen Bundesautobahnnetzes die Berechnungsgrundlage der Autobahnmaut. Dabei ist zwingend zu beachten, dass nur der Anteil der Kosten berücksichtigt werden darf, der auf die Benutzung durch die mautpflichtigen Fahrzeuge entfällt. Kosten, die von anderen Nutzern als den Verpflichteten nach dem ABMG verursacht werden oder im Zusammenhang mit Straßenabschnitten entstehen, deren Benutzung entgeltfrei ist, müssen außer Betracht bleiben.

Zudem sollte in diesem Zusammenhang nicht übersehen werden, dass der Wortlaut von § 3 ABMG, bislang nur von „Bundesautobahnen“ spricht. So bestimmt sich die geschuldete Maut gemäß § 3 Abs. 1 ABMG nach der auf mautpflichtigen Bundesautobahnen zurückgelegten Strecke. Im Fall einer Erweiterung des mautpflichtigen Verkehrsnetzes auf Bundesstraßen wären dort entstehende Kosten nicht umlagefähig, da Bemessungskriterium allein die Benutzung der Bundesautobahnen ist. Dem Grundgedanken des ABMG einer nutzungsabhängigen Wegekostenanlastung auf allen mautpflichtigen Verkehrswegen könnte insoweit nur durch Änderung des Gesetzes Rechnung getragen werden.

Hierbei bliebe jedoch unberücksichtigt, dass sich die Erhebung von Maut auf dem untergeordneten Straßennetz nicht mehr in den Grenzen des Regelungs-

---

[781] Vgl. Kapitel 2 B. I. 2.

zwecks des ABMG hält. Der gewollten Anlastung von Wegekosten im Fernverkehr stünden Wegekosten gegenüber, die auf regelmäßig im Nahverkehr genutzten Strecken erhoben würden.

Für die Berücksichtigung der gesamten, auf allen mautpflichtigen Strecken entstehenden, Wegekosten, spricht, dass dies dem Gesamtzweck des ABMG zugrunde liegt. Jedoch ist es denkbar, dass mit einzelnen Normen andere Absichten verfolgt werden.

Wie gezeigt[782], soll durch die Ausweitung der Mautpflicht auf das untergeordnete Straßennetz einer Verlagerung des Verkehrsaufkommens begegnet werden. Eine solche Verschiebung ist bei einer Bemautung der Ausweichstrecken nicht zu erwarten.

Gegen eine mögliche Änderung des Gesetzes spricht zudem der Wortlaut der Norm. Während in § 1 Abs. 4 ABMG ausdrücklich die Möglichkeit der Ausweitung des mautpflichtigen Straßennetzes vorgesehen ist, beschränkt sich § 3 ABMG, als Rechtsgrundlage für die Gestaltung der Mautsätze, in jedem Zusammenhang auf das Bundesautobahnnetz. Entspräche es der Intention des Gesetzgebers, die auf der Grundlage des ABMG potentiell erzielbaren Wegekosten vollständig auf die Nutzer umzulegen, hätte er dies, wie im Fall der Ausweitungsmöglichkeit, wohl zum Ausdruck gebracht und neben den Bundesautobahnen jedenfalls optional mautpflichtige Strecken im Verlauf untergeordneter Straßenklassen aufgeführt.

Im Ergebnis ist anzunehmen, dass Kosten; die durch die Nutzung untergeordneter Straßen verursacht werden, nicht umgelegt werden dürfen, auch wenn der Gesetzgeber von der ihm eröffneten Möglichkeit, ihre Nutzung mautpflichtig auszugestalten, Gebrauch macht.

c) Ermittlung der Kosten

Obwohl grundsätzlich feststeht, welche Kosten in die Ermittlung des umlagefähigen Betrages einzubeziehen sind, herrscht im Einzelnen keine Einigkeit über ihre Zusammensetzung. Das ABMG enthält insoweit keine Regelung und ein bundeseinheitlicher Kostenbegriff existiert nicht[783].

Allgemein verstanden könnten als staatliche Kosten die Werteinbußen des Staates bezeichnet werden, die auf Leistungen der öffentlichen Hand basieren.[784] Zum einen könnte auf die tatsächlich vorgenommenen Auszahlungen abzustellen sein, was dem finanzwissenschaftlichen Kostenbegriff entspräche. Dagegen ist bei Anwendung des betriebswirtschaftlichen Kostenbegriffs nicht auf den

---

[782] Vgl. Kapitel 4 A. II. 1. a) dd) .
[783] *Uechtritz/Deutsch*, DVBl. 2003, 575 (579).
[784] *Wilke*, S. 271.

realen Geldfluss abzustellen. Maßgeblich ist vielmehr der eingetretene Wertverzehr, der Verbrauch wirtschaftlicher Güter (Abschreibungen) sowie die Nutzung von Eigenkapital (ggf. Verzinsung).[785]

Nachdem nach der Rechtsprechung einiger Gerichte eine Gebührenkalkulation bereits durch die Berücksichtigung nicht gebührenfähiger Kosten fehlerhaft ist, sollte hier Rechtssicherheit gegeben sein. In Anlehnung an das FStrPrivFinG, in dem der Gesetzgeber nachträglich den betriebswirtschaftlichen Kostenbegriff für anwendbar erklärt hat, und unter Berücksichtigung der Formulierung „Bau, Erhaltung, Ausbau und Betrieb" aus § 3 Abs. 2 S. 2 ABMG der keine Beschränkungen zu entnehmen sind, sollte der betriebswirtschaftliche Kostenbegriff zugrunde gelegt werden.[786] Maßgeblich ist folglich der durch die Nutzung eingetretene Wertverzehr.

d) Bemessungskriterien

§ 3 Abs. 1 ABMG sieht verschiedene Kriterien für die Bemessung der Mauthöhe vor. Sie richtet sich nach der Strecke, die auf der mautpflichtigen Bundesautobahn zurückgelegt wird, nach der Anzahl der Achsen des Fahrzeuges und seiner Emissionsklasse. Während das erste Kriterium auf die konkrete Nutzung im Einzelfall abstellt, sind die beiden letztgenannten Kriterien fahrzeugbezogen und beschreiben Eigenschaften des jeweiligen Kraftfahrzeuges.

Maßgeblich für die Höhe der zu entrichtenden Maut ist zunächst die Strecke, die auf der mautpflichtigen Straße zurückgelegt wird. Die allgemein gehaltene Formulierung lässt verschiedene Auslegungen zu. Zurückgelegte Strecke kann sich nach dem Wortlaut auf die Länge der Strecke wie auch auf ihre Belegenheit beziehen. Das würde bedeuten, dass sich die Höhe der geschuldeten Maut danach richten könnte, ob unterschiedlich lange Strecken auf der Bundesautobahn zurückgelegt werden oder aber eine gleich lange Strecke auf der einen oder anderen Bundesautobahn. Letzteres ermöglichte es zur Verkehrslenkung auf viel befahrenen Straßenabschnitten höhere Gebühren zu erheben.

Dieser Auslegung von § 3 Abs. 1 ABMG steht jedoch § 3 Abs. 3 S. 2 ABMG entgegen. § 3 Abs. 3 S. 2 ABMG enthält eine Ermächtigung zugunsten der Bundesregierung die Höhe der Maut nach *„bestimmten Abschnitten von Bundesautobahnen"* zu differenzieren. Nachdem damit ausdrücklich eine Differenzierung nach der Belegenheit für zulässig erklärt wird, muss daraus im Umkehrschluss darauf geschlossen werden, dass sich die zurückgelegte Strecke in § 3 Abs. 1 ABMG nur auf die Streckenlänge bezieht.

---

[785] *Uechtritz*, NVwZ 2001, 406 (407), Eine ausführliche Auseinandersetzung mit den verschiedenen Kostenbegriffen ist nicht Schwerpunkt dieser Arbeit. Diesbezüglich wird auf weiterführende Literatur verwiesen.

[786] Siehe dazu auch *Uechtritz/Deutsch*, DVBl. 2003, 575 (589).

Im Unterschied zur Bemessung der Maut nach der zurückgelegten Strecke oder der Anzahl der Achsen der Fahrzeuge steht die Abhängigkeit von der Emissionsklasse des Fahrzeuges nicht im Zusammenhang mit einer verursachergerechten Wegekostenanlastung. Vielmehr verfolgte der Gesetzgeber damit umweltpolitische Ziele, indem er Anreize zur Nutzung emissionsarmer Fahrzeuge setzt.[787]

Während § 3 Abs. 1 ABMG allgemein bestimmt, an welchen Kriterien sich die Bemessung der Maut orientieren soll, enthält § 3 Abs. 2 ABMG die bereits benannte Verordnungsermächtigung.[788] Von dieser Ermächtigung machte die Bundesregierung durch Erlass der Verordnung zur Festsetzung der Höhe der Autobahnmaut für schwere Nutzfahrzeuge[789] ordnungsgemäß Gebrauch.

§ 1 Abs. 1 und 2 MautHV weisen die mautpflichtigen Fahrzeuge zwei Fahrzeugklassen zu. Die Differenzierung erfolgt in Abhängigkeit der Anzahl der Achsen. § 1 Abs. 1 MautHV enthält Bestimmungen für Fahrzeuge oder Fahrzeugkombinationen mit bis zu drei Achsen, ab vier Achsen bestimmt sich die Maut nach Abs. 2.

Innerhalb jeder Achsklasse werden nochmals drei Fahrzeugkategorien unterschieden. Die Zuordnung der Fahrzeuge zu den einzelnen Kategorien erfolgt nach den Emissionsklassen[790] und kann im Verlauf der Zeit variieren; § 1 Abs. 3 MautHV. Aus der Zuordnung zu unterschiedlichen Kategorien folgt eine unterschiedlich hohe Mautgebühr. Gegenwärtig beträgt die Maut in Abhängigkeit der genannten Kriterien zwischen 0,09 und 0,14 EURO pro Kilometer.[791]

Eine Erweiterung zu § 3 Abs. 2 ABMG enthält § 3 Abs. 3 ABMG. Die Bundesregierung wird ermächtigt Differenzierungen vorzunehmen, die sich an der Leistung anderer verkehrsspezifischer Abgaben, dem befahrenen Bundesautobahnabschnitt, oder der Benutzungszeit orientieren. In der gültigen Fassung greift die MautHV diese Möglichkeit jedoch nicht auf.

3. Verteilung und Verwendung des Mautaufkommens

Eine wichtige Frage im Zusammenhang mit der Mauterhebung ist die nach der Verteilung und Verwendung des Mautaufkommens. Beides wird in § 11 ABMG geregelt.

§ 11 ABMG bestimmt, dass das Mautaufkommen dem Bund zusteht. Die Vorschrift gibt nur die allgemeine gebührenrechtliche Ertragskompetenz wieder, nach der Erträge aus Gebühren demjenigen zufließen, dem die zu entgeltenden

---

787 BT-Drs 14/7013, S. 12.
788 Vgl. Kapitel 4 A. II. 2. a) .
789 MautHV, vom 24.06.2003, BGBl. I 2003, 1001.
790 § 48 i.V.m. Anlage XIV der Straßenverkehrs-Zulassungs-Ordnung.
791 MautHV in der Fassung vom 24.06.2003, BGBl. I 2003, 1001.

Kosten entstanden sind.[792] Wie gezeigt, stehen Entgelte für die Benutzung von Fernstraßen dem Bund als Straßenbaulastträger der Fernstraßen zu.

Eine Notwendigkeit, die Verteilung des Gebührenaufkommens explizit zu regeln, ergibt sich auch nicht aus dem Wortlaut des Art. 74 Abs. 1 Nr. 22 GG. Zwar ist die Verteilung von Gebühren Teil der dem Bund zugewiesenen Kompetenz. Entgegen der sich daraus ergebenden Vermutung der Länderzuständigkeit ohne eine gesetzliche Zuweisung der Gebührenverteilung[793], wäre auch bei Anwendung der allgemeinen Regeln der Bund für die Verteilung zuständig gewesen. Folglich ist Art. 74 Abs. 1 Nr. 22 GG nur als Klarstellung zu sehen.[794]

§ 11 S. 2 und 3 ABMG regeln nunmehr die Verwendung der Einnahmen aus der Autobahnmaut. Aus dem Mautaufkommen werden zunächst alle Ausgaben geleistet, die im Zusammenhang mit dem Mauterhebungssystem anfallen. Im Übrigen wird das Mautaufkommen dem Verkehrshaushalt zugeführt und in vollem Umfang zweckgebunden für die Verkehrsinfrastruktur, überwiegend für den Bundesfernstraßenbau verwendet.

Dagegen enthielt der erste Gesetzentwurf zum ABMG lediglich die vorstehend beschriebene Regelung hinsichtlich der Ertragsberechtigung.[795] Verwendungs-"vorgaben" fanden erst infolge einer Stellungnahme des Bundestages[796] durch den Vermittlungsausschuss Eingang in den Gesetzeswortlaut. Der Bundestag empfahl in seiner Stellungnahme, die Einnahmen zunächst zur Deckung der Kosten des Mauterhebungssystems zu verwenden und den Rest vollumfänglich für die Verbesserung der Verkehrsinfrastruktur auszugeben, überwiegend im Bereich der Bundesfernstraßen.[797] Dagegen ordnete die schließlich verabschiedete Fassung zwar an, dass die Ausgaben für das Mauterhebungssystem aus dem Mautaufkommen zu leisten seien. Im Übrigen war jedoch nur eine „überwiegende" Verwendung für die Verbesserung der Verkehrsinfrastruktur vorgesehen. Im Ergebnis waren mehr als 50 % des Mautaufkommens für die Verkehrsinfrastruktur zu verwenden, wobei keine Beschränkung auf Bundesfernstraßen getroffen wurde, sondern alle Verkehrsbereiche finanziell gefördert werden konnten.[798]

Infolge einer Änderung des Art. 11 ABMG ist die Verwendung des Ertrages nunmehr wie oben dargestellt geregelt. Nach Abzug der Kosten für das Mauterhebungssystem, die an den entsprechenden Betreiber abzuführen sind, sind die

---

[792] Vgl. Kapitel 2 B. II. 2.
[793] BT-Drs V/3605, S. 4, *Pestalozza*, in: v. Mangoldt/Klein/Pestalozza, GG, Art. 74 Rn. 1579.
[794] *Pestalozza*, in: v. Mangoldt/Klein/Pestalozza, GG, Art. 74 Rn. 1627.
[795] BT-Drs 14/7013, S. 7, 16.
[796] BT-Drs 14/7013, S. 21.
[797] BT-Drs 14/7013, S. 21.
[798] § 11 S. 2 ABMG in der Fassung vom 05.04.2002, BGBl. I 2002, 1234; Zur alten Fassung siehe auch *Neumann/Müller*, NVwZ 2002, 1295 (1299).

Einnahmen vollumfänglich im Bereich der Verkehrsinfrastruktur zu verwenden. Der überwiegende Anteil soll auf den Bundesfernstraßenbau entfallen.

In diesem Zusammenhang sollte dem Begriff Bundesfernstraßenbau ein weites Verständnis zugrunde gelegt werden. Es ist zweckmäßig neben Neubau, auch den Betrieb und Ausbau des Fernstraßennetzes zu erfassen. Im Ergebnis trifft § 11 ABMG eine Zweckbindung hinsichtlich des gesamten Mautaufkommens.

Darin kann kein Widerspruch zum Wesen der Gebühr gesehen werden, die spezielle Kosten decken soll.[799] Wie gezeigt, sind Einnahmen aus der Gebührenerhebung nicht ausschließlich zur Deckung der zu entgeltenden Kosten zu verwenden, was sich bereits aus der Tatsache ergibt, dass die Erhebung einer Gebühr auch zulässig ist, wenn die Kosten anderweitig gedeckt sind.

Eine Verletzung des haushaltsrechtlichen Grundsatzes der Nonaffektion ist auch nicht anzunehmen. Zwar ist das Gebührenaufkommen grundsätzlich vollständig in den Haushalt einzustellen, einer Zweckbindung auf gesetzlicher Grundlage[800] steht jedoch nichts entgegen.[801] Erst wenn die Zweckbindungen von Einnahmen, die in den Haushalt fließen sollen in ihrer Gesamtheit die Handlungsfähigkeit des Haushaltsgesetzgeber unvertretbar einschränken, sind sie nicht mehr zulässig.[802] Davon ist bei Zweckbindung des Mautaufkommens nicht auszugehen.

4. Zusammenfassung

Im Anwendungsbereich des ABMG ist die Benutzung von Bundesautobahnen mit Fahrzeugen oder Fahrzeugkombinationen, deren zulässiges Gesamtgewicht mindestens 12 t beträgt und die daneben ausschließlich für den Güterkraftverkehr bestimmt sind, grundsätzlich mautpflichtig.

In Ausnahme dazu sieht das Gesetz Befreiungen vor. Befreiungen beziehen sich auf bestimmte Bundesautobahnabschnitte und besonders gekennzeichnete Fahrzeuggruppen.

Daneben bietet das ABMG auch die Möglichkeit der Erweiterung der Mautpflicht auf nachgeordnete Bundesfernstraßen durch Rechtsverordnung des jetzigen Bundesministeriums für Verkehr, Bau und Stadtentwicklung mit Anhörung der Kommission der Europäischen Gemeinschaft.

Der Kreis der Mautschuldner setzt sich zusammen aus dem Eigentümer und Halter des Fahrzeugs, dem Fahrzeugführer und dem Disponenten, die als Gesamtschuldner haften.

Über die konkrete Höhe der zu entrichtenden Maut enthält das ABMG selbst keine Festlegung. Insoweit verweist das Gesetz auf eine Rechtsverordnung, zu

---

799 *Wilke*, S. 51.
800 HessVGH, Urteil vom 01.12.1960, ESVGH 10, 184 (186 f.).
801 Vgl. Kapitel 2 B. II. 2.
802 BVerfG, Beschluss vom 07.11.1995, E 93, 319 (348).

erlassen von der Bundesregierung mit Zustimmung des Bundesrates. Die Mauthöhe ist abhängig von dem Anteil der Kosten für Bau, Erhaltung, Ausbau und Betrieb der mautpflichtigen Bundesautobahnen, der auf die Verpflichteten nach dem ABMG entfällt. Bemessungskriterium ist neben der Achszahl und der Emissionsklasse des Fahrzeuges, vor allem die zurückgelegte Strecke.

Hinsichtlich der Verteilung und der Verwendung des Ertrages gilt, dass der Ertrag vollumfänglich dem Bund zusteht. Er ist zunächst zur Deckung der Ausgaben für das Mauerhebungssystem zu nutzen, die der Bund aufgrund des Betreibervertrages an den entsprechenden Betreiber zu entrichten hat. Mit den restlichen Mitteln erfolgt eine gezielte Finanzierung der Verkehrsinfrastruktur, wobei der überwiegende Teil zweckgebunden im Bereich der Bundesfernstraßen zu verwenden ist.

III. Zweiter Regelungskomplex: Erhebung der Maut

Wie bereits erwähnt, trifft das ABMG nicht nur die grundlegende Entscheidung für die Erhebung einer Maut für Benutzung der Bundesautobahnen von einem bestimmten Kreis von Verkehrsteilnehmern und über ihre Ausgestaltung. Daneben enthält das Gesetz Vorschriften, die den Vorgang der Mauterhebung näher regeln. Es beschäftigt sich auch mit Kontrollmechanismen zur Ermittlung, ob und inwieweit die Verpflichteten nach dem ABMG ihren Pflichten nachgekommen sind sowie mit der Nacherhebung der Maut oder der Ahndung durch Verhängung eines Bußgeldes im Fall eines Verstoßes gegen das ABMG.

Nachfolgend soll zunächst überblicksartig die Funktionsweise des Mauterhebungssystems dargestellt werden. Es ist der Frage nachzugehen, welche Parteien an der Mauterhebung beteiligt sind und welche Aufgaben ihnen im Einzelnen zugewiesen sind.

In diesem Zusammenhang muss berücksichtigt werden, dass § 4 Abs. 1 S. 1 ABMG die Möglichkeit vorsieht, einem Privaten Errichtung und Betrieb des Systems zur Erhebung der Maut zu übertragen oder diesen mit der Mitwirkung an der Mauterhebung zu beauftragen. Der Private wird auch als Betreiber bezeichnet. Zur Abgrenzung vom Betreiber des Bundesautobahnabschnittes soll er im Rahmen dieser Arbeit als Betreiber des Mauterhebungssystems bezeichnet werden.

Anschließend steht der Vorgang der Mauterhebung an sich im Mittelpunkt der Darstellung. Es wird auf Probleme eingegangen, die sich im Rahmen der regulären Mauterhebung stellen oder bei der Behandlung von Sachverhalten, in denen die Maut nicht pflichtgemäß entrichtet wurde. Hierbei stellt sich insbesondere Frage, in welcher Rechtsform die Maut erhoben wird.

1. Das Mauterhebungssystem - Funktionsweise und beteiligte Parteien

Betrachtet man die Ausgestaltung des „Mautschuldverhältnisses" im Rahmen einer ordnungsgemäßen Entrichtung der Maut und setzt man voraus, dass Errichtung und Betrieb des Systems zur Mauterhebung einem Privaten übertragen wurde, stellt man fest, dass im Grundsatz drei Parteien beteiligt sind. Dazu gehört der Mautschuldner als Verpflichteter nach dem ABMG, der Betreiber des Mauterhebungssystems, durch den Betrieb des Mauterhebungssystems und zuletzt der Bund. Welche rechtliche Stellung der Bund tatsächlich einnimmt, soll an dieser Stelle noch offen bleiben. Jedenfalls fließen ihm die Erträge aus der Autobahnmaut zu.

Auf Seiten des Bundes tritt als unmittelbarer Zahlungsempfänger noch das Bundesamt für Güterverkehr[803] hinzu; § 4 Abs. 1 ABMG. Im Rahmen der Nacherhebung von Maut können zusätzlich die Zollbehörden tätig werden.

Bevor auf die Beteiligten der Mauterhebung näher eingegangen wird, soll zunächst die Funktionsweise des Mauterhebungssystems erläutert werden.

a) Funktionsweise des Mauterhebungssystems[804]

Wie bereits gezeigt, eröffnet § 4 Abs. 2 ABMG dem BAG die Möglichkeit, Errichtung und Betrieb eines Systems zur Erhebung der Maut einem Privaten zu übertragen oder diesen zu beauftragen, an der Erhebung der Maut mitzuwirken. Von dieser Ermächtigung wurde Gebrauch gemacht.

Das Betreiberkonsortium ETC.de welches jetzt als Toll Collect[805] firmiert, setzte sich im Rahmen der Ausschreibung durch und erhielt am 20.09.2002 den Zuschlag für die Finanzierung, Errichtung und den Betrieb eines Systems zur Erhebung der Autobahnmaut. Wegen technischer Probleme, die im Jahr 2003 mehr als einmal zu einer Verschiebung des Anfangstermins für die Mauterhebung führten, drohte ihnen zwischenzeitlich die Kündigung des Vertrages. Unter dem 19.02.2004 übermittelte das damalige Bundesministerium für Verkehr, Bau- und Wohnungswesen dem Betreiberkonsortium wegen nicht hinnehmbarer Forderungen zu Lasten des Bundes eine Kündigungsanzeige. Daraufhin einigten sich der Bund und Toll Collect durch Unterzeichnung einer Vereinbarung am 29.02.2004 über das weitere Vorgehen. Diese Vereinbarung wurde durch notariell beurkundete Umsetzungsvereinbarung vom 23.04.2004 umgesetzt. In der

---

[803] Nachfolgend abkürzend bezeichnet als BAG.

[804] Die nachfolgenden Ausführungen basieren maßgeblich auf Informationen von der Internetseite des Betreibers Toll Collect; www.Toll Collect.de und der Broschüre „LKW-Maut in Deutschland Nutzerinformation, Aktualisierte Auflage 2006", Toll Collect, Stand 04/2006, erhältlich unter www.Toll Collect.de (Stand 10.04.2006).

[805] Toll Collect setzt sich zusammen aus der Deutschen Telekom AG (45 %), der DaimlerChryslerServices AG (45 %) und der Cofiroute S. A. (10 %). Vgl. *Schorkopf*, NVwZ 2003, 1471 (1471).

Folge war es Toll Collect möglich, die bestehenden technischen Schwierigkeiten einer Lösung zuzuführen, so dass am 01.01.2005 mit der Erhebung der Maut begonnen werden konnte.

Im Anschluss an diese Vorbemerkungen wird nunmehr die technische Funktionsweise des Mauterhebungssystems dargestellt. Grundsätzlich stehen den Verpflichteten nach dem ABMG zwei Alternativen zur Mautentrichtung zur Verfügung. Sie unterscheiden sich insbesondere im Hinblick auf die technischen Anforderungen, die sie an das Mauterhebungssystem stellen. Zum einen besteht die Möglichkeit der so genannten Manuellen Mauterhebung. Technisch anspruchsvoller ist dagegen das System der Automatischen Mauterhebung.

Fällt die Entscheidung zugunsten des Manuellen Mauterhebungssystems, stehen dem Nutzer wiederum zwei Alternativen zur Verfügung. Zum einen kann er sich an einem der so genannten Mautterminals einbuchen. Geplant ist die Aufstellung von mehr als 3500 solcher Terminals, hauptsächlich im Inland, aber auch in grenznahen Gebieten in Österreich, Belgien und den Niederlanden. Hier zahlt der Schuldner im Voraus für die Benutzung der mautpflichtigen Strecke. Nach Eingabe von Anfangs- und Endpunkt der zu fahrenden Strecke wird automatisch die Route und die Höhe der zu zahlenden Gebühr ermittelt. Als Zahlungsmittel werden neben Bargeld, Kreditkarten und EC-Karten[806], auch die im Transportgewerbe üblichen Tankkarten[807] oder das Lastschriftverfahren akzeptiert. Außerdem besteht die Möglichkeit, bei Toll Collect ein Guthabenkonto einzurichten, von dem der zu entrichtende Betrag abgebucht wird. In jedem Fall ist im Ergebnis die Maut im Voraus zu zahlen, teilweise gesichert durch die Zwischenschaltung einer kreditgebenden Stelle.

Erfolgt die Buchung der Strecke über das Internet, müssen zunächst das Unternehmen und die einzelnen Fahrzeuge bei Toll Collect registriert werden. Bei der Buchung für die einzelne Fahrt identifiziert sich der Nutzer durch Eingabe einer Benutzerkennung und eines Passwort. Weiterhin ist die Angabe der mautrelevanten Tatsachen[808] sowie der gewünschten Strecke und Startzeit notwendig. Die Bezahlung erfolgt per Lastschriftverfahren, Tankkarte oder Guthabenabrechnung.

Sofern im Verlauf der Fahrt Zwischenstationen angefahren werden sollen oder wegen einzuhaltender Lenkzeiten längere Pausen nötig sind, empfiehlt sich, die Einbuchung nicht für die gesamte Strecke vorzunehmen. Besser ist eine Aufteilung jeweils zu und von der anzufahrenden Stelle. Ursächlich dafür ist die Tat-

---

806 Für die Zahlung steht das jeweilige Kreditinstitut ein. Nur registrierte Benutzer können auf diesem Wege zahlen.

807 Der ausgebende Tankkartenemittent räumt dem Karteninhaber Kredit ein. Voraussetzung ist ein Mindestlimit in Höhe der voraussichtlichen Mautgebühren für zwei Monate. Dieses Zahlungsverfahren steht nur registrierten Nutzern zur Verfügung.

808 Mautrelevante Tatsachen sind solche, nach denen sich die Höhe der Gebühr richtet. Vgl. Kapitel 4 A. II. 2. d).

sache, dass es sich bei der Mautgebühr nach dem ABMG zwar um eine streckenbezogene Gebühr handelt, jedoch im Rahmen der Manuellen Einbuchung für die jeweilige Fahrt ein Zeitfenster zugewiesen wird, innerhalb dessen die Fahrt zu absolvieren ist. Grundsätzlich gilt: Nach Ablauf des Zeitraums ist die Maut erneut zu zahlen.

Technisch anspruchsvoller, aber in der Handhabung für den Mautpflichtigen einfacher, ist das Automatische Mauterhebungssystem. Auf Seiten der Nutzer setzt es den Einbau eines Fahrzeuggerätes, einer so genannten On-Board-Unit voraus. Darüber hinaus muss eine Registrierung über das Internet erfolgen, die der Registrierung im Rahmen der Manuellen Einbuchung entspricht. Die On-Board-Unit ermittelt gestützt von Satellitennavigationsdaten[809] automatisch die zurückgelegte Strecke und berechnet die zu zahlende Maut. Zur Weiterverarbeitung werden die errechneten Daten mittels Mobilfunktechnik an das Rechenzentrum von Toll Collect übermittelt. Die Abrechnung erfolgt monatlich unter Nachweis der gefahrenen Einzelstrecken. Wahlweise kann der Verpflichtete durch Abbuchung von seinem Konto bei einem Kreditinstitut, über eine Tankkarte oder von seinem Guthabenkonto bei Toll Collect zahlen. Die Fahrzeuggeräte werden von Toll Collect zur Verfügung gestellt. Sie verbleiben auch während der Nutzung im Eigentum des Betreibers. Wird ein Fahrzeug nicht mehr genutzt, ist das Gerät zurückzugeben. Für den Mautpflichtigen fallen lediglich die Einbaukosten an.

Ausschlaggebendes Kriterium bei der Entscheidung der mautpflichtigen Bundesautobahnnutzer für das eine und gegen das andere System werden wohl neben der Praktikabilität die Kosten sein, die durch die Mauterhebung veranlasst werden. Die Gewichtung beider Kriterien wird maßgeblich bestimmt durch die Häufigkeit der Nutzung mautpflichtiger Straßen. Vielfahrer werden eher bereit sein, die Kosten zu tragen, die durch den Einbau eines Fahrzeuggerätes entstehen, wodurch erst die Nutzung des Automatischen Mauterhebungssystems ermöglicht wird. Der Grund besteht darin, dass für sie anschließend Kostenfaktoren entfallen, die bei der Manuellen Mauterhebung zu berücksichtigen sind. Dazu gehören beispielsweise Zeitverluste durch den Einbuchungsvorgang oder Internetgebühren. Im Gegensatz dazu werden bei Gelegenheits-Nutzern die Einbaukosten nicht durch die gesparten Folgekosten kompensiert, so dass für diese Gruppe von Mautpflichtigen das Manuelle Mauterhebungssystem vorteilhafter ist.

Unmittelbarer Empfänger der Mautzahlung durch den Nutzer ist die Betreiberfirma. In periodischen Zeitabständen[810] überweist der Betreiber das gesamte Mautaufkommen an das Bundesamt für Güterverkehr. Hierbei werden die Ent-

---

[809] Mittels GPS (Global Positioning System) wird ständig der Standort eines Fahrzeuges genau ermittelt und durch Abgleich mit einer „hinterlegten" Straßenkarte festgestellt, ob eine mautpflichtige Straße genutzt wird.

[810] Nach Auskunft der Abteilung Öffentlichkeitsarbeit Toll Collect täglich.

geltforderungen des Betreibers für Errichtung und Betrieb des Mauterhebungssystems nicht in Abzug gebracht. Die Zahlung dieser Beträge erfolgt in einem gesonderten Zahlungsfluss.

Aus der Regelung des Zahlungsflusses ergeben sich Anforderungen für das Verhältnis zwischen dem privaten Betreiber auf der einen und dem BAG auf der anderen Seite. Im Verhältnis zum BAG ist Toll Collect einstandspflichtig für die Entrichtung der Maut in Höhe der tatsächlichen Nutzung. Sofern Nutzer die Gebühr nicht zahlen, muss der Betreiber dafür aufkommen. Vor dem Hintergrund dieser Vereinbarung erklärt sich auch die Ausgestaltung der Zahlung als Vorauszahlung oder zumindest als durch ein kreditgebendes Institut abgesichert.

Neben dem Aufbau des Mauterhebungssystems obliegt dem Betreiber die Einrichtung von Kontrollmechanismen. Die Überwachung erfolgt auf zwei Wegen. Zum einen wurden, über das bundesdeutsche Bundesautobahnnetz verteilt, ca. 300 Kontrollbrücken aufgebaut. Fährt ein Kraftfahrzeug unter einer Mautbrücke hindurch geschieht Folgendes: Zunächst werden nach äußerlichen Kriterien die Fahrzeuge ausgeschieden, die offensichtlich nicht in den Anwendungsbereich des ABMG fallen, wie beispielsweise Personenkraftwagen, kleine Transportfahrzeuge oder Zweiräder. Anschließend erfolgt ein Abgleich der Fahrzeugdaten, die die Kontrollbrücke ermittelt, mit den Daten der eingebuchten Fahrzeuge. Stellt das Rechenzentrum eine Übereinstimmung fest, werden die Daten sofort wieder gelöscht. Andernfalls werden sie an das Kontrollzentrum übermittelt und im Fall eines Verstoßes dem BAG zur Ahndung zur Verfügung gestellt. Daneben überprüfen ca. 300 mobile Kontrollteams stichprobenartig, ob vorbeifahrende Fahrzeuge die Maut ordnungsgemäß entrichtet haben. Im Gegensatz zum Kontrollverfahren unter Einsatz der stationären Brücken, besteht hier die Möglichkeit der sofortigen Nacherhebung.

b) Beteiligte der Mauterhebung

Nach der Erläuterung der Funktionsweise des Mauterhebungssystems steht die Frage nach den Beteiligten an der Mauterhebung im Mittelpunkt der Darstellung. Hierbei soll vorausgesetzt werden, dass Errichtung und Betrieb eines Systems zur Mauterhebung nicht von staatlichen Organen vorgenommen wird, sondern vielmehr von einem privaten Betreiber. Daher wird der Kreis der Beteiligten nachfolgend weit gefasst. Zu berücksichtigen ist nicht nur wer unmittelbar am technischen Vorgang der Mauterhebung beteiligt ist sondern darüber hinaus auch diejenigen, die die rechtlichen Grundlagen geschaffen haben und denen die Mauteinnahmen zufließen.

aa) Bund

Wie bereits dargestellt, hat der Bund die Gesetzgebungskompetenz zur Erhebung von Straßenbenutzungsgebühren.[811] Durch Erlass des ABMG hat er von seinem Recht aus Art. 74 Abs. 1 Nr. 22 GG Gebrauch gemacht.

Auch die Ertragskompetenz liegt beim Bund.[812] Die Einnahmen aus der Autobahnmaut fließen dem Bundeshaushalt zu.

bb) Bundesamt für Güterverkehr

Neben dem Bund ist das Bundesamt für Güterverkehr an der Erhebung der Autobahnmaut beteiligt. Das BAG ist eine Bundesoberbehörde[813], deren Aufgabe bisher darin bestand, die Einhaltung der Vorschriften des ABBG zu überprüfen. Sie war insbesondere dafür zuständig, die Benutzungsgebühr, die auf Grundlage des ABBG erhoben wurde, einzuziehen und zu verwalten.[814]

Infolge des Inkrafttretens des ABMG, wandelte sich der Aufgabenbereich der Behörde. Anstelle der Gebühr nach dem ABBG ist seit dem 01.01.2005 die Gebühr nach dem ABMG einzuziehen. Mit Wirkung zum 01.09.2003 ist das ABBG außer Kraft getreten.

Dem BAG obliegt der Vollzug des ABMG. Ferner übernimmt es in diesem Zusammenhang die Aufgaben der Kontroll- und Ordnungswidrigkeitenbehörde.[815]

(1) Aufgabenübertragung auf eine Bundesoberbehörde

Grundsätzlich müsste das ABMG als Bundesgesetz von den Ländern als eigene Angelegenheit ausgeführt werden, Art. 83 GG. Das entspräche dem Grundsatz

---

811 Vgl. Kapitel 2 B. III. 2.

812 Vgl. Kapitel 2 B. III. 2.

813 Bundesoberbehörden sind organisatorisch und funktionell verselbständigte Bundesbehörden (ohne eigene Rechtspersönlichkeit), die für Aufgaben errichtet werden, welche der Sache nach grundsätzlich für das gesamte Bundesgebiet wahrgenommen werden können, also zentraler Natur sind, und zwar in Gestalt einer Oberbehörde (nicht obersten Bundesbehörde) ohne Mittel- und Unterbau und ohne Inanspruchnahme von Landesbehörden. Eine Bundesoberbehörde ist einer obersten Bundesbehörde regelmäßig unmittelbar nachgeordnet und unterliegt deren Weisungen. BVerfG, Urteil vom 24.07.1962, E 14, 197 (210 f.); BVerwG, Urteil vom 16.04.1970, E 35, 141 (145); *Achterberg*, in: v. Mutius HÖV Bd. 1, S. 126; *Becker*, VerwArch 68 (1978), 149 (153 f.); *Britz*, DVBl. 1998, 1167 (passim); *Burgi*, in: v. Mangoldt/Klein/Stark, GG, Bd. 3, Art. 87 Rn. 114; *Lerche*, in: Maunz/Dürig, GG, Bd. IV, Art. 87 Rn. 183 m.w.N.

814 BT-Drs 14/7013, S. 10.

815 Der Bestimmung des BAG zur Kontroll- und Ordnungswidrigkeitenbehörde liegt zugrunde, dass es diese Aufgaben schon im Zusammenhang mit dem ABBG erfüllt hat. Es besitzt langjährige Erfahrungen in diesem Bereich und verfügt bereits über Personal, wie auch die notwendige Infrastruktur zur Erfüllung dieser Aufgabe. BT-Drs 14/7013, S. 10.

der Trennung von Gesetzgebung und Verwaltung.[816] Abweichend davon überträgt § 4 Abs. 1 S. 1 ABMG die Einziehung der Mautgebühr dem BAG,[817] einer Bundesoberbehörde.

Ausnahmen zum oben genannten Grundsatz der Trennung von Gesetzgebung und Verwaltung sind nach Art. 83 GG zulässig, soweit das Grundgesetz etwas anderes bestimmt oder es zulässt. Eine Ausnahme regelt Art. 87 Abs. 3 S. 1 GG, der den Bundesvollzug von Bundesgesetzen durch bundesunmittelbare Körperschaften betrifft.[818] Art. 87 Abs. 3 S. 1 GG stellt eine Kompetenznorm dar, die dem Bund die Verwaltungskompetenz eröffnet.[819] Unter der Voraussetzung, dass das Grundgesetz keine speziellen Aussagen zu Bundesverwaltungskompetenzen enthält und dem Bund in den entsprechenden Sachbereichen die Gesetzgebungskompetenz zusteht, ist der Bund befugt, selbständige Bundesoberbehörden zu errichten.[820] Verfahrenstechnisch erfolgt die Errichtung der Bundesverwaltung durch ein Bundesgesetz, das nicht der Zustimmung des Bundesrates bedarf.[821] Zwar setzt der Gebrauch dieser Kompetenz kein Bedürfnis nach einer bundeseinheitlichen Regelung voraus,[822] im vorliegenden Fall wäre aber auch ein solches anzunehmen gewesen. Vielmehr kommt die Einrichtung einer Bundesoberbehörde dann in Betracht, wenn sich aus Sicht des Bundes die Notwendigkeit eigener exekutiver Aufgabenerfüllung ergibt.[823]

Der Errichtung des Bundesamtes für Güterverkehr als Bundesoberbehörde und ihrer Betrauung mit der Durchführung des ABMG steht die in Art. 90 Abs. 2 GG angeordneten Verwaltung der Bundesautobahnen durch die Länder im Auftrag des Bundes nicht entgegen. Zwar ist Art. 87 Abs. 3 GG in den Sachgebieten obligatorischer Auftragsverwaltung nicht anzuwenden.[824] Der Vollzug des ABMG ist jedoch gerade nicht Gegenstand der in Art. 90 Abs. 2 GG angeordneten Auftragsverwaltung. Diese bezieht sich insbesondere auf die faktische Straßenbaulast. Wie gezeigt gehören dazu die Geltendmachung von Erstattungsansprüchen, Maßnahmen in Bezug auf den Rechtsstatus der Straße, die Behördenorganisation und die Straßenaufsicht, wie auch die Verkehrssicherungspflicht.[825]

---

816 *Hermes*, in: Dreier, GG, Bd. III, Art. 87 Rn. 68.

817 BT-Drs 14/7013, S. 13.

818 *Henneke/Ruge*, in: Schmidt-Bleibtreu/Klein, GG, Art. 83 Rn. 3, Art. 87 Rn. 6 f.

819 BVerfG, Urteil vom 24. 07.1962, E 14, 197 (210); *Blüml*, in: Isensee/Kirchhof, HStR IV, § 101 Rn. 105; *Hermes*, in: Dreier, GG, Bd. III, Art. 87 Rn. 65; *Leibholz/Rinck/Hesselberger*, GG, Bd. II, Art. 87 Rn. 102; *Lerche*, in: Maunz/Dürig, GG, Bd. IV, Art. 87 Rn. 166.

820 *Burgi*, in: v. Mangoldt/Klein/Stark, GG, Bd. 3, Art. 87 Rn. 104, 108; *Hermes*, in: Dreier, GG, Bd. III, Art. 87 Rn. 65.

821 *Blüml*, in: Isensee/Kirchhof, HStR IV, § 101 Rn. 105; *Burgi*, in: v. Mangoldt/Klein/Stark, GG, Bd. 3, Art. 87 Rn. 112; *Hermes*, in: Dreier, GG, Bd. III, Art. 87 Rn. 66; *Lerche*, in: Maunz/Dürig, GG, Bd. IV, Art. 87 Rn. 172 f.

822 *Leibholz/Rinck/Hesselberger*, GG, Bd. II, Art. 87 Rn. 113.

823 *Hermes*, in: Dreier, GG, Bd. III, Art. 87 Rn. 67.

824 *Hermes*, in: Dreier, GG, Bd. III, Art. 87 Rn. 73.

825 Für viele *Hermes*, in: Dreier, GG, Bd. III, Art. 90 Rn. 19; *Pieroth*, in: Jarass/Pieroth, GG,

Dagegen lassen sich die Errichtung und der Betrieb eines Systems zur Mauterhebung, sowie die Verwaltung der Straßenbenutzungsgebühren unter keinen der vorgenannten Bereiche subsumieren.[826] Insbesondere lässt sich der Vollzug des ABMG nicht dem Bereich der faktischen Straßenbaulast zuordnen, die alle mit dem Bau und der Unterhaltung der Bundesfernstraßen zusammenhängenden Aufgaben erfasst.

Bereits die Erhebung der Benutzungsgebühr nach dem ABBG oblag dem BAG. Mit der Übertragung sollte insbesondere eine einheitliche Durchführung des Gesetzes im gesamten Bundesgebiet gewährleistet werden.[827] Unter diesem Gesichtspunkt nimmt die Notwendigkeit der Bundesverwaltung bei Ausführung des ABMG nochmals zu. Im Vergleich zur Erhebung der Gebühr nach dem ABBG werden größere Fallzahlen zu bearbeiten sein.[828]

Außerdem bietet ein zentrales EDV - gestütztes Rechnungswesen die Gewähr, dass Zweifelsfälle gleich behandelt werden. Daneben ist auch zu berücksichtigen, dass nicht jedes Bundesland einen entsprechenden Verwaltungsapparat für Sachverhalte nach dem ABMG auf seinem Hoheitsgebiet vorhalten muss, was zur Verkleinerung des Verwaltungsapparates beiträgt. Nicht außer acht bleiben darf auch, dass Mautpflichtige häufig bei einer Fahrt Bundesautobahnabschnitte in mehreren Bundesländern befahren werden. Wäre jedes Land für die auf seinem Gebiet anfallende Maut selbst zuständig, wären die Mautpflichtigen in Problemfällen unter Umständen gezwungen, ihre Rechte gegenüber Hoheitsträgern verschiedener Gebietskörperschaften geltend zu machen. Dagegen stünden die Länder vor der Situation, das Mautaufkommen nach den Landesgebieten aufteilen zu müssen. Sie könnten nur den Anteil an der Autobahnmaut erheben, der auf die mautpflichtige Nutzung von Bundesautobahnen entfiele, die auf ihrem Hoheitsgebiet belegen sind. Die unterschiedlichen Zuständigkeiten könnten es zudem verkomplizieren einen Betreiber des Mauterhebungssystems für das gesamte Bundesgebiet zu finden. Die Liste könnte wohl weitergeführt werden. In jedem Fall ist für die Mauterhebung ein einheitliches System unter einem einzelnen Verwaltungsträger die sinnvollste Lösung.

Art. 90 Rn. 3.

826 *Neumann/Müller*, NZBau 2003, 299 (299).

827 BT-Drs 12/7267, S. 8.

828 Größere Fallzahlen ergeben sich vor dem Hintergrund, dass es sich bei der Maut nach dem ABMG um eine streckenbezogene Gebühr handelt. Die Gebühr wird für jede einzelne Fahrt erhoben, was hauptsächlich bei Nutzern, die häufig mautpflichtige Fahrten vornehmen, zu einem gegenüber dem ABBG erhöhten Verwaltungsaufwand führt. Unter Geltung des ABBG entrichteten Bundesautobahnnutzer, die dieser Gruppe zuzurechnen waren, häufig eine Jahresgebühr, die sie für die Dauer von einem Jahr zur Nutzung der Bundesautobahnen berechtigte. Im Unterschied zu dem damit verbundenen einzelnen Verwaltungsvorgang, fallen nach dem ABMG so viele Abrechnungsvorgänge an, wie mautpflichtige Fahrten unternommen werden.

Art. 87 Abs. 3 S. 1 GG steht der Übertragung der Aufgaben auf eine bereits bestehende Bundesoberbehörde nicht entgegen.[829] Neben den vorgenannten Gründen, die für eine Zulässigkeit sprechen, sind insbesondere in Zeiten der Diskussion um die „Verschlankung" des Verwaltungsapparates und „knapper Kassen" keine weiteren Gründe ersichtlich, warum eine neue Behörde aufgebaut werden müsste. Dazu kommt, dass mit dem außer Kraft Treten des ABBG, dessen Vollzug dem Bundesamt für Güterverkehr als wesentliche Aufgabe oblag, die Behörde ein Aufgabenfeld verliert. Mithin werden Ressourcen an personellen und Sachmitteln frei, die es einzusetzen gilt.

(2) Aufgaben des Bundesamtes für Güterverkehr - Eigene Aufgaben und Delegierungsbefugnisse

Grundsätzlich besteht die Aufgabe des BAG darin, die Bestimmungen des ABMG durchzuführen sowie als Kontroll- und Ordnungswidrigkeitenbehörde aufzutreten. Das BAG ist nach § 4 Abs. 2 ABMG berechtigt, Errichtung und Betrieb des Mauterhebungssystems auf einen Privaten zu übertragen. In diesem Fall obliegt ihm die Sicherstellung der Einhaltung der Vorschriften des ABMG. Bestandteile dieser umfassenden Aufgabenbeschreibung sind neben der Sicherstellung der Mautzahlung im Regelfall, auch die Sorge für eine nachträgliche Mauterhebung, § 7 ABMG, bis hin zur Ahndung von Verstößen gegen Verhaltenspflichten, die sich aus dem Gesetz ergeben. Daneben entscheidet das BAG in Zweifelsfällen über die Zuordnung von Fahrzeugen zu Emissionsklassen und ist zuständig für die Erstattung von zuviel gezahlter Maut.

Zwar weist das Gesetz die genannten Aufgaben dem BAG zu, die Aufgabenverteilung ist jedoch nicht als zwingend anzusehen. Wie bereits gezeigt, besteht vielmehr die Möglichkeit der Delegierung auf einen privaten Betreiber.

cc) Betreiber des Mauterhebungssystems

Bereits im Verlauf des Gesetzgebungsverfahrens wurde das Bestreben deutlich, mit der Errichtung und dem Betrieb des Systems zur Erhebung der Maut einen privaten Betreiber zu beauftragen. Dieses Bestreben mündete in einem Vergabeverfahren, das 2002 mit der Beauftragung des Bieterkonsortiums Toll Collect abschloss.[830]

Welche Aufgaben im Einzelnen auf den Betreiber des Mauterhebungssystems übertragbar sind, regelt das Gesetz. Im Vordergrund steht die Verpflichtung ein System zur Erhebung der Maut zu errichten und anschließend auch zu betreiben oder den Betreiber des Mauterhebungssystems damit zu beauftragen, an der Erhebung der Maut mitzuwirken; § 4 Abs. 2 S. 1, § 6 ABMG. In diesem Zusammenhang sind die technischen Voraussetzungen zu schaffen, insbesondere

---

[829] *Lerche*, in: Maunz/Dürig, GG, Bd. IV, Art. 87 Rn. 175; *Uechtritz/Deutsch*, DVBl. 2003, 575 (580).

[830] Vgl. Kapitel 4 A. III. 1. a) .

die baulichen Anlagen, wie Mautbrücken, Terminals zur manuellen Zahlung und On-Board-Units zum Einbau in den Fahrzeugen, zu entwickeln und errichten, die zur Entrichtung der Maut erforderlich sind. Daneben können dem Betreiber Kontrollaufgaben übertragen werden; § 7 Abs. 1 ABMG, bis hin zur Nacherhebung nicht gezahlter Maut unmittelbar am Ort der Kontrolle; § 7 Abs. 7 i.V.m. § 8 Abs. 1 ABMG.

dd) Mautschuldner

Die Beteiligung des Mautschuldners, also nach § 2 ABMG des Eigentümers, Halters, Disponenten oder Fahrzeugführers, beschränkt sich im Wesentlichen auf die Verwirklichung des mautpflichtigen Sachverhaltes. Er befährt mit einem Kraftfahrzeug, welches die Anforderungen des ABMG erfüllt, einen mautpflichtigen Straßenabschnitt im Verlauf einer Bundesautobahn. Daraus folgt für ihn die Pflicht, die Gebühr zu entrichten. Nach § 4 Abs. 3 ABMG treffen ihn hierbei maßgebliche Mitwirkungspflichten im Rahmen der Ermittlung der Höhe der Gebühr (Grundsatz der Selbstveranlagung[831]).

ee) Zollbehörden

Neben den vorgenannten Beteiligten, können zudem die Zollbehörden Aufgaben nach dem ABMG erfüllen. Das ist jedoch ausgeschlossen, sofern der Mautschuldner seiner Pflicht zur Zahlung der Maut ordnungsgemäß nachkommt, da sich ihre gesetzlich angeordneten Zuständigkeiten darauf beschränken, die Einhaltung der Vorschriften des ABMG zu überwachen; § 7 Abs. 1 ABMG. Zudem sind sie berechtigt, nicht entrichtete Maut am Ort der Kontrolle nach zu erheben, falls sie einen Verstoß gegen das ABMG feststellen; § 7 Abs. 7 ABMG.

2. Erhebung der Maut

Im Anschluss an die Darstellung der Funktionsweise des Mauterhebungssystems sowie der Bestimmung der Parteien, die an der Mauterhebung beteiligt sind, steht nun die Frage im Mittelpunkt, wie der mauterhebende Akt rechtlich einzuordnen ist.

Vor der Bestimmung der Rechtsqualität der Mauterhebung stellt sich jedoch zunächst die Frage nach der Einordnung der Autobahnmaut. Mit Inkrafttreten des ABMG existiert ein Gesetz, auf dessen Grundlage dem Wortlaut des Gesetzes nach die Erhebung einer „Gebühr“ für die Benutzung bestimmter Verkehrswege ermöglicht wird. Zu Beginn des nachfolgenden Abschnittes soll daher untersucht werden, ob es sich dabei um eine öffentlich-rechtliche Gebühr handelt oder um ein privatrechtliches Entgelt, das juristisch unkorrekt lediglich unter dem Begriff der Gebühr firmiert.

---

[831] BT-Drs 14/7013, S. 13.

Erst daran anschließend steht der gebührenerhebende Rechtsakt im Mittelpunkt der Erläuterungen. Neben der Erhebung der Maut durch Verwaltungsakt kommt auch die Einordnung als schlichthoheitlicher Realakt oder zuletzt als privatrechtlich zu qualifizierendes Verhalten in Betracht.

Von Bedeutung ist dies zumindest für den Rechtsschutz des Mautpflichtigen. Ergeht ein Verwaltungsakt, kann sich der Adressat dagegen im Wege der Anfechtungsklage, nach vorhergehendem Widerspruchsverfahren, zur Wehr setzen; § 42 Abs. 1 Alt. 1 i.V.m. §§ 68 ff. VwGO.[832] Handelt es sich dagegen um einen Realakt, wäre die allgemeine Leistungsklage gemäß §§ 43 Abs. 2, 111, 113 Abs. 4 VwGO, die zutreffende Klageart.[833] Diese ist ohne vorherige Durchführung eines Widerspruchsverfahrens statthaft. Im Falle eines privatrechtlichen Entgeltes wäre der Mautpflichtige im Streitfall auf den Zivilrechtsweg zu verweisen.

a) Maut als öffentlich-rechtliche Gebühr oder als privatrechtliches Entgelt?

Zuvor wurde das Problem aufgeworfen, ob es sich bei der Maut, die auf Grundlage des ABMG erhoben wird, um ein privatrechtliches Entgelt handelt, welches im „Mantel" des Gebührenbegriffes firmiert oder um eine öffentlich-rechtliche Gebühr. Wie gezeigt, wirkt sich die Einordnung zumindest auf den Rechtsweg aus, der im Streitfall zu beschreiten ist.

Mit der Autobahnmaut wird die Inanspruchnahme einer hoheitlichen Leistung entgolten. In diesem Zusammenhang bietet sich neben der Erhebung einer öffentlich-rechtlichen Gebühr auch die Ausgestaltung als (verwaltungs-)privatrechtliches Entgelt an.[834] Sobald ein Entgelt für eine Benutzung zu entrichten ist, muss darauf geachtet werden, dass nicht fälschlicherweise ein (verwaltungs-)privatrechtliches Entgelt unter dem Begriff „Gebühr" firmiert. Insoweit kommt es nicht auf die gewählte Bezeichnung an, sondern vielmehr auf die tatsächliche Ausgestaltung.

Bei der Maut, die auf Grundlage des ABMG erhoben wird, handelt es sich unstreitig grundsätzlich um eine öffentlich-rechtliche Gebühr und nicht um ein privatrechtliches Entgelt.[835] Dieser Schluss ist zwingend, da der Gesetzgeber zur Feststellung seiner materiellen Zuständigkeit auf Art. 74 Abs. 1 Nr. 1 und

---

832 Ausführlich siehe *Hufen*, § 14; *Hüttenbrink*, in: Kuhla/Hüttenbrink, D 24 ff.; *Schenke*, Rn. 175 ff.

833 Ausführlich siehe *Hufen*, § 17; *Hüttenbrink*, in: Kuhla/Hüttenbrink, D 206 ff.; *Schenke*, Rn. 343 ff.

834 *Wolff/Bachof/Stober*, Bd. 1, § 42 Rn. 29 f.

835 Vgl. *Halaczinsky*, NWB Fach 28, 1019 (1020); *Neumann/Müller*, NVwZ 2002, 1295 (1296); *Neumann/Müller*, NZBau 2003, 299 (299); *Uechtritz/Deutsch*, DVBl. 2003, 575 (576).

22 GG Bezug nimmt.[836] Nachdem die in dieser Vorschrift geregelte Kompetenz die zur Erhebung einer öffentlich-rechtlichen Gebühr ist, muss es sich bei der Mautgebühr auch um eine solche handeln.[837]

b) Entstehung des Anspruches auf Zahlung der Gebühr

Allgemein sind Gebühren im Sinne der o.g. Definition[838] als öffentlich-rechtliche Geldleistungen einzuordnen, die dem Gebührenschuldner auferlegt werden. Für ihre Erhebung ist eine Behörde zuständig.[839] Gebühren zählen zu den öffentlichen Abgaben[840], für die, als einseitig auferlegte Leistungspflichten, zwingend der Grundsatz vom Vorbehalt des Gesetzes Anwendung findet.[841] Dieser besagt, dass in die Rechtssphäre des Bürgers nur aufgrund eines formellen Gesetzes, einer sonstigen Rechtsnorm oder eines Verwaltungsaktes dessen Grundlage ein formelles Gesetz ist, eingegriffen werden darf.[842] Die Erhebung einer Gebühr als Eingriff in die Rechtssphäre des Bürgers setzt demnach eine entsprechende gesetzliche Grundlage voraus.

Welche Qualität der Hoheitsakt haben muss, durch den die Gebührenschuld an sich begründet wird, bleibt davon unbeeinflusst. Neben einem Verwaltungsakt, zu dessen Erlass ein Gesetz ermächtigt, kommt ein Normativakt infrage, der sie unmittelbar begründet. Während in der ersten Alternative, der Verwaltungsakt Voraussetzung der Entstehung der Gebührenschuld ist, entsteht diese in der zweiten Alternative bereits durch bloße Verwirklichung des gesetzlich normierten Gebührentatbestandes.[843]

In der Praxis überwiegen Sachverhalte, in denen durch bloße Erfüllung des gebührenpflichtigen Tatbestandes die Zahlungspflicht des Gebührenschuldners begründet wird, ohne dass zuvor ein Bescheid ergeht.[844] Das steht dem Erlass

---

836 BT-Drs 14/7013, S. 9. Nach Änderung des Wortlautes des Grundgesetzes ist von Art. 74 Abs. 1 Nr. 22 GG zwar auch die Erhebung „anderer Entgelte" erfasst. Das ABMG wurde jedoch unter Geltung einer älteren Grundgesetzfassung verabschiedet, so dass die Auslegung auf Grundlage dieser Fassung vorgenommen werden muss.

837 Ohne weitere Ausführungen zu diesem Ergebnis kommend *Neumann/Müller*, NVwZ 2002, 1295 (1296), *Neumann/Müller*, NVwZ 2003, 299 (299); *Uechtritz/Deutsch*, DVBl. 2003, 575 (576).

838 Vgl. Kapitel 2 B. I. 2.

839 *Neumann/Müller*, NVwZ 2002, 1295 (1296).

840 Abgaben sind Geldleistungen, die dem Einzelnen zur Erzielung von Einnahmen von Hoheitsträgern aufgrund gesetzlicher Vorschriften in Ausübung öffentlicher Gewalt auferlegt werden. So z.B. *Driehaus*, in Driehaus, § 1 Rn. 33. Vgl. auch Kapitel 2 B. I.

841 Grundlegend BVerfG, Beschluss vom 11.10.1966, E 20, 257 (269). Aus neuester Rechtsprechung HessStGH, Urteil vom 12.06.1991, NVwZ-RR 92, 597 (598); *Wilke*, S. 46.

842 *Creifelds*, Rechtswörterbuch, Stichwort „Gesetzmäßigkeit der Verwaltung". Explizit zur Gebühr BVerfG, Beschluss vom 11.10.1966, E 20, 257 (269).

843 So nur *Wilke*, S. 46.

844 Beispielsweise Gebühren für die Nutzung öffentlicher Bibliotheken, sonstiger öffentlicher Einrichtungen, Gebühren für die Ausstellung von Ausweisen, amtlichen Dokumenten.

eines (zusätzlichen) Verwaltungsaktes nicht entgegen. Seine Funktion besteht zwar nicht in der Begründung der Zahlungspflicht. Ihm kommt lediglich konkretisierende Wirkung zu.

Voraussetzung eines Anspruches auf Zahlung der Autobahnmaut nach dem ABMG ist die Verwirklichung des gesetzlich normierten Tatbestandes des § 1 Abs. 1 ABMG. Wie bereits gezeigt ist für die Benutzung der Bundesautobahnen mit Fahrzeugen, mit einem zulässigen Gesamtgewicht von mindestens 12 t, die ausschließlich für den Güterverkehr bestimmt sind, ein Entgelt zu entrichten. Das ABMG selbst legt die Voraussetzungen fest, an welche die Entstehung der Gebührenpflicht anknüpft. Der Erlass eines Verwaltungsaktes ist nicht Voraussetzung der Begründung des Gebührenschuldverhältnisses. Dem steht nicht entgegen, dass sich die Höhe der Gebühr im Einzelfall nach dem anzuwendenden Mautsatz (§ 3 ABMG i.V.m. MautHV) und darüber hinaus insbesondere nach der gefahrenen Strecke richtet. Dies wirkt sich lediglich auf die Höhe der Gebühr aus. Die Frage, ob überhaupt ein gebührenpflichtiger Sachverhalt vorliegt, ist nicht betroffen.

c) Rechtsqualität der Erhebung der Autobahnmaut

Von der Frage nach der Entstehung der Gebührenpflicht ist die Frage zu unterscheiden, wie die Gebührenschuld beigetrieben wird. Nachfolgend soll zunächst allgemein dargestellt werden, in welcher Rechtsform Gebühren erhoben werden, wenn die Gebührenpflicht bereits durch Verwirklichung eines gesetzlich normierten Sachverhaltes entstanden ist. Im Anschluss daran, wird konkret auf die Erhebung der Autobahnmaut nach dem ABMG eingegangen.

aa) Erhebung öffentlich-rechtlicher Gebühren im Allgemeinen

Wie bereits angedeutet, besteht auch in Fällen, in denen allein an die Verwirklichung eines Sachverhaltes, normativ die Entstehung der Gebührenpflicht geknüpft ist, immer die Möglichkeit, einen Verwaltungsakt zu erlassen. Sein Inhalt beschränkt sich darauf, dass die bereits entstandene Schuld eingefordert wird.[845]

---

[845] In Übereinstimmung mit der gesetzlichen Legaldefinition sowie der herrschenden Meinung, versteht man unter einem Verwaltungsakt jede Verfügung, Entscheidung oder andere hoheitliche Maßnahme, die eine Behörde zur Regelung eines Einzelfalls auf dem Gebiet des öffentlichen Rechts trifft und die auf unmittelbare Rechtswirkung nach außen gerichtet ist; § 35 S. 1 VwVfG. (Obwohl heute gesetzlich normiert und in den verschiedensten Vorschriften verwendet, entstammt das Institut des Verwaltungsaktes ursprünglich der Rechtswissenschaft (so auch *Forsthoff*, AllgVwR, S. 195) Anfang des 19. Jahrhunderts fand der Verwaltungsakt Einzug in die deutsche Verwaltungswissenschaft. Seine überragende Bedeutung unter den Varianten verwaltungsrechtlichen Handelns verdankt er vor allem Otto Mayer (Zur Bedeutung von Otto Mayer *Polomski*, S. 68 f.; *Schmidt-De Caluwe*, (passim). Ausführliche Auseinandersetzung zum Begriff des Verwaltungsaktes z.B. bei *Erichsen*, in: Erichsen/Ehlers, AllgVwR, § 12 (passim); *P. Kirchhof*, in: Isensee/Kirchhof, HStR III, § 59 Rn. 144 ff.; *Kopp/Ramsauer*, VwVfG, § 35 (passim); *Krause*, S. 115 ff.; *Löwer*, JuS 1980, 805 (805 ff.); *Maurer*, AllgVwR, § 9 (passim);

Zwingend erforderlich ist diese Verhaltensweise nicht.[846] Alternativ kann sich die Verwaltung zur Einforderung der Gebühr auch schlichthoheitlicher Realakte bedienen. Dagegen ist ausgeschlossen, dass eine öffentlich-rechtliche Gebühr durch privatrechtliches Verhalten erhoben wird.

bb) Erhebung der Gebühr nach dem ABMG

Im Mittelpunkt des nun folgenden Abschnittes steht die Frage, wie die Autobahnmaut im Einzelnen erhoben wird. Hierbei darf nicht außer Acht gelassen werden, dass § 4 Abs. 2 ABMG die Möglichkeit eröffnet, einen Privaten als Betreiber des Mauterhebungssystems in die Erhebung der Autobahnmaut einzubinden. Von dieser Ermächtigung wurde durch die Beauftragung von Toll Collect Gebrauch gemacht.

Vor dem Hintergrund, dass es sich um eine öffentlich-rechtliche Gebühr handelt und das Gebührenschuldverhältnis bereits durch Verwirklichung des gesetzlich normierten Sachverhaltes entsteht, bestehen wie gezeigt zwei Alternativen, wie die Gebühr erhoben werden kann. Entweder wird gegenüber dem Mautschuldner ein Verwaltungsakt erlassen, der ihn zur Zahlung verpflichtet, oder die Erhebung erfolgt mittels eines Realaktes.

(1) Auswirkung der Einbindung eines Betreibers auf die Einordnung des gebührenerhebenden Aktes

Es ist nicht ausgeschlossen, dass sich bereits aus der Einbindung des Betreibers des Mauterhebungssystems Rückschlüsse auf die Rechtsqualität der Gebührenerhebung ziehen lassen.

So kann der Betreiber des Mauterhebungssystems überhaupt nur dann gegenüber den mautpflichtigen Nutzern hoheitlich auftreten, wenn er dazu befugt ist. Das gilt unabhängig davon, ob sein Handeln als Verwaltungsakt oder lediglich als schlichthoheitliches Verhalten einzuordnen wäre.[847]

Für den Erlass eines Verwaltungsaktes folgt dies aus der Definition des Rechtsinstitutes selbst. Es muss sich um die Maßnahme einer Behörde, also eines Verwaltungsträgers handeln.[848]

P. Stelkens/U. Stelkens, in: Stelkens/Bonk/Sachs, VwVfG, § 35 (passim); *Wolff/Bachof/Stober*, Bd. 2, §§ 45 f. Die behördlich zu treffende Regelung könnte vorliegend in der Bestätigung der öffentlich-rechtlichen Mautzahlungspflicht gesehen werden. Der Inhalt des Verwaltungsaktes beschränkt sich auf die Feststellung einer Regelung. (So nur *Uechtritz/Deutsch*, DVBl. 2003, 575 (580)).

846 *Wilke*, S. 46.

847 Stadler, S. 25; Stuible-Treder, S. 31.

848 Vgl. Fn. 845.

Dagegen spricht man von schlichthoheitlichem Verwaltungshandeln[849], wenn die Verwaltung zwar öffentlich-rechtlich tätig wird, jedoch ohne Ausübung obrigkeitlicher Gewalt[850]. Sie erlässt folglich weder einen Verwaltungsakt, noch wendet sie förmlichen Verwaltungszwang an[851] und will durch ihr Verhalten einen tatsächlichen Erfolg herbeiführen[852]. Als öffentlich-rechtliches Verhalten setzt auch jede schlichthoheitliche Tätigkeit eine entsprechende Befugnis voraus. Wenngleich Uneinigkeit über die zu wählende Begrifflichkeit herrscht, anzutreffen sind auch Bezeichnungen wie „Realakte", „schlichtes Verwaltungshandeln", „tatsächliches Verwaltungshandeln", „Tatmaßnahmen der Verwaltung" oder „Verwaltungsrealhandeln",[853] findet sich als übereinstimmendes Merkmal schlichthoheitlichen Handelns die Gerichtetheit auf einen tatsächlichen Erfolg.

Beide Verhaltensweisen, Verwaltungsakt sowie schlichthoheitliches Verhalten, sind gekennzeichnet durch die Ausübung hoheitlicher (öffentlich-rechtlicher) Gewalt, wozu nur Hoheitsträger befugt sind. Grundsätzlich ist der Betreiber des Mauterhebungssystems jedoch Privatrechtssubjekt und in dieser Eigenschaft nicht zur Ausübung hoheitlicher Gewalt befugt.

In Ausnahme zu diesem Grundsatz können Private mit der selbständigen Ausübung hoheitlicher Gewalt im Wege der Beleihung betraut werden. Beleihung beschreibt die Übertragung staatlicher Aufgaben und aus diesem Bereich insbesondere der Verwaltungsaufgaben, auf Private durch Gesetz oder aufgrund gesetzlicher Ermächtigung zur selbständigen Erfüllung (im eigenen Namen) in den Rechtsformen öffentlichen Rechts.[854] Die Weite der Definition erlaubt es, dass neben der Übertragung obrigkeitlicher Handlungen auf Private, auch die Übertragung, schlichthoheitlicher Verhaltensweisen, auf Grundlage Öffentlichen Rechts Gegenstand einer Beleihung sein kann.[855] [856]

---

849 Im Unterschied zu Verwaltungsakten versteht man darunter alle Verwaltungshandlungen, die zwar aufgrund Öffentlichen Rechts ergehen, sich jedoch nicht als obrigkeitliche Tätigkeit darstellen. *Stadler*, S. 10.

850 Von dem Begriff der obrigkeitlichen Gewalt sind einseitig verbindlich verbietende, gebietende, entscheidende, Zwang androhende bzw. anwendende, in die persönliche Freiheitssphäre des Bürgers eingreifende Verhaltensweisen auf der Grundlage Öffentlichen Rechts erfasst. *Stadler*, S. 10.

851 So auch *Stadler*, S. 27.

852 Schulte, S. 27; Plattner-Steinmann, S. 25.

853 Eine Zusammenstellung m.w.N. findet sich bei *Schulte*, 17 ff.

854 Entnommen wurde die Definition mit diesem Wortlaut *Stadler*, S. 14. Dabei wird die herrschende Kombinationstheorie zugrunde gelegt. Vertreter der Kombinationstheorie sind beispielsweise *Stadler*, S. 9; *Steiner*, Öffentliche Verwaltung, S. 13 f. Vgl. auch *Burgi*, S. 80; *Di Fabio*, VVDStRL 56 (1996), 235 (271); *Krölls*, GewArch 1995, 129 (132); *Seidel*, S. 27; *Steiner*, in: FS für Koja, S. 603 (603); *Stelkens*, NVwZ 2004, 304 (305).

855 *Wolff/Bachof/Stober*, Bd. 2, 5. Auflage, § 104 Rn. 6.

856 Im Unterschied dazu ist nach der Aufgabentheorie eine Beleihung immer dann anzunehmen, wenn der Staat dem Privaten Aufgaben überträgt, deren Pflicht zur Erfüllung er ei-

Nachfolgend beschäftigt sich die Arbeit mit der Frage, ob der Betreiber des Mauterhebungssystems mit dem Recht beliehen ist, im Zusammenhang mit der Mauterhebung hoheitlich tätig zu werden.

Zentrales Problem ist die Geltung des Grundsatzes vom Vorbehalt des Gesetzes. Seine Anwendbarkeit auf das Rechtsinstitut der Beleihung[857] hat zur Folge, dass sie zwingend durch Gesetz, durch Verwaltungsakt aufgrund eines Gesetzes oder durch verwaltungsrechtlichen (öffentlich-rechtlichen) Vertrag in Umsetzung einer gesetzlichen Grundlage ergehen muss.[858]

Daher schließt sich zunächst eine Untersuchung der Bestimmungen des ABMG dahingehend an, ob sie eine Beleihung des Betreibers des Mauterhebungssystems beinhalten. Ergibt die Prüfung, dass der Betreiber des Mauterhebungssystems nicht durch eine Bestimmung des ABMG selbst beliehen wird, ist zu untersuchen, ob das Gesetz eine Norm enthält, die ein Verwaltungsorgan dazu ermächtigt, den Betreiber des Mauterhebungssystems zu beleihen. Nur wenn das ABMG eine solche Vorschrift enthält, stellt sich die Frage, ob in Übereinstimmung mit der Ermächtigung eine Beleihung vorgenommen wurde.

(a) Beleihung durch Gesetz

Nach § 4 Abs. 2 S. 1 ABMG kann „das Bundesamt für Güterverkehr (...) einem Privaten die Errichtung und den Betrieb eines Systems zur Erhebung der Maut übertragen oder diesen beauftragen, an der Erhebung der Maut mitzuwirken (Betreiber)." Mithin sieht das Gesetz zwei Alternativen vor, wie der Betreiber des Mauterhebungssystems in den Vorgang der Mauterhebung eingebunden werden kann. Entweder betreibt er das Mauterhebungssystem oder seine Aufgaben beschränken sich auf die Mitwirkung an der Mauterhebung. Fraglich ist jedoch, ob § 4 Abs. 2 S. 1 ABMG in einer oder in beiden Alternativen die Beleihung des Betreibers des Mauterhebungssystems enthält.

Obwohl eine Beleihung durch Gesetz rechtstechnisch nicht zu beanstanden ist, wird in der gesetzgeberischen Praxis eher selten davon Gebrauch gemacht.[859] Es

---

gentlich sich zuordnet. Voraussetzung wäre, die Abgrenzbarkeit und Bestimmbarkeit staatlicher Aufgaben. Vertreter: *Bender*, S. 70; *Huber*, Bd. I, S. 533. Ferner Darstellung in *Bansch*, S. 36 ff.; *Stadler*, S. 7 f., 11. Dagegen stellt die auch vertretene Rechtsstellungstheorie im Kern auf die Übertragung hoheitlicher Befehls- und Zwangsbefugnisse ab. Dazu *Bansch*, S. 38; *Stadler*, S. 9, 11. Verglichen mit der Aufgabentheorie, der es nicht auf die Übertragung, sondern allein auf die Wahrnehmung hoheitlicher Befugnisse/staatlicher Aufgaben ankommt und mit der herrschenden Kombinationstheorie, wonach neben obrigkeitlichen auch schlichthoheitliche Tätigkeiten beleihungsfähig sind, fasst die Rechtsstellungstheorie den Anwendungsbereich für Beleihungen am engsten.

[857] BVerwG, Urteil vom 19.01.1989, E 81, 185 (188); *P. Stelkens/Schmitz*, in Stelkens/Bonk/Sachs, VwVfG, § 1 Rn. 232.

[858] BVerwG, Urteil vom 07.06.1984, DÖV 1984, 1025 f. (1025); *Ossenbühl*, VVDStRL 29 (1971), 137 (169 ff.); *Wolff/Bachof/Stober*, Bd. 2, 5. Auflage, § 104 Rn. 6.

[859] Siehe *Stadler*, (passim), der im Vergleich weitaus mehr gesetzliche Ermächtigungsgrund-

wäre verfehlt, die Hauptursache dafür im Prinzip der Gewaltenteilung[860] zu sehen. Kernaussage des Gewaltenteilungsprinzips ist die Aufteilung der im Staat anfallenden Funktionen und Aufgaben sowie deren Zuweisung zur Ausführung an verschiedene Organe. Mit der damit einhergehenden gegenseitigen Hemmung und Kontrolle der staatlichen Gewalten[861] soll ein effektiver Schutz individueller Freiheiten gewährleistet werden.[862] Dagegen bezweckt der Gewaltenteilungsgrundsatz nicht die vollständige Trennung der Staatsgewalten.[863] Überschneidungen der Funktionen sowie gegenseitige Einflussnahme sind üblich und nicht in jeder Ausprägung als Verstoß zu werten. Erst wenn eine Staatsgewalt die Entscheidungen einer anderen derart dominiert, dass letztere zur Erfüllung der ihr zugewiesenen Aufgaben faktisch nicht mehr in der Lage ist oder ihr Zuständigkeiten sogar entzogen werden, ist der Gewaltenteilungsgrundsatz verletzt. In beiden Fällen wird in den Kernbereich der betroffenen Gewalt eingegriffen.[864]

Gesetzgebung gehört zum Aufgabenbereich der Legislativorgane, Gesetzesvollzug demgegenüber zu dem der Exekutive. Sowohl schlichthoheitliche, wie auch obrigkeitliche Zuständigkeiten, die allein Gegenstand von Beleihungen sein können,[865] sind per se Aufgaben der Exekutive. Im Wege der Beleihung wird ein anderer in die Erfüllung der Aufgaben der Verwaltung derart einbezogen, dass er sie an Stelle der Verwaltung durchführt. Daher scheint eine Verletzung des Grundsatzes der Gewaltenteilung zumindest vor dem Hintergrund nicht ausgeschlossen, dass infolge einer Beleihung die Erfüllung der Aufgaben nicht mehr den ursprünglich zuständigen Exekutivorganen obliegt. Dennoch ist der Grundsatz der Gewaltenteilung nicht verletzt. Diese Beurteilung ist zwingend, wenn man die Stellung des Beliehenen innerhalb der Staatsgewalten berücksichtigt. Grundsätzlich behält er seine Stellung als Privatrechtssubjekt. In Bereichen, in denen er Aufgaben wahrnimmt, hinsichtlich derer er beliehen ist, handelt er jedoch als Verwaltungsbehörde folglich als Teil der Exekutive. Ergebnis einer Beleihung ist damit nicht die Verschiebung von Zuständigkeiten einer Gewalt auf

---

lagen für eine Beleihung ermitteln konnte, als Beleihungen durch Gesetz.

860 Das Prinzip der Gewaltenteilung prägt für die rechtsstaatliche Ordnung Deutschlands und ist in Art. 20 Abs. 2 S. 2 GG verankert. BVerfG, Beschluss vom 28.11.1957, E 7, 183 (188); *Schmidt-Aßmann*, in: Isensee/Kirchhof, HStR II, § 26 Rn. 33.

861 Zu den Staatsgewalten gehören Legislative, Exekutive und Judikative. BVerfG, Beschluss vom 28.11.1957, E 7, 183 (188); *Di Fabio*, in: Isensee/Kirchhof, HStR II, § 27 Rn. 7; *Dreier*, DÖV 2002, 537 (537 f.).

862 Ständige Rechtsprechung BVerfG, Urteil vom 18.12.1953, E 3, 225 (247); BVerfG, Beschluss vom 28.11.1957, E 7, 183 (188); BVerfG, Urteil vom 27.04.1959, E 9, 268 (279 f.). Im Zusammenspiel mit der Beleihung *Benz*, S. 171.

863 So ausdrücklich BVerfG, Beschluss vom 28.11.1957, E 7, 183 (188); BVerfG, Urteil vom 27.04.1959, E 9, 268 (279 f.).

864 BVerfG, Urteil vom 27.04.1959, E 9, 268 (279 f.); *Benz*, S. 171.

865 *Wolff/Bachof/Stober*, Bd. 2, 5. Auflage, § 104 Rn. 6.

eine andere, faktisch oder durch Entzug. Allein dieser Vorgang könnte zur Verletzung des Gewaltenteilungsgrundsatzes führen. Vielmehr handelt es sich lediglich um eine Aufgabenumschichtung innerhalb der Exekutive.[866]

Äußerst selten enthalten Gesetze Formulierungen, wie „Im Umfang dieser Verpflichtung ist der Unternehmer mit Hoheitsbefugnissen ausgestattet (beliehener Unternehmer)“; § 33 Abs. 1 S. 2 PostG.

In der Mehrzahl der Fälle ergibt sich die Qualität als beleihende Norm nicht aus dem Wortlaut selbst, sondern vielmehr erst aus dem materiellen Gehalt der Norm. Als Beispiel sei an dieser Stelle § 2 S. 1 FStrPrivFinG genannt. Im Wege der Auslegung ist zu ermitteln, ob die Vorschrift die Beleihung eines tauglichen Adressaten mit einer staatlichen Aufgabe zur selbständigen Erfüllung unter Gebrauch öffentlich-rechtlicher Rechtsformen enthält.

§ 4 Abs. 2 S. 1 ABMG enthält in beiden Alternativen die Ermächtigung zugunsten des Bundesamtes für Güterverkehr einen Privaten in die Erfüllung der genannten Aufgaben einzubinden. Dagegen überträgt das Gesetz selbst die Aufgaben nicht. Es beinhaltet lediglich eine Option zugunsten der zuständigen Behörde.[867]

Zu einem abweichenden Ergebnis kann auch eine Auslegung der Vorschrift nicht führen. Der eindeutige Wortlaut von § 4 Abs. 2 S. 1 ABMG steht dem entgegen.

(b) Beleihung auf der Grundlage eines Gesetzes

Wie vorstehend dargestellt, wird der Betreiber des Mauterhebungssystems nicht unmittelbar durch § 4 Abs. 2 S. 1 ABMG beliehen. Vielmehr enthält die Vorschrift in beiden Alternativen nur eine Berechtigung zugunsten des Bundesamtes für Güterverkehr, Aufgaben auf einen privaten Betreiber zu übertragen oder diesen in die Erfüllung der Aufgaben einzubinden.

Während die Vorschrift ursprünglich lautete „Das Bundesamt für Güterverkehr kann einem Privaten die Errichtung und den Betrieb eines Systems zur Erhebung der Maut übertragen (Betreiber)“[868] beinhaltet sie nunmehr die Regelung „Das Bundesamt für Güterverkehr kann einem Privaten die Errichtung und den Betrieb eines Systems zur Erhebung der Maut übertragen oder diesen beauftragen, an der Erhebung der Maut mitzuwirken (Betreiber).“[869] Nach Ansicht des

---

[866] Allgemein *Benz*, S. 172. Im Zusammenhang mit dem Bremischen Personalvertretungsgesetz, BVerfG, Urteil vom 27.04.1959, E 9, 268 (279 f.).

[867] Vgl. BT-Drs 14/7013, S. 13.

[868] § 4 Abs. 1 S. 1 ABMG in der Fassung vom 05.04.2002 BGBl. I 2002, 1234, geändert durch Art. 1 Gesetz vom 28.06.2003, BGBl. I 2003, 1050.

[869] § 4 Abs. 1 S. 1 ABMG in der Fassung vom 05.04.2002 BGBl. I 2002, 1234, neu gefasst durch Bekanntmachung vom 02.12.2004, BGBl. I 2004, 3122.

Gesetzgebers wirkt die Änderung des Wortlautes im Vergleich zur ursprünglichen Fassung lediglich klarstellend, ohne dass damit eine inhaltliche Änderung verbunden ist.[870]

Der Gesetzeswortlaut sieht zwei Alternativen vor, wie der Private in die Mauterhebung einbezogen werden kann. Entweder wird ihm *„Errichtung und Betrieb eines Systems zur Erhebung der Maut übertragen"* oder er wird damit *„beauftrag(...)t, an der Erhebung der Maut mitzuwirken"*.

Nachfolgend wird zunächst geprüft, ob § 4 Abs. 2 S. 1 ABMG in einer oder beiden Alternativen als Beleihungsgrundlage einzuordnen ist. Im Anschluss daran soll ermittelt werden, welche Alternative im Verhältnis zu Toll Collect angewandt wurde.

(aa) Beleihungsgrundlage

Wenngleich § 4 Abs. 2 S. 1 ABMG selbst keine Beleihung des Betreibers enthält,[871] kann die Norm dennoch als Beleihungsgrundlage qualifizieren. Hierbei ist zwischen den Alternativen zu differenzieren.

Da der Wortlaut des § 4 Abs. 2 S. 1 ABMG nicht von Beleihung spricht, kann nur die Auslegung der Vorschrift Aufschluss darüber geben, ob sie als Beleihungsgrundlage qualifiziert. Im Anschluss an die Auslegung des Wortlautes der Vorschrift, soll anhand der Materialien zur Entstehung des ABMG, speziell zu § 4 Abs. 2 S. 1 ABMG, hinterfragt werden, ob und inwieweit eine Beleihung in der Absicht des Gesetzgebers lag. Sofern die Auslegung der Materialien zum Gesetzgebungsverfahren zwar eine Beleihungsintention ergibt, sich diese jedoch im Wortlaut der Norm nicht widerspiegelt, tritt der Wille des Gesetzgebers grundsätzlich zurück.[872] Nur für den Ausnahmefall, dass bei Abstellen auf den Wortlaut einer Vorschrift deren sinnvolle Anwendung ausgeschlossen ist, kommt ein entgegenstehender gesetzgeberischer Wille zum tragen.[873]

Nach § 4 Abs. 2 S. 1 Alt. 1 ABMG kann *„das Bundesamt für Güterverkehr (...) einem Privaten die Errichtung und den Betrieb eines Systems zur Erhebung der Maut übertragen"*. Die Vorschrift wäre als Rechtsgrundlage einer Beleihung einzuordnen, wenn sie einen Hoheitsträger dazu ermächtigt, staatliche Aufgaben auf ein Privatrechtssubjekt zur selbständigen Wahrnehmung in Handlungsformen öffentlichen Rechts zu übertragen. Stellt man die Frage, ob § 4 Abs. 2 S. 1 Alt. 1 ABMG als Beleihungsgrundlage zu qualifizieren ist, muss geprüft werden, ob es sich bei „Errichtung und Betrieb eines Systems zur Erhebung der

---

870 BR-Drs 612/04, S. 5 f.; BT-Drs 15/3678, S. 7.

871 Vgl. Kapitel 4 A. III. 2. c) bb) (1) (a) .

872 BVerfG, Beschluss vom 17.05.1960, E 11, 126 (130); BVerfG, Urteil vom 19.12.1961, E 13, 261 (268).

873 BVerfG, Beschluss vom 24.05.1967, E 22, 28 (35 ff.).

Maut" um staatliche Aufgaben handelt und ob diese auf ein Privatrechtssubjekt übertragen werden, damit dieses sie selbständig in öffentlich-rechtlichen Handlungsformen erfüllt.

Zunächst zur Frage, ob „Errichtung" und „Betrieb" eines Mauterhebungssystems überhaupt als staatliche Aufgaben einzuordnen sind. Dazu wird zuerst jeweils der Inhalt bestimmt, um im Anschluss deren Einordnung zu hinterfragen. Wie bereits zu Beginn der Arbeit gezeigt wurde, unterscheiden sich Staatsaufgaben von öffentlichen Aufgaben durch die Trägerschaft. Während im Allgemeinen unter öffentlichen Aufgaben solche verstanden werden, deren Erfüllung im öffentlichen Interesse, also dem des Gemeinwesens liegt, erfasst der Begriff der staatlichen Aufgaben nur diejenigen öffentlichen Aufgaben, für deren Erfüllung sich der Staat verantwortlich zeigt; als deren Träger er sich im Einklang mit der Verfassung geriert.[874]

Einfacher als die Inhaltsbestimmung für den „Betrieb" ist die der „Errichtung" des Mauterhebungssystems. Die synonym verwandten Begriffe „Aufbau", „Aufstellung", Erbauung", „Erzeugung" verdeutlichen, dass es sich um Tätigkeiten handeln muss, die zeitlich im Vorfeld der eigentlichen Mauterhebung anzusiedeln sind. Für das gesamte mautpflichtige Straßennetz werden die Voraussetzungen geschaffen, die später die Erhebung der Maut ermöglichen. Dazu gehören neben den notwendigen stationären Einrichtungen im Bundesautobahnnetz insbesondere auch die Entwicklung und Verbreitung der technischen Einrichtungen in den Fahrzeugen und die Entwicklung des Computerprogramms zur Mauterhebung und -verwaltung. Obrigkeitliches Verhalten des Betreibers des Mauterhebungssystems ist in keinem der Bereiche ersichtlich. Für die Qualifizierung als Beleihungsgrundlage wären aber bereits schlichthoheitliche Tätigkeiten ausreichend.

Bauliche Anlagen des Erhebungssystems sowie die dazugehörigen Verkehrszeichen und Verkehrseinrichtungen gelten als Teil der Bundesfernstraßen; § 6 ABMG i.V.m. § 1 Abs. 4 Nr. 3, 3a FStrG[875]. Ordnet man sie derart ein, kommt man nicht umhin, diesen Bereich dem Aufgabenbereich Bau, Unterhaltung und Betrieb von Bundesfernstraßen zuzuordnen, den die allgemeine Meinung als Staatsaufgaben in der besonderen Form der Verwaltungsaufgaben ansieht.[876]

Weniger eindeutig ist die Einordnung des System-„Betriebs". Wer ein Mauterhebungssystem betreibt, muss nicht zwingend selbst für die Erhebung der Maut zuständig sein. Vielmehr ist auch vorstellbar, dass lediglich einem Dritten die Möglichkeit zur Erhebung eröffnet wird, indem die technischen und sonstigen

---

874 Zur Abgrenzung von Öffentlichen Aufgaben und Staatsaufgaben vgl. Kapitel 3 D. II. 1.

875 Bundesfernstraßengesetz in der Fassung der Bekanntmachung vom 20.02.2003, § 1 Abs. 4 Nr. 3a FStrG neu eingefügt durch Artikel 2 des Gesetzes zur Einführung von streckenbezogenen Gebühren für die Benutzung von Bundesautobahnen mit schweren Nutzfahrzeugen vom 05.04.2002, BGBl. I 2002, 1234 (1237).

876 Vgl. Kapitel 3 D. III.

Voraussetzungen dafür geschaffen werden. Denkbar wäre eine privatrechtliche Sonderverbindung zwischen dem Nutzer des Systems (hier der Bund handelnd durch das Bundesamt für Güterverkehr) und dem „Zur-Verfügung-Stellenden", i.d.R. verbunden mit einem Entgeltanspruch des Letztgenannten. Auf der anderen Seite kann durchaus auch die Einziehung der Maut Teil des Systembetriebs sein. Insoweit lässt der Wortlaut beide Deutungen zu.

Allgemein ist Betreiber eines Objektes bzw. einer Anlage für die Aufgaben zuständig, die nötig sind, um einen Prozess zu initiieren und anschließend derart am Laufen zu halten, dass das angestrebte Ergebnis erzielt werden kann.

Legt man ein einengendes Verständnis zugrunde, könnte sich der Aufgabenbereich des Betreibers des Mauterhebungssystems nach § 4 Abs. 2 S. 1 Alt. 1 ABMG im Anschluss an die Inbetriebnahme des Mauterhebungssystems auf Wartung, Instandsetzung sowie Instandhaltung des Mauterhebungssystems, den Bereich der Unterhaltung der Anlage, beschränken. Er wäre dafür verantwortlich, die (technischen) Voraussetzungen zu schaffen, damit ein Dritter, wohl das Bundesamt für Güterverkehr im Außenverhältnis zu den Nutzern die Maut erheben könnte. Erfasst wären durch den Begriff des „Betriebes" nur Tätigkeiten im Verhältnis zwischen dem Betreiber des Mauterhebungssystems und dem Bundesamt für Güterverkehr. Den Nutzern gegenüber träte allein das Bundesamt für Güterverkehr auf.

Daneben besteht die Möglichkeit, dass der Betreiber des Mauterhebungssystems im Rahmen seiner Betriebspflicht auch in Richtung auf die mautpflichtigen Nutzer der Bundesautobahnen tätig wird. Insbesondere kommt in Betracht, dass ihm die Erhebung der Maut übertragen wird.

Weder im Gesetz selbst noch in den amtlichen Materialien finden sich Anhaltspunkte für eine einengende Auslegung, die dem zuerst dargestellten Verständnis entspricht. Im Gegenteil, es finden sich vielmehr Hinweise darauf, dass der Gesetzgeber, dem Betreiber des Mauterhebungssystems auch im Verhältnis zu den mautpflichtigen Nutzern Aufgaben zuweisen wollte.

So wird § 4 Abs. 2 S. 1 Alt. 1 ABMG, als allgemein gehaltene Grundlage der Aufgabenübertragung auf den Betreiber dahingehend konkretisiert, dass dem Betreiber die Befugnis zugewiesen wird, alle Daten[877] zu erheben, verarbeiten und zu nutzen, nach denen sich die Höhe der zu entrichtenden Maut bemisst; § 4 Abs. 2 S. 2 Nr. 1-6 ABMG. Aus der Tatsache, dass sich die Konkretisierung auf datenschutzrechtliche Fragen beschränkt, darf nicht geschlussfolgert werden, dass der Gesetzgeber den Betreiber des Mauterhebungssystems nur in diesem Bereich im Verhältnis zu den mautpflichtigen Nutzern auftreten lassen wollte.[878]

---

[877] Erfasst sind Daten, die nötig sind 1. um die Höhe der zu entrichtenden Maut zu ermitteln und 2. um zu Kontrollzwecken mit der tatsächlich entrichteten Maut abzugleichen.

[878] Die Erhebung personenbezogener Daten steht unter einem Verbot mit Erlaubnisvorbehalt, § 4 Abs. 1 BDSG (*Globig*, in: Roßnagel, Teil 4.7 Rn. 35; *Gola/Schomerus*, BDSG § 4

Aus datenschutzrechtlichen Gründen war schlicht eine entsprechende Rechtsgrundlage von Nöten. Abgesehen davon soll das Mauterhebungssystem die ordnungsgemäße Einziehung und Verwaltung der anfallenden Gebühren gewährleisten.[879]

Bestätigung findet diese Beurteilung in den Materialien zur Gesetzgebung. Auf Anregung des Bundesrates sollte folgende Formulierung in den Gesetzestext Eingang finden: *„Die Bundesregierung wird ermächtigt [...] einen Privaten mit dem Recht zur Erhebung der Maut und dem Betrieb des Erhebungssystems zu beleihen.“*; § 6 Abs. 1 ABMG Entwurf Bundesrat.[880] Indem die Bundesregierung diesem Änderungsvorschlag, der den Systembetrieb von der eigentlichen Mauterhebung getrennt sieht, nicht folgt und dafür auch keine Notwendigkeit sieht,[881] offenbart sie die Ansicht, dass die ursprüngliche Formulierung Erhebung der Maut (Außenverhältnis) und Betrieb des Erhebungssystems (Innenverhältnis) bereits erfasst.

Nunmehr ist zu fragen, ob es sich dabei um Staatsaufgaben handelt. Allein unter Rückgriff auf Art. 74 Abs. 1 Nr. 22 GG die Aufgaben nach dem ABMG als staatlich einordnen zu wollen, ist abzulehnen. Die Vorschrift weist lediglich Gesetzgebungskompetenzen zu und gibt in dieser Funktion keinen Aufschluss über die Qualität der Aufgaben, die in Ausübung dieser Kompetenz Rechtssubjekten auferlegt wurden.[882] Trotzdem qualifizieren die Aufgaben nach dem ABMG unproblematisch als Staatsaufgaben. Indem sie durch den Gesetzgeber mit dem BAG einer öffentlich-rechtlichen Organisation, einem Verwaltungsträger, zugewiesen werden, zieht er sie an sich und verstaatlicht sie,[883] wogegen keinerlei rechtliche Bedenken bestehen.

Voraussetzung der Einordnung des § 4 Abs. 2 S. 1 Alt. 1 ABMG als Beleihungsgrundlage ist zudem, das der Private nach der Aufgabenübertragung selbständig handelt. Dagegen bestehen keine Bedenken. Die angeordnete Überwachung der Tätigkeiten des Betreibers des Mauterhebungssystems durch das Bundesamt für Güterverkehr[884] kann als Indiz herangezogen werden. Der Betreiber wird (zunächst) selbständig tätig. Der Annahme der Selbständigkeit steht nicht entgegen, dass sich der Staat eine Kontrollmöglichkeit vorbehält.

Rn. 1), nach dem die Erhebung dieser Daten nur zulässig ist, soweit sie durch Gesetz erlaubt, bzw. angeordnet ist oder der Betroffene eingewilligt hat. Der Gesetzgeber hat mit § 4 Abs. 2 S. 2 ABMG eine Rechtsgrundlage für die Datenerhebung geschaffen.

879 BT-Drs 14/7013, S. 13.

880 BT-Drs 14/7013, S. 20.

881 Die Bundesregierung sieht keine Veranlassung ihre Rechtsauffassung zu revidieren. BT-Drs 14/7087, S. 3.

882 Stuible-Treder, S. 59.

883 *Stadler*, S. 21 f.

884 BT-Drs 14/7013, S. 13.

Zuletzt müsste der Betreiber des Mauterhebungssystems auch dazu berechtigt sein, sich öffentlich-rechtlicher Handlungsformen zu bedienen. Obwohl bei einem Privaten immer eine Vermutung für privatrechtliches Verhalten streitet,[885] dient § 4 Abs. 2 S. 1 Alt. 1 ABMG als Grundlage einer Berechtigung zum Handeln in Rechtsformen öffentlichen Rechts. Einer Beleihungsgrundlage muss eine solche Berechtigung entnommen werden können; entweder ausdrücklich oder als Ergebnis einer Auslegung der Vorschrift. Für den Fall, dass die zu übertragenden Aufgaben der Natur der Sache nach ausschließlich in den Formen öffentlichen Rechts wahrgenommen werden können, erübrigt dies die Aufnahme in den Wortlaut und indiziert das Vorliegen dieser Voraussetzung der Beleihungsgrundlage. Gebühren als öffentlich-rechtliche Abgaben können nur hoheitlich eingezogen werden. Eine Erhebung mittels privatrechtlichen Verhaltens scheidet aus. Mithin erfüllt § 4 Abs. 2 S. 1 ABMG alle Voraussetzungen, die an eine Beleihungsgrundlage gestellt werden.

Sofern einem Privaten „Errichtung und Betrieb des Mauterhebungssystems" „übertragen" werden, geschieht dies mithin im Wege der Beleihung.[886]

Nimmt man eine Auslegung der Materialien zur Entstehung von § 4 Abs. 2 S. 1 Alt. 1 ABMG vor, kommt man zu keinem anderen Ergebnis. So findet sich die Aussage „Soweit es nach dem Grundgesetz möglich ist, wird der private Betreiber des Erhebungssystems als gesetzlich Beliehener auch in die Nacherhebung und in die Kontrolle eingeschaltet."[887] Aufgrund der ungenauen Formulierung kann der inhaltliche Gehalt nicht eindeutig festgestellt werden. Entweder ist der Betreiber zur Erfüllung von Errichtung und Betrieb des Mauterhebungssystems beliehen und wird darüber hinaus auch in die Nacherhebung und Kontrolle einbezogen. Oder aber er ist grundsätzlich nicht beliehen, außer im Rahmen der Nacherhebung und Kontrolle.

Aufschluss gibt die Erläuterung zu § 4 Abs. 2 ABMG, wonach der Betreiber des Mauterhebungssystems, soweit er hoheitlich tätig ist, beliehen wird.[888] Damit entspricht die erste Deutung des oben genannten Satzes, der zufolge auch im Rahmen der Errichtung und des Betriebs des Mauterhebungssystems von einer Beleihung auszugehen ist, eher der Intention des Gesetzgebers.

Im Gegensatz zur Bundesregierung sah der Bundesrat den ursprünglichen Wortlaut der Norm als problematisch an und schlug eine Verdeutlichung vor. Verbunden mit der Streichung von § 4 Abs. 2 ABMG, sollte § 6 ABMG neu gefasst werden. Unter der amtlichen Überschrift *„Beleihung des Betreibers"* war folgender Abs. 1 S. 1 vorgesehen *„Die Bundesregierung wird ermächtigt, durch*

---

885 BVerwG, Urteil vom 11.12.1980, E 61, 222 (225); BVerwG, Beschluss vom 23.12.1994, DVBl. 1995, 1087 (1088); *Stadler*, S. 26.

886 Vgl. ausdrücklich BT-Drs 15/3678, S. 7; BR-Drs 612/04, S. 7; *Neumann*, NVwZ 2005, 130 (132); *Uechtritz/Deutsch*, DVBl. 2003, 575 (580).

887 BT-Drs 14/7013, S. 10.

888 BT-Drs 14/7013, S. 13.

Rechtsverordnung mit Zustimmung des Bundesrats einen Privaten mit dem Recht zur Erhebung der Maut und zum Betrieb des Systems zur Erhebung der Maut zu beleihen (Betreiber)."[889] Im Unterschied zum Entwurf der Bundesregierung ist unzweifelhaft eine Beleihungsermächtigung enthalten. Dem Vorschlag lag neben Bedenken, ob dem verfassungsrechtlichen Bestimmtheitsgebot genügt werde, die Überlegung zugrunde, dass nur durch eine Beleihungsrechtsverordnung die Berechtigung des Privaten zum Erlass von Verwaltungsakten in rechtsstaatlich erforderlicher Weise veröffentlicht werde.[890] Von der Bundesregierung wurden die Anmerkungen zur Kenntnis genommen,[891] zeigten im Verlauf der Gesetzgebung jedoch keine Auswirkungen. Dennoch wurde in der Zwischenzeit eine Klarstellung vorgenommen und neben der Option der Übertragung von Errichtung und Betrieb des Mauterhebungssystems die Beauftragung des Privaten mit der Mitwirkung an der Mauterhebung in den Gesetzeswortlaut aufgenommen. Sowohl die Option der Beleihung, wie auch die Einbindung des Privaten auf ausschließlich zivilrechtlicher Grundlage haben nunmehr Eingang in das Gesetz gefunden.[892]

Bleibt die Frage, wer Adressat der Beleihung nach § 4 Abs. 2 S. 1 Alt. 1 ABMG sein kann. Solange es sich bei dem Betreiber um eine juristische Person, oder Personenvereinigung des Privatrechts[893] handelt, die nicht maßgeblich von Hoheitsträgern beeinflusst wird, kann er unstreitig Adressat einer Beleihung sein.[894] Der Gesetzgeber hat in § 4 Abs. 2 S. 1 ABMG ausdrücklich geregelt, dass Empfänger der zu übertragenden Aufgaben nur ein „Privater" sein kann. Eine Einschränkung auf natürliche oder juristische Personen des Privatrechts, sowie innerhalb der letztgenannten Kategorie nach dem Maß der Beherrschung durch einen Hoheitsträger, enthält die Vorschrift nicht und ist auch nicht notwendig.

Nachdem nunmehr herausgearbeitet wurde, dass § 4 Abs. 2 S. 1 Alt. 1 ABMG als Rechtsgrundlage für eine Beleihung des Betreibers des Mauterhebungssystems einzuordnen ist, stellt sich die Frage nach der Beurteilung von § 4 Abs. 2

---

[889] BT-Drs 14/7013, S. 20.

[890] BT-Drs 14/7013, S. 20 f.

[891] BT-Drs 14/7087, S. 3. Die Bundesregierung sah keine Notwendigkeit von ihrer Rechtsauffassung abzuweichen, was darauf schließen lässt, dass ihrer Ansicht nach den verfassungsrechtlichen und rechtsstaatlichen Anforderungen mit der von ihr vorgeschlagenen Fassung genügt wird.

[892] BT-Drs 15/3678, S. 7 f.

[893] Die Wahrscheinlichkeit, dass es sich bei dem Betreiber eher um eine juristische Person, oder Personenvereinigung des Privatrechts als um eine natürliche Person handeln wird, ist bei einer wirtschaftlichen Betrachtung groß. Der Aufbau und Betrieb eines Systems zur Erhebung der Maut stellt hohe Anforderungen sowohl an (vorhandenes) Know-How, als auch an personelle Kapazitäten und bedingt durch die Ausgestaltung des Betreibervertrages an finanzielle Ressourcen, da eine Vergütung erst nach Anlauf der Mauterhebung gezahlt wird. Unabhängig vom konkret vorliegenden Fall ist die Beleihung einer natürlichen Person unzweifelhaft grundsätzlich möglich (*Stadler*, S. 14).

[894] *Stadler*, S. 15 f.

S. 1 Alt. 2 ABMG. Die Vorschrift sieht vor, dass *„das Bundesamt für Güterverkehr (...) eine(n) Privaten beauftragen (kann), an der Erhebung der Maut mitzuwirken.“*

Mit der Erteilung eines „Auftrages“ ist unzweifelhaft keine Übertragung hoheitlicher Befugnisse verbunden. Folglich kann die Vorschrift nicht als Beleihungsgrundlage herangezogen werden.[895] Dafür spricht insbesondere, dass der Gesetzgeber mit „Auftrag“ einen Begriff aus dem Zivilrecht gewählt hat, um auszudrücken, welcher Art die Beteiligung des Privaten ist. Rechtsinstitute des Zivilrechts können jedoch nicht zur Übertragung hoheitlicher Befugnisse genutzt werden. Bestätigend können die Gesetzgebungsmaterialien herangezogen werden. Diese gehen ausdrücklich nur in der ersten Alternative von § 4 Abs. 2 S. 1 ABMG von einer Beleihung des Betreibers des Mauterhebungssystems aus. Im Rahmen der Mitwirkung an der Erhebung wird nicht von einer Beleihung gesprochen.[896]

(bb) Einbindung von Toll Collect nach § 4 Abs. 2 S. 1 Alt. 1 ABMG oder § 4 Abs. 2 S. 1 Alt. 2 ABMG?

Die Einbindung von Toll Collect als Betreiber des Mauterhebungssystems erfolgt in Umsetzung von § 4 Abs. 2 S. 1 Alt. 2 ABMG. In der Bekanntmachung der Beauftragung und Beleihung der Toll Collect GmbH im Rahmen der Erhebung von LKW-Maut nach dem Autobahnmautgesetz für schwere Nutzfahrzeuge (ABMG) vom 23.12.2003 heißt es *„Das Bundesamt für Güterverkehr gibt hiermit (...) bekannt, dass es die Toll Collect GmbH (...) mit der Mitwirkung an der Erhebung der Maut für die Benutzung von Bundesautobahnen mit schweren Nutzfahrzeugen nach § 4 Abs. 2 S. 1 ABMG beauftragt hat.“*[897]

Daher ist der Betreiber des Mauterhebungssystems im Zusammenhang mit der Erhebung der Maut nach § 4 Abs. 2 S. 1 ABMG nicht beliehen. Seine Aufgaben beschränken sich auf die Mitwirkung an der Erhebung der Maut. Er wird nicht hoheitlich tätig.

---

[895] Das entspricht der ausdrücklich erklärten Absicht des Gesetzgebers. BT-Drs 15/3678, S. 7 f.

[896] BT-Drs 15/3678, S. 7; BR-Drs 612/04, S. 7. Siehe auch *Neumann*, NVwZ 2005, 130 (132).

[897] Bundesanzeiger, Nummer 249, S. 24744. Die im Titel angesprochene Beleihung bezieht sich nicht auf die Mitwirkung an der Mauterhebung. Vielmehr wird der Betreiber darüber hinaus mit der Feststellung von mautpflichtigen Bundesautobahnbenutzungen und der ordnungsgemäßen Mautentrichtung nach § 7 Abs. 1 S. 4 ABMG sowie für die Fälle, in denen die Toll Collect GmbH eine mautpflichtige Bundesautobahnbenutzung feststellt und die geschuldete Maut nicht entrichtet und nicht im Rahmen der Kontrolle gemäß § 7 Abs. 7 ABMG erhoben wurde, mit der nachträglichen Erhebung der Maut nach § 8 Abs. 1 S. 2 ABMG beliehen.

(c) Ergebnis

Wenngleich § 4 Abs. 2 S. 1 ABMG die Möglichkeit eröffnet, den Betreiber des Mauterhebungssystems mit „Errichtung und Betrieb des Mauterhebungssystems" zu beleihen, wird davon derzeit nicht Gebrauch gemacht. Der Betreiber des Mauterhebungssystems ist nicht berechtigt im Rahmen der Mauterhebung gegenüber den mautpflichtigen Nutzern der Bundesautobahnen Verwaltungsakte zu erlassen. Vielmehr beschränken sich seine Aufgaben auf die Mitwirkung an der Mauterhebung.

Daraus folgt jedoch nicht, dass der Erlass von Verwaltungsakten im Rahmen der Erhebung der Mautgebühren ausgeschlossen ist. Es besteht weiterhin die Möglichkeit, dass das Bundesamt für Güterverkehr gegenüber den mautpflichtigen Nutzern der Bundesautobahnen Verwaltungsakte erlässt, mit denen die Autobahnmaut erhoben wird. Das soll nachfolgend geprüft werden.

(2) Erhebung der Maut durch Verwaltungsakt des Bundesamtes für Güterverkehr?

Der nachfolgende Abschnitt beschäftigt sich mit der Frage, ob die Autobahnmaut durch einen Verwaltungsakt des Bundesamtes für Güterverkehr von den mautpflichtigen Nutzern der Bundesautobahnen erhoben wird. Dem steht die Beauftragung des Betreibers des Mauterhebungssystems, an der Erhebung der Autobahnmaut mitzuwirken, jedenfalls nicht entgegen.

Neben der im vorangehenden Abschnitt erläuterten Möglichkeit der Beleihung, infolge derer sich der Betreiber den Nutzern gegenüber öffentlich-rechtlicher Handlungsformen bedient, können Private auch anderweitig in die Erfüllung staatlicher Aufgaben einbezogen werden.[898]

Im Gegensatz zur Beleihung, die eine Verschiebung der Kompetenzen beinhaltet, verbleiben diese bei den ursprünglich Verpflichteten. Eine Veränderung findet lediglich bei den handelnden Personen statt. Es erfolgt eine Aufspaltung zwischen Verhalten und Verantwortung (nach außen). Voraussetzung ist lediglich hoheitliches Verhalten der Verwaltung, dass im Erlass eines Verwaltungsaktes oder lediglich schlichthoheitlichem Handeln bestehen kann. Allgemein wird jemand, der an der Erledigung von Verwaltungsaufgaben beteiligt ist und zugunsten der Behörde unterstützend tätig wird, als Verwaltungshelfer bezeichnet.[899] Ausführende Handlungen werden der Behörde zugerechnet und gelten rechtlich als ihr Verhalten.[900]

Dagegen besteht die Möglichkeit, dass die tatsächliche Ausgestaltung des Verfahrens zur Mauterhebung der Annahme eines Verwaltungsaktes entgegensteht. Dies soll nachfolgend geprüft werden. Dabei wird der Vorgang der Mauterhe-

---

[898] *Steiner*, Öffentliche Verwaltung, S. 106.
[899] *v. Heimburg*, S. 130.
[900] *Seidel*, S. 30.

bung zugrunde gelegt, wie er durch den Betreiber Toll Collect ausgeführt wird. Im Rahmen der Prüfung der Qualität des gebührenerhebenden Aktes soll die Einordnung des Verfahrens bei der Erhebung der Autobahnmaut unter folgenden Gesichtspunkten problematisiert werden 1. Qualifizierung als automatisierter Verwaltungsakt, 2. Aufstellung der Mautterminals im Inland und in grenznahen Gebieten im Ausland und 3. Grundsatz der Selbstveranlagung des Gebührenschuldners.

In diesem Zusammenhang ist von wesentlicher Bedeutung, dass bereits das Europarecht Vorgaben für die Funktionsweise des Mauterhebungssystems enthält; Ziffer (14) der Präambel zu RL 99/62/EG. Diese werden anschließend durch die nationalen Vorschriften, ABMG und LKW-MautV[901], umgesetzt und konkretisiert. Europarechtlich gefordert ist ein Verwaltungsverfahren ohne übermäßigen Aufwand. Davon profitiert neben der entlasteten Verwaltung hauptsächlich der Nutzer. Mautzahlungspflichtige sollen nicht zusätzlich mit einem aufwändigen Verfahren belastet werden. Im Übrigen fördert ein unkompliziertes Verfahren die Akzeptanz der neuen Gebühr unter den Belasteten und wirkt Umgehungs- bzw. Vermeidungsbestrebungen entgegen. Vermeidungsbestrebungen sind in der Regel zu verzeichnen, wenn eine Abgabe ungerechtfertigt hoch erscheint, oder nur unter großem Aufwand zu entrichten ist.

Die zweite Anforderung, die das Europarecht statuiert, ist, dass entsprechend dem Grundgedanken eines vereinigten Europas bei der Mauterhebung Behinderungen an den Binnengrenzen vermieden werden sollen. Der deutsche Gesetzgeber trägt diesen Bedingungen auf verschiedene Weise Rechnung. Wahlweise steht dem Nutzer neben dem Automatischen Mauterhebungssystem ein Manuelles System zur Entrichtung der Maut zur Verfügung.[902] Es ist hauptsächlich auf die Bedürfnisse von Gelegenheitsnutzern zugeschnitten und soll durch Mautterminals, mit Standort im grenznahen Ausland Behinderungen an den Binnengrenzen der Europäischen Union vorbeugen. Dagegen ist die Nutzerfreundlichkeit eine Frage der konkreten Ausgestaltung beider Systeme.

Nun soll anhand der vorstehend aufgeworfenen Problembereiche geprüft werden, ob die Ausgestaltung des Mauterhebungssystems dazu führt, dass der Erlass eines Verwaltungsaktes ausgeschlossen ist.

(a) Verwaltungsautomation

Grundsätzlich wird ein Verwaltungsakt von Bediensteten einer Behörde erlassen. Die enthaltene Regelung geht unmittelbar auf die Entscheidung einer Person zurück.

---

901 Vom 24.06.2003, BGBl. I 2003, 1003 ff.

902 §§ 4-7 LKW-MautV. Zur technischen Ausgestaltung des Automatischen und Manuellen Mauterhebungssystems siehe Kapitel 4 A. III. 1. a) .

Im Unterschied dazu werden im Zusammenhang mit der Erhebung der Maut nach dem ABMG keine Personen derart tätig, dass sie den mautpflichtigen Nutzern der Bundesautobahnen gegenüber einen Gebührenbescheid erlassen. Die Erhebung der Maut ist sowohl unter Verwendung des Manuellen, wie auch des Automatischen Mauterhebungssystems durch den Einsatz moderner Technologien gekennzeichnet. So erhält der Nutzer des Automatischen Mauterhebungssystems nach Ende der Abrechnungsperiode eine Abrechnung, die alle gefahrenen und automatisch von der On-Board-Unit in Zusammenwirken mit dem satellitengestützten Navigationssystem ermittelten und an das Rechenzentrum übermittelten Strecken enthält. Nutzer, die auf das Manuelle Mauterhebungssystem zurückgreifen und die Buchung an Mautterminals vornehmen, erhalten dafür einen Einbuchungsbeleg. Das gleiche gilt für Nutzer des Manuellen Mauterhebungssystems, die die Einbuchung über das Internet vornehmen. Alle Varianten sind dadurch gekennzeichnet, dass eine EDV-Anlage eingegebene Daten verarbeitet und automatisch, ohne Mitwirkung eines Verwaltungsbediensteten, die Abrechnung erstellt.

Im Mittelpunkt der nachfolgenden Erläuterungen soll ausschließlich die Frage stehen, ob der Einsatz technischer Hilfsmittel bei der Mauterhebung zur Folge hat, dass der Erlass eines Verwaltungsaktes ausscheidet.

In dem Bestreben einen modernen Verwaltungsapparat zur Verfügung zu stellen, der auch zeitnah Massenverfahren bewältigen kann, wurden im Gleichlauf mit fortschreitender Entwicklung moderner Informationstechnologien verstärkt Computer eingesetzt.[903] Während bisher in den Entscheidungsprozess allein der Mensch eingebunden war, teilt er sich bei Einsatz bestimmter Verfahren nunmehr die Aufgaben mit der Maschine. Letztlich basiert die abschließende Entscheidung der Behörde auf einem „Wechselspiel zwischen Mensch und Maschine“[904]. Folge des Einsatzes computergestützter Verwaltungsverfahren ist der Eintritt von Synergieeffekten; die auf menschliches Verhalten rückführbare Entscheidung ermöglicht in Verbindung mit der Technik die „Erledigung unzähliger gleichförmig wiederkehrender Vorgänge“[905]. Der Gesetzgeber hat dieser Entwicklung durch Anpassung einiger Vorschriften der Verwaltungsverfahrensgesetze an die geänderten Bedürfnisse Rechnung getragen. Beispielhaft seien an dieser Stelle § 37 Abs. 2-5 VwVfG und § 3a VwVfG genannt.

---

903 Der Einsatz von EDV im Verwaltungsverfahren kommt in verschiedenen Intensitäten vor. Sie reicht vom Einsatz von Computern zur Vereinfachung normaler Schreibarbeiten oder Datenverarbeitungsprozesse, als technisches Hilfsmittel (ausfüllen eines Einberufungsbescheides durch das Kreiswehrersatzamt BVerwG, Urteil vom 05.06.1971, E 45, 189 (191)) bis zur Herstellung und Ausfertigung einer abschließenden Entscheidung durch die EDV-Anlage (Erstellung einer Fernsprechrechnung BVerwG, Urteil vom 21.01.1969, E 31, 236 (236)).

904 So *Haft*, S. 64, der die Verlagerung juristischer Aufgaben auf Computer lediglich als eine neuartige Organisationsform ansieht.

905 *Lazaratos*, S. 56.

Bei Erhebung der Gebühren nach dem ABMG durch den Erlass eines Verwaltungsaktes, wäre die Anzahl der zu erlassenden Gebührenerhebungsbescheide direkt abhängig vom Kreis der mautpflichtigen Fahrzeuge. Trotz der gegenwärtig bestehenden Beschränkung der Mautpflicht auf den Schwerverkehr kann man schon von einer Massenverwaltung sprechen, die in einer Vielzahl gleichförmiger Verfahren ähnliche Sachverhalte zu bewältigen hat. Sachverhalte, die sich minimal unterscheiden, insbesondere im Hinblick auf die gefahrene Strecke, den Zeitpunkt der Nutzung und die Art des Fahrzeuges, sind unter die Bestimmungen des ABMG zu subsumieren.

Greift die Verwaltung im Zusammenhang mit dem Erlass von Verwaltungsakten auf computergestütze Verfahren zurück, muss grundsätzlich zwischen zwei Konstellationen unterschieden werden. Zum einen kann es sich lediglich um den Erlass des Verwaltungsaktes mittels einer elektronischen Einrichtung handeln; § 37 Abs. 2 VwVfG. In erheblich größerem Umfang computergestützt wäre die Alternative, in der die Entscheidung selbst automatisch getroffen wird; § 37 Abs. 5 VwVfG.

Bei der Beurteilung der Mauterhebung ist aufgrund der tatsächlichen Ausgestaltung allein letzteres in Betracht zu ziehen. Da die Erhebung der Maut nicht mit der Entscheidung einer Behörde verbunden ist, von einem bestimmten mautpflichtigen Nutzer für einen konkreten Nutzungsvorgang Maut nach dem ABMG in einer bestimmten Höhe zu erheben, worin die Entscheidung zu sehen wäre, die zur technischen Herstellung des Gebührenbescheides an die elektronische Datenverarbeitungsanlage weitergegeben wird, scheidet die erste Alternative notwendig aus.

In keinem Fall setzt die Einordnung eines behördlichen Verhaltens als Verwaltungsakt zwingend voraus, dass die (Einzelfall)Entscheidung unmittelbar durch eine natürliche Person getroffen wird.[906] Von automatisch hergestellten Bescheiden (Verwaltungsakten) spricht man, wenn die Entscheidung, die das Verwaltungsverfahren abschließt durch die Anlage hergestellt wird.[907] Auch sie erfüllen das Merkmal der „Maßnahme" im Sinn der Verwaltungsaktsdefinition.[908] Mit der herrschenden Meinung ist die Herstellung eines Verwaltungsaktes in einem automatischen Verfahren für die Einordnung als Verwaltungsakt als ausreichend anzusehen. Die Behörde bleibt auch im automatischen Verfahren immer Herrin der Entscheidung. Entweder trifft sie diese faktisch selbst oder sie wird ihr zugerechnet. Obwohl die Entscheidung, letztlich ohne Eingriffe von außen, durch die EDV getroffen wird, legt die Verwaltung mittels der Programmierung der EDV ihre Grundlagen fest.

---

906 Zur herrschenden Meinung siehe z.B. *Maurer*, AllgVwR, § 18 Rn. 5. Einen Überblick über den Meinungsbildungsprozess geben *Tuner*, ÖVD/Online 82, 75 (78); *Lazaratos*, S. 256 ff.

907 *Maurer*, AllgVwR, § 18 Rn. 4 f.; *Polomski*, S. 72.

908 *Erichsen*, in: Erichsen/Ehlers, AllgVwR, § 12 Rn. 12.

Prinzipiell ist die Erhebung der Maut in beiden Systemen gleich gestaltet. Sowohl im Automatischen wie auch im Manuellen Mauterhebungssystem stellt im Ergebnis der Nutzer die Angaben für den konkreten mauterheblichen Einzelfall zur Verfügung.[909] Auf dieser Grundlage ermittelt die EDV automatisch die Höhe der zu entrichtenden Gebühr. Dabei trifft sie ihre Entscheidung ohne steuernde Eingriffe von außen anhand der im Vorfeld programmierten Kriterien.[910] Unterschiedliche Ergebnisse basieren nicht auf unterschiedlichen Entscheidungskriterien der Verwaltung, sondern vielmehr auf Sachverhalten, die voneinander abweichen.

Reduziert auf diese Voraussetzungen scheint die Qualifizierung der Mauterhebung als Verwaltungsakt mit Hilfe automatischer Einrichtungen möglich, sogar wahrscheinlich. Indessen bestimmt § 37 Abs. 5 VwVfG, dass nur ein schriftlicher Verwaltungsakt mit Hilfe einer automatischen Einrichtung erlassen werden kann. Mündliche Verwaltungsakte scheiden der Natur der Sache nach aus, elektronische Verwaltungsakte aufgrund des eindeutigen Wortlautes der Vorschrift auch. Für eine analoge Anwendung des § 37 Abs. 5 VwVfG auf elektronische Verwaltungsakte bleibt wegen des eindeutigen Wortlautes der Vorschrift kein Raum.[911] Aus diesem Grund kann die Mauterhebung über eine Interneteinbuchung nicht zu einem Verwaltungsakt führen. Zwar erscheint auf dem Bildschirm ein Äquivalent zum Einbuchungsbeleg.[912] Trotzdem wäre er, selbst wenn man bezogen auf den Inhalt darin einen Verwaltungsakt erkennen wollte, lediglich elektronisch übermittelt[913]. Der herrschenden Meinung folgend, genügt die bloße Möglichkeit des Ausdrucks nicht dem Schriftformerfordernis.[914] Dagegen erhält der Nutzer bei der manuellen Einbuchung am Mautterminal genauso wie bei Nutzung des Automatischen Mauterhebungssystems einen Beleg. In Abhän-

---

909 Die Eingabe der mauterheblichen Informationen erfolgt im Rahmen des Manuellen Systems an den Mautterminals oder im Internet, bei Nutzung des Automatischen Systems sind die erheblichen Angaben teilweise in der On Board Unit gespeichert, Informationen zur gefahrenen Strecke liefert das GPS.

910 Zu Zwecken dieser Arbeit wird an dieser Stelle vorausgesetzt, dass entweder die Verwaltung selbst die Programmierung der EDV übernimmt, oder zumindest derart Dritte mit der Programmierung beauftragt, dass das Ergebnis ihr zuzurechnen ist. Hier käme beispielsweise die Vergabe eines Werkvertrages in Betracht.

911 Zu einem anderen Ergebnis kann man auch unter Berücksichtigung des Musterentwurfes der Verwaltungsrechtsreferenten des Bundes und der Länder zur Anpassung des VwVfG an die modernen Kommunikationsformen (abgedruckt bei *P. Stelkens/Schmitz*, in: Stelkens/Bonk/Sachs, VwVfG, § 10 Rn. 280) nicht kommen. Eine Ausdehnung des Anwendungsbereiches der Norm bedürfte einer gesetzgeberischen Neuregelung.

912 Einen Einbuchungsbeleg erhält der Mautpflichtige bei einer Einbuchung über ein Mautstellenterminal. § 5 Abs. 3 S. 2 LKW-MautV.

913 Ein Verwaltungsakt der in Übereinstimmung mit § 3a Abs. 1 VwVfG (Zulässigkeit der Übermittlung elektronischer Dokumente, sofern der Empfänger einen Zugang eröffnet hat) übermittelt wird. *Kopp/Ramsauer*, VwVfG, § 37 Rn. 28a.

914 *P. Stelkens/U. Stelkens*, in: Stelkens/Bonk/Sachs, VwVfG, § 37 Rn. 39b.

gigkeit von deren konkreter Ausgestaltung[915], könnte es sich dabei um Verwaltungsakte nach § 37 Abs. 5 VwVfG handeln.

Die Entscheidung muss an dieser Stelle zunächst offen bleiben.

(b) Verwaltungsakte auf fremdem Hoheitsgebiet

Eine Qualifizierung als Mauthebung mittels Verwaltungsakt könnte des Weiteren an den europarechtlich vorgegebenen Anforderungen an die Ausgestaltung des Mauterhebungssystems scheitern. Wie vorstehend aufgezeigt, soll die Erhebung weitgehend ohne Eingriffe in den Binnenverkehr erfolgen. Insbesondere sollen Eingriffe an den Binnengrenzen der Europäischen Union vermieden werden.[916]

Dieses Ziel wird erreicht, indem den mautpflichtigen Bundesautobahnbenutzern das Automatische Mauterhebungssystem zur Verfügung gestellt wird. Es führt in keiner Weise zu einem Eingriff in den Verkehrsfluss.[917] Gleiches gilt für die Einbuchung über das Internet.

Dagegen könnten im Rahmen des Manuellen Erhebungssystems bei Nutzung der Mautstellenterminals durchaus Eingriffe in den Verkehrsfluss erfolgen. Mautpflichtig ist die Nutzung der Bundesautobahnen, die in der Regel an den Staatsgrenzen beginnen. Außerdem muss die Maut im Voraus entrichtet werden. Daraus folgt, dass spätestens an den Staatsgrenzen Mautterminals aufgestellt werden müssen. Andernfalls können mautpflichtige Nutzer von Bundesautobahnen ihren gesetzlichen Pflichten nicht nachkommen. Unter diesen Voraussetzungen müssten Nutzer des Manuellen Mauterhebungssystems in der dargestellten Alternative ihre Fahrt an der Grenze unterbrechen und die Maut entrichten. Das stünde eindeutig im Widerspruch zu den Vorgaben des europäischen Gemeinschaftsrechtes, nach denen es gerade nicht zu Behinderungen an den Binnengrenzen der EU kommen darf; Nr. (14) der Präambel der RL 99/62/EG.

Eingriffen dieser Art, kann grundsätzlich auf drei Arten begegnet werden. Entweder stellt man das grenznahe Netz der Bundesautobahnen von der Mautpflicht frei oder gestattet für diese Sachverhalte die nachträgliche Entrichtung der Maut, beispielsweise im Wege der Stundung. In Betracht zu ziehen ist zudem die Option, dass Mautterminals im Ausland zur Verfügung gestellt werden.

Von der ersten Variante hat der Gesetzgeber ausweislich des Wortlautes von § 1 Abs. 3 ABMG keinen Gebrauch gemacht. Mautpflichtig ist bis auf ganz verein-

---

915 Nach § 5 Abs. 3 S. 2 LKW-MautV enthält der am Terminal ausgegebene Einbuchungsbeleg zumindest die Einbuchungsnummer und den Gültigkeitszeitraum. Bei Nutzung des Automatischen Erhebungssystems erhält der Nutzer nach Ablauf des Abrechnungszeitraums eine Rechnung.

916 Präambel Nr. (14) RL 1999/62/EG; Vgl. Fn. 354; BT-Drs 14/7013, S. 10.

917 Zur Funktionsweise vgl. Kapitel 4 A. III. 1. a).

zelte Ausnahmen die Nutzung des gesamten Autobahnnetzes.[918] Desgleichen wurde auch von der Option zur Stundung der Mautzahlungspflicht, die § 4 Abs. 1 S. 1 ABMG enthält, bislang kein Gebrauch gemacht. Bleibt die Aufstellung von Mautterminals im grenznahen Ausland. Wie bereits dargestellt plant Toll Collect die Aufstellung von Terminals in grenznahen Gebieten in Österreich, Belgien und den Niederlanden.

Daher ist zu prüfen, wie sich die Zahlung der Maut auf ausländischem Hoheitsgebiet auf die Einordnung als Verwaltungsakt auswirkt?

Die nachfolgenden Erläuterungen legen die Annahme zugrunde, das Verhalten der Verwaltung erfülle alle sonstigen Voraussetzungen eines Verwaltungsaktes. In Abhängigkeit von der konkreten Ausgestaltung des technischen Ablaufes der Ermittlung und Zahlung der Maut stellt sich somit entweder die Problematik der Bekanntgabe eines Verwaltungsaktes im Ausland, bzw. alternativ die Frage, ob der „Erlass" eines deutschen Verwaltungsaktes im Ausland überhaupt möglich ist.

Zunächst zum Erlass eines (deutschen) Verwaltungsaktes auf fremdem Hoheitsgebiet. Die Frage, ob dies zulässig ist, stellt sich nicht, wenn im Kontext des ABMG ein Verwaltungsakt vorliegt, der auf deutschem Hoheitsgebiet erlassen wird. Unzweifelhaft stellt der Nutzer die Angaben zur einzelnen mautpflichtigen Fahrt auf fremdem Hoheitsgebiet zur Verfügung. Er gibt die Daten in den Mautterminal ein, der seinen Standort im Ausland hat. Infolge der „Verarbeitung" der eingegebenen Daten mittels der vorprogrammierten EDV ergibt sich die zu zahlende Gebühr. Je nachdem, wo die Verarbeitung stattfindet, ergeht der Verwaltungsakt im In- oder Ausland. Maßgeblich ist der Ort, wo die zu entrichtende Gebühr ermittelt wird.

Die Annahme eines inländischen Verwaltungsaktes wäre nicht auszuschließen, wenn die Angaben des Nutzers an ein Rechenzentrum in Deutschland übermittelt würden, um dort mittels des Computerprogramms die Gebühr zu ermitteln. Die Funktion des Mautterminals beschränkte sich auf ein reines Eingabegerät.

Ist dagegen jeder Mautterminal, also auch die im Ausland verorteten, selbst mit der entsprechenden EDV versehen und wird die Maut an Ort und Stelle, ohne jeglichen Kontakt zu deutschem Hoheitsgebiet, ermittelt, kann nur dann ein Verwaltungsakt vorliegen, wenn der Erlass eines Verwaltungsaktes im Ausland möglich wäre.

Es ist jedoch ausgeschlossen, dass deutsche Hoheitsgewalt auf fremdem Hoheitsgebiet ausgeübt wird. Dies steht im Widerspruch zum Territorialitätsprinzip, dem zufolge Öffentliches Recht nur auf dem Gebiet des maßnahmeerlassenden Staates Geltung erlangt.[919]

---

[918] Zu den sachlichen Befreiungen von der Mautpflicht siehe Kapitel 4 A. II. 1. a) cc) (2) .
[919] *Bock*, DStZ 1986, 329 (330).

Es besteht auch nicht die Möglichkeit, das mauterhebende Verhalten einer deutschen Behörde derart zuzurechnen, dass es als Verwaltungsakt, „erlassen auf deutschem Hoheitsgebiet" qualifizieren könnte, wenn man von der Ermittlung der Maut ohne einen Datentransfer auf deutsches Hoheitsgebiet ausgeht. An dieser Beurteilung kann auch eine nachträgliche Übermittlung der erheblichen Daten zu Kontrollzwecken an ein Rechenzentrum in Deutschland nichts ändern.

Schließt man somit aus, dass im Rahmen der Mauterhebung ein deutscher Verwaltungsakte auf fremdem Hoheitsgebiet erlassen werden kann, und es sich somit allein um einen deutschen Verwaltungsakt handeln kann, der in Deutschland erlassen wird, bleibt die Problematik der Bekanntgabe eines deutschen Verwaltungsaktes im Ausland. Existenzvoraussetzung eines Verwaltungsaktes ist dessen Bekanntgabe.[920] Diese ist in Form der einfachen Bekanntgabe völkerrechtlich zulässig, unabhängig vom Einverständnis des Staates auf dessen Hoheitsgebiet die Bekanntgabe erfolgt.[921] Im Vergleich dazu wertet die h.M. eine Bekanntgabe mittels Zustellung auf fremdem Hoheitsgebiet als völkerrechtlich unzulässigen Hoheitsakt auf dem Territorium eines fremden Staates.[922]

In der ersten Alternative, Eingabe der mautrelevanten Tatsachen im Ausland, EDV-gestützte Übermittlung an ein Rechenzentrum in Deutschland, in dem die Gebühr ermittelt wird, Rückübermittlung an das Mautterminal im Ausland und einfache Bekanntgabe des Ergebnisses, lägen somit alle Voraussetzungen eines wirksamen Verwaltungsaktes vor.

Beurteilt man dagegen die zweite Alternative, in der im Ausland sowohl die Höhe der Maut selbst ermittelt wie auch der Verwaltungsakt mit entsprechendem Inhalt bekannt gegeben wird, scheidet die Annahme eines Verwaltungsaktes aus. Wiederum wäre zwar die Bekanntgabe unproblematisch. Dagegen verstieße unzweifelhaft der Erlass des Verwaltungsaktes selbst, ein Hoheitsakt, ge-

---

[920] Vor der amtlichen Bekanntgabe ist der Verwaltungsakt rechtlich nicht existent. In Abhängigkeit von der Form des Verwaltungsaktes unterscheiden sich auch die Arten der Bekanntgabe. (z.B. förmliche Zustellung nach VwZG, nichtförmliche Bekanntgabe schriftlich, mündlich, elektronisch, *Henneke*, in: Knack, VwVfG, § 41 Rn. 13). Übereinstimmend sind die diversen Formen gekennzeichnet durch die Abgabe des Verwaltungsaktes mit Bekanntgabewillen sowie grundsätzlich dessen Zugang. Allgemein siehe *Kopp/Ramsauer*, VwVfG, § 41 (passim); *Maurer*, AllgVwR, § 9 Rn. 64 ff.; *Sachs*, in: Stelkens/Bonk/Sachs, VwVfG, § 41 (passim).

[921] So *P. Stelkens/U. Stelkens*, in: Stelkens/Bonk/Sachs, VwVfG, § 41 Rn. 112 mit Verweis auf den Musterentwurf der Verwaltungsverfahrensrechtsreferenten des Bundes und der Länder zur Anpassung des VwVfG an die modernen Kommunikationsformen (abgedruckt bei *P. Stelkens/Schmitz*, in: Stelkens/Bonk/Sachs, VwVfG, § 28 Rn. 28 ff.). Dagegen ist der BFH im Zusammenhang mit Steuerverwaltungsakten der Ansicht, dass auch eine einfache Bekanntgabe im Ausland völkerrechtlich nur mit Zustimmung des jeweiligen Landes zulässig sei. Siehe *Bock*, DStZ 1986, 329 (330); *P. Stelkens/U. Stelkens*, in: Stelkens/Bonk/Sachs, VwVfG, § 41 Rn. 112 f.; BFH, Urteil vom 01.02.2000, NVwZ 2000, 1214 (1214).

[922] *P. Stelkens/U. Stelkens*, in: Stelkens/Bonk/Sachs, VwVfG, § 41 Rn. 112 f.

gen Prinzipien des Völkerrechts. Aussage des hier betroffenen völkerrechtlichen Territorialitätsprinzips ist, dass eine deutsche Behörde grundsätzlich im Ausland nicht hoheitlich tätig werden darf.[923]

Zusammengefasst lässt sich feststellen, dass die Einordnung des gebührenerhebenden Aktes als Verwaltungsakt je nach Ausgestaltung der eingesetzten EDV möglich erscheint, oder zwingend ausscheidet. Eine einheitliche Beurteilung unabhängig vom technischen Ablauf ist nicht möglich.

(c) Verwaltungsakt und Grundsatz der Selbstveranlagung?

Schließlich stellt sich die Frage, ob einer Qualifizierung des gebührenerhebenden Aktes als Verwaltungsakt entgegensteht, dass das Verfahren zur Erhebung der Maut maßgebliche Mitwirkungspflichten des Nutzers vorsieht. Im vorliegenden Zusammenhang soll ermittelt werden, ob und gegebenenfalls wie sich Mitwirkungspflichten auf die Qualifizierung als Verwaltungsakt auswirken (können).

§ 4 Abs. 3 S. 1 ABMG enthält den Grundsatz, dass der Mautschuldner bei der Mauterhebung mitzuwirken habe. Dieser wird im Anschluss mit der Pflicht zur ordnungsgemäßen Nutzung der Einrichtungen zur Mautentrichtung und Angabe der maßgeblichen Tatsachen näher ausgestaltet; § 4 Abs. 3 S. 2 ABMG. Zur weiteren Konkretisierung dieser Pflichten hat der Gesetzgeber von der Ermächtigung des § 4 Abs. 3 S. 3 ABMG im Rahmen der LKW-MautV Gebrauch gemacht und die Einzelheiten der Nutzung der technischen Einrichtungen geregelt; § 1 Nr. 2-3 LKW-MautV.

Auch dem Verwaltungsverfahrensgesetz sind Mitwirkungspflichten der Beteiligten an einem Verwaltungsverfahren nicht unbekannt. Im Rahmen des Verwaltungsverfahrens „sollen" die Beteiligten nach § 26 Abs. 2 VwVfG bei der Ermittlung des Sachverhaltes mitwirken, insbesondere durch Angabe bekannter Tatsachen und Beweismittel. Im Gegensatz zur Auslegung des Wortes „sollen", wie sie im Zusammenhang mit dem Verhalten einer Behörde vorgenommen wird[924], beinhaltet es für Personen, die außerhalb der Verwaltung stehen lediglich eine nicht erzwingbare Obliegenheit[925].[926]

---

[923] *Bock*, DStZ 1986, 329 (330); *P. Stelkens/U. Stelkens*, in: Stelkens/Bonk/Sachs, VwVfG, § 41 Rn. 112 f.

[924] Bei an Behörden gerichteten Vorschriften wird „sollen" als „müssen mit Ausnahmen in atypischen Fällen" verstanden. Siehe *Maurer*, AllgVwR, § 19 Rn. 25.

[925] Obliegenheiten sind Pflichten, die nicht erzwingbar sind, kommt man ihnen nicht nach, sind jedoch daraus resultierende negative Konsequenzen zu tragen. z.B. *Maurer*, AllgVwR, § 19 Rn. 25. Bezogen auf § 26 Abs. 2 VwVfG *Schromek*, S. 194 f.; *P. Stelkens/Kallerhoff*, in: Stelkens/Bonk/Sachs, VwVfG, § 26 Rn. 47.

[926] *Kopp/Ramsauer*, VwVfG, § 26 Rn. 40.

Indessen steht es dem Gesetzgeber frei, abweichend von diesem Grundsatz Mitwirkungspflichten im Verwaltungsverfahren erzwingbar auszugestalten.[927] Nach der vorliegend maßgeblichen Norm, § 4 Abs. 3 S. 1 ABMG, „hat" der Mautschuldner mitzuwirken. Es steht ihm nicht frei, selbst darüber zu entscheiden. Er ist vielmehr dazu verpflichtet.

Die Mitwirkung nach § 4 Abs. 3 ABMG beschränkt sich nicht auf die Erteilung von Auskünften, sondern verpflichtet den Mautschuldner darüber hinaus zur ordnungsgemäßen Nutzung der technischen Einrichtungen zur Mautentrichtung. Hintergrund dieser Ausweitung ist wohl, dass abweichend von den normalen mitwirkungspflichtigen Tatbeständen die Ermittlung der von der Verwaltung zu setzenden Rechtsfolge, also die Ermittlung der Höhe der Maut, nicht allein auf Angaben basiert, die verlässlich durch den Mautschuldner gemacht werden können. Maßgeblich für die Maut sind die in § 3 Nr. 1-5 LKW-MautV aufgeführten Tatsachen. Dazu gehört das amtliche Kennzeichen, die Strecke, das Datum und die Uhrzeit des Fahrtbeginns, die Achszahl sowie die Emissionsklasse. Problematisch ist allein die wahrheitsgemäße genaue Angabe der gefahrenen Strecke. Diese Angabe ist grundsätzlich nicht nachprüfbar. Sie ist jedoch unabdingbare Voraussetzung für die Ermittlung der Mauthöhe, wegen der Ausgestaltung als streckenbezogene Gebühr. Daher hat sich der Gesetzgeber wohl entschieden, sie im Rahmen des Automatischen Mauterhebungssystems technikgestützt zu ermitteln und sich nicht auf die Angaben des Mautpflichtigen zu verlassen. Die Pflicht zur wahrheitsgemäßen Angabe der Strecke wird mithin substituiert durch die Pflicht zur ordnungsgemäßen Nutzung der technischen Anlagen zur Ermittlung der zurückgelegten Strecke.

Weder die Mitwirkungspflichten nach § 26 Abs. 2 S. 1-2 VwVfG noch die besonderen erzwingbaren Mitwirkungspflichten auf der Grundlage von § 26 Abs. 2 S. 3 VwVfG i.V.m. spezieller Rechtsvorschrift verschieben die Pflicht zur Ermittlung des Sachverhaltes von der Behörde hin zu den Beteiligten, sondern sind lediglich in diese „eingebettet"[928]. Einrichtungen und Verfahren der Mautermittlung werden von der Behörde oder von einem in die Mauterhebung eingebundenen Betreiber des Mauterhebungssystems bereitgestellt. Von entscheidender Bedeutung ist, dass die Entscheidungsfindung selbst vollumfänglich bei der Behörde verbleibt.

Unter Zugrundelegung dieser Überlegungen muss man in den angesprochenen Fällen, in denen sich die Mitwirkung auf reine Sachverhaltsaufklärung beschränkt, jegliche Auswirkung auf die Qualifizierung des hoheitlichen Verhal-

---

[927] Wegen der Geltung des Gesetzesvorbehaltes muss der Gesetzgeber erzwingbare Mitwirkungspflichten durch Gesetz festlegen. Durchsetzbare Mitwirkungspflichten enthalten beispielsweise § 90 AO, § 22 Abs. 1 GastG, § 17 Abs. 1 HandwO, § 116 BSHG, § 23 AsylVfG. Allgemein siehe z.B. *Clausen*, in: Knack, VwVfG, § 26 Rn. 38 f.; *Stelkens/Kallerhoff*, in: Stelkens/Bonk/Sachs, VwVfG, § 26 Rn. 57.

[928] So *Nierhaus*, S. 289; *Stelkens/Kallerhoff*, in: Stelkens/Bonk/Sachs, VwVfG, § 26 Rn. 44.

tens als Verwaltungsakt ablehnen. Der Beitrag des Beteiligten liegt im Vorfeld der eigentlichen hoheitlichen Maßnahme, die anschließend verwaltungsautonom getroffen wird. Diese Ansicht stützt auch die Stellung der Vorschrift im Gesetz. Mitwirkungspflichten, ausgestaltet als Obliegenheit oder über den Verweis in § 26 Abs. 2 S. 3 VwVfG erzwingbar, sind Teil der allgemeinen Vorschriften über das Verwaltungsverfahren. Somit finden sie auch beim Erlass von Verwaltungsakten Anwendung. Folglich kann eine Mitwirkung an der Sachverhaltsaufklärung der Annahme eines Verwaltungsaktes nicht entgegenstehen.

Unabhängig davon auf welches Mauterhebungssystem der Mautschuldner zurückgreift, beschränkt sich seine Mitwirkung auf die (ordnungsgemäße) Angabe der mauterheblichen Tatsachen, sei es als Bereitstellung von Informationen oder durch Nutzung der Einrichtungen zur Mauterhebung. Bei der eigentlichen Ermittlung der Gebühr, dem Verhalten dessen Qualifizierung als Erlass eines Verwaltungsaktes hier in Frage steht, wird er nicht tätig.

Im Ergebnis hindert demnach die Mitwirkung des Mautschuldners wie sie vom Gesetzgeber in § 4 Abs. 3 ABMG vorgesehen ist, die Annahme eines Verwaltungsaktes nicht.

(d) Auswirkungen von § 4 Abs. 5 ABMG

Gegen die Annahme eines Verwaltungsaktes spräche auch, wenn gesetzlich ein anderer Weg der Mauterhebung vorgesehen wäre, der zur Befreiung des Mautschuldners von der Verpflichtung zur Entrichtung der Maut führen würde.

In diesem Zusammenhang ist § 4 Abs. 5 ABMG zu beachten. Unter bestimmten Voraussetzungen wird der Mautschuldner von der Verpflichtung zur Zahlung der Maut gegenüber dem Bundesamt für Güterverkehr gefreit. Dazu gehört, dass der Mautschuldner *„nachweist, dass zwischen ihm und dem Betreiber ein Rechtsverhältnis besteht, auf Grund dessen der Mautschuldner für jede mautpflichtige Benutzung einer Bundesautobahn ein Entgelt in Höhe der zu zahlenden Maut an den Betreiber zahlen muss oder gezahlt hat“.*

§ 4 Abs. 5 ABMG regelt, dass der Betreiber des Mauterhebungssystems im Rahmen der Erfüllung seiner Aufgaben gegenüber dem Mautschuldner privatrechtlich tätig werden kann.[929] Wie gezeigt, gehört zu den Aufgaben des Betreibers des Mauterhebungssystems insbesondere auch die Mitwirkung an der Erhebung der Maut. Dies kann nach § 4 Abs. 2 S. 1 Alt. 2 i.V.m. § 4 Abs. 5 ABMG durch den Abschluss privatrechtlicher Verträge zwischen dem Betreiber des Mauterhebungssystems und dem jeweiligen Mautschuldner erfolgen.

---

[929] BT-Drs 15/3678, S. 7; BR-Drs 612/04, S. 6; *Halaczinsky*, NWB Fach 28, 1019 (1024 f.); *Neumann*, NVwZ 2005, 130 (132).

Sofern über die Verpflichtung zur Zahlung der Maut sowie über deren Höhe Streit besteht, ist dieser zwischen dem Betreiber des Mauterhebungssystems und den Mautschuldnern vor den Zivilgerichten zu klären.[930]

d) Ergebnis

Wie vorstehend aufgezeigt, ist die Qualifizierung des mauterhebenden Verhaltens als Verwaltungsakt oder die Ablehnung der Annahme eines Verwaltungsaktes unmittelbar abhängig von der konkreten Ausgestaltung des Vorgangs der Mauterhebung. Anhand der gesetzlichen Regelungen, des ABMG sowie der begleitenden Rechtsverordnungen, LKW-MautV und MautHV[931], lässt sich die Frage nicht abschließend beantworten. Grundsätzlich scheint der Erlass eines Verwaltungsaktes jedenfalls nicht ausgeschlossen.

Es darf jedoch nicht unberücksichtigt bleiben, dass gewichtige Argumente gegen die Einordnung als Verwaltungsakt sprechen. Zu berücksichtigen ist, dass jedenfalls eine einheitliche Einordnung aller Varianten der Gebührenerhebung als Verwaltungsakt ausgeschlossen ist. Insbesondere bei grenzüberschreitenden Sachverhalten erfüllt der gebührenerhebende Akt zumeist nicht die Voraussetzungen eines Verwaltungsaktes.

Wollte man jedenfalls soweit als möglich den Erlass eines Verwaltungsaktes annehmen, so wäre bereits im Hinblick auf die Verwaltungsautomation eine Differenzierung vorzunehmen. Bei Nutzung der Interneteinbuchung kann das hoheitliche Verhalten nicht als Verwaltungsakt qualifizieren. Dagegen ist es in den anderen Varianten nicht ausgeschlossen, je nachdem wie der technische Vorgang der Mauterhebung im Einzelnen ausgestaltet ist. Des Weiteren stehen in Abhängigkeit von der konkreten Ausgestaltung des Manuellen Mauterhebungssystems völkerrechtliche Grundsätze dann einer Qualifizierung als Verwaltungsakt entgegen, wenn die deutsche Behörde unmittelbar auf fremdem Territorium hoheitlich tätig werden sollte.

Völlig unproblematisch zeigt sich im Rahmen der Mauterhebung dagegen die Umsetzung des Grundsatzes der Selbstveranlagung. Die Mitwirkung der Beteiligten hindert die Annahme eines Verwaltungsaktes nicht.

Im Ergebnis zeigt sich, dass eine einheitliche Beurteilung aller Varianten der Mauterhebung als Verwaltungsakt ausscheidet. Aus diesem Grund eine Differenzierung vorzunehmen wäre zwar möglich. Es würde jedoch das Verfahren für den Nutzer unübersichtlich machen. Wie bereits aufgezeigt[932] hat die Einordnung Auswirkungen darauf, ob sich der Mautschuldner im Streitfall im der Anfechtungs- oder Leistungsklage bedienen muss. Hauptsächlich unter dem Ge-

---

930 *Halaczinsky*, NWB Fach 28, 1019 (1024 f.); *Neumann*, NVwZ 2005, 130 (132).

931 Verordnung zur Festsetzung der Höhe der Autobahnmaut für schwere Nutzfahrzeuge vom 24.06.2003, BGBl. I 2003, 1001.

932 Vgl. S. 33.

sichtspunkt der Rechtssicherheit sollte der Klageweg einheitlich sein, unabhängig davon, welchen Verfahrens der Mauterhebung sich der Schuldner bedient. Dies kann nicht gewährleistet werden, sofern man soweit möglich vom Erlass eines Verwaltungsaktes ausgeht.

Außerdem hat dass Bundesamt für Güterverkehr in seiner Bekanntmachung vom 31.12.2004 erklärt, dass Toll Collect als Betreiber des Mauterhebungssystems nach § 4 Abs. 2 S. 1 Alt. 2 ABMG in die Erhebung der Maut eingebunden ist, wobei die Erhebung der Maut nach § 4 Abs. 5 ABMG durch den Abschluss privatrechtlicher Verträge zwischen Toll Collect und den Mautschuldnern erfolgt.[933]

3. Kontrolle und Nacherhebung der Maut

Idealerweise entrichten alle Verpflichteten nach dem ABMG die von ihnen zu zahlende Maut ordnungsgemäß. Davon kann in der Praxis jedoch nicht ausgegangen werden. Es wird immer Nutzer geben, die die geschuldete Maut nicht zahlen obwohl sie nach dem ABMG verpflichtet sind.

Um sicher zu stellen, dass alle Mautpflichtigen ihrer Zahlungspflicht nachkommen, muss das ABMG einen Mechanismus zur Nacherhebung der Maut vorsehen. Besonders problematisch stellt sich in diesem Zusammenhang dar, dass zunächst überhaupt ermittelt werden muss, wer nach dem ABMG verpflichtet ist und seiner Mautzahlungspflicht auf dem regulären Weg nicht nachgekommen ist.

Im Mittelpunkt des nachfolgenden Abschnittes steht daher die Nacherhebung der Autobahnmaut. Es wird erläutert, welche Alternativen der Nacherhebung gesetzlich vorgesehen sind. Neben den verschiedenen Kontrollverfahren wird dargestellt, welche Personen an der Nacherhebung beteiligt sind. Hierbei ist insbesondere auf die Einbindung des Betreibers des Mauterhebungssystems einzugehen.

Das ABMG enthält in den §§ 5-8 Regelungen wann und in welchem Verfahren zu entrichtende, vom Mautschuldner aber nicht gezahlte Maut nacherhoben wird. Voraussetzung einer Nacherhebung ist zwingend die Feststellung, dass Maut nicht ordnungsgemäß entrichtet wurde. Diese wird aufgrund eines Kontrollverfahrens getroffen. Somit ist das Kontrollverfahren untrennbar mit dem Nacherhebungsverfahren verbunden.

a) Alternativen des Kontroll- und Nacherhebungsverfahrens

Der Gesetzgeber hat im Rahmen des ABMG zwei Alternativen für die Nacherhebung der Autobahnmaut vorgesehen. Erstens kommt eine Nacherhebung wäh-

---

[933] Vgl. Bundesanzeiger 2004, Nr. 249, S. 24744.

rend der mautpflichtigen Straßenbenutzung im Rahmen von mobilen Kontrollen in Betracht. Zweitens kann die Nacherhebung auch der Straßenbenutzung zeitlich nachgelagert erfolgen.

Wie bereits erläutert ist im Rahmen der Mauterhebung nach dem ABMG ein zweigleisiges Kontrollsystem vorgesehen.[934] Im Verlauf der Bundesautobahnen werden circa 300 Kontrollbrücken errichtet. Di ese stationären Einrichtungen dienen der Feststellung der mautpflichtigen Benutzung. Sofern ein Verstoß gegen die Mautpflicht festgestellt wird, erfolgt die Nacherhebung durch Bescheid;[935] §§ 6 Abs. 1, 8 Abs. 1 ABMG. Daneben werden mobile Kontrollen durchgeführt,[936] im Rahmen derer die geschuldete Maut am Ort der Kontrolle nacherhoben werden kann; §§ 7 Abs. 4, 7 ABMG.

b) Beteiligte

Grundsätzlich ist das BAG für die Kontrolle der ordnungsgemäßen Mautentrichtung zuständig; § 7 Abs. 1 S. 1 ABMG.[937]

Zusätzlich können die Zollbehörden kontrollierend tätig werden; § 7 Abs. 1 S. 2 ABMG. § 7 ABMG enthält insoweit jedoch keine Verpflichtung. Zudem werden die Überwachungstätigkeiten durch die Zollbehörden nicht isoliert, sondern lediglich im Rahmen der zollamtlichen Überwachungsmaßnahmen vorgenommen. Anders formuliert bedeutet das, dass bei Gelegenheit der originären zollamtlichen Überwachungsmaßnahmen zusätzlich die ordnungsgemäße Mautentrichtung überprüft werden kann.[938]

Nach § 7 Abs. 1 S. 3 ABMG sind das BAG und die Zollbehörden berechtigt, sich *„bei der Kontrolle der Hilfe des Betreibers zu bedienen"*. Das Gesetz verweist explizit auf den Betreiber, der für Errichtung und Betrieb des Mauterhebungssystems verantwortlich ist. Im Umkehrschluss muss man daraus folgern, dass die Übertragung auf eine andere Person ausgeschlossen ist.

Nach der Gesetzesbegründung zum ABMG obliegen Kontrollen außerhalb des Mauterhebungssystems ausschließlich dem BAG.[939] Mithin ist ausgeschlossen, dass durch den Betreiber mobile Kontrollen durchgeführt werden. An diesem Ergebnis kann wegen des eindeutigen Wortlauts kein Zweifel aufkommen. Die Bundesregierung spricht von einer „ausnahmslos(en)" Zuständigkeit.

---

934 Vgl. Kapitel 4 A. III. 1.
935 Der Betreiber Toll Collect gibt an, 300 Kontrollbrücken installiert zu haben. Toll Collect, Nutzerinformationen, S. 44.
936 Alternativ kann es sich hierbei um mobile Kontrollfahrzeuge handeln, oder um mobile Standkontrollen, die in Nähe von Kontrollbrücken aufgestellt werden und von dort Angaben über die zu prüfenden Fahrzeuge erhalten. Toll Collect, Nutzerinformationen, S. 43.
937 BT-Drs 14/7013, S. 14.
938 BT-Drs 14/7013, S. 14.
939 BT-Drs 14/7013, S. 14.

c) Ablauf des Kontroll- und Nacherhebungsverfahrens

Eine Einbindung des Betreibers des Mauterhebungssystems in das Kontrollverfahren mittels stationärer Kontrollen entspricht der gesetzlichen Grundkonzeption, Aufgaben im möglichst großen Umfang auszulagern. § 7 Abs. 1 S. 4 ABMG lautet: „*Dem Betreiber kann zu diesem Zweck* [Hilfe bei der Kontrolle der Einhaltung der Mautpflicht] *die Feststellung von mautpflichtigen Bundesautobahnbenutzungen und der ordnungsgemäßen Mautentrichtung übertragen werden.*" Wenngleich theoretisch Errichtung und Betrieb der Kontrolleinrichtungen durch staatliche Hoheitsträger im Bereich des Möglichen liegt, ist es wahrscheinlicher, dass von der gesetzlich vorgesehenen Option der Übertragung dieser Aufgabe auf den Betreiber des Mauterhebungssystems Gebrauch gemacht wird. Im Hinblick auf den Betrieb des Mauterhebungssystems durch Toll Collect wurde von der Möglichkeit Gebrauch gemacht. Toll Collect wurde die Feststellung von mautpflichtigen Bundesautobahnbenutzungen und der ordnungsgemäßen Mautentrichtung nach § 7 Abs. 1 S. 4 ABMG als Beliehene übertragen.[940]

Zu diesem Zweck hat der Betreiber des Mauterhebungssystems zunächst Einrichtungen für die Feststellung der ordnungsgemäßen Mautentrichtung[941] zu schaffen, deren Betrieb er anschließend übernimmt. Die Kontrolle setzt sich zusammen aus der Feststellung, ob eine mautpflichtige Bundesautobahnbenutzung vorliegt, sowie der Feststellung, ob das Fahrzeug am Automatischen Mauterhebungssystem teilnimmt. Sollte das nicht der Fall sein werden die durch das Kontrollsystem ermittelten Fahrzeugdaten mit den manuellen Einbuchungsdaten abgeglichen, die im Rechenzentrum gespeichert sind.

Wird die ordnungsgemäße Entrichtung der Maut festgestellt, werden die ermittelten Daten unmittelbar wieder gelöscht.[942] Andernfalls werden die Kontrolldaten und gegebenenfalls die Einbuchungsdaten an das Bundesamt für Güterverkehr übermittelt, welches grundsätzlich für die Nacherhebung zuständig ist.[943]

Zusätzlich werden mobile Kontrollen durchgeführt. Dies geschieht entweder durch den Einsatz von Kontrollfahrzeugen[944] oder durch mobile Standkontrollen auf ausgewählten Parkplätzen in der Nähe von Kontrollbrücken. Bestehen Zweifel über die ordnungsgemäße Entrichtung der Maut, leiten die Kontrollteams in beiden Fällen eine Ausleitung der betroffenen Fahrzeuge aus dem fließenden Verkehr ein.

---

940 Bundesanzeiger 2004, Nr. 249, S. 24744.

941 Das Konzept von Toll Collect sieht zu diesem Zweck die Errichtung von Kontrollbrücken vor.

942 Datenschutzrechtliche Vorgaben enthalten § 7 Abs. 2, 3, § 9 ABMG. Probleme des Datenschutzes sollen nicht Gegenstand dieser Arbeit sein.

943 BT-Drs 14/7013, S. 14.

944 Geprüft wird die Übereinstimmung der Fahrzeugdaten mit den Einbuchungsdaten. Toll Collect, Benutzerinformation, S. 43.

d) Grenzen der Einbindung des Betreibers des Mauterhebungssystems

Wie gezeigt, werden dem Betreiber des Mauterhebungssystems im Rahmen der Nacherhebung der Autobahnmaut Aufgaben als Beliehenem übertragen. Dazu gehört die Feststellung von mautpflichtigen Bundesautobahnbenutzungen und der ordnungsgemäßen Mautentrichtung nach § 7 Abs. 1 S. 4 ABMG sowie die nachträgliche Erhebung der Maut nach § 8 Abs. 1 S. 2 ABMG[945].[946]

Der Betreiber des Mauterhebungssystems kann nur in eingeschränktem Umfang Aufgaben im Rahmen des Kontrollverfahrens wahrnehmen, die das Bundesamt für Güterverkehr „unterstützen"[947]. Übertragbar sind die Feststellung der mautpflichtigen Bundesautobahnbenutzung sowie der ordnungsgemäßen Mautentrichtung; § 7 Abs. 1 S. 4 ABMG. Der Gesetzgeber hält eine Aufgabenübertragung darüber hinaus für ausgeschlossen. Darin wäre ein Eingriff in den Kernbereich staatlicher Kontrollaufgaben zu sehen, die ausschließlich dem Staat vorbehalten sind.[948]

Davon zu unterscheiden ist die Nacherhebung nicht gezahlter Autobahnmaut. Diese wird dem Betreiber übertragen; § 8 Abs. 1 S. 2 ABMG. Insoweit ist er beliehen. Seine Aufgabe besteht im Erlass des Gebührenbescheides gegenüber dem Mautschuldner. Die Übertragung erfasst dagegen nicht die Vollstreckung der Gebührenbescheide. Sie obliegt weiterhin den nach den Vorschriften des Verwaltungsvollstreckungsgesetzes zuständigen Verwaltungsbehörden.[949]

IV. Weiterleitung des Mautaufkommens als Aufgabe der Verkehrsinfrastrukturfinanzierungsgesellschaft

Wie bereits gezeigt, stellt die Autobahnmaut einen Teil der Refinanzierungsgrundlage des Betreibers des Bundesautobahnabschnittes nach dem A-Modell dar. Bislang wurden jedoch nur die Rechtsgrundlagen sowie das Verfahren zur Erhebung der Autobahnmaut nach dem ABMG dargestellt. Unklar ist wem die Weiterleitung der Autobahnmaut an den Betreiber des Bundesautobahnabschnittes obliegt.

So steht das Mautaufkommen nach § 11 S. 1 ABMG zwar dem Bund zu, dieser ist jedoch nicht unmittelbar für die Weiterleitung an den Betreiber zuständig.

---

945 Der Betreiber des Mauterhebungssystems ist nur zuständig für die nachträglich Erhebung der Maut, wenn die mautpflichtige Benutzung der Bundesautobahnen durch Toll Collect festgestellt wird, die geschuldete Maut nicht entrichtet und nicht im Rahmen der Kontrolle nach § 7 Abs. 7 ABMG erhoben wurde.

946 Bundesanzeiger 2004, Nr. 249, S. 24744.

947 So *Neumann/Müller* NVwZ 2002, 1295 (1298).

948 BT-Drs 14/7013, S. 14.

949 *Neumann/Müller*, NVwZ 2002, 1295 (1298).

Am 28.06.2003 beschloss der Bundestag das Gesetz zur Errichtung einer Verkehrsinfrastrukturfinanzierungsgesellschaft zur Finanzierung von Bundesverkehrswegen.[950] Die Verkehrsinfrastrukturfinanzierungsgesellschaft hat die Rechtsform einer GmbH und steht zu 100 % im Eigentum des Bundes; § 1 Abs. 1 S. 3 VIFGG.[951]

Die Aufgaben der Verkehrsinfrastrukturfinanzierungsgesellschaft im Kontext mit der Mauterhebung nach dem ABMG und A-Modell-Projekten bestehen darin, das Gebührenaufkommen aus der Autobahnmaut zu verteilen; § 2 Abs. 1 VIFGG.[952] In Übereinstimmung mit § 11 S. 3 ABMG sind die Einnahmen auf Grundlage des ABMG zweckgebunden für die Verkehrsinfrastrukturfinanzierung auszugeben. Konkret wird die Verkehrsinfrastrukturfinanzierungsgesellschaft das Mautaufkommen ermitteln, welches anteilig auf die Straßenabschnitte im Verlauf von Bundesautobahnen entfällt welche im Rahmen von A-Modellen verwirklicht werden und es den jeweiligen Betreibern der Bundesautobahnabschnitte weiterleiten. Allerdings erhalten die Betreiber der Bundesautobahnabschnitte das anteilige Mautaufkommen nicht in voller Höhe. Zunächst erhält der Betreiber des Mauterhebungssystems aus dem Mautaufkommen seine Ausgaben für Betrieb, Überwachung und Kontrolle des Mauterhebungssystems ersetzt; § 11 S. 2 ABMG. Im Ergebnis beschränkt sich die Weiterleitung an den Betreiber des Bundesautobahnabschnittes auf einen bestimmten Prozentsatz, regelmäßig 95 %.[953]

Mit der Errichtung der Verkehrsinfrastrukturfinanzierungsgesellschaft ist ein Wechsel der Zuständigkeit für die finanzielle Straßenbaulast verbunden. Sie obliegt nunmehr der Verkehrsinfrastrukturfinanzierungsgesellschaft.[954]

B. Anschubfinanzierung

Wie bereits zu Beginn erläutert setzt sich die Refinanzierungsgrundlage des Betreibers des Bundesautobahnabschnittes aus zwei Komponenten zusammen. Neben dem weitergeleiteten anteiligen Mautaufkommen erhält der Betreiber des Bundesautobahnabschnittes zusätzlich eine Anschubfinanzierung aus dem Bundeshaushalt.

---

950 Verkehrsinfrastrukturfinanzierungsgesellschaftsgesetz - VIFGG; Artikel 2 des Gesetzes zur Änderung des Autobahnmautgesetzes für schwere Nutzfahrzeuge und zur Errichtung einer Verkehrsinfrastrukturfinanzierungsgesellschaft, vom 28.06.2003, BGBl. I 2003, 1050.

951 *Neumann/Müller*, NVwZ 2002, 1295 (1295); *Neumann/Müller*, NZBau 2003, 299 (300).

952 *Laaser/Jakubowski*, RuR 2003, 278 (281); *Neumann/Müller*, NVwZ 2002, 1295 (1295); *Neumann/Müller*, NZBau 2003, 299 (300).

953 *Fabian/Farle*, DStR 2004, 929 (929); *Fabian/Farle*, DStR 2004, 1415 (1415); *Fabian/Farle*, DStR 2006, 169 (170); *Sydow*, NWB Fach 2, 2003, 8187 (8188).

954 *Neumann/Müller*, NVwZ 2002, 1295 (1295); *Neumann/Müller*, NZBau 2003, 299 (300).

Die Anschubfananzierung dient als Ausgleich der Infrastrukturkosten, die dem Betreiber aufgrund der Nutzung des ihm zugewiesenen Bundesautobahnabschnittes durch PKW und leichte LKW entstehen.[955] Der Muster-Konzessionsvertrag sieht insoweit folgende Regelung vor:

> *§ 39.1 „Der Auftrag und Konzessionsgeber verpflichtet sich, dem Konzessionsnehmer zur Realisierung des Projekts eine Anschubfinanzierung in Höhe von € [...] zu zahlen."*
>
> *§ 39.2 „Die Anschubfinanzierung ist eine Teil-Vergütung für die dem Konzessionsnehmer entstehenden Baukosten für den Bau der Konzessionsstrecke. Die [...] Anschubfinanzierung ist anteilig auf die gesamten Baukosten der Konzessionsstrecke und die Anzahl der Teilbauabschnitte zu verteilen [...]."*

In der Diskussion ist eine Anschubfinanzierung, die sich maximal auf 50 % der Gesamtkosten des Betreibers beläuft.[956]

Wie dem Wortlaut der vertraglichen Regelungen entnommen werden kann, ist beabsichtigt, dass der Gesamtbetrag der Anschubfinanzierung in Teilbeträgen ausgezahlt werden soll. Der Betreiber erhält nicht zu einem Termin 100 % ausgezahlt. Mit der Aufteilung in Teilzahlungen soll verhindert werden, dass der Betreiber des Bundesautobahnabschnittes Zahlungen für Leistungen erhält die er noch nicht erbracht hat. Die Zahlungen sollen nachträglich erfolgen und nicht in Gestalt von Vorauszahlungen geleistet werden.[957]

Für die Zahlung der Teilbeträge kommen verschiedene Stadien der Projektrealisierung in Betracht. Möglich ist der Beginn der Konzessionslaufzeit[958], der Beginn der jeweiligen Bauabschnitte, die Fertigstellung der jeweiligen Bauabschnitte sowie die Fertigstellung der gesamten Ausbaumaßnahme.[959] Über die konkrete Ausgestaltung muss für den jeweiligen Einzelfall mit dem Betreiber des Bundesautobahnabschnittes eine Einigung erzielt werden.

Hierbei ist zu berücksichtigen, dass sich die Höhe der Teilzahlungen, wie auch die Zahlungszeitpunkte auf die Projektfinanzierung auswirken. Sofern die Teil-

---

955 BT-Drs 14/8724, S. 2; *Alfen/Mayrzedt/Tegner*, S. 55; Bundesministerium für Verkehr, Bau- und Wohnungswesen, Gutachten zum A-Modell, S. 206; DB Research, Nr. 264, S. 5.

956 BT-Drs 14/8724, S. 2.; *Beckers/von Hirschhausen*, DIW, S. 8; *Neumann/Müller*, NZBau 2003, 299 (300).

957 Bundesministerium für Verkehr, Bau- und Wohnungswesen, Gutachten zum A-Modell, S. 113.

958 Vgl. § 7.1 MKV nach dem der Konzessionszeitraum an dem Tag beginnt, an dem der Konzessionsnehmer die erste Baustelle am ersten Teilabschnitt einrichtet.

959 Bundesministerium für Verkehr, Bau- und Wohnungswesen, Gutachten zum A-Modell, S. 113.

zahlungen den einzelnen Baumaßnahmen zeitlich eher vorgelagert sind, reduzieren sich die vom Betreiber des Bundesautobahnabschnittes zu tragenden Finanzierungskosten. Im Ergebnis sinken die Gesamtkosten des Projektes und der Anreiz zur Verwirklichung eines in dieser Ausgestaltung wirtschaftlicheren Projektes steigt. Dagegen wirkt sich die nachgelagerte Zahlung eher negativ aus. Steigende Projektfinanzierungskosten fördern die Unwirtschaftlichkeit des Projektes. Wollte man bei nachgelagerter Zahlung der Anschubfinanzierung von staatlicher Seite den Anreiz zur Verwirklichung von A-Modell-Projekten gleich hoch ansetzen, müsste der höhere Finanzierungsaufwand durch eine höhere Anschubfinanzierung kompensiert werden.[960] Damit sind jedoch wiederum höhere Kosten für den Staat und eine stärkere Belastung des Haushaltes verbunden. Im Ergebnis ist somit das Ziel der Vermeidung der Vorfinanzierung des Betreibers des Bundesautobahnabschnittes gegen die höheren Projektkosten für den Staat abzuwägen. Wie gesagt, muss jeweils eine einzelfallbezogene Lösung erarbeitet werden.

C. Zusammenfassung

Gegenstand des vorstehenden Kapitels war die Refinanzierung der Ausgaben des Betreibers des Bundesautobahnabschnittes auf Grundlage des A-Modells.

Seine Finanzierungsgrundlage setzt sich zusammen aus dem Aufkommen aus der Autobahnmaut, welches anteilig auf den ihm zugewiesenen Straßenabschnitt entfällt und von der Verkehrsinfrastrukturfinanzierungsgesellschaft zu 95 % an ihn weitergeleitet wird, sowie einer Anschubfinanzierung aus dem Bundeshaushalt. Im Verhältnis zueinander können beide Komponenten jeweils höchstens 50 % der Gesamtfinanzierung darstellen. Regelmäßig ist die Höhe der Anschubfinanzierung geringer, so dass der Anteil der Autobahnmaut an der Gesamtfinanzierung überwiegt.

Grundlage der Erhebung der Autobahnmaut ist das ABMG. Nach den Bestimmungen des ABMG ist die Benutzung der Bundesautobahnen seit dem 01.01.2005 mit schweren Nutzfahrzeugen entgeltpflichtig. Unter den Begriff der „schweren Nutzfahrzeuge" fallen alle Fahrzeuge mit einem zulässigen Gesamtgewicht von mindestens 12 t, die für den Güterverkehr bestimmt sind.

Für die Durchführung des Gesetzes ist grundsätzlich das BAG zuständig. Jedoch enthält das ABMG eine Ermächtigung zugunsten des BAG, Errichtung und Betrieb des Systems zur Erhebung der Maut auf einen privaten Betreiber zu übertragen bzw. diesen mit der Mitwirkung an der Erhebung der Maut zu beauftra-

[960] Im Einzelnen zu den Wirkungen von Zeitpunkt und Umfang der Anschubfinanzierung siehe Bundesministerium für Verkehr, Bau- und Wohnungswesen, Gutachten zum A-Modell, S. 113 ff.

gen. Von dieser Ermächtigung wurde Gebrauch gemacht, indem am 20.09.2002 das Betreiberkonsortium Toll Collect mit der Errichtung und dem Betrieb des Mauterhebungssystems beauftragt wurde.

Wenngleich Gebühren grundsätzlich stets durch hoheitliches Verhalten von den Gebührenpflichtigen erhoben werden, ist die Erhebung der Maut nach dem ABMG abweichend ausgestaltet. Die Gebührenpflicht entsteht unmittelbar durch Verwirklichung des gebührenpflichtigen Sachverhaltes, also der Benutzung mautpflichtiger Bundesautobahnen mit Fahrzeugen, die ausschließlich für den Güterverkehr bestimmt sind und ein zulässiges Gesamtgewicht von mindestens 12 t haben. Es bedarf hierzu keines Verwaltungsaktes. Die Zahlung der Maut zeichnet sich dadurch aus, dass weder der Betreiber des Bundesautobahnabschnittes noch das BAG hoheitlich tätig werden. Die Zahlung erfolgt allein aufgrund eines privatrechtlichen Rechtsverhältnisses zwischen dem Betreiber des Bundesautobahnabschnittes und den mautpflichtigen Nutzern. Wird die Zahlung geleistet, erlischt der Anspruch des BAG auf Zahlung der Gebühr.

Zuletzt wurden die Bestimmungen des ABMG im Hinblick auf das Verfahren zur Kontrolle der ordnungsgemäßen Mautzahlung durch die Nutzer und die Nacherhebung nicht gezahlter Maut untersucht. Vorgesehen ist die Durchführung mobiler Kontrollen durch Mitarbeiter des BAG und bei Gelegenheit anderer Kontrolltätigkeiten durch die Zollbehörden. Sofern im Zuge einer solchen Kontrolle ein Verstoß gegen die Mautzahlungspflicht festgestellt wird, sind das BAG sowie die Zollbehörden befugt, die Gebühr unmittelbar am Ort der Kontrolle nachzuerheben.

Neben den mobilen Kontrollen werden stationäre Kontrollen durchgeführt. Dazu errichtet der Betreiber des Mauterhebungssystems Kontrollbrücken, die durch einen Abgleich der festgestellten Nutzer mit den eingebuchten Nutzer Verstöße gegen die Bestimmungen des ABMG feststellen. Während der Betreiber des Mauterhebungssystems selbst keine mobilen Kontrollen durchführt, wird er im Zusammenhang mit den stationären Kontrollen berechtigt, die Gebühr per Bescheid nachzuerheben. Insoweit ist er beliehen. Voraussetzung ist, dass der Verstoß nicht gleichzeitig von einem mobilen Kontrollteam festgestellt und die Maut am Ort der Kontrolle nacherhoben wurde.

Zweiter Bestandteil der Finanzierungsgrundlage des Betreibers eines Bundesautobahnabschnittes ist die so genannte Anschubfinanzierung. Diese wird aus dem Staatshaushalt gezahlt. Sie beläuft sich maximal auf 50 % der Gesamtkosten des Betreibers und wird in Teilbeträgen während der Bauphase gezahlt. Mit der Anschubfinanzierung werden die Wegekosten abgegolten, die durch die Benutzung der Bundesautobahnen durch Fahrzeuge entstehen, die nicht nach dem ABMG mautpflichtig sind. Dazu gehören insbesondere PKW sowie LKW mit einem zulässigen Gesamtgewicht von weniger als 12 t.

Kapitel 5 Ausblick - Vorschläge für die Zukunft

Im Mittelpunkt dieses Kapitels stehen Vorschläge zur Verbesserung des derzeitigen Konzeptes von A-Modell-Projekten. Darüber hinaus wird eine abschließende zusammenfassende Bewertung des A-Modells vorgenommen.

A-Modell-Projekte, die einen Privaten in Bau, Erhaltung, Betrieb und Finanzierung von deutschen Bundesautobahnen einbinden, stellen einen Schritt auf dem Weg hin zur Privatisierung der Bundesautobahnen dar. Ziel ist es den Staatshaushalt zu entlasten und dabei gleichzeitig die bestehende Straßenverkehrsinfrastruktur zu verbessern oder zumindest den bestehenden Standard zu erhalten. Es ist zu erwarten, dass sich der im Vergleich zu den vorgestellten F-Modell-Projekten erweiterte sachliche Anwendungsbereich[961] positiv auf die Verwirklichung von A-Modell-Projekten auswirken wird.

Dennoch weist auch das A-Modell beschränkende Faktoren auf. Es erscheint nicht ausgeschlossen, dass mehr Straßenbauvorhaben auf Grundlage des A-Modells verwirklicht werden können, wenn diese beseitigt werden. In diesem Zusammenhang wird in der jüngsten Vergangenheit stark über eine „PKW-Maut“[962], die „Maut auch für Kleinlaster“[963], oder eine „Maut auch auf Bundesstraßen“[964] diskutiert.

In Fortführung der Zweigliedrigkeit bzw. der Differenzierung zwischen Bau, Erhaltung, Betrieb und Finanzierung von Bundesautobahnen durch den Privaten auf der einen Seite sowie der Refinanzierung des Straßenvorhabens auf der anderen Seite, scheint auch unter beiden Gesichtspunkten eine Ausdehnung des Anwendungsbereiches möglich.

Zum einen kommt eine Modifizierung der Refinanzierungsgrundlage - ABMG - in Betracht. Die Ausdehnung der Erhebung der Autobahnmaut auch auf andere Fahrzeugklassen, führte zu einem größeren Mautaufkommen, was sich unmittelbar auf die Wirtschaftlichkeit des Straßenbauvorhabens auswirken würde.[965]

Desweiteren könnte auch bei den Aufgaben des Betreibers des Bundesautobahnabschnittes im Rahmen von A-Modellen angesetzt werden. A-Modell-Projekte setzen in jedem Fall eine bereits bestehende Bundesautobahn voraus, für deren

---

961 Während sich der Anwendungsbereich des F-Modells auf Brücken, Tunnel und Gebirgspässe im Zuge von Bundesautobahnen und Bundesstraßen (so genannte Erschwernisstrecken) sowie mehrstreifige Bundesstraßen mit getrennten Fahrbahnen für den Richtungsverkehr mit Kraftfahrzeugen beschränkt (§ 3 Abs. 1 FStrPrivFinG), können Straßenbauvorhaben nach dem A-Modell im gesamten Bundesautobahnnetz umgesetzt werden.

962 Financial Times Deutschland vom 01.09.2005; Die Welt vom 26.10.2005; Handelsblatt vom 26.10.2005.

963 Financial Times Deutschland vom 15.09.2005; Die Welt vom 28.10.2005.

964 Financial Times Deutschland vom 03.08.2005; Financial Times Deutschland vom 01.09.2005; Die Welt vom 28.10.2005.

965 Dazu im Einzelnen Kapitel 5 A.

Ausbau der Private zuständig ist. Warum können A-Modelle nicht auch im Kontext des Bundesautobahnneubaus eingesetzt werden?[966]

Schließlich können Konzepte zur Ausdehnung des Anwendungsbereiches von A-Modellen beide vorgenannten Anknüpfungspunkte tangieren. Sie können sich sowohl auf die Mautverpflichtung nach dem ABMG wie auch auf den sachlichen Anwendungsbereich, die betroffenen Straßen, in deren Verlauf A-Modelle umgesetzt werden können, auswirken.[967]

Nachfolgend sollen verschiedene Ansatzpunkte für die Verbesserung des derzeitigen Konzeptes für A-Modell-Projekte vorgestellt werden.

A. Autobahnmaut für andere Fahrzeugklassen?

Denkt man über eine Autobahnmaut für Fahrzeuge nach, die gegenwärtig nicht in den Anwendungsbereich des ABMG fallen, wirkt die Einführung der Autobahnmaut für alle Fahrzeuge, unabhängig von Gewicht und Art der Nutzung am weitgehendsten. Neben dieser umfassenden Ausweitung der Mautpflicht sind jedoch auch Zwischenlösungen denkbar, wie beispielsweise die Einführung der Mautpflicht für alle Fahrzeuge des Schwerverkehrs ohne dass es auf die Bestimmung für den Güterverkehr ankäme und/oder die Herabsetzung der Gewichtsgrenze von 12 t auf 3,5 t. Letztgenanntes sollte insbesondere in Betracht gezogen werden, da seit der Einführung der LKW-Maut nach dem ABMG, die ein zulässiges Gesamtgewicht von 12 t voraussetzt, die Zahl der Neuzulassungen von mautfreien LKW zwischen 7,5 t und 12 t erheblich gestiegen ist.[968] Dies erweckt den Anschein, dass das Güterverkehrsgewerbe die Mautpflicht durch den Einsatz kleinerer Fahrzeuge umgehen will.[969]

Mit der Ausdehnung des sachlichen Anwendungsbereiches des ABMG könnte zum einen solchen Ausweichbewegungen der Wirtschaft vorgebeugt werden. Andererseits nähmen mit der Einführung der Autobahnmaut für PKW sowie LKW unterhalb der Gewichtsgrenze von 12 t die Einnahmen auf staatlicher Seite zu. Die Erträge des Staates auf Grundlage des ABMG würden steigen. Das gilt insbesondere, wenn man berücksichtigt, dass 85 % aller Fahrleistungen auf deutschen Straßen auf PKW entfallen.[970]

---

966 Dazu im Einzelnen Kapitel 5 B.

967 Dazu im Einzelnen Kapitel 5 C.

968 Die Zahl der Neuzulassungen für mautfreie LKW ist im ersten Halbjahr 2005 im Vergleich zum Vorjahreszeitraum um 36,9 % gestiegen. Financial Times Deutschland vom 15.09.2005.

969 Financial Times Deutschland vom 15.09.2005. Die Wirtschaftlichkeit eines solchen Vorgehens soll an dieser Stelle nicht hinterfragt werden. Sie erscheint zweifelhaft, da für den Transport derselben Gütermenge mehr Fahrzeuge benötigt werden. Ob die dadurch entstehenden Mehrkosten geringer sind als die Aufwendungen für die Autobahnmaut ist fraglich.

970 *Stender-Vorwachs*, S. 287.

Nachdem die Einnahmen aus der Maut zweckgebunden für die Verkehrsinfrastruktur zu verwenden sind, können sich gesteigerte Einnahmen in doppelter Hinsicht positiv auswirken. So können voraussichtlich mehr Straßenabschnitte im Verlauf von Bundesautobahnen als A-Modelle betrieben werden, da die Refinanzierungsgrundlage des Betreibers des Bundesautobahnabschnittes breiter ist. Vorhaben die bislang unwirtschaftlich waren, da die zu erwartenden Einnahmen aus der Maut nicht ausreichten, um die Ausgaben des Betreibers zuzüglich eines Gewinns zu erwirtschaften, könnten möglicherweise verwirklicht werden.

Auch für den Staatshaushalt würde sich die Einführung einer allgemeinen Maut positiv auswirken: Im Hinblick auf A-Modelle könnte die aus dem Staatshaushalt zu zahlende Anschubfinanzierung möglicherweise entfallen oder sich zumindest deutlich reduzieren, da sie als Ausgleich der Infrastrukturkosten dient, die dem Betreiber aufgrund der Nutzung des ihm zugewiesenen Bundesautobahnabschnittes durch PKW und leichte LKW entstehen. Zu berücksichtigen ist zudem, dass Einnahmen, die auf Straßenabschnitte im Verlauf von Bundesautobahnen entfallen, die nicht als A-Modell betrieben werden, gemäß § 11 S. 2 ABMG in vollem Umfang dem Verkehrshaushalt zufließen und zweckgebunden für die Verkehrsinfrastruktur zu verwenden sind. Aufgrund der Zweckbindung sind Einnahmen aus der Autobahnmaut für die Verkehrsinfrastruktur eine sichere Einnahmequelle. Ein größeres Mautaufkommen kommt dem Verkehrshaushalt und damit unmittelbar der Verkehrsinfrastruktur zugute.

Wenngleich die Einführung einer Autobahnmaut für alle Fahrzeugklassen vor dem dargestellten Hintergrund wirtschaftlich positiv zu bewerten ist, bleibt zu prüfen, ob ihr rechtliche Gründe entgegenstehen.

Nachdem Straßenbenutzungsgebühren nach deutschem Recht grundsätzlich als zulässig zu bewerten sind,[971] kommen insbesondere europarechtliche Hinderungsgründe in Betracht. Im Zusammenhang mit der Frage nach der Zulässigkeit der Einführung einer allgemeinen Autobahnmaut stellt sich zugleich die Frage, ob dies nicht ohnehin geboten ist. Vor dem Hintergrund des Art. 3 GG gilt es die Zulässigkeit der Beschränkung der Autobahnmaut auf den Schwerverkehr zu überprüfen.

I. Kein Verstoß gegen Europarecht

Europarecht steht einer Ausweitung der Autobahnmaut auf alle Fahrzeugklassen nicht entgegen.

Die Einführung einer Mautgebühr für die Benutzung der Bundesautobahnen in der gegenwärtigen Gestaltung geht zurück auf eine europäische Richtlinie. RL 99/62/EG bestimmt, dass für das Befahren bestimmter Straßen mit Fahrzeugen, die ausschließlich für den Güterverkehr bestimmt sind und deren zulässiges

---

[971] Vgl. Kapitel 2 B. III.

Gesamtgewicht mindestens 12 t beträgt (Art. 2 d RL 99/62/EG), Maut- oder Benutzungsgebühren erhoben werden dürfen (Art. 7 (1) i.V.m. Art. 2 b), c) RL 99/62/ EG). Ziel der Richtlinie ist es, dadurch das europäische Transportgewerbe zu harmonisieren und Wettbewerbsverzerrungen zwischen Verkehrsunternehmen aus den Mitgliedstaaten zu beseitigen.[972]

Wenn und soweit den Richtlinienvorgaben nicht widersprochen wird, ist eine Ausdehnung der Maupflicht zulässig. Allgemein geht von einer Richtlinie demnach keine Sperrwirkung aus, die es verbietet, ihren Inhalt im nationalen Recht auch auf Sachverhalte auszudehnen, die außerhalb des konkreten Anwendungsbereiches liegen. Begrenzt wird dieser Grundsatz nur, wenn die Richtlinie selbst die „überschießende Umsetzung" generell, oder zumindest in einigen Bereichen untersagt. Enthält der Akt des europäischen Rechts derartige Vorgaben, darf sich der nationale Gesetzgeber nicht darüber hinwegsetzen. Folglich ist der nationale Gesetzgeber berechtigt, die europäischen Vorgaben über den Bereich hinaus, in dem er zur Umsetzung verpflichtet ist, ins nationale Recht zu übernehmen. Grenzen seiner Befugnis, entweder in Form einer vollständigen Untersagung oder der Beschränkung auf Teilbereiche, können sich nur aus der Richtlinie selbst ergeben.[973]

RL 99/62/EG erlaubt es zur Harmonisierung im europäischen Raum, von Fahrzeugen, die ausschließlich für den Güterverkehr bestimmt sind und ein zulässiges Gesamtgewicht von mindestens 12 t haben, Mautgebühren für die Benutzung der Bundesautobahnen zu erheben. Ein ausdrückliches Verbot, auch von anderen Fahrzeuggruppen Gebühren zu erheben, enthält die Richtlinie nicht.

Im Umkehrschluss ergibt sich aus der ausdrücklichen Anordnung der Zulässigkeit von Maut- und Benutzungsgebühren für die Benutzung bestimmter Straßen durch bestimmte Fahrzeuggruppen auch kein impliziertes Verbot der Erhebung von Gebühren für die Benutzung anderer Straßen mit anderen Fahrzeugen. In diesem Zusammenhang ist insbesondere auf die Intention des Richtliniengebers abzustellen. Ziel der Richtlinie ist eine Harmonisierung im europäischen Transportgewerbe. Darauf beschränkt sich ihr Regelungsbereich. Andere als die genannten Fahrzeuge und Straßen werden typischerweise nicht zum innereuropäischen und grenzüberschreitenden Transport benutzt, so dass die Erhebung einer Gebühr für die Straßenbenutzung von diesen Verkehrsteilnehmern das Regelungsziel der Richtlinie nicht fördern würde. Indem der Richtliniengeber keine Aussage zur Erhebung von Gebühren von andern Nutzergruppen trifft, setzt er lediglich das von ihm verfolgte Ziel um.

---

[972] (1) RL 99/62/EG vom 17.06.1999, AblEG L 187 vom 20.07.1999, S. 42.
[973] Vgl. Kapitel 4 A. II. 1. a) bb) (1) .

II. Kein Gebot der Ausdehnung der Mautpflicht nach Art. 3 GG

Deutsches Recht könnte der Erhebung von Mautgebühren, (insbesondere) von PKW, nicht nur nicht entgegenstehen, die Ausweitung der Mautpflicht könnte im Hinblick auf Art. 3 Abs. 1 GG vielmehr sogar geboten sein.

Die Freistellung des nichtgewerblichen Verkehrs sowie der Fahrzeuge, deren zulässiges Gesamtgewicht unter der Grenze von 12 t liegt, verstößt dann gegen Art. 3 Abs. 1 GG, wenn sie als Ungleichbehandlung wesentlich gleicher Sachverhalte zu bewerten ist, ohne dass hierfür ein sachlicher Differenzierungsgrund vorliegt. Art. 3 Abs. 1 GG, der den allgemeinen Gleichheitssatz enthält, verbietet die unterschiedliche Behandlung zweier vergleichbarer Sachverhalte[974] ohne dass dies durch einen sachlichen Grund gerechtfertigt ist[975]. Der Differenzierungsgrund muss sachlich vertretbar sein und darf nicht aus einem sachfremden Bereich stammen. Grundsätzlich kommt jede vernünftige Erwägung in Betracht.[976]

Läge ein Verstoß gegen Art. 3 Abs. 1 GG vor, könnte auf zwei Wegen Abhilfe geschaffen werden. Entweder müsste die Maut für die Nutzer, die derzeit auf Grundlage des ABMG verpflichtet sind, abgeschafft oder die Mautpflicht müsste auf alle Fahrzeuge ausgedehnt werden.

Gegenstand des ABMG ist die Benutzung von Bundesautobahnen. Für einen bestimmten Kreis von Verkehrsteilnehmern ist diese entgeltpflichtig ausgestaltet. Dagegen bleibt die Nutzung für die übrigen Fahrzeuge entgeltfrei. Nachdem damit durchaus vergleichbare Sachverhalte - das Befahren der Bundesautobahnen - anzunehmen sind, kommt es für die Vereinbarkeit der Regelung mit Art. 3 Abs. 1 GG darauf an, ob die Differenzierung durch einen sachlichen Grund gerechtfertigt ist. Ausreichend ist, wie gesagt, jeder sachlich vertretbare Grund bzw. jede vernünftige Erwägung.

Bei der Beurteilung, ob ein sachlicher Differenzierungsgrund vorliegt, muss zwischen zwei Fall- und Vergleichsgruppen unterschieden werden. Zum einen stellt sich die Frage, ob die unterschiedliche Behandlung von Fahrzeugen für den Schwerverkehr mit einem zulässigen Gesamtgewicht von mindestens 12 t und solchen mit einem zulässigen Gesamtgewicht unter 12 t, insbesondere PKW, sachlich gerechtfertigt ist. Auf der anderen Seite ist zu problematisieren, ob der Nutzungszweck der Fahrzeuge mit einem zulässigen Gesamtgewicht von

[974] Ständige Rechtsprechung. Siehe beispielsweise BVerfG, Beschluss vom 12.10.1951, E 1, 14 (52); BVerfG, Urteil vom 17.12.1953, E 3, 58 (135); BVerfG, Beschluss vom 27.05.1964, E 18, 38 (46); *Jarass*, in: Jarass/Pieroth, GG, Art. 3 Rn. 4; *Kannengießer*, in: Schmidt-Bleibtreu/Klein, GG, Art. 3 Rn. 14.

[975] Ständige Rechtsprechung, siehe beispielsweise BVerfG, Beschluss vom 12.10.1951, E 1, 14 (52); BVerfG, Beschluss vom 27.05.1964, E 18, 38 (46); BVerfG, Beschluss vom 14.07.1997, E 96, 315 (325); BVerfG, Urteil vom 28.04.1999, E 100, 138 (174); *Jarass*, in: Jarass/Pieroth, GG, Art. 3 Rn. 14.

[976] *Kannengießer*, in: Schmidt-Bleibtreu/Klein, GG, Art. 3 Rn. 15.

mindestens 12 t einen ausreichenden Rechtfertigungsgrund darstellt. So fallen ausschließlich Fahrzeuge dieser Gruppe, die „ausschließlich“ für den Güterverkehr „bestimmt“ sind, in den Anwendungsbereich des ABMG, alle anderen dagegen nicht.

1. Sachliche Rechtfertigung der Differenzierung zwischen Fahrzeugen mit einem zulässigen Gesamtgewicht von mindestens 12 t und Fahrzeugen mit einem zulässigen Gesamtgewicht von weniger als 12 t

Es erscheint zunächst nicht ausgeschlossen, dass die Differenzierung vor dem Hintergrund der verursachten Wegekosten gerechtfertigt ist. Hierbei muss differenziert werden. Entweder stellt man die gesamten Wegekosten, die durch den Verkehr mit Fahrzeugen mit einem zulässigen Gesamtgewicht von mindestens 12 t verursacht werden, den gesamten Kosten, die auf den übrigen Verkehr entfallen gegenüber. Darüber hinaus besteht die Möglichkeit, die Kosten der einzelnen Bundesautobahnbenutzungen miteinander zu vergleichen.

Eine Gesamtbetrachtung der Wegekosten rechtfertigt die Beschränkung der Maut auf den Güterschwerverkehr nicht. Das wäre nur der Fall, wenn dieser im Vergleich zu den übrigen Nutzern die Gesamtkosten überwiegend verursachen würde. Ein vom damaligen Bundesministerium für Verkehr, Bau- und Wohnungswesen in Auftrag gegebenes Gutachten kam jedoch zu dem Ergebnis, dass im Jahr 2003 von den im Bundesautobahnnetz insgesamt angefallenen Wegekosten in Höhe von 7,51 Mrd. EURO nur 3,4 Mrd. EURO von schweren Nutzfahrzeugen mit einem zulässigen Gesamtgewicht von 12 t verursacht wurden.[977] Das sind weniger als 50 %.

Stellt man dagegen auf das einzelne Fahrzeug ab, kommt man zu dem Ergebnis, dass die Abnutzung und damit die verursachten Wegekosten bei Fahrzeugen mit einem zulässigen Gesamtgewicht von mindestens 12 t um ein Vielfaches höher ist, als bei Fahrzeugen mit einem geringeren Gewicht.

Legt man die Wegekosten als Vergleichsmaßstab zugrunde, muss auf das einzelne Fahrzeug abgestellt werden. Andernfalls würden Verursacher hoher Wegekosten davon profitieren, dass es weniger Fahrzeuge für den Güterschwerverkehr gibt als PKW. Vergleichsgruppe können immer nur die gleiche Anzahl jeder Fahrzeugart sein, und nicht alle PKW sowie alle Fahrzeuge für den Güterschwerverkehr.[978]

---

[977] Bundesministerium für Verkehr, Bau- und Wohnungswesen, Wegekostengutachten, S. Z-9 f.

[978] a.A. *Uechtritz/Deutsch*, DVBl. 2003, 575 (577 f.).

Bei den PKW kommt rechtfertigend hinzu, dass für sie der vom Gesetzgeber verfolgte Lenkungszweck entfällt, mit einer Anlastung der verursachten Wegekosten eine Verlagerung des gewerblichen Verkehrs vom der Straße auf die Schiene als Verkehrsweg zu erreichen.[979]

2. Sachliche Rechtfertigung der Differenzierung innerhalb der Gruppe der Fahrzeuge mit einem zulässigen Gesamtgewicht von mindestens 12 t

Problematischer erscheint die Rechtfertigung innerhalb der Fahrzeuge mit einem zulässigen Gesamtgewicht von mindestens 12 t.

Nach den Regelungen des ABMG sind bestimmte Fahrzeuge von der Mautpflicht ausgenommen. Neben den Fahrzeugen, die nicht zum Güterverkehr bestimmt sind, gehören dazu Fahrzeuge der Streitkräfte, der Polizeibehörden, des Zivil- und Katastrophenschutzes, der Feuerwehr und anderer Notdienste sowie Fahrzeuge des Bundes, § 1 Abs. 2 Nr. 2 ABMG, für ausschließlich für den Straßenunterhaltungs- und Straßenbetriebsdienst einschließlich Straßenreinigung und Winterdienst genutzte Fahrzeuge, § 1 Abs. 2 Nr. 3 ABMG, Fahrzeuge, die ausschließlich für Zwecke des Schausteller- und Zirkusgewerbes eingesetzt werden, § 1 Abs. 2 Nr. 4 ABMG sowie Fahrzeuge, die von gemeinnützigen oder mildtätigen Organisationen für den Transport von humanitären Hilfsgütern, die zur Linderung einer Notlage dienen, eingesetzt werden, § 1 Abs. 2 Nr. 5 ABMG.[980] Die in § 1 Abs. 2 Nr. 2-5 ABMG geregelten Ausnahmen von der Mautpflicht rechtfertigen sich durch die besonderen Zwecke, die mit der Nutzung dieser Fahrzeuge verbinden sind. Mit Ausnahme der Fahrzeuge, die für das Schausteller- und Zirkusgewerbe eingesetzt werden und deren Ausnahme gesondert rechtfertigungsbedürftig ist, verfolgt der Einsatz der genannten Fahrzeuge immer wohltätige bzw. mildtätige Zwecke, da diese Fahrzeuge dazu bestimmt sind, dem öffentlichen Wohl zu dienen. Die Befreiung der Fahrzeuge für das Schausteller- und Zirkusgewerbe begründet sich in dem vom Gesetzgeber verfolgten Zweck einen gefährdeten Wirtschaftszweig zu unterstützen.

Die Differenzierung zwischen Fahrzeugen mit einem zulässigen Gesamtgewicht von mindestens 12 t, die für den Güterverkehr bestimmt sind und den übrigen Fahrzeugen dieser Gewichtsklasse erscheint auch im Hinblick auf den vom Gesetzgeber verfolgten Lenkungszweck der Abgabe gerechtfertigt. Übergeordnetes (europäisches) Ziel ist die Harmonisierung im grenzüberschreitenden europäischen Gütertransportgewerbe. Dieser Zweck wurde zulässigerweise vom deutschen Gesetzgeber übernommen. Wenngleich er nicht grenzüberschreitend harmonisierend wirkende Regelungen treffen kann, so doch auf seinem Hoheitsgebiet. Die Umsetzung der Ziele des europäischen Richtliniengebers ist von der

---

[979] *Uechtritz/Deutsch*, DVBl. 2003, 575 (578).

[980] Vgl. Kapitel 4 A. II. 1. a) cc) (1) .

Umsetzung in den einzelnen Mitgliedstaaten abhängig. Entsprechende Regelungen müssen auf dem Hoheitsgebiet jedes Mitgliedstaates getroffen werden. Nur so kann das übergeordnete (europäische) Ziel erreicht werden.

Rechtfertigend wirkt nicht, dass Art. 3 Abs. 1 GG Ungleichbehandlungen in engen Grenzen zulässt. So sind Ungleichbehandlungen aus Gründen der Praktikabilität gerechtfertigt, wenn bei der Bewältigung von Massenerscheinungen aufgrund typisierender Regelungen auftreten.[981] Typisierend wäre der vorliegende Sachverhalt vielmehr bewältigt worden, wenn ohne Unterscheidung nach der Bestimmung des Nutzungszweckes jedes Fahrzeug des Schwerverkehrs in den Anwendungsbereich des ABMG aufgenommen worden wäre.

Es bleibt festzuhalten, dass die Differenzierung ausschließlich aufgrund der vom Gesetzgeber verfolgten Zwecke gerechtfertigt ist, die in der Harmonisierung auf dem Gebiet des europäischen Transportgewerbes sowie in der Verfolgung wohltätiger Zwecke zu sehen sind.

III. Bewertung der Realisierungschancen

Wenngleich der Einführung der Autobahnmaut für alle Fahrzeuge somit rechtlich keine Hindernisse entgegenstehen, könnten sich Probleme bei der Umsetzung ergeben.

Voraussetzung der Einführung der Autobahnmaut für alle Fahrzeuge wäre, dass ein Mauterhebungssystem existiert, dass die ordnungsgemäße Entrichtung und effektive Kontrolle der Mautzahlung gewährleistet.[982] Die Anzahl der Fahrzeuge, würde im Vergleich zu denen, die gegenwärtig nach dem ABMG zur Mautzahlung verpflichtet sind, exorbitant steigen. Pro Sekunde müssten 1.200 Buchungsvorgänge durchgeführt werden, wollte man für PKW ein elektronisches (automatisches) Mauterhebungssystem einführen.[983] Selbst wenn man die ordnungsgemäße Mautzahlung sicherstellen könnte, bliebe das Problem des Kontrollaufwandes, der bei den anzunehmenden Fahrzeugzahlen in keinem Verhältnis zu den Einnahmen stünde.[984]

Dagegen scheint es eher möglich, die Mautpflicht auf LKW mit einem zulässigen Gesamtgewicht von mindestens 7,5 t auszudehnen. Die Fahrzeugzahlen sind im Vergleich zu den PKW überschaubar so dass eine effektive Mauterhebung und Kontrolle gewährleistet werden kann. Außerdem könnte damit zumindest den Ausweichbewegungen entgegengewirkt werden, die derzeit im Transportgewerbe festzustellen sind.

---

[981] BVerfG, Beschluss vom 06.11.1985, E 71, 146 (157); *Jarass*, in: Jarass/Pieroth, GG, Art. 3 Rn. 30 m.w.N.

[982] So konnte die Gebühr nach dem ABMG auch erst eingeführt werden, als gewährleistet war, dass ein leistungsfähiges Mauterhebungssystem existiert. Daran scheiterte die frühere Einführung einer streckenbezogenen Gebühr. Vgl. S. 183 f.

[983] Stender-Vorwachs, S. 287.

[984] Pällmann-Kommission, S. 41; *Stender-Vorwachs*, S. 287.

B. Neubau von Bundesautobahnen als A-Modell-Projekt?

Wenngleich das A-Modell unter dem Titel „Betreibermodell für den mehrstreifigen Autobahnausbau" firmiert, bleibt zu überlegen ob es nicht auch für den Neubau von Bundesautobahnen eingesetzt werden kann. Einem Betreiber könnte nicht der Ausbau eines Straßenabschnittes im Verlauf einer bereits bestehenden Bundesautobahn sowie daran anschließend Erhaltung und Betrieb übertragen werden, sondern vielmehr der Neubau, also die Errichtung eines bislang nicht bestehenden Abschnittes einer Bundesautobahn. Damit wäre eine zusätzliche Entlastung des Verkehrsinfrastrukturhaushaltes verbunden, indem der Staat einen Privaten bereits in diesem Stadium in dem es um den Bau einer neuen Verkehrsverbindung geht, in die Erfüllung der Straßenbauaufgaben einbinden könnte.

Entscheidendes Hindernis für diese Modifikation ist die Ausgestaltung der Refinanzierungsgrundlage. Sie führt nicht nur zu einer Erschwerung eventueller A-Modelle dieses Inhaltes, im Vergleich zu denjenigen, die sich auf den Ausbau einer bestehenden Bundesautobahn beschränken, sondern wird diese mit großer Wahrscheinlichkeit vollständig verhindern.

Die Refinanzierung des Betreibers eines Straßenabschnittes im Verlauf einer Bundesautobahn nach dem A-Modell basiert auf den Einnahmen aus der Autobahnmaut nach dem ABMG. Mit Einrichtung der ersten Baustelle auf dem ihm zugewiesenen Bundesautobahnabschnitt, erhält er das Aufkommen aus der Autobahnmaut, welches anteilig auf diesen Abschnitt entfällt.

Dieses Vorgehen scheidet bei der Errichtung einer neuen Autobahn aus. Es existiert noch keine Straße, die lediglich erweitert wird, während sie trotzdem weiterhin benutzbar bleibt und Mauteinnahmen erzielt werden. Vielmehr ist sie erst nach Fertigstellung befahrbar. Erst nach Abschluss der Bauarbeiten kommt es zu mautpflichtigen Nutzungsvorgängen, so dass an den Betreiber erst ab diesem Zeitpunkt Einnahmen aus der Autobahnmaut weitergeleitet werden.

Bei den Baumaßnahmen handelt es sich jedoch um die kostenintensivste Aufgabe, die der Private zu erfüllen hat. Als Ausgleich erhält er in der derzeitigen Gestaltung neben den Mauteinnahmen eine Anschubfinanzierung aus dem Staatshaushalt, die zu verschiedenen Zeitpunkten während der Bauphase gezahlt wird.[985] Entfallen nunmehr die Einnahmen aus der Maut, muss dies kompensiert werden. In Betracht kommt zum einen die Zahlung einer größeren Anschubfinanzierung, was dazu führt, dass A-Modelle aus staatlicher Sicht uninteressant werden, da sie den Haushalt in größerem Maß belasten. Muss dagegen der Private den Einnahmenausfall ausgleichen, nimmt sein wirtschaftliches Interesse ab, da damit ein Anstieg der Finanzierungskosten verbunden ist.

---

[985] Vgl. Kapitel 4 B.

Im Ergebnis ist die Ausweitung des sachlichen Anwendungsbereichs des A-Modells auf den Neubau von Bundesautobahnen aufgrund der Ausgestaltung der Refinanzierungsgrundlage des privaten Betreibers wohl nicht zu erwarten.

C. Umsetzung von A-Modell-Projekten im untergeordneten Straßennetz?

Die Einführung von A-Modell-Projekten im untergeordneten Straßennetz ist von zwei Voraussetzungen abhängig.

Zum einen muss der sachliche Anwendungsbereich des ABMG angepasst werden, so dass für die Benutzung von den Straßen, in deren Verlauf A-Modelle umgesetzt werden sollen, Mautgebühren erhoben werden.

Zum anderen firmiert das A-Modell an sich als „Betreibermodell für den mehrstreifigen Autobahnausbau" was einen auf Bundesautobahnen beschränkten Anwendungsbereich impliziert. Da dieser jedoch auf der Beschränkung der Mautpflicht für die Benutzung von Bundesautobahnen basiert, sind aus dieser Warte keine Hemmnisse zu erwarten.

Einer Ausweitung des Anwendungsbereiches von A-Modellen auf alle mautpflichtigen Straßen steht nichts entgegen. Demnach bleibt im Rahmen dieses Modells für die Zukunft allein die Mautpflicht auf den untergeordneten Straßen zu problematisieren.

Kapitel 6 Schlussbetrachtung

Im Mittelpunkt dieser Arbeit standen die deutschen Bundesautobahnen. Sie dienen der Beförderung von Wirtschaftsgütern oder Personen und sind dadurch gekennzeichnet, dass für das Zurücklegen eines Weges verhältnismäßig wenig Zeit notwendig ist.

Der Bedarf an Bundesautobahnen wächst. In der Vergangenheit sind stetig steigende Fahrzeugzahlen zu verzeichnen und es ist zu erwarten, dass sich diese Entwicklung auch in Zukunft fortsetzen wird.

Wächst allgemein der Bedarf, ohne dass dem eine Steigerung des Angebotes gegenübersteht, werden letztlich bestehende Kapazitätsgrenzen erreicht und gegebenenfalls überschritten. Das führt entweder dazu, dass neben einer weiterhin ordnungsgemäßen Bewirtschaftung der bestehenden Kapazitäten keine finanziellen Mittel für notwendige Erweiterungen zur Verfügung stehen. Daneben besteht die Möglichkeit, dass der gesamte Bedarf bei insgesamt verminderter Qualität der Aufgabenerfüllung befriedigt wird. Beide Alternativen wirken sich negativ aus.

Im Bereich der Bundesautobahnen kann diesem Mechanismus entweder durch Regulierung der Nachfrage, also des Verkehrs, entgegengewirkt oder das Angebot durch Neu- und Ausbau von Bundesautobahnen vergrößert werden. Bedarfsdeckend ist dies gegenwärtig nur möglich, wenn der Staat von Aufgaben entlastet wird. Aufgrund der angespannten Haushaltslage können die notwendigen Maßnahmen nicht aus dem Haushalt finanziert werden. Wenngleich der Neu- und Ausbau von Bundesautobahnen, mit wenigen Ausnahmen bislang vollständig im Verantwortungsbereich des Staates lag, steht einer Einbindung Privater jedoch grundsätzlich nichts entgegen.

Im Zuge der gegenwärtigen Privatisierungsdiskussion wurde daher das so genannte A-Modell entwickelt, das Gegenstand dieser Arbeit ist. Ziel des A-Modells ist die Bereitstellung nachgefragter Bundesautobahnen unter Einbindung Privater als Betreiber eines Bundesautobahnabschnittes.

Ziel dieser Arbeit war es, den Inhalt und die Funktionsweise des A-Modells darzustellen. Darüber hinaus sollte überprüft werden, ob der Umsetzung von A-Modell-Projekten in der derzeit beabsichtigten Konzeption rechtliche Bedenken entgegenstehen. Im Mittelpunkt standen hierbei die rechtliche Konstruktion, aufgrund derer der Betreiber des Bundesautobahnabschnittes tätig wird, die ihm zugewiesenen Aufgaben sowie die Refinanzierung seiner Kosten. Dagegen war es nicht Ziel der Arbeit, das A-Modell unter den Gesichtspunkten der Effektivität und Effizienz zu bewerten.

Als Ergebnis lässt sich festhalten, dass der Betreiber des Bundesautobahnabschnittes dafür zuständig ist, den ihm zugewiesenen Abschnitt der Bundesautobahn in der Regel von vier auf sechs Fahrstreifen zu erweitern und diesen dann während der gesamten Vertragslaufzeit zu erhalten und zu betreiben. Nach Ablauf des Vertrages, der regelmäßig für die Dauer von 30 Jahren abgeschlossen wird, erfolgt die Rückgabe des Bundesautobahnabschnittes an den Bund.

Dabei stehen der Verwirklichung von A-Modell-Projekte keine rechtlichen Bedenken entgegen. Es ist insbesondere zulässig, sie ausschließlich auf vertraglicher Grundlage zu verwirklichen. Einer gesetzlichen Rechtsgrundlage bedarf es nicht. Grund dafür ist die Art der Einbindung des Betreibers des Bundesautobahnabschnittes. Ihm werden im Rahmen der Verwirklichung von A-Modell-Projekten keine Aufgaben übertragen. Eine Entledigung der Aufgaben durch den zuständigen Hoheitsträger ist mit der Einbindung des Betreibers des Bundesautobahnabschnittes nicht verbunden. Er wird lediglich im Rahmen der Erfüllung der Aufgaben tätig, ohne Dritten gegenüber dafür verantwortlich zu sein.

Allgemein ist festzustellen, dass der Betreiber des Bundesautobahnabschnittes zur Refinanzierung seiner Ausgaben kein Entgelt von den Nutzern erhebt. Vielmehr refinanziert er sich in Höhe von mindestens 50 % durch die Weiterleitung der Autobahnmaut, die anteilig auf den jeweiligen Abschnitt im Verlauf der Bundesautobahnen entfällt und auf Grundlage des ABMG erhoben wird. In der verbleibenden Höhe erhält der Betreiber des Bundesautobahnabschnittes eine Anschubfinanzierung aus dem Bundeshaushalt. Sie dient dem Ausgleich der Wegekosten, die durch Fahrzeuge verursacht werden, für die nach dem ABMG keine Maut zu zahlen ist.

Insbesondere stellte sich bei der Refinanzierung des Betreibers des Bundesautobahnabschnittes die Frage, auf welcher Rechtsgrundlage die Autobahnmaut von den mautpflichtigen Nutzern erhoben wird und damit gleichzeitig nach der Rechtsstellung des Betreibers des Mauterhebungssystems. Das ABMG eröffnet die Möglichkeit, einen Privaten in die Erhebung der Autobahnmaut einzubinden. Davon wurde durch die Beauftragung von Toll Collect Gebrauch gemacht. Die Autobahnmaut ist als öffentlich-rechtliche Gebühr ausgestaltet. Sie wird jedoch nicht durch einen Verwaltungsakt oder einen öffentlich-rechtlichen Realakt von den Mautpflichtigen erhoben. Dem steht insbesondere die Ausgestaltung des Mauterhebungssystems entgegen. Vielmehr besteht zwischen dem Betreiber des Mauterhebungssystems und dem Verpflichteten nach dem ABMG eine privatrechtliche Verpflichtung, aufgrund derer der Mautpflichtige ein Entgelt in Höhe der zu zahlenden Maut schuldet. Da der Betreiber des Mauterhebungssystems mithin bei der Erhebung der Autobahnmaut nicht hoheitlich tätig wird, ist es nicht notwendig, dass er insoweit beliehen wird. Er tritt auch im Rahmen der Erhebung der Autobahnmaut als Privatrechtssubjekt auf. Anders ist die Rechtslage im Rahmen der Nacherhebung geschuldeter, aber nicht gezahlter Autobahnmaut zu beurteilen. Insoweit tritt der Betreiber des Mauterhebungssystems auch hoheitlich handelnd als Beliehener auf.

Inwieweit künftig vom Konzept des A-Modells Gebrauch gemacht wird, bleibt unklar, wenngleich der Verwirklichung von A-Modell-Projekten im Ergebnis rechtlich nichts entgegensteht. Aus Sicht einer juristischen Arbeit, lässt sich nicht bewerten, in welchem Umfang sie voraussichtlich umgesetzt werden. In jedem Fall bietet das A-Modell eine weitere Möglichkeit, der bestehenden Finanzierungsnot im Straßenverkehrsinfrastrukturbereich entgegenzutreten. Im Unterschied zur Einbindung Privater im Rahmen des dargestellten F-Modells auf Grundlage des FStrPrivFinG zeichnen sie sich dadurch aus, dass sie im gesamten Verlauf der Bundesautobahnen umgesetzt werden können. Verwaltungsrechtlich und wirtschaftlich erschwerend erfolgt zudem die Finanzierung von F-Modellen ausschließlich auf Grundlage der Erhebung einer Gebühr durch den Betreiber des F-Modell-Projektes selbst. Problematisch ist insoweit, dass die Höhe der Gebühr nicht durch den Betreiber selbst festgelegt wird, sondern durch den zuständigen Verwaltungsträger. A-Modelle sind hingegen durch einen größeren Kreis potenzieller Vorhaben und einer Finanzierungsgrundlage gekennzeichnet, die mit der Anschubfinanzierung einen Festbetrag vorsieht. Beides wird sich vermutlich positiv auf die Umsetzung von Projekten nach dem A-Modell auswirken.

Das A-Modell bietet somit eine Option, trotz der bestehenden Haushaltsprobleme notwendige Maßnahmen bei der Bereitstellung der Bundesautobahnen zu verwirklichen. Bei der Entwicklung des Modells wurden die negativen Erfahrungen in der Vergangenheit im Zusammenhang mit dem F-Modell berücksichtigt. Es bleibt jedoch abzuwarten, in welchem Umfang das A-Modell von potenziellen Betreibern angenommen wird.

Anhang

A. Ursprünglich geplante Pilotprojekte nach dem A-Modell[986]

Nr.	Land	Straße	Strecke	Länge km
1	BW	A 5	AS Baden-Baden - AS Offenburg	38,9
2	BW/RP	A 61	AK Frankenthal - AD Hockenheim	38,1
3	BY	A 8	W Bubesheim - AS Augsburg West	45,6
4	BE/BB BB	A 10 A 24	AD Havelland - AD Schwanebeck AS Neuruppin - AD Havelland	40,8 31,3 72,1
5	HE	A 67	AK Darmstadt - AS Lorsch	20,5
6	NI	A 1	AD Buchholz - Bremer Kreuz	74,8
7	NW	A 1	AK Lotte/Osnabrück - AK Münster/Süd	49,6
8	NW	A 40 A 44	Dortmund/Ost (B 236) - AK Werl	26,0
9	NW	A 57	AK Strümp - AK Köln Nord	37,4
10	NW	A 4	AS Düren - AK Kerpen	18,4
11	NW	A 2	AK Kamen - AS Beckum	31,2
12	SH/HH	A 7	AD Bordesholm - AS HH Ottmarschen	70,7
			Gesamtlänge:	**523,3**

B. Revidierte Projektliste[987]

A 8	Augsburg West - München Allach
A 4	AS Waltershausen - AS Herleshausen sog. Umfahrung Hörselberge
A 1/A 4	AS Düren - AK Köln Nord
A 5	AS Baden-Baden - AS Offenburg
A 1	AD Buchholz - AK Bremer Kreuz

---

986 Alfen/Mayrzedt/Tegener, S. 55.

987 Pressemitteilung des BMVBS Nrn. 049/2005 vom 25.02.2005.

Literaturverzeichnis

Achterberg, Norbert/Püttner, Günter (Hrsg.), Besonderes Verwaltungsrecht, Ein Lehrbuch, Band I, Wirtschafts-, Bau-, Kultus-, Dienstrecht, Heidelberg 1990 (zitiert: Bearbeiter, in: Achterberg/Püttner, Bd. I, S. (...))

Alfen, Hans-Wilhelm/Mayrzedt, Hans/Tegener, Henning, PPP-Lösungen für Deutschlands Autobahnen, Empfehlungen für eine erfolgreiche Umsetzung, Studie unter Mitarbeit von: Bauhaus-Universität Weimar, Fakultät Bauingenieurwesen, Professur Betriebswirtschaftslehre im Bauwesen; Fachhochschule Biberach, Hochschule für Bauwesen und Wirtschaft, Fachbereich Betriebswirtschaft (Bau und Immobilien); PSPC Private Sector Participation Consult GmbH, März 2004 (zitiert: Alfen/Mayrzedt/Tegener, S. (...))

Arndt, Jan-Holger, Die Privatfinanzierung von Bundesfernstraßen, Staatsaufgaberechtliche und haushaltsverfassungsrechtliche Probleme unter besonderer Berücksichtigung des Konzessionsmodells, Hamburg 1998 (zitiert: Arndt, S. (...))

Arrowsmith, Sue, Public Private Partnerships and the European Procurement Rules: EU Policies in Conflict?, in: CMLRev 2000, S. 709-737 (zitiert: Arrowsmith, CMLRev 2000, 709 (...))

Axer, Peter, Die Widmung als Schlüsselbegriff des Rechts der öffentlichen Sachen, Zur Identität des Rechts der öffentlichen Sachen als Rechtsgebiet, Berlin 1994 (zitiert: Axer, S. (...))

Axer, Peter, Die Widmung als Grundlage der Nutzung kommunaler öffentlicher Einrichtungen, in: NVwZ 1996, S. 114-117 (zitiert: Axer, NVwZ 1996, 114 (...))

Backherms, Johannes, Das DIN Deutsches Institut für Normung e.V. als Beliehener, Köln Berlin Bonn München 1978 (zitiert: Backherms, S. (...))

Badura, Peter, Staatsrecht, Systematische Erläuterung des Grundgesetzes, 3. Auflage, München 2003 (zitiert: Badura, S. (...))

Bansch, Frank, Die Beleihung als verfassungsrechtliches Problem, Zur Zulässigkeit einer Übertragung hoheitlicher Befugnisse auf Private nach dem Grundgesetz, Frankfurt am Main 1973 (zitiert: Bansch, S. (...))

Bärenz, Christian, Die Auslegung der überschießenden Umsetzung von Richtlinien am Beispiel des Gesetzes zur Modernisierung des Schuldrechts, in: DB 2003, S. 375-376 (zitiert: Bärenz, DB 2003, 375 (...))

Bartlsperger, Richard, Straßenrecht zwischen Bewahrung und Technizität, in: DVBl. 1979, S. 1-14 (zitiert: Bartlsperger, DVBl. 1979, 1 (...))

Bartlsperger, Richard, Das Fernstraßenwesen in seiner verfassungsrechtlichen Konstituierung, Staatsaufgabe und Objekt funktionaler Privatisierung, Berlin 2006 (zitiert: Bartlsperger, S. (...))

Basedow, Jürgen, Der Bundesgerichtshof, seine Rechtsanwälte und die Verantwortung für das europäische Privatrecht, in: Pfeiffer, Gerd/Kummer, Joachim/Scheuch, Silke, Festschrift für Hans Erich Brandner zum 70. Geburtstag, Köln 1996, S. 561-681 (zitiert: Basedow, in: Festschrift für Brandner, S. 561 (...))

Bauer, Hartmut, Privatisierung von Verwaltungsaufgaben, in: VVDStRL 54 (1995), S. 243-286 (zitiert: Bauer, VVDStRL 54 (1995), 243 (...))

Bauer, Hartmut, Verwaltungsrechtliche und verwaltungswissenschaftliche Aspekte der Gestaltung von Kooperationsverträgen bei Public Private Partnership, in: DÖV 1998, S. 89-97 (zitiert: Bauer, DÖV 1989, 89 (...))

Bauer, Hartmut, Zur notwendigen Entwicklung eines Verwaltungskooperationsrechts - Statement -, in: Schuppert, Gunnar Folke, Jenseits von Privatisierung und „schlankem" Staat, Verantwortungsteilung als Schlüsselbegriff eines sich verändernden Verhältnisses von öffentlichem und privatem Sektor, Baden-Baden 1999, S. 251-272 (zitiert: Bauer, in: Schuppert, S. 251 (...))

Bäurle, Bernd, Wachstum und Grenzen der Staatstätigkeit, Adolph Wagners Gesetz im Lichte neuer Erkenntnisse, Erlangen 1969 (zitiert: Bäurle, S. (...))

Becker, Bernd, Zentrale nichtministerielle Organisationseinheiten in der unmittelbaren Bundesverwaltung, Eine dimensionale Strukturanalyse, in: VerwArch, 1978, S. 149-202 (zitiert: Becker, VerwArch, 1978, 149 (...))

Becker, Joachim, Rechtsrahmen für Public Private Partnership, Regelungsbedarf für neue Kooperationsformen zwischen Verwaltung und Privaten?, in: ZRP 2002, S. 303-308 (zitiert: Becker, ZRP 2002, 303 (...))

Beckers, Thorsten/von Hirschhausen, Christian, Konzessionsmodelle für Fernstraßen in Deutschland: Eine ökonomische Analyse der Risikoallokation beim F- und A-Modell, DIW Berlin, German Institute for Economic Research, Berlin 2003 (zitiert: Beckers/von Hirschhausen, DIW, S. (...))

Beirat Verwaltungsverfahrensrecht, Fortentwicklung der Vorschriften über den öffentlich-rechtlichen Vertrag (§§ 54 - 62 VwVfG), in: NVwZ 2002, S. 834-835 (zitiert: Beirat Verwaltungsverfahrensrecht, NVwZ 2002, 834 (...))

Bender, Bernd, Allgemeines Verwaltungsrecht mit einem Abriss der neueren deutschen Verfassungs- und Verwaltungsrechtsgeschichte, 2. Auflage, Freiburg im Breisgau 1956 (zitiert: Bender, S. (...))

Benz, Angelika, Veränderung staatlicher Aufgabenwahrnehmung durch Privatisierung - das Beispiel Telekommunikation, in: Gusy, Chistoph (Hrsg.), Privatisierung von Staatsaufgaben: Kriterien - Grenzen - Folgen, S. 129-154, Baden-Baden 1998 (zitiert: Benz, in: Gusy, S. 129 (...))

Benz, Hanspeter, Die verfassungsrechtliche Zulässigkeit der Beleihung einer Aktiengesellschaft mit Dienstherrenbefugnissen: dargestellt am Beispiel der Deutschen Post AG, Deutschen Postbank AG, Deutschen Telekom AG sowie der Deutschen Bahn AG, Frankfurt am Main Berlin Bern New York Paris Wien 1995 (zitiert: Benz, S. (...))

Berschin, Felix, Zur Trennung von Netz und Betrieb der Deutschen Bahn AG aufgrund des europäischen Eisenbahnpaketes, in: DVBl. 2002, S. 1079-1086 (zitiert: Berschin, DVBl. 2002, 1079 (...))

Birk, Dieter, Steuerrecht, 8. Auflage, Heidelberg 2005 (zitiert: Birk, Rn. (...))

Boesen, Arnold, Vergaberecht, Kommentar zum 4. Teil des GWB, Köln 2000 (zitiert: Boesen, S. (...))

Bolsenkötter, Heinz, Voraussetzungen für die Privatisierung kommunaler Dienstleistungen, in: DB 1993, S. 445-450 (zitiert: Bolsenkötter, DB 1993, 445 (...))

Bonk, Heinz Joachim, Fortentwicklung des öffentlich-rechtlichen Vertrags unter besonderer Berücksichtigung der Public Private Partnerships, in: DVBl. 2004, S. 141-149 (zitiert: Bonk, DVBl. 2004, 141 (...))

Bordewin, Arno/Tonner, Norbert, Leasing im Steuerrecht, 4. Auflage, Heidelberg 2003 (zitiert: Bordewin/Tonner, S. (...))

Britz, Gabriele, Bundeseigenverwaltung durch selbständige Bundesoberbehörden nach Art. 87 III 1 GG, in: DVBl. 1998, S. 1167-1174 (zitiert: Britz, DVBl. 1998, 1167 (...))

Brockhaus, Die Enzyklopädie in vierundzwanzig Bänden, 21. Band Stam-Thel, 20. Auflage, Leipzig Mannheim 1996 (zitiert: Brockhaus, Stichwort (...))

Bucher, Annegret, Privatisierung von Bundesfernstraßen, Saarbrücken 1996 (zitiert: Bucher, S. (...))

Budäus, Dietrich/Grüning, Gernod, Public Private Partnership - Konzeption und Probleme eines Instruments zur Verwaltungsreform aus Sicht der Public Choice-Theorie, in: Budäus, Dietrich/Eichhorn, Peter, Public Private Partnership, Baden-Baden 1997, S. 25-66 (zitiert: Budäus/Grüning, in: Budäus/Eichhorn, S. 25 (...))

Bull, Hans Peter, Die Staatsaufgaben nach dem Grundgesetz, Frankfurt am Main 1973 (zitiert: Bull, S. (...))

Bull, Hans Peter, Staatszwecke im Verfassungsstaat, in: NVwZ 1989, S. 801-806 (zitiert: Bull, NVwZ 1989, 801 (...))

Bundesministerium für Verkehr, Bau- und Wohnungswesen (Hrsg.), Gutachten und Erläuterungsbericht zu einem Musterkonzessionsvertrag, einer Mautverordnung und Ausschreibungs- und Verdingungsunterlagen nach dem Fernstraßenbauprivatfinanzierungsgesetz, Forschung Straßenbau und Straßenverkehrstechnik, Schriftenreihe „Forschungsberichte aus dem Forschungsprogramm des Bundesministeriums für Verkehr, Bau und Wohnungswesen e.V." Heft 822, Bonn 2001 (zitiert: Bundesministerium für Verkehr, Bau- und Wohnungswesen (Hrsg.), Fernstraßenbauprivatfinanzierungsgesetz, S. (...))

Bundesministerium für Verkehr, Bau- und Wohnungswesen (Hrsg.), Gutachten zur Erarbeitung eines Musterkonzessionsvertrages und Regelungen für die Ausschreibung/Vergabe von Konzessionen für das Betreibermodell für den mehrstreifigen Autobahnausbau („A-Modell"), Forschung Straßenbau und Straßenverkehrstechnik, Schriftenreihe „Forschungsberichte aus dem Forschungsprogramm des Bundesministeriums für Verkehr, Bau und Wohnungswesen und der Forschungsgesellschaft für Straßenwesen e.V." Heft 889, Bonn 2004 (zitiert: Bundesministerium für Verkehr, Bau- und Wohnungswesen, Gutachten zum A-Modell, S. (...))

Bundesministerium für Verkehr, Bau- und Wohnungswesen (Hrsg.), Wegekostenrechnung für das Bundesfernstraßennetz unter Berücksichtigung der Vorbereitung einer streckenbezogenen Autobahnbenutzungsgebühr, Basel Karlsruhe 2002 (zitiert: Bundesministerium für Verkehr, Bau- und Wohnungswesen, Wegekostengutachten, S. (...))

Bundesregierung (Hrsg.), Moderner Staat - Moderne Verwaltung - Leitbild und Programm der Bundesregierung, 1999 (zitiert: Bundesregierung, Moderner Staat - Moderne Verwaltung, S. (...))

Burgi, Martin, Funktionale Privatisierung und Verwaltungshilfe, Staatsaufgabendogmatik Phänomenologie - Verfassungsrecht, Tübingen 1999 (zitiert: Burgi, S. (...))

Byok, Jan/Jaeger, Wolfgang, Kommentar zum Vergaberecht, Erläuterungen zu den vergaberechtlichen Vorschriften des GWB und der VgV, 2. Auflage, Frankfurt am Main 2005 (zitiert: Bearbeiter, in: Byok/Jaeger, § (...) Rn. (...))

Cappenberger Gespräch, Rückzug des Staates? Zur Rolle des Staates zwischen Legitimationskrise und politischer Neubestimmung, Ein Cappenberger Gespräch, veranstaltet am 4. Mai 1995 in Erfurt. Mit Referaten von Kurt Sontheimer und Gunnar Folke Schuppert, Köln 1996 (zitiert: Cappenberger Gespräch, (passim))

Christ, Egon, Die Verwaltung zwischen öffentlichem und privatem Recht, Erörtert am Beispiel von Realakt und Vertrag, Frankfurt am Main 1984 (zitiert: Christ, S. (...))

Creifelds, Carl, Rechtswörterbuch, 17. Auflage, München 2002 (zitiert: Creifelds, Rechtswörterbuch, Stichwort „(...)")

Czychowski, Manfred/Reinhardt, Michael, WHG, Wasserhaushaltsgesetz, Kommentar, 8. Auflage, München 2003 (zitiert: Czychowski/Reinhardt, WHG, § (...) Rn. (...))

Deutsche Bank Research, Betreibermodelle für die Straßeninfrastruktur: Lukrative Anlageobjekte für institutionelle Investoren, Frankfurt am Main 05.05.2003 (zitiert: DB Research, Nr. 264, S. (...))

Di Fabio, Udo, Verwaltung und Verwaltungsrecht zwischen gesellschaftlicher Selbstregulierung und staatlicher Steuerung, in: Veröffentlichungen der Vereinigung der Deutschen Staatsrechtslehrer, Heft 56 (1996), S. 235-277, Berlin New York 1997 (zitiert: Di Fabio, VVDStRL 56 (1996), 235 (...))

Di Fabio, Udo, Privatisierung und Staatsvorbehalt, Zum dogmatischen Schlüsselbegriff der öffentlichen Aufgabe, in: JZ 1999, S. 585-592 (zitiert: Di Fabio, JZ 1999, 585 (...))

Dolzer, Rudolf/Vogel, Klaus/Graßhof, Karin (Hrsg.), Bonner Kommentar zum Grundgesetz, Stand 122. Lieferung, Heidelberg Juli 2006 (zitiert: Bearbeiter, in: Dolzer/Vogel/Graßhof, Bonner GG, Art. (...) Rn. (...))

Donges, Juergen B./Engels, Wolfram/Hamm, Walter/Möschel, Wernhard/Neumann, Manfred J. M./Siebert, Olaf (Kronberger Kreis), Privatisierung auch im Westen, Frankfurter Institut für wirtschaftspolitische Forschung, Schriftenreihe Band 26, Bad Homburg v. d. H. 1993 (zitiert: Donges/Engels/Hamm/Möschel/Neumann/Siebert, Kronberger Kreis, Tz. (...))

Dreher, Meinrad, Public Private Partnerships und Kartellvergaberecht, Gemischtwirtschaftliche Gesellschaften, In-house-Vergabe, Betreibermodell und Beleihung Privater, in: NZBau 2002, S. 245-259 (zitiert: Dreher, NZBau 2002, 245 (...))

Dreier, Horst, Grundgesetz Kommentar, Band I, Art. 1-19, 2. Auflage, Tübingen 2004 (zitiert: Bearbeiter, in: Dreier, GG, Bd. I, Art. (...) Rn. (...))

Dreier, Horst, Grundgesetz Kommentar, Band II, Art. 20-82, Tübingen 1998 (zitiert: Bearbeiter, in: Dreier, GG, Bd. II, Art. (...) Rn. (...))

Dreier, Horst, Grundgesetz Kommentar, Band III, Art. 83-146, Tübingen 2000 (zitiert: Bearbeiter, in: Dreier, GG, Bd. III, Art. (...) Rn. (...))

Dreier, Horst, Die drei Staatsgewalten im Zeichen von Europäisierung und Privatisierung, in: DÖV 2002, S. 537-547 (zitiert: Dreier, DÖV 2002, 537 (...))

Driehaus, Hans-Joachim (Hrsg.), Kommunalabgabenrecht, Kommentar, Herne Berlin Stand 2003 (zitiert: Bearbeiter, in: Driehaus, § (...) Rn. (...))

Drömann, Dietrich/Tegtbauer, Tatjana, Rechtsfragen der Mautgebühr nach dem Gesetz über den Bau und die Finanzierung von Bundesstraßen durch Private, NVwZ 2004, S. 296-303 (zitiert: Drömann/Tegtbauer, NVwZ 2004, 296 (...))

Druschel, Christoph, Die Verwaltungsaktsbefugnis, Berlin 1998 (zitiert: Druschel, S. (...))

Duden, Die deutsche Rechtschreibung, 23. Auflage, Mannheim, Leipzig, Wien Zürich 2004 (zitiert: Duden, Stichwort „(...)")

Ehlers, Jan Philip, Aushöhlung der Staatlichkeit durch Privatisierung von Staatsaufgaben? Genuine Staatsaufgaben und das Prinzip der demokratischen Legitimation staatlichen Handelns als Grenzen der Privatisierung von Aufgaben der vollziehenden Gewalt, Frankfurt am Main 2003 (zitiert: Ehlers, S. (...))

Eifert, Martin, Die rechtliche Sicherung öffentlicher Interessen in Public Private Partnerships - Dargestellt am Beispiel der Internet-Aktivitäten von Städten und Kommunen -, in: VerwArch 2002, S. 561-584 (zitiert: Eifert, VerwArch 2002, 561 (...))

Ekardt, Felix, Zur Verfassungsmäßigkeit der sogenannten Privatfinanzierung von Straßen, in: VBlBW 1997, S. 281-288 (zitiert: Ekardt, VBlBW 1997, 281 (...))

Endler, Jan, Privatisierung und Vergaberecht, in: NZBau 2002, S. 125-136 (zitiert: Endler, NZBau 2002, 125 (...))

Erichsen, Hans-Uwe/Ehlers, Dirk (Hrsg.), Allgemeines Verwaltungsrecht, 12. Auflage, Berlin 2002 (zitiert: Bearbeiter, in: Erichsen/Ehlers, AllgVwR, § (...) Rn. (...))

Evers, Hans-Ulrich, Wegerecht contra Verkehrsrecht? Zur landesrechtlichen Normierung des Gemeingebrauchs an öffentlichen Wegen, in: NJW 1962, S. 1033-1037 (zitiert: Evers, NJW 1962, 1033 (...))

Fabian, Roland/Farle, Valentina, Bilanzielle Beurteilung von „Public Private Partnerships" am Beispiel des „A-Modells", in: DStR 2004, S. 929-932 (zitiert: Fabian/Farle, DStR 2004, 929 (...))

Fabian, Roland/Farle, Valentina, Umsatzsteuerliche Beurteilung von „Public Private Partnerships" am Beispiel des „A-Modells", in: DStR 2004, S. 1415-1420 (zitiert: Fabian/Farle, DStR 2004, 1415 (...))

Fabian, Roland/Farle, Valentina, Das BMF-Schreiben zur ertragsteuerlichen Behandlung des „A-Modells", in: DStR 2005, S. 169-172 (zitiert: Fabian/Farle, DStR 2005, 169 (...))

Fechner, Frank, Kommunale Parkgebühren zwischen öffentlichem Sachenrecht und Umweltpolitik, in: DVBl. 1997, S. 11-18 (zitiert: Fechner, DVBl. 1997, 11 (...))

Fickert, Hans Carl, Straßenrecht in Nordrhein-Westfalen, Kommentar, 3. Auflage, Köln 1989 (zitiert: Fickert, § (...) Rn. (...))

Fischer-Menshausen, Herbert, Die Abgrenzung der Finanzverantwortung zwischen Bund und Ländern, in: DÖV 1952, S. 673-679 (zitiert: Fischer-Menshausen, DÖV 1952, 673 (...))

Forsthoff, Ernst, Lehrbuch des Verwaltungsrechts, 1. Band, Allgemeiner Teil, 9. Auflage, München Berlin 1966 (zitiert: Forsthoff, S. (...))

Frenz, Walter, Ausschreibungspflicht einer Übertragung von Gesellschaftsanteilen?, in: DÖV 2002, S. 186-194 (zitiert: Frenz, DÖV 2002, 186 (...))

Frenz, Walter, Liberalisierung und Privatisierung der Wasserwirtschaft, in: ZHR 2002, S. 307-34 (zitiert: Frenz, ZHR 2002, 307 (...))

Friauf, Karl Heinrich/Höfling, Wolfram, Berliner Kommentar zum Grundgesetz, Band 1, Berlin Stand 2006 (zitiert: Bearbeiter, in: Friauf/Höfling, GG, Bd. 1, Art. (...) Rn. (...))

Fromm, Günter, Die Zulässigkeit gestaffelter Parkgebühren, in: ZRP 1978, S. 124-133 (zitiert: Fromm, ZRP 1978, 124 (...))

Fromm, Günter, Die Reorganisation der Deutschen Bahnen - Voraussetzung für eine Neubestimmung des Standorts der Eisenbahnen in der Verkehrspolitik -, in: DVBl. 1994, S. 187-195 (zitiert: Fromm, DVBl. 1994, 187 (...))

Frotscher, Werner/Kramer, Urs, Sechs Jahre nach der Bahnreform - Das Allgemeine Eisenbahngesetz auf dem Prüfstand, in: NVwZ 2001, S. 24-34 (zitiert: Frotscher/Kramer, NVwZ 2001, 24 (...))

Gallwas, Hans-Ulrich, Die Erfüllung von Verwaltungsaufgaben durch Private, in: VVDStRL 29 (1971), S. 211-233 (zitiert: Gallwas, VVDStRL 29 (1971), 211 (...))

Gerloff, Thomas, Lehren aus der Privatisierung der Post, in: Gusy, Christoph (Hrsg.), Privatisierung von Staatsaufgaben: Kriterien - Grenzen - Folgen, S. 165-178, Baden-Baden 1998 (zitiert: Gerloff, in: Gusy, S. 165 (...))

Giesberts, Ludger/Schmuck, Dodo, Privatisierung kommunaler Unternehmen und kalkulatorische Kosten in der Gebührenberechnung, in: DÖV 2003, S. 701-707 (zitiert: Giesberts/Schmuck, DÖV 2003, 707 (...))

Gola, Peter/Schomerus, Rudolf, BDSG Bundesdatenschutzgesetz, Kommentar, 7. Auflage, München 2002 (zitiert: Gola/Schomerus, BDSG, § (...) Rn. (...))

Görgmaier, Dietmar, Möglichkeiten und Grenzen der Entstaatlichung öffentlicher Aufgaben, in: DÖV 1977, S. 356-363 (zitiert: Görgmaier, DÖV 1977, 356 (...))

Grabbe, Jürgen, Verfassungsrechtliche Grenzen der Privatisierung kommunaler Aufgaben, Berlin 1979 (zitiert: Grabbe, S. (...))

Grabitz, Eberhard/Hilf, Meinhard, Das Recht der Europäischen Union, Kommentar, Band II, München, Stand April 2003 (zitiert: Bearbeiter, in: Grabitz/Hilf, Art. (...) Rn. (...))

Gramm, Christof, Privatisierung und notwendige Staatsaufgaben, Berlin 2001 (zitiert: Gramm, S. (...))

Gries, Berthold/Willebald, Elmar, Entstehung der auf Leistung oder Nutzung gerichteten verwaltungsrechtlichen Nutzungsverhältnisse, in: JuS 1990, S. 103-108 (zitiert: Gries/Willebald, JuS 1990, 103 (...))

Grupp Klaus, Rechtsprobleme der Privatfinanzierung von Verkehrsprojekten, in: DVBl. 1994, S. 140-147 (zitiert: Grupp, DVBl. 1994, 140 (...))

Grziwotz, Herbert, Vertragsgestaltung im Öffentlichen Recht, München 2002 (zitiert: Grziwotz, S. (...))

Häberle, Peter, „Öffentliches Interesse" als juristisches Problem, Eine Analyse von Gesetzgebung und Rechtsprechung, Bad Homburg v. d. H. 1970 (zitiert: Häberle, S. (...))

Habersack, Mathias/Mayer, Christian, Die überschießende Umsetzung von Richtlinien, Normauslegung und Rechtsweg im Grenzbereich zwischen deutschem und europäischem Privatrecht, in: JZ 1999, S. 913-921 (zitiert: Habersack/Mayer, JZ 1999, 913 (...))

Haft, Fritjof, Elektronische Datenverarbeitung im Recht, Berlin 1970 (zitiert: Haft, S. (...))

von Hagemeister, Adrian, Die Privatisierung öffentlicher Aufgaben, Eine verfassungs- und verwaltungsrechtliche Abhandlung unter Zugrundelegung des Verfassungs- und Verwaltungsrechts der Republik Österreich und der Bundesrepublik Deutschland, München 1992 (zitiert: v. Hagemeister, S. (...))

Halaczinsky, Raymond, Die neue streckenbezogene LKW-Maut, Die Einführung der Autobahnmaut zum 1.1.2005, in: NWB Fach 28, S. 1019-1026 (zitiert: Halaczinsky, NWB Fach 28, S. 1019 (...))

Hansmeyer, Karl-Heinrich/Fürst, Dietrich, Die Gebühren, Zur Theorie eines Instrumentariums der Nachfragelenkung bei öffentlichen Leistungen, Stuttgart 1968 (zitiert: Hansmeyer/Fürst, S. (...))

Hebrank, Klaus, Immer höhere Parkgebühren? in: NVwZ 1996, S. 976-977 (zitiert: Hebrank, NVwZ 1996, 976 (...))

von Heimburg, Sibylle, Verwaltungsaufgaben und Private, Funktionen und Typen der Beteiligung Privater an öffentlichen Aufgaben unter besonderer Berücksichtigung des Baurechts, Berlin 1982 (zitiert: v. Heimburg, S. (...))

Hendler, Reinhard, Gebührenstaat statt Steuerstaat?, in: DÖV 1999, S. 749-758 (zitiert: Hendler, DÖV 1999, 749 (...))

Hengstschläger, Johannes, Privatisierung von Verwaltungsaufgaben, in: VVDStRL 54 (1995), S. 165-203 (zitiert: Hengstschläger, VVDStRL 54 (1995), 165 (...))

Henneke, Hans-Günter, Öffentliches Finanzwesen Finanzverfassung, Eine systematische Darstellung, 2. Auflage Heidelberg 2000 (zitiert: Henneke, S. (...))

Hentschel, Peter, Straßenverkehrsrecht, 38. Auflage, München 2005 (zitiert: Hentschel, Straßenverkehrsrecht § (...) Rn. (...))

Hertwig, Stefan, Praxis der öffentlichen Auftragsvergabe, Systematik, Verfahren, Rechtsschutz, 3. Auflage, München 2005 (zitiert: Hertwig, S. (...))

Herzog, Roman, Allgemeine Staatslehre, Frankfurt am Main 1971 (zitiert: Herzog, S. (...))

Höfler, Heiko/Bayer, Wolfgang (Hrsg.), Praxishandbuch Bauvergaberecht, 2. Auflage, München 2003 (zitiert: Bearbeiter, in: Höfler/Bayer (...) Teil Rn. (...))

Holzkämper, Volker, Die Bemessung von Parkgebühren unter Berücksichtigung umweltpolitischer Gesichtspunkte, in: DÖV 1993, S. 475-480 (zitiert: Holzkämper, DÖV 1993, 475 (...))

Hoppe, Werner/Schlarmann, Hans/Buchner, Reiner, Rechtsschutz bei der Planung von Straßen und anderen Verkehrsträgern, 3. Auflage, München 2001 (zitiert: Hoppe/Schlarmann/Buchner, § (...) Rn. (...))

Huber, Ernst Rudolf, Wirtschaftsverwaltungsrecht Erster Band, 2. Auflage, Tübingen 1953 (zitiert: Huber, Bd. I, S. (...))

Hubert, Peter, Straßengesetz für das Land Sachsen-Anhalt, Mit Erläuterungen sowie weiteren wichtigen einschlägigen Rechtsvorschriften, 2. Auflage, Kronach München Bonn Potsdam 2000 (zitiert: Hubert, StrGLSA, § (...) Rn. (...))

Hufen, Friedhelm, Verwaltungsprozessrecht, 5. Auflage, München 2003 (zitiert: Hufen, § (...))

Immenga, Ulrich/Mestmäcker, Ernst-Joachim, GWB Gesetz gegen Wettbewerbsbeschränkungen, Kommentar, 3. Auflage, München 2001 (zitiert: Bearbeiter, in: Immenga/Mestmäcker, GWB, § (...) Rn. (...))

Ipsen, Jörn, Staatsrecht I. Staatsorganisationsrecht, 18. Auflage, Neuwied 2006 (zitiert: Ipsen, S. (...))

Ipsen, Jörn, Die Kompetenzverteilung zwischen Bund und Ländern nach der Förderalismusnovelle, in: NJW 2006, S. 2081-2086 (zitiert: Ipsen, NJW 2006, 2081 (...))

Isensee, Josef, Der Bundesstaat - Bestand und Entwicklung, in: Badura, Peter/Dreier, Horst (Hrsg.), Festschrift 50 Jahre Bundesverfassungsgericht, Zweiter Band, Klärung und Fortbildung des Verfassungsrechts, Tübingen 2001, S. 719-770 (zitiert: Isensee, in: Badura/Dreier, BVerfG - FS, Bd. II, S. 719 (...))

Isensee, Josef/Kirchhof, Paul, Handbuch des Staatsrechts der Bundesrepublik Deutschland, Band II, Verfassungsstaat, 3. Auflage, Heidelberg 2004 (zitiert: Bearbeiter, in: Isensee/Kirchhof, HStR II, § (...) Rn. (...))

Isensee, Josef/Kirchhof, Paul, Handbuch des Staatsrechts der Bundesrepublik Deutschland, Band III, Das Handeln des Staates, Heidelberg 1988 (zitiert: Bearbeiter, in: Isensee/Kirchhof, HStR III, § (...) Rn. (...))

Isensee, Josef/Kirchhof, Paul, Handbuch des Staatsrechts der Bundesrepublik Deutschland, Band IV, Finanzverfassung - Bundesstaatliche Ordnung, 2. Auflage, Heidelberg 1999 (zitiert: Bearbeiter, in: Isensee/Kirchhof, HStR IV, § (...) Rn. (...))

Isensee, Josef/Kirchhof, Paul, Handbuch des Staatsrechts der Bundesrepublik Deutschland, Band V, Allgemeine Grundrechtslehren, Heidelberg 1992 (zitiert: Bearbeiter, in: Isensee/Kirchhof, HStR V, § (...) Rn. (...))

Jachmann, Monika, Die Einführung einer Nahverkehrsabgabe durch Landesgesetz, in: NVwZ 1992, S. 932-939 (zitiert: Jachmann, NVwZ 1992, 932 (...))

Jacob, Dieter/Kochendörfer, Bernd, Private Finanzierung öffentlicher Bauinvestitionen - ein EU-Vergleich, Berlin 2000 (zitiert: Jacob/Kochendörfer, S. (...))

Jaeger, Wolfgang, Public Private Partnership und Vergaberecht, in: NZBau 2001, S. 6-12 (zitiert: Jaeger, NZBau 2001, 6 (...))

Jahndorf, Christian, Alternative Finanzierungsformen des Staates, Leasingmodelle, Liegenschaftsmodelle, Parklösungen: Verwaltungsschulden, Veräußerungserlöse oder Krediteinnahmen? Zur Auslegung des Kreditbegriffs i.S. Art. 115 I GG, in: NVwZ 2001, S. 620-626 (zitiert: Jahndorf, NVwZ 2001, 620 (...))

Jarass, Hans D., Regelungsspielräume des Landesgesetzgebers im Bereich der konkurrierenden Gesetzgebung und in anderen Bereichen, in: NVwZ 1996, S. 1041-1047 (zitiert: Jarass, NVwZ 1996, 1041 (...))

Jarass, Hans D./Pieroth, Bodo, Grundgesetz für die Bundesrepublik Deutschland, Kommentar, 7. Auflage, München 2004 (zitiert: Bearbeiter, in: Jarass/Pieroth, GG, Art. (...) Rn. (...))

Jessen, Stephanie, Die Privatisierung der Abwasserbeseitigung aus gebührenrechtlicher Sicht, Berlin 2001 (zitiert: Jessen, S. (...))

Kaan, Richard/Braumüller, Gerhard, Handbuch Wasserrecht, Wien 2000 (zitiert: Kaan/Braumüller, WRG, § (...) Rn. (...))

Kämmerer, Jörn Axel, Verfassungsstaat auf Diät?, Typologie, Determinanten und Folgen der Privatisierung aus verfassungs- und gemeinschaftsrechtlicher Sicht, in: JZ 1996, S. 1042-1050 (zitiert: Kämmerer, JZ 1996, 1042 (...))

Kämmerer, Jörn Axel, Privatisierung, Typologie - Determinanten - Rechtspraxis - Folgen, Tübingen 2001 (zitiert: Kämmerer, S. (...))

Kastner, Fritz, Der Grunderwerb für den Straßenbau unter besonderer Berücksichtigung der Enteignung und der vorzeitigen Besitzeinweisung, in: Bartlsperger, Richard/Blüml, Willi/Schroeter, Hans-Wolfgang (Hrsg.), Ein Vierteljahrhundert Straßenrechtsgesetzgebung, Hamburg 1980, S. 447-461 (zitiert: Kastner, in: Bartlsperger/Blüml/Schroeter, S. 447 (...))

Kirchhof, Ferdinand, Die Höhe der Gebühr, Grundlagen der Gebührenbemessung, Berlin 1981 (zitiert, Kirchhof, S. (...))

Kirchhof, Ferdinand, Leistungsfähigkeit und Wirkungsweisen von Umweltabgaben an ausgewählten Beispielen, in: DÖV 1992, S. 233-241 (zitiert: Kirchhof, DÖV 1992, 233 (...))

Kirchhof, Paul, Die Entgeltlichkeit der Straßenbenutzung, in: Bartlsperger, Richard/Blüml, Willi/Schroeter, Hans-Wolfgang (Hrsg.), Ein Vierteljahrhundert Straßenrechtsgesetzgebung, Hamburg 1980, S. 225-244 (zitiert: Kirchhof, in: Bartlsperger/Blüml/Schroeter, S. 225 (...))

Klein, Hans H., Zum Begriff der öffentlichen Aufgabe, in: DÖV 1965, S. 755-759 (zitiert: Klein, DÖV 1965, 755 (...))

Klinski, Stefan, Der verfassungs- und europarechtliche Rahmen einer streckenbezogenen „Schwerverkehrsabgabe", in: DVBl. 2002, S. 221-229 (zitiert: Klinski, DVBl. 2002, 221 (...))

Kloepfer, Michael, Die lenkende Gebühr, in: AöR 97 (1972), S. 232-275 (zitiert: Kloepfer, AöR 97 (1972) 232 (...))

Knack, Hans Joachim, Verwaltungsverfahrensgesetz (VwVfG) Kommentar, 8. Auflage, Köln Berlin Bonn München 2004 (zitiert: Bearbeiter, in: Knack, VwVfG, § (...) Rn. (...))

Köck, Wolfgang, Umweltsteuern als Verfassungsproblem, in: JZ 1991, S. 692-699 (zitiert: Köck, JZ 1991, 692 (...))

Kodal, Kurt/Krämer, Helmut, Strassenrecht, Systematische Darstellung des Rechts der öffentlichen Straßen, Wege und Plätze in der Bundesrepublik Deutschland, 6. Auflage, München 1999 (zitiert: Bearbeiter, in: Kodal/Krämer, Kapitel (...) Rn. (...))

Kommission für die Finanzreform (Hrsg.), Gutachten über die Finanzreform in der Bundesrepublik Deutschland, 2. Auflage, Stuttgart 1966 (zitiert: Gutachten über die Finanzreform, S. (...))

Kommission Verkehrsinfrastrukturfinanzierung, Schlussbericht 5. September 2002, Berlin (zitiert: Pällmann-Kommission, S. (...))

Kopp, Ferdinand O./Ramsauer, Ulrich, Verwaltungsverfahrensgesetz, Kommentar, 8. Auflage, München 2003 (zitiert: Kopp/Ramsauer, VwVfG, § (...) Rn. (...))

Kopp, Ferdinand O./Schenke, Wolf-Rüdiger, Verwaltungsgerichtsordnung, Kommentar, 13. Auflage, München 2003 (zitiert: Kopp/Schenke, VwGO § (...) Rn. (...))

Kraus, Peter, Rechtsformen des Verwaltungshandelns, Überlegungen zu einem System der Handlungsformen der Verwaltung mit Ausnahme der Rechtssetzung, Berlin 1974 (zitiert: Krause, S. (...))

Krautzberger, Michael, Die Erfüllung öffentlicher Aufgaben durch Private, Zum Begriff des staatlichen Bereichs, Berlin 1971 (zitiert: Krautzberger, S. (...))

Krölls, Albert, Rechtliche Grenzen der Privatisierungspolitik, in: GewArch 1995, S. 129-144 (zitiert: Krölls, GewArch 1995, 129 (...))

Kromer, Michael, Sachenrecht des Öffentlichen Rechts, Probleme und Grundlagen eines Allgemeinen Teils des Öffentlichen Sachenrechts, Berlin 1985 (zitiert: Kromer, S. (...))

Krüger, Henning, Neuere Entscheidungen des Oberverwaltungsgerichtes zum Straßen- und Wegerecht in Nordrhein-Westfalen (ausgenommen Planfeststellungsverfahren), in: NWVBl. 1993, S. 161-169 (zitiert: Krüger, NWVBl. 1993, 161 (...))

Krüger, Herbert, Marktwirtschaftliche Ordnung und öffentliche Vorhaltung der Verkehrswege, Hamburg 1969 (zitiert: Krüger, S. (...))

Kuckuk, Günter/Werny, Karl J., Straßenverkehrsrecht, Kommentar, 8. Auflage, Münster 1996 (zitiert: Bearbeiter, in: Kuckuk/Werny, § (...) Rn. (...))

Kuhla, Wolfgang/Hüttenbrink, Jost/Endler, Jan, Der Verwaltungsprozess, 3. Auflage, München 2002 (zitiert: Bearbeiter, in: Kuhla/Hüttenbrink, Teil (...) Rn. (...))

Kumanoff, Anton/Schwarzkopf, Anett/Fröse, Armin, Die Verwaltungshilfe als Variante der Hoheitsverwaltung durch die Gemeinde, in: SächsVBl. 1997, S. 73-77 (zitiert: Kumanoff/Schwarzkopf/Fröse, SächsVBl. 1997, 73 (...))

Laaser, Claus-Friedrich/Jakubowski, Peter, Neue Wege der Verkehrswegefinanzierung im Spiegel raumordnerischer Ziele und Grundsätze, in: RuR 2003, S. 278-291 (zitiert: Laaser/Jakubowski, RuR 2003, 278 (...))

Lange, Klaus, Die Abgrenzung von öffentlichrechtlichem und privatrechtlichem Vertrag, in: JuS 1982, S. 500-504 (zitiert: Lange, JuS 1982, 500 (...))

Lange, Klaus, Die Abgrenzung des öffentlichrechtlichen Vertrages vom privatrechtlichen Vertrag, in: NVwZ 1983, S. 313-322 (zitiert: Lange, NVwZ 1983, 313 (...))

Lawther, Wendell C., Privatizing Toll Roads, A Public-Private-Partnership, Westport 2000 (zitiert: Lawther, S. (...))

Lazaratos, Panagiotis, Rechtliche Auswirkungen der Verwaltungsautomation auf das Verwaltungsverfahren, Berlin 1999 (zitiert: Lazaratos, S. (...))

Lecheler, Helmut, Privatisierung - ein Weg zur Neuordnung der Staatsleistungen?, in: ZBR 1980, S. 69-75 (zitiert: Lecheler, ZBR 1980, 69 (...))

Lecheler, Helmut, Der Verpflichtungsgehalt des Art. 87 I 1 GG - Fessel oder Richtschnur für die bundesunmittelbare Verwaltung?, in: NVwZ 1989, S. 834-837 (zitiert: Lecheler, NVwZ 1989, 834 (...))

Lecheler, Helmut, Privatisierung von Verwaltungsaufgaben, in: BayVBl. 1994, S. 555-560 (zitiert: Lecheler, BayVBl. 1994, 555 (...))

Leibholz, Gerhard/Rinck, Hans-Justus/Hesselberger, Dieter, Grundgesetz für die Bundesrepublik Deutschland, Kommentar an Hand der Rechtsprechung des Bundesverfassungsgerichtes, Band II, 7. Auflage, Köln Stand Oktober 2002 (zitiert: Leibholz/Rinck/Hesselberger, GG, Bd. II, Art. (...) Rn. (...))

Leibholz, Gerhard/von Mangoldt, Hermann (Hrsg.), Jahrbuch des öffentlichen Rechts der Gegenwart, Neue Folge / Band 1, Tübingen 1951 (zitiert: Leibholz/v. Mangold, JÖR 1951, S. (...) Nr. (...))

Leineweber, Norbert, Das säkuläre Wachstum der Staatsausgaben, Eine kritische Analyse, Göttingen 1988 (zitiert: Leineweber, S. (...))

Leisner, Walter, Verwaltungspreis - Verwaltungssteuer, Betrachtung zu den Gebührengrundsätzen, in: Conrad, Hermann/Jahrreiß, Herman/Mikat, Paul/Mosler, Hermann/Nipperdey, Hans Carl /Salzwedel, Jürgen, Gedächtnisschrift Hans Peters, Berlin Heidelberg New York 1967, S. 730-747, (zitiert: Leisner, Gedächtnisschrift Hans Peters, S. 730 (...))

Leisner, Walter, Werbefernsehen und Öffentliches Recht, Ein Beitrag zur Problematik der öffentlichen Aufgaben sowie zu Grundlagen und Grenzen fiskalischer Staatstätigkeit, Berlin 1967 (zitiert: Leisner, S. (...))

Lorenz, Dieter, Landesstraßengesetz Baden-Württemberg, Kommentar, Stuttgart Berlin Köln 1992 (zitiert: Lorenz, StrGBaWü, § (...) Rn. (...))

Löwer, Wolfgang, Funktion und Begriff des Verwaltungsaktes, in: JuS 1980, 805-810 (zitiert: Löwer, JuS 1980, 805 (...))

von Mangoldt, Hermann/Klein, Friedrich/Pestalozza, Christian, Das Bonner Grundgesetz, Kommentar, Band 8, Artikel 70 bis Artikel 75, Die Gesetzgebungskompetenzen, 3. Auflage, München 1996 (zitiert: Bearbeiter, in: v. Mangoldt/Klein/Pestalozza, GG, Bd. 8, Art. (...) Rn. (...))

von Mangoldt, Hermann/Klein, Friedrich/Stark, Christian (Hrsg.), Bonner Grundgesetz, Kommentar, Band 2, Art. 20-78, 4. Auflage, München 2000 (zitiert: Bearbeiter, in: v. Mangoldt/Klein/Stark, GG, Bd. 2, Art. (...) Rn. (...))

von Mangoldt, Hermann/Klein, Friedrich/Stark, Christian (Hrsg.), Bonner Grundgesetz, Kommentar, Band 3, Art. 83-146, 5. Auflage, München 2005 (zitiert: Bearbeiter, in: v. Mangoldt/Klein/Stark, GG, Bd. 3, Art. (...) Rn. (...))

Manssen, Gerrit, Finanzverfassungsrechtliche Aspekte der Einführung einer sog. Nahverkehrsabgabe, in: DÖV 1996, S. 12-18 (zitiert: Manssen, DÖV 1996, 12 (...))

Manssen, Gerrit, Vom Vorrang zur Vorherrschaft des Straßenverkehrsrechts, in: DÖV 2001, S. 151-158 (zitiert: Manssen, DÖV 2001, 151 (...))

Marschall, Ernst/Schroeter, H./Kastner, Fritz (Hrsg.), Bundesfernstraßengesetz, Kommentar, 5. Auflage, Köln Berlin Bonn München 1998 (zitiert: Bearbeiter, in: Marschall/ Schroeter/Kastner, FStrG, § (...) Rn. (...))

Marschall, Ernst/Schroeter, H./Kastner, Fritz (Hrsg.), Bundesfernstraßengesetz, Kommentar, 4. Auflage, Köln Berlin Bonn München 1977 (zitiert: Bearbeiter, in: Marschall/ Schroeter/Kastner, 4. Auflage, FStrG, § (...) Rn. (...))

Maunz, Theodor/Dürig, Günter (Hrsg.), Grundgesetz Kommentar, Band IV, Art. 53a-88, München 2003 Stand 42. Ergänzungslieferung (zitiert: Bearbeiter, in: Maunz/Dürig, GG, Bd. IV, Art. (...) Rn. (...))

Maunz, Theodor/Dürig, Günter (Hrsg.), Grundgesetz Kommentar, Band V, Art. 70-99, München 2004 Stand 43. Ergänzungslieferung (zitiert: Bearbeiter, in: Maunz/Dürig, GG, Bd. V, Art. (...) Rn. (...))

Maunz, Theodor/Dürig, Günter (Hrsg.), Grundgesetz Kommentar, Band VI, Art. 100-146, München 2004 Stand 43. Ergänzungslieferung (zitiert: Bearbeiter, in: Maunz/Dürig, GG, Bd. VI, Art. (...) Rn. (...))

Maurer, Hartmut, Allgemeines Verwaltungsrecht, 13. Auflage, München 2000 (zitiert: Maurer, AllgVerwR, § (...) Rn. (...))

Maurer, Hartmut, Staatsrecht, Grundlagen, Verfassungsorgane, Staatsfunktionen, 3. Auflage, München 2003 (zitiert: Maurer, Staatsrecht, S. (...))

Mehde, Veith, Ausübung von Staatsgewalt und Public Private Partnership, in: VerwArch 2000, S. 540-565 (zitiert: Mehde, VerwArch 2000, 540 (...))

Merli, Franz, Öffentliche Nutzungsrechte und Gemeingebrauch, Wien New York 1995 (zitiert: Merli, S. (...))

Michaelis, Rüdiger, Der Beliehene, Ein Beitrag zur Verflechtung von öffentlichem und privatem Recht, Münster 1969 (zitiert: Michaelis, S. (...))

Michalski, Lutz/Römermann, Volker, PartGG, Kommentar zum Partnerschaftsgesellschaftsgesetz, 3. Auflage, Köln 2005 (zitiert: Michalski/Römermann, PartGG, § (...) Rn. (...))

Möstl, Markus, Grundrechtsbindung öffentlicher Wirtschaftstätigkeit, Insbesondere die Bindung der Nachfolgeunternehmen der Deutschen Bundespost an Art. 10 GG nach der Postreform II, München 1999 (zitiert: Möstl, S. (...))

von Münch, Ingo/Kunig, Philip (Hrsg.), Grundgesetz-Kommentar, Band 3, Art. 70 bis Art. 146 und Gesamtregister, 4./5. Auflage, München 2003 (zitiert: Bearbeiter, in: v. Münch/Kunig GG, Bd. 3, Art. (...) Rn. (...))

Musgrave, Richard A./Musgrave, Peggy B./Kullmer, Lore, Die öffentlichen Finanzen in Theorie und Praxis, Band 1, 6. Auflage, Tübingen 1994 (zitiert: Musgrave, R. A./Musgrave, P. B./Kullmer, L., S. (...))

Mußgnug, Reinhard, Die öffentlichen Straßen als Mehrzweckinstitut, in: Bartlsperger, Richard/Blüml, Willi/Schroeter, Hans-Wolfgang (Hrsg.), Ein Vierteljahrhundert Straßenrechtsgesetzgebung, Hamburg 1980, S. 81-96 (zitiert: Mußgnug, in: Bartlsperger/Blüml/Schroeter, S. 81 (...))

von Mutius, Albert (Hrsg.), Handbuch für die öffentliche Verwaltung, Einführung in ihre rechtlichen und praktischen Grundlagen, Band 1, Grundlagen, Neuwied 1984 (zitiert: Bearbeiter, in: v. Mutius, HÖV, Bd. 1, S. (...))

von Mutius, Albert (Hrsg.), Handbuch für die öffentliche Verwaltung, Einführung in ihre rechtlichen und praktischen Grundlagen, Band 2, Besonderes Verwaltungsrecht, Neuwied 1984 (zitiert: Bearbeiter, in: v. Mutius, HÖV, Bd. 2, S. (...))

Nagel, Walter, H., Straßengesetz für Baden-Württemberg, Kommentar, 3. Auflage, Stuttgart München Hannover Berlin Weimar Dresden 1997 (zitiert: Nagel, StrGBaWü, § (...) Rn. (...))

Nedden, Gerhard, Amtshaftung bei Verletzung der Straßenverkehrssicherungspflicht, Zu den Urteilen des BGH vom 18.12.1972 - III ZR 121/70 und III ZR 40/70 (DVBl. 1973, 488 ff., 491 ff.) und zum Kommissionsbericht über die Reform des Staatshaftungsrechts, in: DVBl. 1974, S. 253-263 (zitiert: Nedden, DVBl. 1974, 253 (...))

Nedden, Gerhard, Rechtsformen und Voraussetzungen straßenrechtlicher Statusakte, in: Bartlsperger, Richard/Blüml, Willi/Schroeter, Hans-Wolfgang (Hrsg.), Ein Vierteljahrhundert Straßenrechtsgesetzgebung, Hamburg 1980, S. 63-79 (zitiert: Nedden, in: Bartlsperger/Blüml/Schroeter, S. 63 (...))

Neumann, Dieter, Rechtsgrundlagen zur Erhebung der Maut für schwere LKW auf den Bundesautobahnen, in: NVwZ 2005, S. 130-133 (zitiert: Neumann, NVwZ 2005, 130 (...))

Neumann, Dieter/Müller, Hermann, Die Einführung einer LKW-Mautgebühr auf den Bundesautobahnen, in: NVwZ 2002, S. 1295-1299 (zitiert: Neumann/Müller, NVwZ 2002, 1295 (...))

Neumann, Dieter/Müller, Hermann, Privat- und Benutzerfinanzierung der Bundesfernstraßen, in: NZBau 2003, S. 299-303 (zitiert: Neumann/Müller, NZBau 2003, 299 (...))

Nicklisch, Fritz, Wirtschaftlicher Hintergrund und Vertragsstrukturen von BOT-Projekten, in: Nicklisch, Fritz (Hrsg.), Rechtsfragen privatfinanzierter Projekte, Nationale und internationale BOT-Projekte, Heidelberg 1994, S. 7-14 (zitiert: Nicklisch, in: Nicklisch, S. 7 (...))

Niebuhr, Frank/Kulartz, Hans-Peter/Kus, Alexander/Portz, Norbert (Hrsg.), Kommentar zum Vergaberecht, 4. Teil des GWB, Vergabeverfahren, Nachprüfungsverfahren und Schadensersatz, Neuwied 2000 (zitiert: Bearbeiter, in: Niebuhr/Kulartz/Kus/Portz, § (...) Rn. (...))

Nierhaus, Michael, Beweismaß und Beweislast, Untersuchungsgrundsatz und Beteiligtenmitwirkung im Verwaltungsprozeß, München 1989 (zitiert: Nierhaus, S. (...))

Oberste Baubehörde im Bayerischen Staatsministerium des Innern, Abteilung Straßen- und Brückenbau, „Start frei" für den Ausbau der A 8/West nach dem Betreibermodell, Pressekonferenz des Staatsministers Dr. Günther Beckstein und des Staatssekretärs Georg Schmid, Bayerisches Staatsministerium des Innern am 28. Februar 2005 (zitiert: Oberste Baubehörde, Pressekonferenz Beckstein/Schmid vom 28.02.2005, S. (...))

Ossenbühl, Fritz, Die Erfüllung von Verwaltungsaufgaben durch Private, in: VVDStRL 29 (1971), S. 137-202, Berlin 1971 (zitiert: Ossenbühl, VVDStRL 29 (1971), 137 (...))

Ossenbühl, Fritz, Staatliches Fernmeldemonopol als Verfassungsgebot?, in: Leßmann, Herbert/Großfeld, Bernhard/Lothar, Vollmer (Hrsg.), Festschrift für Rudolf Lukes zum 65. Geburtstag, Köln Berlin Bonn München 1989, S. 525-546 (zitiert: Ossenbühl, Festschrift für Lukes, S. 525 (...))

Osterloh, Lerke, Privatisierung von Verwaltungsaufgaben, in: VVDStRL 54 (1995), S. 204-242 (zitiert: Osterloh, VVDStRL 54 (1995), 204 (...))

Ostermann, Marcus, Rechtliche Verpflichtung zur Einleitung von Privatisierungsprozessen, Eine Untersuchung von Privatisierungsdirektiven im deutschen und europäischen Recht, Aachen 2003 (zitiert: Ostermann, S. (...))

Pabst, Heinz-Joachim, Verfassungsrechtliche Grenzen der Privatisierung im Fernstraßenbau, Köln 1997 (zitiert: Pabst, S. (...))

Pakeerut, Worachet, Die Entwicklung der Dogmatik des verwaltungsrechtlichen Vertrages, Berlin 2000 (zitiert: Pakeerut, S. (...))

Palandt, Bürgerliches Gesetzbuch, bearbeitet von Bassenge, Peter/Brudermüller, Gerd/Diederichsen, Uwe/Edenhofer, Wolfgang/Grünberg, Christian/Heldrich, Andreas/Heinrichs, Helmut/Sprau, Hartwig/Putzo, Hans/Weidenkaff, Walter, 65. Auflage, München 2006 (zitiert: Bearbeiter, in: Palandt, § (...) Rn. (...))

Papier, Hans-Jürgen, Recht der öffentlichen Sachen, Berlin New York 1977 (zitiert: Papier, S. (...))

Patzig, Werner, Der „allgemeine Lastenverteilungsgrundsatz" des Art. 106 Abs. 4 Nr. 1 des Grundgesetzes, Prolegomena zu einer Reform der Finanzverfassung der Bundesrepublik, in: AöR 86 (1961/62), S. 245-319 (zitiert: Patzig, AöR 86 (1971), 245 (...))

Patzig, Werner, Der kooperative Föderalismus - Bemerkungen zum Sachverständigengutachten über die Finanzreform, in: DVBl. 1966, S. 389-396 (zitiert: Patzig, DVBl. 1966, 389 (...))

Peine, Franz-Joseph, Recht der öffentlichen Sachen - Teil 2, in: JZ 1996, S. 398-409 (zitiert: Peine, JZ 1996, 398 (...))

Peine, Franz-Joseph, Grenzen der Privatisierung - verwaltungsrechtliche Aspekte, in: DÖV 1997, S. 353-365 (zitiert: Peine, DÖV 1997, 353 (...))

Peters, Hans, Öffentliche und Staatliche Aufgaben, in: Dietz, Rolf/Hübner, Heinz (Hrsg.), Festschrift für Hans Carl Nipperdey zum 70. Geburtstag, 21. Januar 1965, Band II, München Berlin 1965, S. 877-895 (zitiert: Peters, Festschrift Nipperdey, S. 877 (...))

Petersen, Sönke, Deutsches Küstenrecht, Eine systematische Darstellung, Baden-Baden 1989 (zitiert: Petersen, S. (...))

Plattner-Steinmann, Roland, Tatsächliches Verwaltungshandeln, Zürich 1990 (zitiert: Plattner-Steinmann, S. (...))

Polomski, Ralf-Michael, Der automatisierte Verwaltungsakt, Die Verwaltung an der Schwelle von der Automation zur Informations- und Kommunikationstechnik, Berlin 1993 (zitiert: Polomski, S. (...))

Prätorius, Gerhard/Wichert, Christian, Die Ergänzung der Haushalts- durch Nutzerfinanzierung von Verkehrsinfrastrukturen, Discussion Paper SP III 2004-108, Wissenschaftszentrum Berlin für Sozialforschung (2004), Berlin 2004 (zitiert: Prätorius/Wichert, S. (...))

Püttner, Günter, Die Privatfinanzierung öffentlicher Vorhaben - Weg oder Irrweg?, in: Wendt, Rudolf/Höfling, Wolfram/Karpen, Ulrich/Oldiges, Martin (Hrsg.), Staat Wirtschaft Steuern, Festschrift für Karl Heinrich Friauf zum 65. Geburtstag, Heidelberg 1996, S. 728-740 (zitiert: Püttner, Festschrift für Friauf, S. 728 (...))

Rebler, Adolf, Das Verhältnis zwischen Straßenrecht und Straßenverkehrsrecht, BayVBl. 2005, S. 394-399 (zitiert: Rebler, BayVBl. 2005, 394 (...))

Recktenwald, Horst Claus, Umfang und Struktur der öffentlichen Ausgaben in säkulärer Entwicklung, in: Neumark, Fritz (Hrsg.), in. Handbuch der Finanzwissenschaft, Band I, Öffentliche Finanzwirtschaft und Finanzwissenschaft, Allgemeiner Überblick über Ziele, Instrumente und Wirkungen finanzwirtschaftlicher Maßnahmen, Planung und Kontrolle der finanzwirtschaftlichen Aktivität, Finanzpsychologie, Finanzstatistik, Die Lehre von den öffentlichen Ausgaben, S. 713-752 (zitiert: Recktenwald, in: Hdb. d. Finanzwissenschaft, S. 713 (...))

Reidt, Olaf, Verfassungsrechtliche Aspekte der Mautfinanzierung von Bundesfernstraßen, in: NVwZ 1996, S. 1156-1160 (zitiert: Reidt, NVwZ 1996, 1156 (...))

Reidt, Olaf, Rechtsfragen im Zusammenhang mit der Vergabe von Baukonzessionen dargestellt am Projekt der Trave-Querung in Lübeck, in: NordÖR 1999, S. 435-440 (zitiert: Reidt, NordÖR 1999, 435 (...))

Reidt, Olaf/Stickler, Thomas, Das Fernstraßenbauprivatfinanzierungsgesetz und der Baukonzessionsvertrag - das „Pilotprojekt" der Warnow-Querung in Rostock, in: BauR 1997, S. 241-250 (zitiert: Reidt/Stickler, BauR 1997, 241 (...))

Reidt, Olaf/Stickler, Thomas, Das Fernstraßenbauprivatfinanzierungsgesetz und der Baukonzessionsvertrag – das „Pilotprojekt" der Warnow-Querung in Rostock (Fortsetzung aus Heft 2), in: BauR 1997, S. 365-373 (zitiert: Reidt/Stickler, BauR 1997, 365 (...))

Reidt, Olaf/Stickler, Thomas/Glahs, Heike, Vergaberecht, Kommentar, 2. Auflage, Köln 2003 (zitiert: Bearbeiter, in: Reidt/Stickler/Glahs, § (...) Rn. (...))

Röhl, Klaus, F., Allgemeine Rechtslehre, Ein Lehrbuch, 2. Auflage, Köln Berlin Bonn München 2001 (zitiert: Röhl, S. (...))

Ronellenfitsch, Michael, Privatisierung und Regulierung des Eisenbahnwesens, in: DÖV 1996, S. 1028-1037 (zitiert: Ronellenfitsch, DÖV 1996, 1028 (...))

Ronellenfitsch, Michael, Schranken einer Privatisierung der staatlichen Unfalluntersuchung im Bereich der Eisenbahn, in: NVwZ 1998, S. 1021-1025 (zitiert: Ronellenfitsch, NVwZ 1998, 1021 (...))

Roßnagel, Alexander, Rechtliche Anforderungen an Telematiksysteme im Verkehr, in: ZRP 1995, S. 100-104 (zitiert: Roßnagel, ZRP 1995, 100 (...))

Roßnagel, Alexander, Handbuch Datenschutzrecht, Die neuen Grundlagen für Wirtschaft und Verwaltung, München 2003 (zitiert: Bearbeiter, in: Roßnagel, Teil (...) Rn. (...))

Roth, Frank, Erstes Betreibermodell für den privaten Ausbau und Betrieb von Autobahnen in Deutschland, in: NVwZ 2003, S. 1056-1061 (zitiert: Roth, NVwZ 2003, 1056 (...))

Rybak, Hubertus/Hofmann, Hans, Verteilung der Gesetzgebungsrechte zwischen Bund und Ländern nach der Reform des Grundgesetzes, in: NVwZ 1995, S. 230-235 (zitiert: Rybak/Hofman, NVwZ 1995, 230 (...))

Sachs, Michael (Hrsg.), Grundgesetz Kommentar, 3. Auflage, München 2003 (zitiert: Bearbeiter, in: Sachs, Art. (...) Rn. (...))

Sauthoff, Michael, Die Entwicklung des Straßenrechts seit 1993, in: NVwZ 1998, S. 239-256 (zitiert: Sauthoff, NVwZ 1998, 239 (...))

Sauthoff, Michael, Straße und Anlieger, München 2003 (zitiert: Sauthoff, S. (...))

Scheele, Ulrich, Privatisierung von Infrastruktur, Möglichkeiten und Alternativen, Köln 1993 (zitiert: Scheele, S. (...))

Schenke, Wolf-Rüdiger, Verwaltungsprozessrecht, 10. Auflage, Heidelberg 2005 (zitiert: Schenke, Rn. (...))

Scherzberg, Arno, Grundfragen des verwaltungsrechtlichen Vertrages, in: JuS 1992, S. 205-215 (zitiert: Scherzberg, JuS 1992, 205 (...))

Schink, Alexander, Organisationsformen für die kommunale Abfallwirtschaft, VerwArch 1994, S. 251-280 (zitiert: Schink, VerwArch 1994, 251 (...))

Schmidt, Frank O., Die Finanzierung der Verkehrsinfrastruktur vor dem Hintergrund der Wiedervereinigung, Privatfinanzierung eine Alternative zur öffentlichen Finanzierung?, Freiburg (Breisgau) 1993 (zitiert: Schmidt, S. (...))

Schmidt, Ludwig, Einkommensteuergesetz, 25. Auflage, München 2006 (zitiert: Schmidt/Bearbeiter, EStG, § (...) Rn. (...))

Schmidt, Walter, Die hinkende Beleihung, Fragen zum Gesetz über den Bau und die Finanzierung von Bundesfernstraßen durch Private (Fernstraßenbauprivatfinanzierungsgesetz - FStrPrivFinG), in: NVwZ 1995, S. 38-39 (zitiert: Schmidt, NVwZ 1995, 38 (...))

Schmidt, Walter, Zur Bemessung von Sondernutzungsgebühren nach dem Nutzenprinzip - BVerwGE 80, 36 und BVerwG, NVwZ 1989, 557, in: JuS 1989, S. 896-899 (zitiert: Schmidt, JuS 1989, 896 (...))

Schmidt-Aßmann, Eberhard (Hrsg.), Besonderes Verwaltungsrecht, 13. Auflage, Berlin 2005 (zitiert: Bearbeiter, in: Schmidt-Aßmann, Kapitel (...) Rn. (...))

Schmidt-Aßmann, Eberhard/Fromm, Günter, Aufgaben und Organisation der Deutschen Bundesbahn in verfassungsrechtlicher Sicht, Berlin 1986 (zitiert: Schmidt-Aßmann/ Fromm, S. (...))

Schmidt-Aßmann/Eberhard/Röhl, Hans Christian, Grundpositionen des neuen Eisenbahnverfassungsrechts (Art. 87e GG), in: DÖV 1994, S. 577-585 (zitiert: Schmidt-Aßmann/ Röhl DÖV 1994, 577 (...))

Schmidt-Bleibtreu, Bruno, Maßnahmen zur Eindämmung des Straßengüterverkehrs, Zum verkehrspolitischen Programm der Jahre 1968 bis 1972, in: BB 1968, S. 261-264 (zitiert: Schmidt-Bleibtreu, BB 1968, 261 (...))

Schmidt-Bleibtreu, Bruno/Klein, Franz, Kommentar zum Grundgesetz, 10. Auflage, München 2004 (zitiert: Bearbeiter, in: Schmidt-Bleibtreu/Klein, GG, Art. (...) Rn. (...))

Schmidt-De Caluwe, Reimund, Der Verwaltungsakt in der Lehre Otto Mayers, Staatstheoretische Grundlagen, dogmatische Ausgestaltung und deren verfassungsbedingte Vergänglichkeit, Tübingen 1999 (zitiert; Schmidt-De Caluwe, S. (...))

Schmitt, Susanne, Bau, Erhaltung, Betrieb und Finanzierung von Bundesfernstraßen durch Private nach dem FStrPrivFinG, Berlin 1999 (zitiert: Schmitt, FStrPrivFinG, S. (...))

Schmitz, Heribert, Moderner Staat - Modernes Verwaltungsverfahrensrecht, in: NVwZ 2000, S. 1238-1244 (zitiert: Schmitz, NVwZ 2000, 1238 (...))

Schnebelt, Günter/Sigel, Karin, Strassenrecht, Baden-Baden 2002 (zitiert: Bearbeiter, in: Schnebelt/Sigel, S. (...))

Schoch, Friedrich, Privatisierung von Verwaltungsaufgaben, in: DVBl. 1994, S. 962-977 (zitiert: Schoch, DVBl. 1994, 962 (...))

Scholz, Rupert, Steuerstaat und Rechtsstaat, in: Isensee, Josef/Lecheler, Helmut (Hrsg.), Freiheit und Eigentum, Festschrift für Walter Leisner zum 70. Geburtstag, Berlin 1999, S. 797-809 (zitiert: Scholz, in: Isensee/Lecheler, S. 797 (...))

Schorkopf, Frank, Transparenz im „Toll-Haus“ - Anmerkungen zur Vertraulichkeit des Maut-Konzessionsvertrages aus staatsrechtlicher Perspektive, in: NVwZ 2003, S. 1471-1474 (zitiert: Schorkopf, NVwZ 2003, 1471 (...))

Schröder, Holger, Vergaberechtliche Probleme bei der Public-Private-Partnership in Form der gemischtwirtschaftlichen Unternehmung, in: NJW 2002, S. 1831-1835 (zitiert: Schröder; NJW 2002, 1831 (...))

Schromek, Klaus-Dieter, Die Mitwirkungspflichten der am Verwaltungsverfahren Beteiligten - eine Grenze des Untersuchungsgrundsatzes?, Frankfurt am Main 1989 (zitiert: Schromek, S. (...))

Schulte, Martin, Zur Rechtsnatur der Bundesauftragsverwaltung, in: VerwArch 1990, S. 415-435 (zitiert: Schulte, VerwArch 1990, 415 (...))

Schulte, Martin, Schlichtes Verwaltungshandeln, Verfassungs- und verwaltungsrechtsdogmatische Strukturüberlegungen am Beispiel des Umweltrechts, Tübingen 1995 (zitiert: Schulte, S. (...))

Schulz, Jürgen, Die fiktive Widmung durch Verkehrsübergabe, Frankfurt am Main Berlin Bern New York Paris Wien 1994 (zitiert: Schulz, S. (...))

Schulze-Fielitz, Helmuth, Staatsaufgabenentwicklung und Verfassung, Zur normativen Kraft der Verfassung für das Wachstum und die Begrenzung von Staatsaufgaben, in: Grimm, Dieter (Hrsg.); Wachsende Staatsaufgaben - sinkende Steuerungsfähigkeit des Rechts, Baden-Baden 1990, S. 11-47 (zitiert: Schulze-Fielitz, in: Grimm, S. (...))

Schumacher, Kai, Public-Private-Partnerships und Kartellrecht, Eine Untersuchung am Beispiel des Umweltrechts, Baden-Baden 2003 (zitiert: Schumacher, S. (...))

Schuppert, Gunnar Folke, Die Erfüllung öffentlicher Aufgaben durch die öffentliche Hand, private Anbieter und Organisationen des Dritten Sektors, Überlegungen zur sich verändernden Rollenverteilung zwischen öffentlichem und privaten Sektor, in: Ipsen, Jörn (Hrsg.), Privatisierung öffentlicher Aufgaben, Private Finanzierung kommunaler Investitionen, Köln Berlin Bonn München 1994, S. 17-35 (zitiert: Schuppert, in: Ipsen, S. 17 (...))

Schuppert, Gunnar Folke, Rückzug des Staates? Zur Rolle des Staates zwischen Legitimationskrise und politischer Neubestimmung, in: Wallasch, Andreas (Redaktion), Rückzug des Staates? Zur Rolle des Staates zwischen Legitimationskrise und politischer Neubestimmung, Köln 1996, (zitiert: Schuppert, in: Wallasch, S. (...))

Schuppert, Gunnar Folke, Verwaltungswissenschaft, Verwaltung, Verwaltungsrecht, Verwaltungslehre, Baden-Baden 2000 (zitiert: Schuppert, Verwaltungswissenschaft, S. (...))

Schuppert, Gunnar Folke, Verwaltungskooperationsrecht (Public Private Partnership), Grundzüge eines zu entwickelnden Verwaltungskooperationsrechts, Regelungsbedarf und Handlungsoptionen eines Rechtsrahmens für Public Private Partnership, Rechts- und verwaltungswissenschaftliches Gutachten im Auftrag des Bundesministeriums des Inneren, Juni 2001 (zitiert: Schuppert, Gutachten im Auftrag des Bundesministeriums des Inneren, S. (...))

Schweitzer, M./Meng, W., Eltville an der Bundesautobahn - Bundesfernstraßenbau und Denkmalschutz, in: DVBl. 1975, S. 940-946 (zitiert: Schweitzer/Meng, DVBl. 1975, 940 (...))

Seidel, Achim, Privater Sachverstand und staatliche Garantenstellung im Verwaltungsrecht, München 2000 (zitiert: Seidel, S. (...))

Selmer, Peter/Brodersen, Carsten, Rechtliche Probleme der Einführung von Straßenbenutzungsgebühren, Wiesbaden 1994 (zitiert: Selmer/Brodersen, S. (...))

Selmer, Peter/Brodersen, Carsten/Nicolaysen, Gert, Straßenbenutzungsabgaben für den Schwerverkehr - Verfassungs- und europarechtliche Probleme, Baden-Baden 1989 (zitiert: Selmer/Brodersen/Nicolaysen, S. (...))

Sendler, Horst, Rechtliche Möglichkeiten und Grenzen einer Einschränkung des Individualverkehrs, in: DÖV 1974, S. 217-229 (zitiert: Sendler, DÖV 1974, 217 (...))

Sieder, Frank/Zeitler, Herbert, Bayerisches Straßen und Wegegesetz, Kommentar, 2. Auflage, München 1972 (zitiert: Bearbeiter, in: Sieder/Zeitler, BayStrWG, Art. (...) Rn. (...))

Sommermann, Karl-Peter, Grundfragen der Bundesauftragsverwaltung, in: DVBl. 2001, S. 1549-1556 (zitiert: Sommermann, DVBl. 2001, 1549 (...))

Sontheimer, Kurt, Rückzug des Staates?, in: Wallasch, Andreas (Redaktion), Rückzug des Staates? Zur Rolle des Staates zwischen Legitimationskrise und politischer Neubestimmung, Köln 1996, (zitiert: Sontheimer, in: Wallasch, S. (...))

Stabreit, Eberhard, Das Betreibermodell im Fernstraßenbau, in: NVwZ 1999, S. 965-967 (zitiert: Stabreit, NVwZ 1999, 965 (...))

Stadler, Gerrit, Die Beleihung in der neueren Bundesgesetzgebung, Hamburg 2002 (zitiert: Stadler, S. (...))

Starck, Christian, Die Bundesstaatlichkeit im Spiegel der Finanzverfassung, Bemerkungen zu Bonner Kommentar, in: StuW 1974, S. 271-283 (zitiert: Starck, StuW 1974, 271 (...))

Steinberg, Rudolf, Fachplanung, Das Recht der Fachplanung unter Berücksichtigung des Naturschutzes und der Umweltverträglichkeitsprüfung, 2. Auflage, Baden-Baden 1993 (zitiert: Steinberg, S. (...))

Steiner, Udo, Öffentliche Verwaltung durch Private, Allgemeine Lehren, Hamburg 1975 (zitiert: Steiner, Öffentliche Verwaltung, S. (...))

Steiner, Udo, Straßenrecht und Straßenverkehrsrecht, in: JuS 1984, S. 1-9 (zitiert: Steiner, JuS 1984, 1 (...))

Steiner, Udo, Die Privatisierung der Nebenbetriebe an Bundesautobahnen, in: NJW 1994, S. 1712-1713 (zitiert: Steiner, NJW 1994, 1712 (...))

Steiner, Udo, Straßenbau durch Private, in: NJW 1994, S. 3150-3151 (zitiert: Steiner, NJW 1994, 3150 (...))

Steiner, Udo, Fragen der Beleihungsdogmatik aus österreichischer und deutscher Sicht, in: Schäffer, Heinz/Berka, Walter/Stolzlechner, Harald/Werndl, Josef (Hrsg.), Staat - Verfassung - Verwaltung: Festschrift anlässlich des 65. Geburtstages von Prof. DDr. DDr. H.c. Friedrich Koja, Wien New York 1998, S. 603-617 (zitiert: Steiner, in: FS für Koja, S. 603 (...))

Steiner, Udo, Straßen- und Wegerecht, in: Steiner, Udo, Besonderes Verwaltungsrecht, 7. Auflage, Heidelberg, 2003 (zitiert: Steiner, in: Steiner, BesVwR, Rn. (...))

Stelkens, Paul/Bonk, Heinz Joachim/Sachs, Michael (Hrsg.), Verwaltungsverfahrensgesetz, Kommentar, 6. Auflage, München 2001 (zitiert: Bearbeiter, in: Stelkens/Bonk/Sachs, VwVfG, § (...) Rn. (...))

Stelkens, Paul/Budach, Werner, Begriffe des Verwaltungsrechts, Öffentliche Straße, Widmung und Einstufung im Bundesfernstraßenrecht, in: LKV 1992, S. 23 (zitiert: Stelkens/Budach, LKV 1992, 23)

Stelkens, Ulrich, Die Stellung des Beliehenen innerhalb der Verwaltungsorganisation - dargestellt am Beispiel der Beleihung nach § 44 III BHO/LHOBHO/LHO, in: NVwZ 2004, S. 304-308 (zitiert: Stelkens, NVwZ 2004, 304 (...))

Stender-Vorwachs, Jutta, Staatliche Verantwortung für gemeinverträglichen Verkehr auf Straße und Schiene nach deutschem und europäischem Recht, Baden-Baden 2005 (zitiert: Stender-Vorwachs, S. (...))

Stern, Klaus, Das Staatsrecht der Bundesrepublik Deutschland, Band II, Staatsorgane, Staatsfunktionen, Finanz- und Haushaltsverfassung, Notstandsverfassung, München 1980 (zitiert: Stern, Staatsrecht II, S. (...))

Stern, Klaus, Das Staatsrecht der Bundesrepublik Deutschland, Band I, Grundbegriffe und Grundlagen des Staatsrechts, Strukturprinzipien der Verfassung, 2. Auflage, München 1984 (zitiert: Stern, Staatsrecht I, S. (...))

Streinz, Rudolf, EUV/EGV, Vertrag über die Europäische Union und Vertrag zur Gründung der Europäischen Gemeinschaft, München 2003 (zitiert: Bearbeiter, in: Streinz, EUV/ EGV, Art. (...) Rn. (...))

Streinz, Peter, Europarecht, 7. Auflage, Heidelberg 2005 (zitiert: Streinz, Rn. (...))

Stüer, Bernhard, Handbuch des Bau- und Fachplanungsrechts, Planung - Genehmigung - Rechtsschutz, 2. Auflage, München 1998 (zitiert: Stüer, Teil (...) Nr. (...))

Stüer, Bernhard/Probstfeld, Willi, Die Planfeststellung, Grundlagen - Fachrecht - Rechtsschutz - Beispiele, München 2003 (zitiert: Stüer/Probstfeld, Rn. (...))

Stuible-Treder, Jutta, Der Beliehene im Verwaltungsrecht, Tübingen 1986 (zitiert: Stuible-Treder, S. (...))

Sturm, Friedrich, Die Finanzverantwortung von Bund, Ländern und Gemeinden bei der Erfüllung staatlicher Aufgaben, Zugleich ein Beitrag zu dem Entwurf eines Finanzreformgesetzes der Bundesregierung, in: DÖV 1968, S. 466-475 (zitiert: Sturm, DÖV 1968, 466 (...))

Sultan, Herbert, Ueber das Verhältnis von Steuerstaat und Unternehmensstaat, in: Teschemacher, Hans (Hrsg.) Beiträge zur Finanzwissenschaft, Festgabe für Georg von Schanz zum 75. Geburtstag 12. März 1928, Band I, Tübingen 1928, S. 407-489 (zitiert: Sultan, in: Teschemacher, S. 407 (...))

Sydow, Sabine, Steuerliche Behandlung von Public-Private-Partnership-Konzessionsmodellen, Mautfinanzierter Fernstraßenbau durch Private, in: NWB Fach 2, 2003, S. 8187-1908 (zitiert: Sydow, NWB Fach 2, 2003, 8187 (...))

Tettinger, Peter J., Die rechtliche Ausgestaltung von Public Private Partnership, in: DÖV 1996, S. 764-770 (zitiert: Tettinger, DÖV 1996, 764 (...))

Tettinger, Peter J., Die rechtliche Ausgestaltung von Public Private Partnership, in: Budäus, Dietrich/Eichhorn, Peter, Public Private Partnership, Baden-Baden 1997, S. 125-141 (zitiert: Tettinger, in: Budäus/Eichhorn, S. 125 (...))

Tilch, Horst/Arloth, Frank (Hrsg.), Deutsches Rechts-Lexikon, Band 2, G-P, 3. Auflage, München 2001 (zitiert: Bearbeiter, in: Tilch/Arloth, Bd. 2, Stichwort „(...)")

Timm, Herbert, Das Gesetz der wachsenden Staatsausgaben, in: Recktenwald, Horst Claus (Hrsg.), Finanztheorie, Köln Berlin 1969, S. 248-263 (zitiert: Timm, S. 248 (...))

Tipke, Klaus, Die Steuerrechtsordnung, Band I, Wissenschaftsorganisatorische, systematische und grundrechtlich-rechtsstaatliche Grundlagen, 2. Auflage, Köln 2000 (zitiert: Tipke, Bd. I, S. (...))

Tipke, Klaus, Die Steuerrechtsordnung, Band III, Föderative Steuerverteilung, Rechtsanwendung und Rechtsschutz, Gestalter der Steuerrechtsordnung, Köln 1993 (zitiert: Tipke, Bd. III, S. (...))

Tipke, Klaus/Lang, Joachim, Steuerrecht, 17. Auflage, Köln 2000 (zitiert: Bearbeiter, in: Tipke/Lang, § (...) Rn. (...))

Toll Collect, Nutzerinformationen, Aktualisierte Auflage 2006 (zitiert: Toll Collect, Nutzerinformationen, S. (...))

Tomas, Christoph, Die Privatfinanzierung von Bundesfernstraßen, Frankfurt am Main 1997 (zitiert: Tomas, S. (...))

Tuner, Lotte, Datenübermittlung als Verwaltungsakt?, in: ÖVD/Online 1982, S. 75-78 (zitiert: Tuner, ÖVD/Online 82, 75 (...))

TÜV Rheinland, Institut für Software, Elektronik, Bahntechnik (ISEB) (Hrsg.), Feldversuch „Autobahntechnologien A 555" - Ergebnisse und Vorschläge -, Gutachten im Auftrag des Bundesministeriums für Verkehrs, 1995 (zitiert: TÜV Rheinland, Feldversuch „Autobahntechnologien A 555", S. (...))

Uechtritz, Michael, Mautfinanzierung des Albaufstiegs - Einstieg in die Nutzerfinanzierung des Fernstraßenbaus, in: VBlBW 2002, S. 317-323 (zitiert: Uechtritz, VBlBW 2002, 317 (...))

Uechtritz, Michael, Möglichkeiten für private Verkehrsinfrastrukturbetreiber außerhalb der öffentlichen Haushalte, in: DVBl. 2002, S. 739-745 (zitiert: Uechtritz, DVBl. 2002, 739 (...))

Uechtritz, Michael/Deutsch, Markus, Die „LKW-Maut": Ein Schritt zur Nutzerfinanzierung der Verkehrsinfrastruktur, - Rechtlicher Rahmen und rechtliche Grenzen -, in: DVBl. 2003, S. 575-582 (zitiert: Uechtritz/Deutsch, DVBl. 2003, 575 (...))

Umbach, Dieter C./Clemens, Thomas (Hrsg.), Grundgesetz, Mitarbeiterkommentar und Handbuch, Band I, Art. 1-37, Heidelberg 2002 (zitiert: Bearbeiter, in: Umbach/Clemens, GG, Bd. I, Art. (...) Rn. (...))

Vitzthum, Wolfgang Graf, Gemeinderechtliche Grenzen kommunaler Wirtschaftsunternehmen, in: AöR 104 (1979), S. 580-634 (zitiert: Vitzthum, AöR 104 (1979), 580 (...))

Vogel, Klaus, Öffentliche Wirtschaftseinheiten in privater Hand, Eine verwaltungsrechtliche Untersuchung, Hamburg 1959 (zitiert: Vogel, S. (...))

Wagner, Adolph, Das Gesetz zunehmender Staatstätigkeit, in: Recktenwald, Horst Claus (Hrsg.), Finanztheorie, Köln Berlin 1969, S. 241-247 (zitiert: Wagner, in: Recktenwald, S. 241 (...))

Wahl, Rainer, Staatsaufgaben im Verfassungsrecht, in: Ellwein, Thomas/Hesse, Joachim Jens (Hrsg.), Staatswissenschaften: Vergessene Disziplin oder neue Herausforderungen? Baden-Baden 1990, S. 29-53 (zitiert: Wahl, in: Ellwein/Hesse, S. 29 (...))

Wahl, Rainer, Die Einschaltung privatrechtlich organisierter Einrichtungen in den Straßenbau, in: Blüml, Willi (Hrsg.), Einschaltung Privater beim Verkehrswegebau - Innenstadtverkehr, Speyerer Forschungsberichte 115, Speyer 1993, S. 24-58 (zitiert: Wahl, S. 24 (...))

Wahl, Rainer, Die Einschaltung privatrechtlich organisierter Verwaltungseinrichtungen in den Straßenbau, in: DVBl. 1993, S. 517-527 (zitiert: Wahl, DVBl. 1993, 517 (...))

Wassermann, Rudolf (Hrsg.), Kommentar zum Grundgesetz für die Bundesrepublik Deutschland, Band 2, Art. 38-146, Reihe Alternativkommentare, Neuwied 1989 (zitiert: Bearbeiter, in: Wassermann, GG AK, Bd. 2, Art. (...) Rn. (...))

Weck, Markus, Der koordinationsrechtliche öffentlich-rechtliche Vertrag, in: DVP 2003, S. 133-139 (zitiert: Weck, DVP 2003, 133 (...))

Weisel, Klaus, Das Verhältnis von Privatisierung und Beleihung, Eine verfassungsrechtliche Untersuchung der Kombinationsfähigkeit von Privatisierung und Beleihung sowie der Einflüsse der Anwendung des neuen Steuerungsmodells für die öffentliche Verwaltung auf ihre Zulässigkeit, Baden-Baden 2002 (zitiert: Weisel, S. (...))

Weiss, Wolfgang, Privatisierung und Staatsaufgaben, Privatisierungsentscheidungen im Lichte einer grundrechtlichen Staatsaufgabenlehre unter dem Grundgesetz, Tübingen 2002 (zitiert: Weiss, S. (...))

Wellenstein, Andreas, Privatisierungspolitik in der Bundesrepublik Deutschland, Hintergründe, Genese und Ergebnisse am Beispiel des Bundes und vier ausgewählter Bundesländer, Frankfurt am Main 1992 (zitiert: Wellenstein, S. (...))

Wendrich, Klaus, Der Bau von Straßen für den öffentlichen Verkehr durch Private in der Bundesrepublik, in: BauR 1985, S. 152-167 (zitiert: Wendrich, BauR 1985, 152 (...))

Wendrich, Klaus, Niedersächsisches Straßengesetz, 4. Auflage, Hannover 2000 (zitiert: Wendrich, StrG NdS, § (...) Rn. (...))

Wendt, Rudolf, Die Gebühr als Lenkungsmittel, Hamburg 1975 (zitiert: Wendt, S. (...))

Wendt, Rudolf, Haushaltsrechtliche Probleme der Kapitalbeteiligung Privater an öffentlichen Infrastruktureinrichtungen, in: Ipsen, Jörn (Hrsg.), Privatisierung öffentlicher Aufgaben, Private Finanzierung kommunaler Investitionen, Köln Berlin Bonn München 1994, S. 37-62 (zitiert: Wendt, in: Ipsen, S. 37 (...))

Wiesinger, Manfred/Maruske, Sven, Straßenrecht, Rechtshandbuch für Planung, Bau, Finanzierung und Betrieb von Straßen, Berlin 2003 (zitiert: Wiesinger/Maruske, S. (...))

Wilke, Dieter, Gebührenrecht und Grundgesetz, Ein Beitrag zum allgemeinen Abgabenrecht, München 1972 (zitiert: Wilke, S. (...))

Wilke, Dieter, Die Auftragsverwaltung im Straßenrecht, in: Bartlsperger, Richard/Blüml, Willi/Schroeter, Hans-Wolfgang (Hrsg.), Ein Vierteljahrhundert Straßenrechtsgesetzgebung, Hamburg 1980, S. 541-555 (zitiert: Wilke, in: Bartlsperger/Blüml/Schroeter, S. 541 (...))

Wolff, Hans J./Bachof, Otto/Stober, Rolf, Verwaltungsrecht, Band 1, 10. Auflage, München 1994 (zitiert: Wolff/Bachof/Stober, Bd. 1, § (...) Rn. (...))

Wolff, Hans J./Bachof, Otto/Stober, Rolf, Verwaltungsrecht, Band 2, 5. Auflage, München 1987 (zitiert: Wolff/Bachof/Stober, Bd. 2, 5. Auflage, § (...) Rn. (...))

Wolff, Hans J./Bachof, Otto/Stober, Rolf, Verwaltungsrecht, Band 2, 6. Auflage, München 2000 (zitiert: Wolff/Bachof/Stober, Bd. 2, § (...) Rn. (...))

Wolff, Hans J./Bachof, Otto/Stober, Rolf, Verwaltungsrecht, Band 3, 5. Auflage, München 2004 (zitiert: Wolff/Bachof/Stober, Bd. 3, § (...) Rn. (...))

Wolkwitz, Hans-Dieter/Knackstedt, Jürgen, Thüringer Straßengesetz, Textausgabe mit Erläuterungen weiterführenden Vorschriften und Mustern, Stuttgart München Hannover Berlin Weimar Dresden Boorberg 1994 (zitiert: Wolkwitz/Knackstedt, ThürStrG, § (...))

Zeiss, Christopher, Private Vorfinanzierung öffentlicher Infrastruktur, in: NVwZ 1998, S. 467-469 (zitiert: Zeiss, NVwZ 1998, 467 (...))

Zeitler, Herbert, Die Bau- und Unterhaltungslast für die öffentlichen Straßen, in: Bartlsperger, Richard/Blüml, Willi/Schroeter, Hans-Wolfgang (Hrsg.), Ein Vierteljahrhundert Straßenrechtsgesetzgebung, Hamburg 1980, S. 475-489 (zitiert: Zeitler, in: Bartlsperger/Blüml/Schroeter, S. 475 (...))

Ziekow, Jan, Verwaltungskooperationsrecht (Public Private Partnership), Verankerung verwaltungsrechtlicher Kooperationsverhältnisse (Public Private Partnership) im Verwaltungsverfahrensgesetz, Wissenschaftliches Gutachten im Auftrag des Bundesministeriums des Inneren, Juni 2001 (zitiert: Ziekow, Verwaltungskooperationsrecht, Gutachten im Auftrag des Bundesministeriums des Inneren, (passim))

Ziekow, Jan (Hrsg.), Praxis des Fachplanungsrechts, München/Unterschleißheim 2004 (zitiert: Bearbeiter, in: Ziekow, Rn. (...))

Ziekow, Jan/Siegel, Thorsten, Entwicklung und Perspektiven des Rechts des öffentlich-rechtlichen Vertrages, Teil 1, in: VerwArch 2003, S. 593-608 (zitiert: Ziekow/Siegel, VerwArch 2003, 593 (...))

Ziekow, Jan/Siegel, Thorsten, Entwicklung und Perspektiven des Rechts des öffentlich-rechtlichen Vertrages, Teil 2, in: VerwArch 2004, S. 133-150 (zitiert: Ziekow/Siegel, VerwArch 2004, 133 (...))

Ziekow, Jan/Siegel, Thorsten, Entwicklung und Perspektiven des Rechts des öffentlich-rechtlichen Vertrages, Teil 3, in: VerwArch 2004, S. 281-299 (zitiert: Ziekow/Siegel, VerwArch 2004, 281 (...))

Ziekow, Jan/Siegel, Thorsten, Entwicklung und Perspektiven des Rechts des öffentlich-rechtlichen Vertrages, Teil 4, in: VerwArch 2004, S. 573-585 (zitiert: Ziekow/Siegel, VerwArch 2004, 573 (...))

Zimniok, Klaus, Bayerisches Straßen- und Wegegesetz, Handkommentar, 8. Auflage, München 1988 (zitiert: Zimniok, BayStrWG, Art. (...) Erl. (...))

Zippelius, Reinhold, Grundfragen des öffentlichen Sachenrechts und das Bayerische Straßen- und Wegegesetz, in: DÖV 1958, S. 838-850 (zitiert: Zippelius, in: DÖV 1958, 838 (...))

Zörner, Fritz, Rechtlich öffentliche und tatsächlich öffentliche Wege, in: NJW 2002, S. 261-264 (zitiert: Zörner, NJW 2002, 261 (...))

Zuleeg, Manfred, Beleihung mit Hoheitsgewalt, Verwaltungshilfe und privatrechtliches Handeln bei Schülern, in: DÖV 1970, 627-634 (zitiert: Zuleeg, DÖV 1970, 627 (...))

Rechtsprechungsverzeichnis

I. Bundesgerichtshof

Urteil	29.05.1954	VI ZR 111/53	BGHZ 13, 351
Urteil	18.11.1955	V ZR 162/54	BGHZ 19, 85
Urteil	23.02.1956	III ZR 324/54	BGHZ 20, 102
Urteil	19.12.1956	V ZR 181/55	NJW 1957, 457
Urteil	05.02.1962	III ZR 221/60	NJW 1962, 796
Urteil	20.03.1967	III ZR 29/65	DÖV 1967, 387
Urteil	15.06.1967	III ZR 23/65	BGHZ 48, 98
Urteil	01.06.1970	III ZR 210/68	BGHZ 54, 165; NJW 1970, 1877
Urteil	24.05.1973	III ZR 178/70	NJW 1973, 1650
Urteil	22.03.1983	VI ZR 108/81	BGHZ 87, 133
Urteil	03.05.1984	III ZR 34/85	NVwZ 1985, 290
Urteil	05.07.1990	III ZR 217/89	BGHZ 112, 74
Urteil	21.01.1993	III ZR 189/91	BGHZ 121, 161
Beschluss	04.12.2001	4 StR 93/01	NJW 2002, 1280

II. Bundesverfassungsgericht

Beschluss	12.10.1951	1 BvR 201/51	BVerfGE 1, 14
Urteil	23.10.1951	2 BvG 1/51	BVerfGE 1, 14
Urteil	17.12.1953	1 BvR 147	BVerfGE 3, 58
Urteil	18.12.1953	1 BvL 106/53	BVerfGE 3, 225
Rechtsgutachten	16.06.1954	1 BvF 2/52	BVerfGE 3, 407
Urteil	20.07.1954	1 BvR 459, 484, 548, 555, 623, 651, 748, 783, 801/52, 9/53, 96, 114/54	BVerfGE 4, 7
Beschluss	28.11.1957	2 BvL 11/56	BVerfGE 7, 183
Beschluss	04.02.1958	2 BvL 31, 33/56	BVerfGE 7, 244
Urteil	05.03.1958	2 BvL 18/56	BVerfGE 7, 282
Urteil	24.06.1958	2 BvF 1/57	BVerfGE 8, 51
Urteil	27.04.1959	2 BvF 2/58	BVerfGE 9, 268
Beschluss	16.06.1959	2 BvF 5/56	BVerfGE 9, 305
Beschluss	17.05.1960	2 BvL 11/59, 11/60	BVerfGE 11, 126
Urteil	28.02.1961	2 BvG 1, 2/60	BverfGE 12, 205
Urteil	19.12.1961	2 BvL 6/59	BVerfGE 13, 261
Beschluss	22.05.1962	1 BvR 301, 302/59	BVerfGE 14, 105
Urteil	24.07.1962	2 BvF 4, 5/61, 1, 2/62	BVerfGE 14, 197
Urteil	30.10.1962	2 BvF 2/60, 1, 2, 3/61	BVerfGE 15, 1
Beschluss	16.01.1963	1 BvR 316/60	BVerfGE 15, 256
Urteil	22.05.1963	1 BvR 78/56	BVerfGE 16, 147
Beschluss	05.05.1964	1 BvL 8/62	BVerfGE 17, 371

Beschluss	27.05.1964	1 BvL 4/59	BVerfGE 18, 38
Beschluss	11.10.1966	2 BvR 179, 476, 477/64	BVerfGE 20, 257
Beschluss	02.05.1967	1 BvR 578/63	BVerfGE 21, 362
Beschluss	24.05.1967	1 BvL 18/65	BVerfGE 22, 28
Beschluss	15.07.1969	2 BvF 1/64	BVerfGE 26, 338
Beschluss	09.02.1972	1 BvR 111/68	BVerfGE 32, 319
Beschluss	25.06.1974	2 BvF 2, 3/73	BVerfGE 37, 363
Beschluss	28.10.1975	2 BvR 883/73, 379, 497, 526/74	BVerfGE 40, 237
Beschluss	10.12.1975	1 BvR 118/71	BVerfGE 40, 371
Beschluss	14.01.1976	1 BvL 4, 5/72	BVerfGE 41, 205
Beschluss	10.03.1976	1 BvR 355/67	BVerfGE 42, 20
Beschluss	07.06.1977	1 BvR 108, 424/73, 226/74	BVerfGE 45, 63
Beschluss	21.12.1977	1 BvL 1/75, 1 BvR 147/75	BVerfGE 47, 46
Beschluss	08.08.1978	2 BvL 8/77	BVerfGE 49, 89
Beschluss	06.02.1979	2 BvL 5/76	BVerfGE 50, 217
Beschluss	25.03.1980	2 BvR 208/76	BVerfGE 53, 366
Urteil	10.12.1980	2 BvF 3/77	BVerfGE 55, 274
Beschluss	20.10.1981	1 BvR 640/80	BVerfGE 58, 257
Beschluss	08.07.1982	2 BvR 1187/90	BVerfGE 61, 82
Urteil	19.10.1982	2 BvF 1/81	BVerfGE 61, 149
Beschluss	20.10.1982	1 BvR 1470/80	BVerfGE 61, 260
Beschluss	12.01.1983	2 BvL 23/81	BVerfGE 63, 1
Beschluss	09.10.1984	2 BvL 10/82	BVerfGE 67, 299
Urteil	06.11.1984	2 BvL 19, 20/83, 2 BvR 363, 491/83	BVerfGE 67, 256
Beschluss	06.11.1985	1 BvL 47/83	BVerfGE 71, 146
Beschluss	08.04.1987	2 BvR 909, 934, 935, 936, 938, 941, 942, 947/82, 64/83 und 142/84	BVerfGE 75, 108
Beschluss	29.10.1987	2 BvR 624, 1080, 2029/83	BVerfGE 77, 170
Beschluss	10.05.1988	1 BvR 482/84, 1166/85	BVerfGE 78, 179
Beschluss	08.06.1988	2 BvL 9/85, 3/8	BVerfGE 78, 249
Urteil	22.05.1990	2 BvG 1/88	BVerfGE 81, 310
Beschluss	31.05.1990	2 BvL 12, 13/88, 2 BvR 1436/87	BVerfGE 82, 159
Beschluss	31.05.1990	2 BvL 12, 13/88, 2 BvR 1436/87	BVerfGE 82, 159
Beschluss	07.02.1991	2 BvL 24/84	BVerfGE 83, 363
Beschluss	12.02.1992	1 BvL 1/89	BVerfGE 85, 337
Beschluss	11.10.1994	2 BvR 633/86	BVerfGE 91, 186
Beschluss	12.10.1994	1 BvL 19/90	BVerfGE 91, 207
Beschluss	24.01.1995	1 BvL 18/93, 5, 6, 7/94, 1 BvR 403, 569/94	BVerfGE 92, 91

Beschluss	07.11.1995	2 BvR 413/88, 1300/93	BVerfGE 93, 319
Beschluss	11.10.1996	2 BvR 79, 476, 477/64	BVerfGE 20, 257
Beschluss	11.03.1997	2 BvG 3, 4/95	BVerfGE 95, 250
Beschluss	14.07.1997	1 BvL 5/89	BVerfGE 96, 315
Beschluss	10.03.1998	1 BvR 178/97	BVerfGE 97, 332
Beschluss	10.03.1998	1 BvR 178/97	DVBl. 1998, 699
Urteil	14.07.1998	1 BvR 1640/97	BVerfGE 98, 218
Urteil	28.04.1999	1 BvR 1560/97	BVerfGE 100, 138
Beschluss	09.11.1999	2 BvL 5/95	BVerfGE 101, 141
Urteil	03.07.2000	2 BvG 1/96	BVerfGE 102, 167
Urteil	19.02.2002	2 BvG 2/00	BVerfGE 104, 249
Urteil	17.07.2002	1 BvF 1, 2/01	BVerfGE 105, 313
Urteil	19.03.2003	2 BvL 9/98, 2 BvL 10/98, 2 BvL 11/98, 2 BvL 12/98	NVwZ 2003, 715

III. Bundesverwaltungsgericht

Urteil	14.03.1957	I C 16.55	BVerwGE 4, 342
Urteil	21.03.1958	VII C 6.57	BVerwGE 6, 282
Beschluss	11.11.1960	I B 81/60	NJW 1961, 619
Urteil	05.10.1965	IV C 26/65	BVerwGE 22, 138
Urteil	06.12.1967	IV C 93.65	BVerwGE 28, 263
Urteil	27.06.1968	II C 70/67	BVerwGE 30, 65
Urteil	31.01.1969	VII C 69.67	BVerwGE 31, 236
Urteil	28.11.1969	VII C 67.68	BVerwGE 34, 241
Urteil	12.12.1969	VII C 76.68	BVerwGE 34, 320
Urteil	16.04.1970	VIII C 146.67	BVerwGE 35, 141
Urteil	21.10.1970	IV C 95/68	MDR 1971, 242
Urteil	17.02.1971	IV C 86/68	BVerwGE 37, 231
Urteil	05.06.1971	VIII C 1.74	BVerwGE 45, 189
Urteil	06.07.1973	IV C 22/72	BVerwGE 42, 331
Urteil	08.02.1974	VII C 95.72	BVerwGE 45, 8
Urteil	15.04.1977	IV C 100.74	BVerwGE 52, 237
Urteil	15.04.1977	IV C 3.74	BVerwGE 52, 226
Urteil	28.09.1979	7 C 26.78	BVerwGE 58, 326
Urteil	01.02.1980	4 C 40.77	DVBl. 1980, 686
Urteil	22.02.1980	4 C 27/77	NJW 1981, 239
Urteil	26.06.1981	7 C 27.79	BVerwGE 62, 376
Urteil	26.06.1981	4 C 5.78	BVerwGE 62, 342
Urteil	07.06.1984	7 B 153.83	DÖV 1984, 1025
Urteil	29.11.1985	8 C 105.83	BVerwGE 72, 265
Urteil	28.08.1987	4 C 54, 55/83	NVwZ 1988, 146
Urteil	19.01.1989	7 C 31.87	BVerwGE 81, 185
Urteil	27.03.1992	7 C 21.90	BVerwGE 90, 112
Beschluss	23.12.1994	3 B 47.94	DVBl. 1995, 1087
Urteil	30.11.1995	7 C 56.93	BVerwGE 100, 56

Urteil	30.11.1995	7 C 56.93	BVerwGE 100, 56
Urteil	10.04.1997	4 C 5/96	BVerwGE 104, 236
Urteil	26.03.1998	4 A 7.97	NuR 1998, 605
Urteil	28.05.1998	3 C 11.97	DVBl. 1998, 1138
Urteil	25.07.2001	6 C 8/00	NVwZ 2002, 206

V. Bundesfinanzhof

Urteil	26.01.1970	I-133/64	BStBl II 1970, 264
Urteil	18.11.1970	IV-R-144/66	BStBl II 1971, 133
Urteil	01.02.2000	VII R 49/99	NVwZ 2000, 1214

V. Sonstige Verwaltungsrechtsprechung

HessVGH	Urteil	01.12.1960	OS V 104/59	ESVGH 10, 184
OVG Berlin	Urteil	06.05.1977	II B 124.75	BauR 1977, 415
OVG Münster	Urteil	17.01.1980	9 A 1361/77	DÖV 1980, 924
BayVGH	Urteil	09.01.1990	8 B 88.1326	BayVBl. 1990, 661
OVG Saarlouis	Beschluss	30.11.1990	1 W 156/90	NVwZ-RR 1992, 58
HessStGH	Urteil	12.06.1991	P.St. 1106	NVwZ-RR 92, 597
VGH München	Urteil	29.06.1994	4 N 93.832	NVwZ-RR 1995, 415
VGH Baden-Württemberg	Urteil	02.03.2001	5 S 428/00	VBlBW 2001, 481
StGH Bremen	Urteil	15.01.2002	St 1/01	NordÖR 2002, 61

IV. Sonstige Rechtsprechung

OLG Köln	Urteil	19.01.1968	2 U 11/67	NJW 1968, 655
GMS-OBG	Beschluss	10.04.1986	GmS-OBG 1/85	BVerwGE 74, 368
EuGH	Urteil	19.05.1992		NJW 1992, 1949
OLG Oldenburg	Beschluss	07.02.1996	5 W 5/96	NVwZ-RR 1997, 677

Regensburger Beiträge zum Staats- und Verwaltungsrecht

Herausgegeben von Gerrit Manssen

Band 1 Simone Maria Koitek: Windenergieanlagen in der Raumordnung. 2005.

Band 2 Barbara Reil: Reformüberlegungen zur Richtervorlage. Beitrag zur Funktionenverteilung zwischen Bundesverfassungsgericht und Fachgerichtsbarkeiten bei der Kontrolle des parlamentarischen Gesetzgebers. 2005.

Band 3 André Zorger: Der Beirat für Stadtgestaltung der Stadt Regensburg. Eine Untersuchung zur baurechtlichen und kommunalrechtlichen Zulässigkeit. 2005.

Band 4 Gerrit Manssen / Boguslaw Banaszak (Hrsg.): Religionsfreiheit in Mittel- und Osteuropa zwischen Tradition und Europäisierung. 2006.

Band 5 Markus Tändler: Umweltprüfung und Umweltkontrolle in der Bauleitplanung. Eine Bewertung aus juristischer und kommunalpraktischer Sicht. 2006.

Band 6 Christian Bartsch: Vorbeugender Hochwasserschutz im Recht der Raumordnung und Landesplanung. 2007.

Band 7 Anja Rösch: Das A-Modell im Bundesautobahnbau. Bau, Erhaltung, Betrieb und Finanzierung von Bundesautobahnabschnitten durch Private und Refinanzierung auf Grundlage der Autobahnmaut. 2008.

www.peterlang.de

Peter Lang · Internationaler Verlag der Wissenschaften

Oliver Krieg

Privatisierung und Personalvertretung

Frankfurt am Main, Berlin, Bern, Bruxelles, New York, Oxford, Wien, 2006.
217 S.
Europäische Hochschulschriften: Reihe 2, Rechtswissenschaft. Bd. 4435
ISBN 978-3-631-55686-3 · br. € 39.–*

Bund, Länder und Gemeinden privatisieren seit geraumer Zeit auf unterschiedliche Art und Weise öffentliche Einrichtungen und Aufgaben. Die Arbeit geht der Frage nach, welche Beteiligungsrechte Personalvertretungen bei den Grundentscheidungen zur Privatisierung, deren Umsetzung sowie den damit verbundenen Folgemaßnahmen zustehen. Dabei werden sowohl die einschlägigen Vorschriften des BPersVG, als auch diejenigen der Personalvertretungsgesetze der Länder in den Blick genommen. Besonderes Augenmerk gilt darüber hinaus dem Europa- und Verfassungsrecht. Die Arbeit setzt sich zudem mit der Frage nach dem Fortbestand von Personalvertretungen sowie dem rechtlichen Schicksal von Dienstvereinbarungen nach Privatisierungen auseinander.

Aus dem Inhalt: Beteiligungsmöglichkeiten der Personalvertretungen an Privatisierungsentscheidungen sowie an den rechtlich notwendigen Schritten zur Umsetzung dieser Entscheidungen · Beteiligung der Personalvertretung an typischen praktischen Folgemaßnahmen von Privatisierungen · Auswirkungen von Privatisierungen auf den Fortbestand von Personalvertretungen und auf Dienstvereinbarungen

Frankfurt am Main · Berlin · Bern · Bruxelles · New York · Oxford · Wien
Auslieferung: Verlag Peter Lang AG
Moosstr. 1, CH-2542 Pieterlen
Telefax 00 41 (0) 32 / 376 17 27

*inklusive der in Deutschland gültigen Mehrwertsteuer
Preisänderungen vorbehalten

Homepage http://www.peterlang.de

FSC
www.fsc.org
MIX
Papier | Fördert gute Waldnutzung
FSC® C083411

Kolibri 360 GmbH
Ferdinand-Jühlke-Straße 7
99095 Erfurt, Deutschland
produktsicherheit@kolibri360.de

Druck:
CPI Druckdienstleistungen GmbH
im Auftrag der
Kolibri 360 GmbH
Ferdinand-Jühlke-Str. 7
99095 Erfurt